Ciències per al món contemporani

1r

Antonio López
Josep Alsina
Martí Rigola
Laura Gort
Mònica Amorós

McGraw Hill Education

MADRID – BARCELONA – BOGOTÀ – BUENOS AIRES – CARACAS – GUATEMALA
MÈXIC – NOVA YORK – PANAMÀ – SAN JUAN – SANTIAGO – SÃO PAULO
AUCKLAND – HAMBURG – LONDRES – MILÀ – MONT-REAL – NOVA DELHI – PARÍS
SAN FRANCISCO – SYDNEY – SINGAPUR – ST. LOUIS – TÒQUIO – TORONTO

Unitat 1. L'origen i la constitució de l'Univers i la Terra

Unitat 2. El planeta viu: dels bacteris als humans

Unitat 3. La salut i la malaltia

Unitat 4. Malaltia i medicina

Unitat 5. Les bases de la genètica. Biotecnologia i societat

Com s'utilitza aquest projecte

Portada

La portada inclou un índex de continguts de la unitat, un text introductori i una fotografia motivadora relacionada amb el contingut que es tractarà a la unitat.

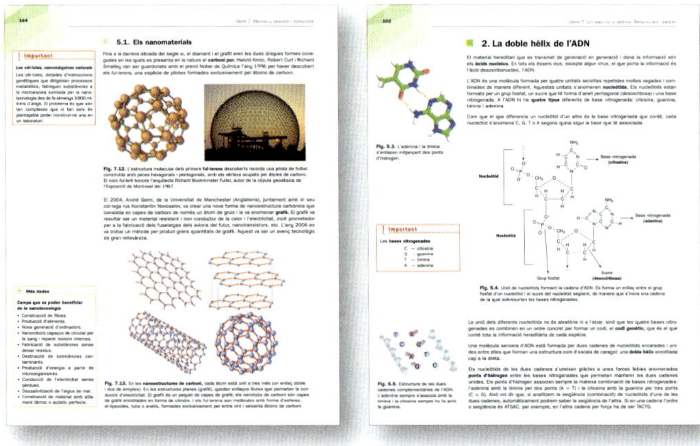

Continguts de la unitat

Els continguts s'organitzen de manera ordenada i cada concepte nou es basa en allò que s'ha après anteriorment.

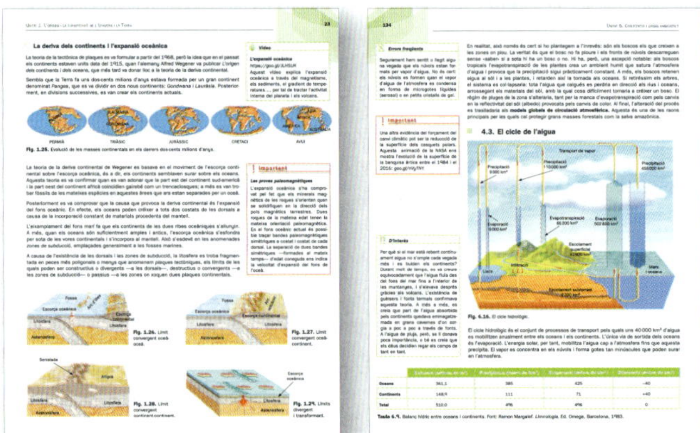

Figures i il·lustracions

Qualsevol concepte complicat, i que ho requereixi, està explicat amb infografies, fotografies o il·lustracions, perquè l'alumnat el visualitzi.

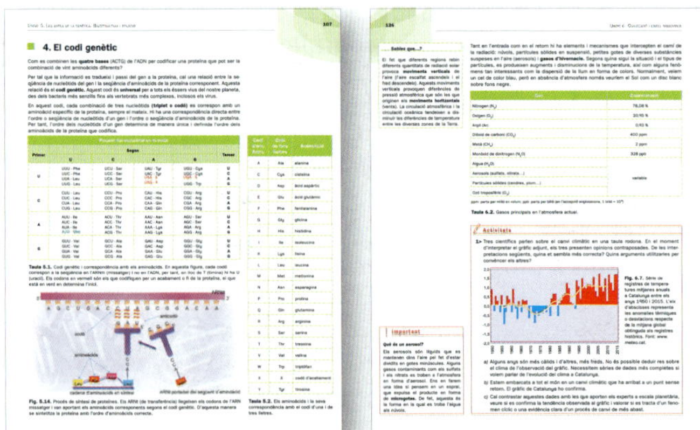

Gràfics i taules

Els gràfics i les taules organitzen continguts perquè es comprenguin més fàcilment i ajuden l'alumnat a estudiar els conceptes.

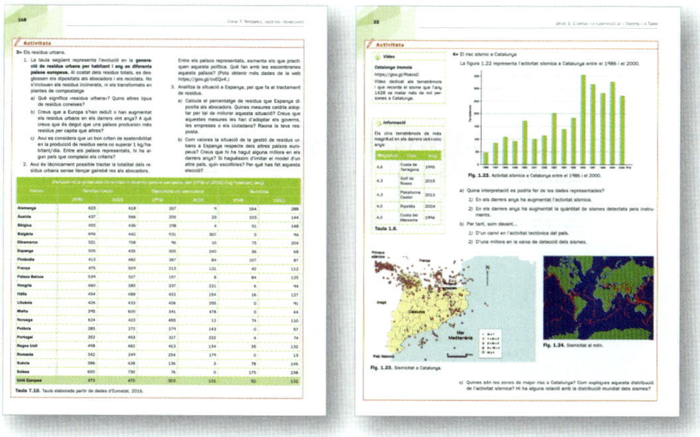

Activitats

Totes les unitats presenten una col·lecció ben completa d'activitats que repassen tots els conceptes essencials a mesura que es van tractant, a més de convidar l'alumnat a raonar i desenvolupar un criteri propi.

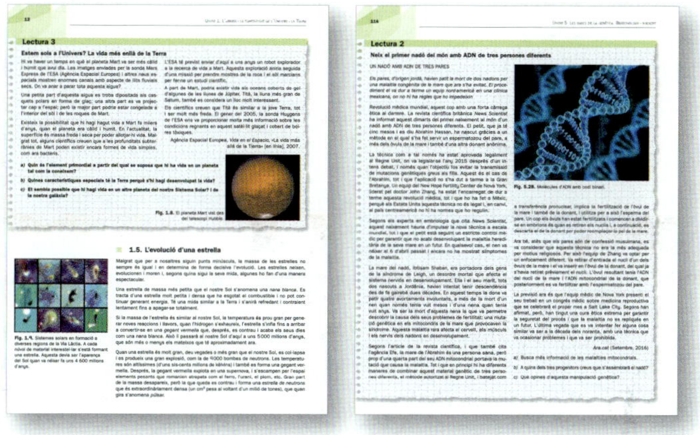

Lectures

Les lectures de la unitat pretenen que l'alumnat relacioni els conceptes apresos i els identifiqui amb la seva vida quotidiana i amb el que succeeix al seu voltant.

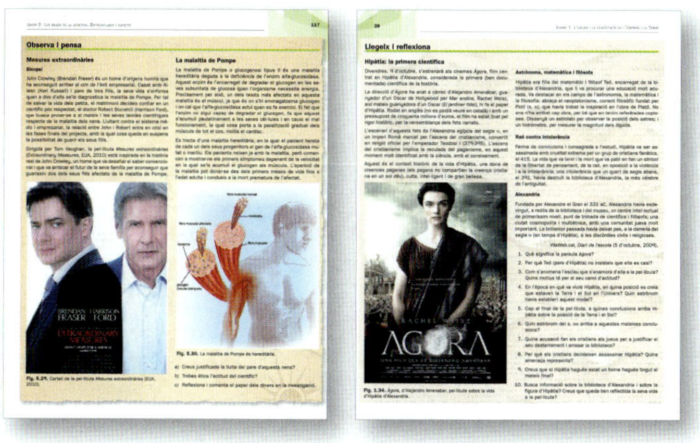

Seccions finals

La unitat es tanca amb cinc seccions finals de diferent tipologia, amb activitats de repàs per relacionar conceptes, per reflexionar, i articles de divulgació científica, cinema, llibres..., amb la intenció de desenvolupar el pensament crític.

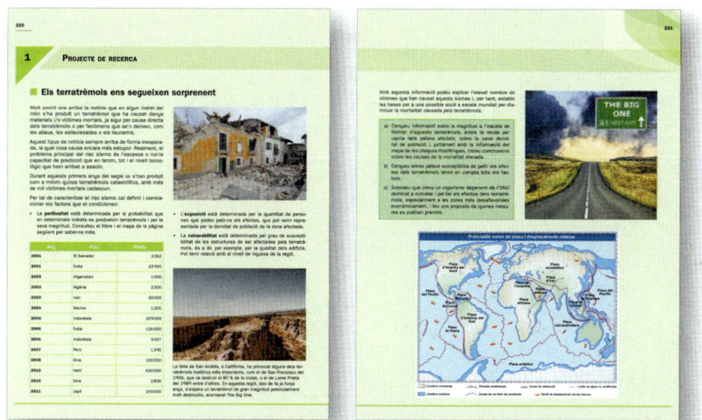

Projecte de recerca

Dos projectes d'investigació al final del llibre perquè els alumnes adquireixin autonomia i aprenguin a buscar informació.

1

L'origen i la constitució de l'Univers i la Terra

- L'observació de l'Univers
- L'expansió i el límit de l'Univers: el *Big Bang*
- Els temps de l'Univers
- Una aproximació a l'Univers probable: la teoria quàntica
- La nostra Terra

La interpretació de l'Univers i la Terra ha evolucionat des de l'antiguitat fins als nostres dies. La filosofia, les matemàtiques, la física i l'astronomia havien fet molt camí de bracet, però els coneixements es van anar ramificant i des de mitjan segle xx es tendeix a l'especialització de les ciències.

Avui sabem que hi ha milions d'estrelles, galàxies i planetes de natura ben diferent, dels quals obtenim coneixements dia a dia que els nostres avis ni tan sols imaginaven. Fins i tot, ha començat el turisme espacial i aviat podrem orbitar al voltant del nostre planeta.

Tanmateix, encara ens continuem preguntant d'on venim, qui som i on anem, com hem fet des del principi dels temps.

1. L'observació de l'Univers

La bellesa de l'Univers és únicament comparable al seu misteri. Disciplines diverses se n'han ocupat al llarg dels temps: les matemàtiques, la filosofia, la física, la geoplanetologia, l'exobiologia... fins i tot ens hi podem apropar des d'un vessant poètic o literari.

L'observació dels planetes i de l'Univers en general ha ocupat bona part de la vida de molts estudiosos que han combinat diferents branques de la ciència. A poc a poc, els científics i observadors han donat forma a les teories que expliquen l'origen de l'Univers, el moviment dels planetes, l'esfericitat de la Terra, etc., segons els coneixements i els instruments que han tingut a l'abast a cada època.

Vocabulari

La paraula *àtom* prové del grec i vol dir 'indivisible'. Actualment, l'àtom el dividim en protons, neutrons i electrons i, encara, els protons i neutrons els podem dividir en partícules més petites anomenades *quarks*.

Lectura 1

El professor Hawking ho explica molt bé en el seu llibre *Brevíssima història del temps.*

En temps de Newton, una persona culta podia accedir al conjunt del coneixement humà, almenys a grans trets, però des de llavors, el desenvolupament incessant de la ciència ha fet que això fos impossible. Les teories sempre estan modificant-se per poder explicar noves observacions i, per tant, no són mai adequadament resumides o simplificades de manera que el públic les pugui comprendre. Hem de ser especialistes i, encara i així, només podem esperar tenir un accés adequat a una petita proporció de teories científiques. A més, el ritme del progrés és tan ràpid que el que aprenem a l'escola o a la universitat queda sempre una mica desfasat. Només unes quantes persones poden seguir el ràpid ritme d'avenç de la frontera del coneixement, i han de dedicar-hi tot el seu temps i especialitzar-se en una àrea restringida.

STEPHEN HAWKING. «Les forces de la natura i la unificació de la física», *Brevíssima història del temps,* 2003.

a) **El 2003 existia Internet com la coneixem avui en dia?**

b) **Tota la informació que podem trobar a Internet és vàlida?**

1.1. Velles preguntes sobre l'Univers: de l'astrologia a l'astronomia

L'ésser humà és, pel que sabem fins ara, l'únic animal que pensa i es fa preguntes. La visió del cel nocturn estrellat potser va ser una de les primeres incògnites que va moure els nostres avantpassats a interrogar-se. Què és aquella bola roja que m'escalfa de dia i s'oculta de nit? Per què es mouen les estrelles? Per què algunes muntanyes treuen foc i la terra de vegades tremola? Poden volar els ocells fins a la Lluna? On s'acaba el cel?

Des del punt de vista dels antics, semblava clar que la Terra era enmig d'un escenari on el Sol i la Lluna presidien una lenta dansa d'estrelles i planetes tan bella com incomprensible. En aquesta interpretació, el paper de les estrelles —aquelles petites espurnes— era més modest: se suposava que formaven part d'unes constel·lacions que, per a segons qui, dibuixaven figures familiars, com lleons, caçadors o crancs, i influïen en les collites, en el curs de les guerres o en la salut de les persones.

Fig. 1.1. James Randi, desmitificador de les afirmacions paranormals i pseudocientífiques, experimenta amb joves universitaris per a demostrar que l'astrologia ens diu allò que volem sentir, «astrología desmentida».

Els nostres primers avantpassats veien gairebé el mateix cel que nosaltres i, sens dubte, tractaven d'esbrinar el perquè dels moviments de les estrelles, dels planetes i de la Lluna. Unes vegades les creences, i d'altres, el sentit comú, van anar creant faules que es transmetien de generació en generació. Així va néixer l'astrologia.

Durant molt de temps, l'astrologia —encara que basada en interpretacions falses— va ser una de les branques principals del saber, fins al punt que no hi havia cap rei sense un bon astròleg en nòmina.

L'astròleg era, en el món antic, la persona a qui preguntar, aquell que coneixia les respostes.

En el món actual, hi ha noves disciplines pseudocientífiques que pretenen determinar una certa influència sobre nosaltres. La geobiologia, per exemple, és una disciplina alternativa que creu en la suposada influència d'una energia de la Terra sobre els nostres cossos. Segons aquesta disciplina, hi ha punts negres energètics que ens poden fer emmalaltir.

Vídeo

Astrologia

https://goo.gl/FZwTAo

En aquest vídeo es parla dels límits de la ciència amb un saurí, una geobiòloga i un astròleg.

Fig. 1.2. Miniatura d'un manuscrit del segle XV que mostra el zodíac.

Curiositat

A finals del segle passat es va produir un considerable escàndol quan, el 1988, es va saber que **Ronald Reagan,** president dels Estats Units (1981-1989), influït per la seva muller (Nancy), havia consultat una astròloga a l'hora de prendre algunes decisions, era l'època de la guerra freda. La influència de l'astrologia va fer que Ronald Reagan no revelés mai la seva hora de naixement, era considerada secret d'Estat. A banda de Reagan, altres presidents anteriors havien usat l'astrologia com a consulta o, almenys, n'eren uns grans coneixedors. Per posar exemples: **Benjamin Franklin** (1706-1790) havia publicat, amb pseudònim, un almanac amb continguts diversos, també d'astrologia; **Theodor Roosevelt** (1858-1919) tenia la carta astral al seu despatx oval, i **Richard Nixon** (1904-1997) consultava una vident.

Important

Els **radiotelescopis** són aparells que capten ones emeses per fonts de ràdio a través d'una gran antena parabòlica o d'un conjunt.

Fig. 1.3. El Machu-Picchu, l'antiga ciutat inca edificada en el cim d'una muntanya dels Andes, al Perú. L'*intihuatana*, o pedra per «amarrar» el Sol, servia als inques de calendari solar.

Aquests avantpassats creien que el cel es movia al voltant de la Terra, que semblava ocupar el centre de l'Univers. I atès que aquests moviments s'efectuaven de manera regular, la posició i els moviments dels astres s'usaven com a rellotges i calendaris astronòmics, i donaven referències de localització que encara avui utilitzen els navegants, alhora que ajudaven a construir les bases de la física i de les matemàtiques. Així van néixer els signes del zodíac: imatges construïdes sobre el cel nocturn per les estrelles i per la imaginació dels observadors (un bou, una balança, un escorpí, etc.), que apareixien sempre en el mateix lloc del cel, i en la mateixa època de l'any.

Aquestes observacions eren molt útils, ja que permetien decidir, per exemple, quan sembrar els camps o en quin moment baixar el ramat de les muntanyes. El zodíac servia també per assenyalar esdeveniments com el naixement d'una criatura, la fi d'una guerra o l'esclat d'un volcà. Fins i tot es va arribar a creure que la posició de les estrelles al cel provocava algun tipus d'acció oculta sobre la naturalesa i sobre la vida de les persones.

L'**astronomia** és la ciència que estudia els astres des del punt de vista físic; l'astrologia estudia els astres des del punt de vista de la seva influència en el caràcter i el destí dels humans. En la primera no hi tenen cabuda les opinions, en la segona, hi cap tot. Es podria dir que una matèria estudia el cos dels astres i, l'altra, n'estudia l'ànima i l'esperit. L'astronomia és una ciència objectiva i l'**astrologia** és totalment subjectiva. Una pertany al domini de la raó i l'altra, al domini del cor.

Astronomia i **astrologia** van anar molts anys de la mà fins que el rei de França Lluís XIV, per iniciativa de **Jean-Baptiste Colbert,** el 1666, va fundar l'**Acadèmia de les Ciències** i va donar càrrecs als astrònoms sempre que reneguessin de l'astrologia. Des de llavors, astronomia i astrologia han seguit camins diferents.

L'astronomia moderna mostra que les constel·lacions només són figures que les estrelles semblen projectar sobre un fons negre. En realitat, les estrelles d'una mateixa constel·lació no tenen cap relació entre elles, es troben molt separades entre elles i, per descomptat, tan allunyades de la Terra que res no ens en pot arribar, excepte la llum.

Van ser els grecs i els àrabs qui van donar nom a la majoria de les quaranta-vuit constel·lacions que veiem al cel de la Mediterrània. **Óssa Major, Orió, Perseu** o **Taure** són algunes de les vuitanta-vuit que hi ha, si es compten les de l'hemisferi sud. També van voler donar nom a totes les estrelles: **Cassiopea, Vega, Sirius, Aldebaran, Plèiades, Mizar, Betelgeuse** o **Alfa Centaure** en són algunes; però, a ull nu, al llarg de l'any se'n poden veure més de cinc mil. Aviat es va veure que anomenar totes les estrelles és impossible: el telescopi revela que n'hi ha bilions. No hi ha, per tant, prou paraules en totes les llengües del món per anomenar tants estels.

Avui dia, l'Univers s'estudia amb grans telescopis i amb instruments instal·lats a les naus espacials. Només molt recentment, els astrònoms han descobert que la realitat és molt més sorprenent del que pensaven els nostres avantpassats. Ningú no va imaginar en l'antiguitat que moltes d'aquelles diminutes estrelles eren molt més grans que el Sol, o que estaven situades a distàncies inconcebibles. I menys encara, que el nostre planeta només és un cos minúscul que es mou al voltant d'una modesta estrella situada a la perifèria de la galàxia de la Via Làctia. La idea de la immensitat de l'Univers ha estat, sens dubte, una de les aportacions més importants de la ciència moderna.

Activitats

1> Llegiu aquesta afirmació extreta del llibre de Manuel Toharia *Astrología, ¿ciencia o creencia?* i contesteu les preguntes següents:

«L'astrologia no és ni ciència ni art; és creença i superstició, és frau i rèmora.»

a) Esteu d'acord amb aquesta afirmació? Creieu que és incompatible la ciència amb l'astrologia?

b) Per què creieu que avui dia encara hi ha persones que viuen de l'astrologia?

c) Sou dels que llegeixen l'horòscop diàriament, de tant en tant o mai?

d) Coneixeu el vostre signe del zodíac?

1.2. Del pensament aristotèlic al copernicà

En temps primitius es creia que la Terra era plana i immòbil i al seu voltant giraven el Sol i els planetes: era la *teoria geocèntrica*. Posteriorment, es va formular la *teoria heliocèntrica*, segons la qual el Sol era el centre de l'Univers. Més tard, ja en el segle XX, la *teoria excèntrica* va ser la que va revelar que el Sol no era el centre de l'Univers, sinó només del nostre Sistema Solar.

Vocabulari

La paraula *planeta* en grec vol dir 'vagabund'.

Una de les primeres referències escrites que tenim de la concepció de l'Univers és d'**Aristòtil,** filòsof del segle IV aC, que en l'obra anomenada *De Caelo* (*Sobre el cel*) donava arguments a favor d'una Terra esfèrica i no plana, com es pensava fins aleshores. Creia que la matèria era contínua, és a dir, que era possible dividir-la infinitament en trossos cada cop més petits, i concebia que el cel era format per esferes concèntriques d'èter i la Terra restava immòbil enmig de l'Univers.

En canvi, **Demòcrit,** a la mateixa època, creia que la matèria era formada per diversos tipus d'àtoms i afirmava que les òrbites dels planetes no eren circulars sinó el·líptiques. També va ser el primer que es va adonar que el que ara coneixem com la Via Làctia són estrelles molt distants i va suposar que a l'Univers hi havia molts mons habitats.

Avui dia, ens és difícil d'imaginar que algú sigui capaç d'entendre tant d'astronomia i astrologia —matèries que anaven molt lligades en aquells temps—, com de matemàtiques, però a través de la història en tenim exemples, com Eratòstenes, Hiparc de Nicea o Ptolemeu, tots tres matemàtics, astrònoms i geògrafs que van formar part de la mítica **Biblioteca d'Alexandria.**

Eratòstenes va ser el primer a mesurar la circumferència de la Terra, i la va calcular en uns quaranta mil quilòmetres de longitud —una mesura gairebé exacta. A **Hiparc de Nicea** li devem el primer càlcul de la distància entre la Terra i la Lluna pel mètode de la triangulació, els conceptes de longitud i latitud, i la precessió dels equinoccis, entre d'altres.

Ptolemeu va ser el primer que va dir que el Sol girava al voltant de la Terra, és a dir, va defensar la teoria geocèntrica d'acord amb la idea aristotèlica; uns anys abans, **Aristarc de Samos** (en el segle II aC) havia proposat la teoria heliocèntrica, però no va ser fins al segle XVI que Copèrnic la va tornar a proposar i la va rescatar de l'oblit. Un segle més tard, **Galileu,** ajudat pel telescopi que s'acabava d'inventar (1609) i per les lleis de **Kepler** sobre el moviment planetari, li va donar l'aval definitiu que es mantindria fins al principi del segle XX.

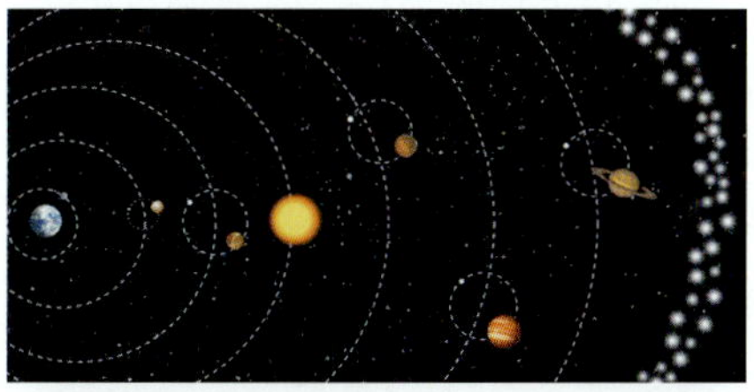

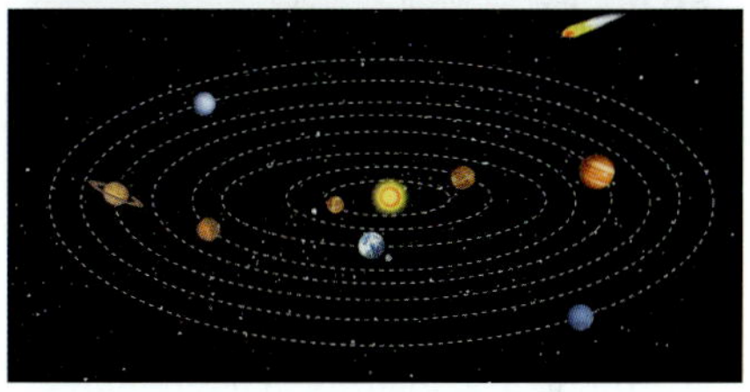

Fig. 1.4. Representació de la teoria geocèntrica i de la teoria heliocèntrica.

Període		Personatge	Descobriment
s. IV aC	348-322 aC	Aristòtil	El Sol i els planetes giren al voltant de la Terra en òrbites circulars.
	460-370 aC	Demòcrit	Òrbites el·líptiques i teoria atòmica.
s. III aC	310-230 aC	Aristarc de Samos	Teoria heliocèntrica.
	276-194 aC	Eratòstenes	Mesura de la circumferència de la Terra.
s. II aC	190-120 aC	Hiparc de Nicea	Càlcul de la distància entre la Terra i la Lluna.
s. II	85-165 o 100-170	Ptolemeu	Teoria geocèntrica.
s. XVI	1473-1543	Copèrnic	Teoria heliocèntrica.
	1546-1601	Tycho Brahe	Primers a conèixer la posició exacta dels planetes.
	1556-1643	Sophia Brahe	
	1571-1630	Kepler	Lleis fonamentals del moviment dels planetes.
s. XVII	1564-1642	Galileu	«Pare» de l'astronomia moderna i defensor del copernicanisme.

Taula 1.1. Cronologia d'algunes concepcions de l'Univers.

! Important

L'astrònom nord-americà Edwin Powell Hubble (1889-1953) va demostrar l'expansió de l'Univers mesurant el desplaçament cap al vermell de galàxies distants (**efecte Doppler**). Hubble és considerat el pare de la cosmologia. Les observacions fetes per Hubble entre el 1923 i el 1924 li van permetre establir que nombroses nebuloses no formaven part de la nostra galàxia com es pensava, sinó que es tractava de galàxies diferents de la Via Làctia.

Lectura 2

Arribarà el temps en què la recerca diligent durant llargs períodes de temps portarà a la llum coses que ara romanen ocultes. Una sola vida, tot i que es dediqués sencera al cel, no seria suficient per investigar un tema tan extens [...]. I, per tant, aquest coneixement serà revelat només a través de llargs i successius anys. Arribarà un temps en què els nostres descendents se sorprendran del fet que no sabéssim coses que per a ells són tan evidents [...].

Molts descobriments estan reservats per a anys que encara han de venir, quan s'hagi esborrat el nostre record. El nostre Univers és un petit afer ridícul tret que tingui alguna cosa a cada època per investigar [...]. La naturalesa no revela els seus misteris una vegada i per totes.

SÈNECA, *Qüestions naturals.*

a) **Et sembla que, avui dia, encara és vàlida aquesta reflexió que Sèneca va fer fa dos mil anys?**

b) **Què et sembla que pot aportar la ciència en el futur?**

Vídeo

Teoria del* Big Bang *i descobriment de Hubble

https://goo.gl/QckaOn

S'explica com Hubble, el 1925, va crear el que s'anomena candela estàndard, una estrella d'intensitat coneguda que és patró per conèixer la distància de les altres estrelles. La va trobar a la galàxia d'Andròmeda. Així va concloure que hi ha més galàxies i que s'allunyen.

Efecte Doppler

https://goo.gl/z5A4FN

Explica en un minut com es produeix l'efecte Doppler amb el so. L'efecte Doppler té múltiples aplicacions en la vida quotidiana. És més difícil de veure amb la llum, però té el mateix principi.

1.3. Les galàxies de l'Univers

El 1609 es va inventar el telescopi i es va aconseguir una visió més precisa del Sistema Solar. Kepler va promulgar les seves lleis i Copèrnic va establir el model heliocèntric, segons el qual el Sol és el centre de l'Univers i tota la resta gira al seu voltant.

Harlow Shapley (1885-1972) va ser el primer de postular la *teoria excèntrica*, segons la qual el Sol no era al centre de l'Univers, contràriament al que s'havia cregut fins aleshores. Més tard, Hubble, científic nord-americà, va descobrir moltes més galàxies a part de la nostra Via Làctia, i va comprovar l'enorme distància entre elles. Curiosament, va observar que les galàxies s'allunyaven les unes de les altres perquè emetien longituds d'ona pròximes al vermell, és a dir, va comprovar l'efecte Doppler de l'Univers.

L'**efecte Doppler** és la clau de la cosmologia. El podem observar quan les ones, siguin sonores o lluminoses, es mouen. Un emissor d'ones fix emet el so o la llum de manera concèntrica. Si aquest emissor d'ones està en moviment, les ones concèntriques també es desplacen. Així, si detectem moviment d'ones concèntriques, podem deduir que el cos emissor d'ones està en moviment, encara que no el veiem o no el sentim.

Fig. 1.5. Emissió d'ones d'un cos en repòs i d'un cos en moviment. L'efecte Doppler es dona en qualsevol tipus d'ona, sigui sonora o lluminosa. Un exemple fàcil d'observar és el so que emet una ambulància en moviment: el so és diferent si l'ambulància s'apropa o s'allunya de nosaltres, tot i que la sirena sempre emet el mateix so. Això és l'efecte Doppler, que també es produeix en els cossos lluminosos, per bé que no ens és tan senzill d'observar.

La unitat fonamental de l'Univers són les galàxies, que poden tenir unes dimensions entre 10 000 anys llum i 100 000 anys llum. Presenten formes variables, poden ser el·líptiques, espirals, barrades o irregulars i no hi ha cap evolució temporal entre elles. Per a fer-nos-en una idea: el nostre Sistema Solar té aproximadament 1 mes llum, la Via Làctia té 100 000 anys llum i l'Univers visible té uns 93 000 milions d'anys llum.

1.4. El Sistema Solar

L'agost del 2006 els astrònoms de la Unió Astronòmica Internacional (UAI), reunits a Praga, van determinar que el nostre Sistema Solar agrupa vuit planetes més tres planetes nans.

Fig. 1.6. Dimensions relatives del Sol, Mercuri, Venus, Terra, Mart, Júpiter, Saturn, Urà, Neptú.

Fig. 1.7. Hipàtia d'Alexandria és considerada la primera dona científica de la història.

Activitats

2> La taula següent mostra les característiques del Sol, dels vuit planetes principals i de Plutó, un dels planetes nans solars.

	Distància al Sol (UA)	Radi relatiu (R/R_T)	Massa relativa (M/M_T)	Període de translació (dies/anys)	Excentricitat orbital	Densitat (g/cm^3)	Satèl·lits	Anells
Sol	0	109	332,8	—	—	1,41	0	no
Mercuri	0,39	0,38	0,5	88 dies	0,2056	5,43	0	no
Venus	0,72	0,95	0,89	224,7 dies	0,0068	5,25	0	no
Terra	1,0	1,0	1,0	365,24 dies	0,0167	5,52	1	no
Mart	1,5	0,53	0,11	687 dies	0,0934	3,95	2	no
Júpiter	5,2	11	318	11,9 anys	0,0483	1,33	39	sí
Saturn	9,5	9	95	29,5 anys	0,0560	0,69	30	sí
Urà	19,2	4	15	84 anys	0,0461	1,29	21	sí
Neptú	30,1	4	17	165 anys	0,0097	1,64	8	sí
Plutó (planeta nan)	39,5	0,18	0,002	248 anys	0,2482	2,03	1	no

UA (unitat astronòmica) = $1{,}496 \cdot 10^{11}$ m.

Taula 1.2. Els valors del radi i la massa són valors relatius per comparació amb els de la Terra.

a) Quantes vegades el volum de Júpiter és més gran que el de la Terra? I la massa? Explica les disparitats entre aquestes dues xifres. Quins altres planetes comparteixen aquesta característica?

b) Calcula, amb les dades de la taula, la massa de la Terra —en quilograms— si el radi mesura 6 371 km.

c) Quin dels planetes solars té una òrbita més circular? I més el·líptica? Quin paràmetre de la taula ens informa d'aquesta característica?

Lectura 3

Estem sols a l'Univers? La vida més enllà de la Terra

Hi va haver un temps en què el planeta Mart va ser més càlid i humit que avui dia. Les imatges enviades per la sonda Mars Express de l'ESA (Agència Espacial Europea) i altres naus espacials mostren enormes canals amb aspecte de llits fluvials secs. On va anar a parar tota aquesta aigua?

Una petita part d'aquesta aigua es troba dipositada als casquets polars en forma de glaç, una altra part es va projectar cap a l'espai; però la major part podria estar congelada a l'interior del sòl i de les roques de Mart.

Existeix la possibilitat que hi hagi hagut vida a Mart fa milers d'anys, quan el planeta era càlid i humit. En l'actualitat, la superfície és massa freda i seca per poder allotjar-hi vida. Malgrat tot, alguns científics creuen que a les profunditats subterrànies de Mart poden existir encara formes de vida simples, com ara bacteris.

L'ESA té previst enviar d'aquí a uns anys un robot explorador a la recerca de vida a Mart. Aquesta exploració aniria seguida d'una missió per prendre mostres de la roca i el sòl marcians per fer-ne un estudi científic.

A part de Mart, podria existir vida als oceans coberts de gel d'algunes de les llunes de Júpiter. Tità, la lluna més gran de Saturn, també es considera un lloc molt interessant.

Els científics creuen que Tità és similar a la jove Terra, tot i ser molt més freda. El gener del 2005, la sonda Huygens de l'ESA ens va proporcionar molta més informació sobre les condicions regnants en aquest satèl·lit glaçat i cobert de boires tòxiques.

Agència Espacial Europea, *Vida en el Espacio,* «La vida más allá de la Tierra» [en línia], 2007.

a) Quin és l'element primordial a partir del qual se suposa que hi ha vida en un planeta tal com la coneixem?

b) Quines característiques especials té la Terra perquè s'hi hagi desenvolupat la vida?

c) Et sembla possible que hi hagi vida en un altre planeta del nostre Sistema Solar? I de la nostra galàxia?

Fig. 1.8. El planeta Mart vist des del telescopi Hubble.

1.5. L'evolució d'una estrella

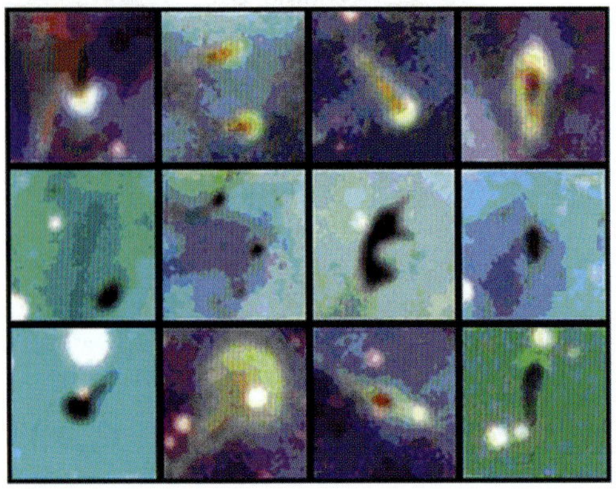

Fig. 1.9. Sistemes solars en formació a diverses regions de la Via Làctia. A cada núvol de material interestel·lar s'està formant una estrella. Aquesta devia ser l'aparença del Sol quan va néixer fa uns 4 600 milions d'anys.

Malgrat que per a nosaltres siguin punts minúsculs, la massa de les estrelles no sempre és igual i en determina de forma decisiva l'evolució. Les estrelles neixen, evolucionen i moren i, segons quina sigui la seva mida, algunes ho fan d'una manera espectacular.

Una estrella de massa més petita que el nostre Sol s'anomena una *nana blanca*. Es tracta d'una estrella molt petita i densa que ha esgotat el combustible i no pot continuar generant energia. Té una mida similar a la Terra i s'anirà refredant i contraient lentament fins a apagar-se totalment.

Si la massa de l'estrella és similar al nostre Sol, la temperatura és prou gran per generar noves reaccions i llavors, quan l'hidrogen s'exhaureix, l'estrella s'infla fins a arribar a convertir-se en una *gegant vermella* que, després, es contrau i acaba els seus dies com una nana blanca. Això li passarà al nostre Sol d'aquí a uns 5000 milions d'anys, que són més o menys els mateixos que té aproximadament ara.

Quan una estrella és molt gran, deu vegades o més gran que el nostre Sol, es col·lapsa i es produeix una gran explosió, com la de 9000 bombes de neutrons. Les temperatures són altíssimes (d'uns sis-cents milions de kèlvins) i també es forma una gegant vermella. Després, la gegant vermella explota en una *supernova,* i s'escampen per l'espai elements pesants que romanien atrapats com el ferro, l'urani, el plom, etc. Gran part de la massa desapareix, però la que queda es contrau i forma una *estrella de neutrons* que és extraordinàriament densa (un cm^3 pesa al voltant d'un milió de tones), que quan gira s'anomena *púlsar.*

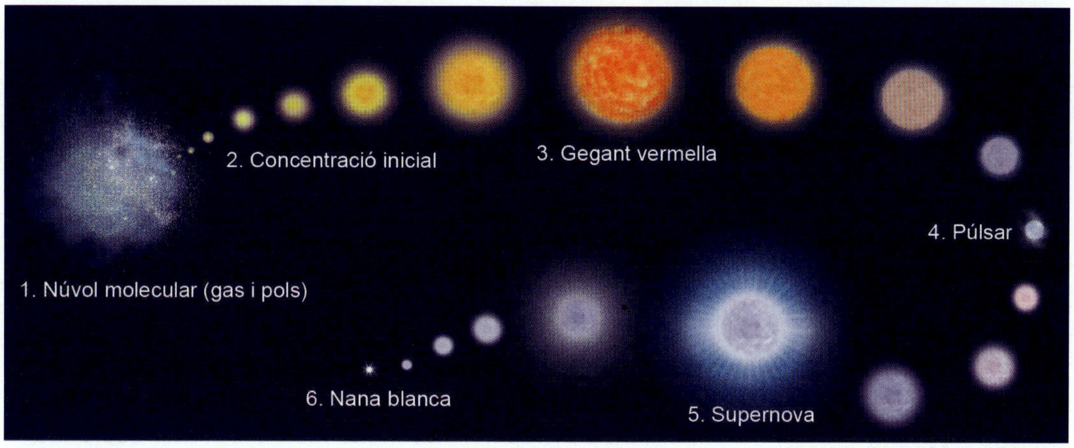

Fig. 1.10. En el procés evolutiu d'una estrella, la temperatura i la lluminositat decreixen progressivament.

Els púlsars, doncs, són estrelles de neutrons magnetitzades que giren a centenars de voltes per segon, com si fossin un far (la rotació pot ser de pocs milisegons). Cada púlsar té el seu període de rotació característic, per això el 2013, científics de l'ESA i la NASA van descobrir l'evolució d'un púlsar; en la fase inicial és de raigs-X per acabar sent de ràdio.

Finalment, si la massa estel·lar és molt gran, unes trenta vegades més gran que el nostre Sol, segueix una evolució similar a l'anterior, però el final és molt diferent. Després de la supernova, el cos estel·lar es contrau fins que tota la massa es concentra en un objecte extraordinàriament dens i petit d'on no s'escapa cap tipus de radiació, ni tan sols la llum: ens trobem davant un *forat negre*.

Els forats negres es creu que són el principal motor de formació dels quàsars *(Quasi Stellar Radio Source)*. Els quàsars són centres d'emissions d'ones de ràdio de gran intensitat que es troben a grans distàncies, pràcticament al límit de l'Univers.

Estrelles	Lluminositat
Supergegants	10 000 vegades la lluminositat del Sol.
Gegants	100 vegades la lluminositat del Sol.
Nanes	Lluminositat similar o inferior a la del Sol.

Taula 1.3. Lluminositat de les estrelles.

Lectura 4

Un grapat de sorra conté uns deu mil grans, un nombre superior al dels estels que podem veure a ull nu en una nit clara. Però el nombre d'estels que podem veure només és una mínima fracció del nombre d'estels que existeixen.

Els que veiem a la nit són un simple resum dels estels més propers. En canvi el cosmos és ric sense mesura: el nombre total d'estels a l'Univers és més gran que tots els grans de sorra de totes les platges del planeta Terra.

CARL SAGAN. «Viatges a través de l'espai i del temps», *Cosmos*, 1980.

Et sembla possible que en una d'aquestes estrelles hi pugui haver un planeta habitat com el nostre? Per què?

Sabies que...?

El **col·lapse d'una estrella** és la contracció que es produeix quan l'atracció gravitacional de tota la massa cap al centre supera la força generada per la pressió de la matèria.

Important

L'expressió *forat negre* és un terme establert l'any 1969 pel científic americà John Wheeler per definir el final de l'etapa d'una estrella. Si la seva massa és molt gran, la llum no pot escapar de la seva atracció gravitatòria i, per tant, sembla negra als observadors exteriors.

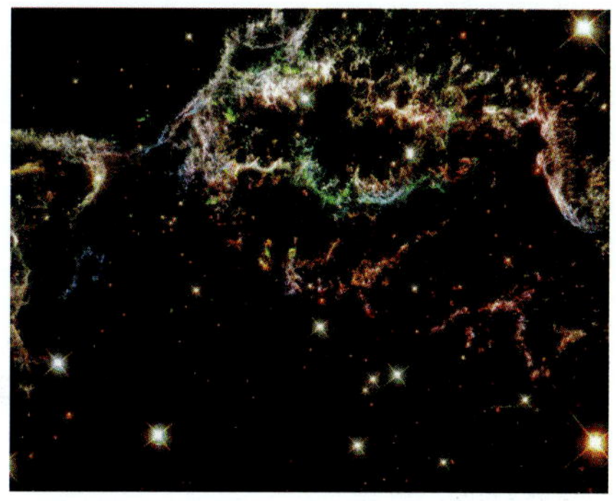

Fig. 1.11. Cassiopea A és una romanent d'una supernova que es troba a la Via Làctia.

Més dades

L'or de les joies i l'urani dels reactors nuclears són restes de supernoves que van existir abans que nasqués el nostre Sistema Solar.

2. L'expansió i el límit de l'Univers: el *Big Bang*

Vídeo

Teoria del* Big Bang *i Formació del Sistema Solar

https://goo.gl/uOkJOQ
https://goo.gl/7EizRQ

Aquests documentals parteixen de la Terra per a explicar el Sistema Solar i l'origen de l'Univers, per tornar a l'origen de la Terra i la formació del Sistema Solar.

Es creu que l'Univers és infinit, però té límit. Ens és difícil d'entendre la immensitat de l'Univers perquè ens movem en unes dimensions reduïdes. Podem calcular la distància que hi ha des de casa nostra fins a algun lloc on anem habitualment, però ens podem imaginar l'enorme distància que és un any llum?

Som part de l'Univers, som part de la pols estel·lar que fa entre 10 000 i 20 000 milions d'anys va esclatar en una explosió que anomenem *Big Bang*. A partir d'aquí, suposem que l'Univers no ha deixat d'expandir-se.

A l'inici, al *Big Bang*, només es van formar gasos lleugers, com ara l'hidrogen i l'heli. Tota la resta de matèria s'ha format en grans explosions atòmiques d'estrelles molt més grans que el nostre Sol, és a dir, supernoves.

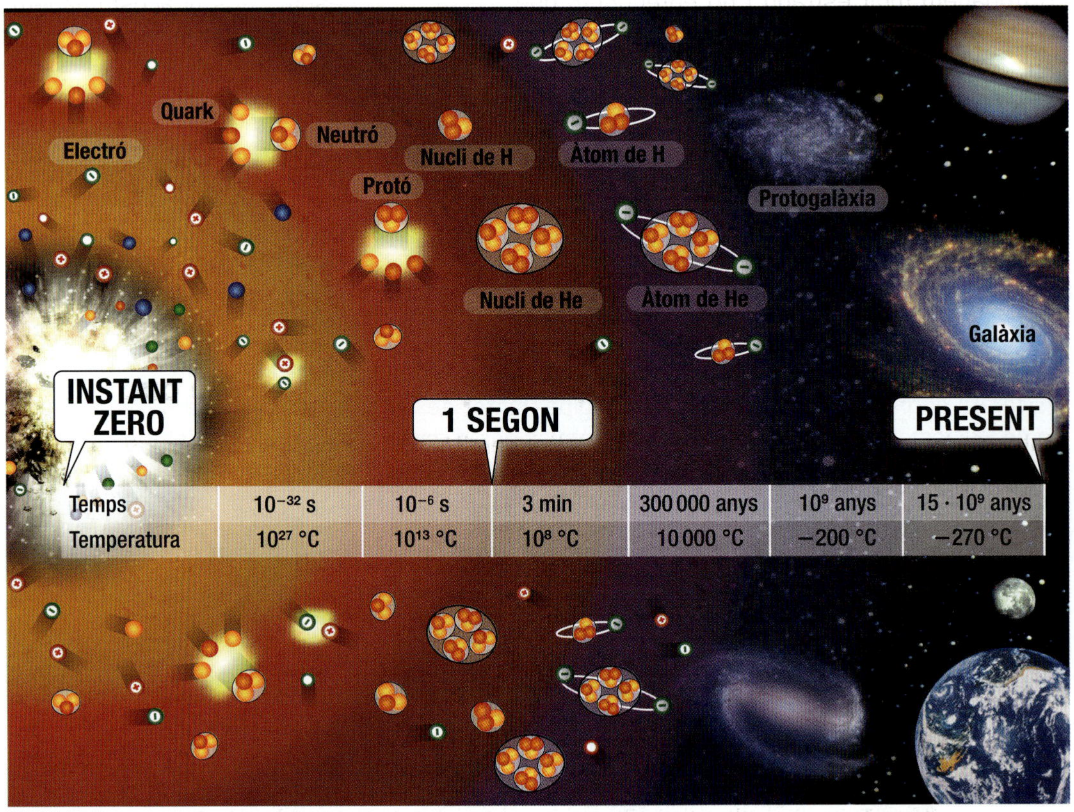

Big Bang	Densitat infinita, volum infinitesimal.	300 000 anys	Àtoms. Univers transparent.
10^{-43} segons	Forces no diferenciades.	10^6 anys	Gèrmens de galàxies.
10^{-34} segons	Sopa de partícules elementals.	10^8 anys	Primeres galàxies.
10^{-10} segons	Formació de protons i neutrons.	10^9 anys	Estels. La resta, es refreda.
1 segon	Mida del Sol.	$5 \cdot 10^9$ anys	Formació de la Via Làctia.
3 minuts	Nuclis atòmics.	10^{10} anys	Sistema Solar i la Terra.
30 minuts	Plasma.		

Fig. 1.12. Etapes de l'evolució de l'Univers.

! Important

L'astrofísic britànic Fred Hoyle (1915-2001) va proposar la teoria de l'*estat estacionari*, que suposa que l'Univers no té inici, sinó que sempre ha existit; i la teoria de la *panspèrmia*, que diu que la vida ha arribat a la Terra per via de cometes que han estat capaços de dispersar-la pel nostre planeta. A més a més, Hoyle va batejar la teoria d'expansió de l'Univers com a *Big Bang*, de la qual n'era detractor.

+ Més dades

Georges Lemaître (1894-1966), astrofísic i capellà belga, va resoldre les equacions d'Einstein sobre l'Univers i va interpretar que estava en expansió.

3. Els temps de l'Univers

La teoria de la relativitat i la mecànica quàntica són les dues teories revolucionàries del principi del segle XX que van canviar les idees sobre la constitució de la matèria i el funcionament del cosmos. Formulades per Einstein el 1905, el seu estudi i el seu desenvolupament van obrir la porta a nous coneixements científics i a una nova concepció de l'Univers.

3.1. La relativitat

En la teoria de la relativitat, Einstein introduïa un nou element: la quarta dimensió, és a dir, el temps.

Per entendre una mica millor aquesta quarta dimensió, imaginem-nos que vivim en un món de dues dimensions, és a dir, en un pla. De sobte, algú ve volant i veu les coses des de dalt: acabaria de descobrir la tercera dimensió. En principi, els habitants del món de dues dimensions ho trobaríem molt estrany i no entendríem què passa, però després ens hi acostumaríem. Una cosa similar ens passa quan parlem de la quarta dimensió.

Segons la teoria de la relativitat, el temps i l'espai no són dues entitats separades sinó que formen part d'una mateixa cosa. El temps absolut no existeix sinó que és un temps personal, tal com mostra la *paradoxa dels bessons*.

El fet més important de la teoria de la relativitat és mostrar-nos la relació entre massa i energia amb la fórmula més reconeguda i famosa de la història: $E = m \cdot c^2$.

A la pràctica, aquesta fórmula implica que la velocitat de la llum ha de ser la mateixa per a qualsevol observador, és a dir, ens diu que res no pot viatjar més ràpidament que la llum.

3.2. La curvatura de l'espaitemps i els forats de cuc

«Potser hi ha una manera més ràpida de viatjar per l'Univers.»

Aquesta idea es basa en l'existència d'una curvatura en l'espaitemps que permetria recórrer grans distàncies en una mena de «dreceres» anomenades *forats de cuc*.

Un forat de cuc és un tret hipotètic de l'espaitemps que té dues boques connectades entre elles. Aquesta hipòtesi prediu que es formaria un túnel que connectaria dues regions de l'espaitemps, a través del qual la matèria podria viatjar molt més ràpidament que si ho hagués de fer a la velocitat de la llum.

Vídeo

La teoria de la relativitat explicada per C. Sagan

https://goo.gl/CGJLA4

Carl Sagan explica aquí la teoria de la relativitat, d'una manera entenedora, a través d'un viatge en motocicleta i com seria el pas del temps tant per al conductor com per als vianants.

Fig. 1.14. Carl Sagan (1934-1996), professor d'astronomia i ciències planetàries, i divulgador científic. Va ser molt popular als anys setanta gràcies a la sèrie de televisió *Cosmos, un viatge personal,* de la qual en va ser presentador i coautor juntament amb Ann Druyan.

Fig. 1.13. Després de dotze anys, la *Rosetta* va acabar la seva missió el 30 de setembre del 2016. Va descobrir, entre altres, que alguns cometes (67P) van portar a la Terra partícules orgàniques complexes bàsiques per al sorgiment de la vida.

Important

1 any llum = 94 608 · 10^8 quilòmetres (distància que recorre la llum durant un any).

1 parsec = 3,26 anys llum.

La llum té una velocitat al buit de 300 000 km/s. Sabem que la llum del Sol triga uns vuit minuts a arribar a les nostres retines, és l'estrella més propera.

Alfa Centaure es troba a 4,5 anys llum i és l'estrella més propera després del Sol.

Més dades

Universos ocultos. Un viaje a las dimensiones extras del cosmos, de Lisa Randall, és un llibre sobre l'Univers i el seu origen, i sobre tot el que intuïm, augurem, deduïm que està per saber i per arribar.

Lisa Randall (Nova York, 1962) és experta en física de partícules i cosmologia, ocupa la càtedra Frank B. Baird, Jr. a la Universitat de Harvard i fou la primera dona catedràtica al Departament de Física de Princeton i la primera catedràtica en física teòrica a Harvard.

Activitats

3> Un viatge en el temps

En la teoria de la relativitat, cada observador té la seva pròpia mesura del temps. Això duu a l'anomenada *paradoxa dels bessons*.

Un dels germans d'una parella de bessons fa un viatge espacial durant el qual es desplaça fins a Alfa Centaure a una velocitat 0,9 vegades la velocitat de la llum, mentre que el seu germà es queda a la Terra.

Com que el bessó viatger es desplaça a 0,9 *c*, segons un observador a la Terra, trigarà a anar i tornar d'Alfa Centaure:

$$t_T = \frac{s}{v} = \frac{2 \cdot 4{,}5 \text{ any llum}}{0{,}9 \cdot 300\,000 \text{ km/s}} =$$

$$= \frac{2 \cdot 4{,}5 \text{ any llum}}{0{,}9 \cdot 300\,000 \text{ km/s}} \cdot \frac{94\,608 \cdot 10^8 \text{ km}}{1 \text{ any llum}} \cdot \frac{1 \text{ any}}{31\,536\,000 \text{ s}} = 10 \text{ anys}$$

A causa del seu moviment, el temps passa més lentament a la nau espacial que no pas a la Terra. Aquesta variació temporal es mesura amb un factor γ:

$$t_{\alpha} = t_{\gamma} \cdot \gamma\ 5$$

$$= t_T \sqrt{1 - \frac{v^2}{c^2}} = 10 \cdot \sqrt{1 - \frac{(0{,}9\ c)^2}{c^2}} \approx 4{,}3 \text{ anys}$$

És a dir, segons la teoria de la relativitat, el viatger ha recorregut una distància de 9 anys llum només en 4,3 anys. Així, en tornar, el bessó viatger trobarà que el seu germà és més vell que no pas ell.

Encara que això desafia el sentit comú, una sèrie d'experiments ha indicat que, en aquesta situació, el bessó viatger seria, efectivament, més jove.

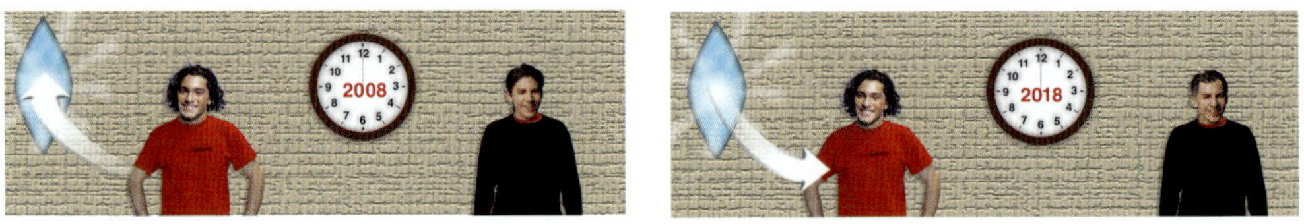

Fig. 1.15.

Debateu conjuntament a classe aquesta paradoxa.

Fig. 1.16. La pel·lícula *Contact,* basada en la novel·la homònima de Carl Sagan, planteja un viatge a través dels forats de cuc. Ellie Arroway (Jodie Foster) és una científica brillant que busca senyals d'intel·ligència extraterrestre (SETI).

Les proves del *Big Bang*	
Radiació de fons de l'Univers	La sonda WMAP ha enviat darrerament dades que confirmen que hi ha una radiació de fons.
Expansió de l'Univers	A partir de l'efecte Doppler sabem que està en expansió, per tant, en un temps passat era molt més petit.
Relativitat general	Segons la teoria d'Einstein, l'Univers ha d'estar en expansió o en contracció.
Foscor al cel nocturn	Si l'Univers fos infinit en mida i edat no tindriem mai nit, perquè sempre ens arribaria llum. Així, doncs, el *Big Bang* resol aquesta contradicció, perquè dona una edat a l'Univers de 13 700 Ma (paradoxa d'Olbers).
Presència d'elements lleugers	A l'Univers, hi ha la proporció d'hidrogen, heli i liti per predir la teoria.

Taula 1.4. Proves del *Big Bang.*

4. Una aproximació a l'Univers probable: la teoria quàntica

La *mecànica quàntica* és la branca de la física que estudia el comportament de la llum i de la matèria en les partícules més petites, i de les lleis que les regeixen. Amb la mecànica quàntica neix la física moderna al principi del segle XX.

La mecànica quàntica posa en dubte la relació causa-efecte. Així, és possible concebre l'aparició de l'Univers sense l'existència de causes concretes. D'aquesta manera, és tant o més important qüestionar-se què va originar l'Univers com qüestionar-se què el manté.

Max Planck, al principi del segle XX, va donar el primer pas cap a la teoria quàntica en descobrir que només es podia explicar la radiació d'un cos al vermell si emetia i absorbia llum amb paquets anomenats *quanta*. Einstein va anar més enllà i el 1905 va demostrar que aquesta hipòtesi podria explicar l'*efecte fotoelèctric*: l'efecte, causat pels electrons, que desprenen alguns metalls en ser il·luminats.

Breu cronologia dels inicis de la mecànica quàntica	
1900	Hipòtesi quàntica de Planck. Planck explica les bases de la radiació tèrmica, és a dir, l'emissió d'energia dels cossos a causa de la pròpia temperatura.
1905	Einstein explica l'efecte fotoelèctric aplicant la hipòtesi de Planck: és el primer signe tangible de l'existència dels fotons.
1911	Els experiments de Rutherford estableixen un altre model planetari amb un nucli i òrbites externes. Rutherford va exemplificar que els àtoms eren com petits sistemes solars on el nucli ocupava el lloc que correspondria al Sol i els electrons orbitaven com si fossin planetes.
1913	Niels Bohr, tenint en compte Rutherford i la hipòtesi de Planck, elabora el primer model de l'àtom en el qual els electrons es mouen al voltant del nucli.

Taula 1.5.

Més dades

L'efecte fotoelèctric és la base dels detectors de llum i les càmeres de televisió.

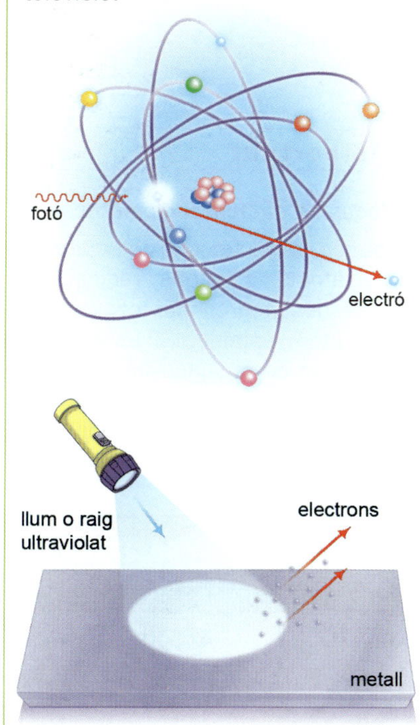

Fig. 1.18. Efecte fotoelèctric.

Lectura 5

Els forats de cuc són una mena de túnels que connecten regions allunyades de l'espaitemps a través de dimensions addicionals. Aquesta definició que sembla tan enrevessada no és difícil de comprendre si imaginem un espai pla de dues dimensions, una cosa com ara un full de paper, habitat per éssers bidimensionals, els planons.

Si el full es manté pla, un planó que visqui en un dels extrems del paper està obligat a recórrer un camí força llarg per visitar la seva promesa que viu a l'altre extrem. Si es corba el full, el planó enamorat no hi guanya gran cosa i encara ha de recórrer el mateix llarg camí. Si entre els dos extrems del full corbat, però, el departament d'obres públiques de la planura construís un túnel aprofitant la tercera dimensió, el planó seria feliç perquè podria visitar la seva promesa recorrent un camí molt més curt. Així, és possible desplaçar-se a punts de l'espai molt allunyats a través d'aquestes dreceres. Si entenem aquest espai no com un simple espai, sinó com un espaitemps en què el temps i l'espai estan inextricablement enllaçats, és possible també, sota certes condicions, desplaçar-se a instants de temps allunyats emprant una quantitat de temps insignificant en el trajecte.

EL TEMPS, núm. 1102, juliol, 2005.

a) **Una altra proposta per viatjar per l'espaitemps és la que mostra la teoria de cordes. Esbrina què és una corda i què diu la teoria de cordes?**

b) **Quin problema no resolt de les lleis físiques intenta explicar la teoria de cordes?**

Fig. 1.17. Esquema d'un forat de cuc.

5. La nostra Terra

La ciència s'ha anat desenvolupant a força de descobriments i nous plantejaments. Des de fa uns dos mil cinc-cents anys, la humanitat s'ha preguntat per què les muntanyes són on són i com s'han format.

Els fenòmens naturals (terratrèmols, volcans, inundacions) han estat font d'inspiració de diverses generacions de científics, que han tractat de trobar-hi una explicació ajudats pels coneixements tècnics de l'època.

5.1. L'edat de la Terra

Estudiosos de totes les èpoques han intentat explicar com i quan es va formar la Terra i relacionar l'origen del nostre planeta amb l'evolució de la resta de l'Univers.

Alguns teòlegs de l'edat mitjana van intentar establir, des de l'òptica judeocristiana i a partir dels textos de la Bíblia, el moment en què es va produir la Creació.

Així, a mitjan segle XVIII, l'arquebisbe irlandès James Ussher va determinar, amb tota exactitud, que Déu havia creat l'Univers la nit abans del diumenge 23 d'octubre del 4004 aC, és a dir, fa uns sis mil anys.

Però no va ser fins al segle XVIII que George Louis Leclerc va començar a aplicar el mètode científic per fer el càlcul de l'edat de la Terra. Leclerc, comte de Buffon, va raonar que la Terra era una massa de roca incandescent que s'havia anat refredant a poc a poc i la va comparar amb una bola de fang calenta.

De manera que, en extrapolar el temps que triga a refredar-se una bola de fang, va determinar que el planeta tenia setanta-cinc mil anys.

! Important

Mètodes de datació radiomètrica

Es basen en el fet que tot material conté àtoms d'isòtops radioactius que es desintegren per convertirse en un àtom estable. Si es mesura la quantitat de radioactivitat residual d'una mostra per a un determinat isòtop i se'n coneix la vida mitjana, es pot estimar l'edat absoluta de la mostra.

Isòtops (inicial/final)	Vida mitjana (milions d'anys)
^{87}Rb, ^{87}Sr	47 000
^{147}Sm, ^{143}Nd	10 300
^{238}U, ^{206}Pb	4 560
^{40}K, ^{40}Ar	1 300
^{235}U, ^{207}Pb	713
^{14}C, ^{14}N	0,005570

Taula 1.6.

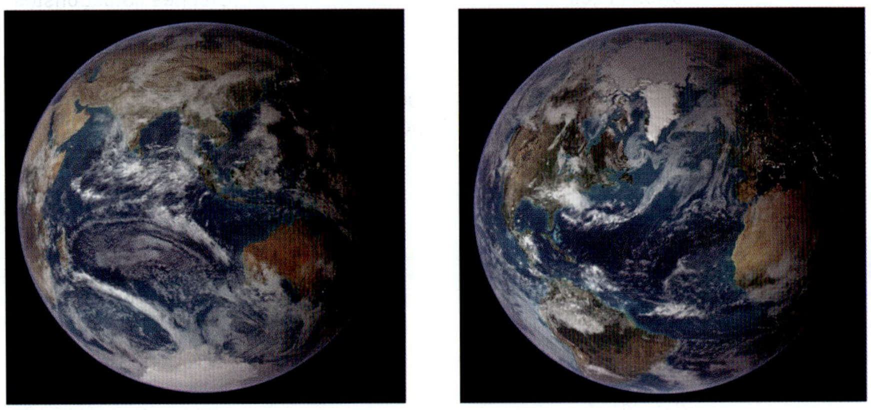

Fig. 1.19. Les dues cares de la Terra.

La Terra, però, és un sistema complex i no sols una esfera de fang sòlid. A més, les teories sobre l'evolució de Jean-Baptiste Lamarck i Charles Darwin, que començaven a tenir ressò entre la comunitat científica, necessitaven que la Terra fos molt més vella; volien milions d'anys.

En el segle XIX, William Thomson, baró de Kelvin, va intentar calcular l'edat del Sol, que va suposar, encertadament, la mateixa que la de la Terra.

Amb l'ajuda de la termodinàmica i el supòsit que tota l'energia potencial gravitacional del Sol provenia del seu interior, va arribar a la conclusió que l'antiguitat de la Terra era de noranta-vuit milions d'anys. Així, doncs, l'edat de la Terra augmentava, però no prou per justificar-ne l'evolució.

L'estudi de la radioactivitat, en el segle XX, va posar de manifest que la calor interna de la Terra era causada, a banda de per l'energia potencial alliberada durant la seva formació, per la desintegració radioactiva dels àtoms del seu interior.

Actualment, gràcies, entre d'altres, al mètode radiomètric de datació, s'ha establert que el nostre planeta té uns quatre mil sis-cents milions d'anys, es va generar en engendrar-se la nostra estrella, el Sol, i morirà amb ella.

Època	Personatge	Fets
Edat antiga	Aristòtil (s. IV aC)	*Meteorològica,* primer tractat sobre l'atmosfera.
	Teofrast (s. III aC)	Tractat *Sobre les pedres.*
	Sèneca (s. I)	*Qüestions naturals.*
	Plini (s. I)	*Història Natural.*
	Hipàtia d'Alexandria (s. V)	Considerada la primera dona científica de la història.
Edat mitjana	Avicenna (s. XI)	Estudis sobre astronomia.
Renaixement i s. XVI i XVII	Leonardo da Vinci	Estudis sobre física, astronomia, geologia, etc.
	Descartes	Sistema de coordenades.
	Galileu	Reforça la teoria heliocèntrica.
	Kepler	El misteri còsmic.
	Newton	Llei de la gravitació universal.
	Agrícola	Considerat el fundador de la mineralogia.
	Stenon	Principi de superposició.
s. XVI	Werner	Teoria neptunista.
	Hutton	Teoria plutonista. Pare de la geologia moderna.
s. XIX	Buffon i Lyell	Teories catastrofistes i uniformitaristes.
	William Smith	Primer mapa geològic.
	Lamarck, Cuvier, Arduino, Haüy, Berzelius, Dana, Gilbert, D'Orbigny, Oppel, Mohs, etc.	Destaquen en diferents camps, la geologia és cada cop més coneguda.
s. XX	Suess	En l'obra *La faç de la Terra,* divideix la Terra en tres capes: escorça, mantell i nucli.
	Gutenberg, Mohorovičić	Discontinuïtats.
	Inge Lehmann	Sismòloga danesa. Els seus descobriments van ser decisius per entendre el nucli terrestre.
	Bowen	Sèrie mineralògica de cristal·lització.
	Wegener	Teoria de la deriva continental.
	Hess	Expansió i subducció dels fons oceànics.
	Holmes	Convecció del mantell.
	Mercalli	Escala dels terratrèmols.
	Vine i Matthews	Estudien les bandes paleomagnètiques dels fons oceànics.
	J. T. Wilson	En «Una revolució en les ciències de la Terra» interpreta les falles transformants i proposa un cicle de creació i destrucció d'escorça.
	Harrison Smith	Primer geòleg que camina sobre la Lluna.
	1972	Primera Cimera de la Terra organitzada per l'ONU sobre els canvis globals al planeta.
	1978	Naixement de la geoplanetologia.
s. XX-XXI		Es qüestiona el concepte d'astenosfera.

Taula 1.7. Obres, teories i estudis que marquen la història de la ciència i la comprensió de la Terra.

5.2. La geosfera: estructura interna de la Terra

Volem conèixer l'Univers i encara no coneixem del tot la nostra Terra. El nostre petit planeta blau, perdut enmig d'una galàxia insignificant, encara guarda molts enigmes. Els mètodes per saber com funciona la Terra i què hi ha en el seu interior han estat diversos i variats al llarg de la història.

Les investigacions sobre l'interior de la Terra s'han centrat principalment en l'estudi de la composició dels materials que la formen i en el comportament mecànic (elasticitat, plasticitat...) d'aquests materials. A causa de la profunditat de la Terra, però, aquests estudis han d'estar basats, necessàriament, en mètodes indirectes i, per tant, els científics treballen amb models.

A partir de la informació sobre l'interior del planeta que proporciona l'estudi de la propagació de les ones sísmiques originades pels terratrèmols, s'han elaborat dos models segons els quals la Terra s'ha estructurat en capes concèntriques.

- El **model estàtic** determina quins són els diversos materials que formen l'interior de la Terra i estudia les propietats químiques i la velocitat de les ones sísmiques que els travessen. A partir d'aquesta informació, estableix que les capes de la Terra en ordre creixent de profunditat són l'*escorça* (*oceànica* i *continental*), el *mantell* (*superior* i *inferior*) i el *nucli (intern* i *extern)*.
- El **model dinàmic,** al seu torn, estudia les propietats mecàniques dels materials a l'hora de dividir l'estructura interna del planeta en quatres capes principals separades per *discontinuïtats* ben definides: la *litosfera*, l'*astenosfera*, la *mesosfera* i l'*endosfera*.

La litosfera, formada per l'escorça i la zona més externa del mantell superior, és bastant rígida, fa entre 50 km i 200 km de gruix i, en travessar-la, la velocitat de les ones sísmiques augmenta segons la profunditat. L'astenosfera ocupa part del mantell i és una capa plàstica, en la qual la temperatura i la pressió permeten que les roques es fonguin en alguns punts.

Més dades

Jules Verne va imaginar-se un viatge impossible al centre de la Terra. Amb el temps s'ha comprovat que tota l'estructura complexa i la calor interna existent farien impossible qualsevol aventura d'exploració «intraterrestre».

Curiositat

Antigament, s'anomenava *sial* (silicats d'alumini) l'escorça continental i *sima* (silicats de magnesi) l'escorça oceànica. Els noms feien referència a la composició química dels materials majoritaris.

Sabies que...?

Tot i els avenços tecnològics, conèixer l'interior de la Terra encara és un repte per als humans. Cap a mitjan segle passat es va predir que l'any 2000 —era un nombre rodó i màgic— es podrien preveure amb exactitud els terratrèmols. Arribat l'any 2000 s'ha fixat la data del 2050 per curar-se en salut. El cert és que aquest tipus de fenomen natural no és fàcil de preveure i per molt que hagi avançat la ciència i la tècnica avui dia encara no podem saber amb exactitud on es produirà un moviment sísmic, i menys encara saber-ne la intensitat.

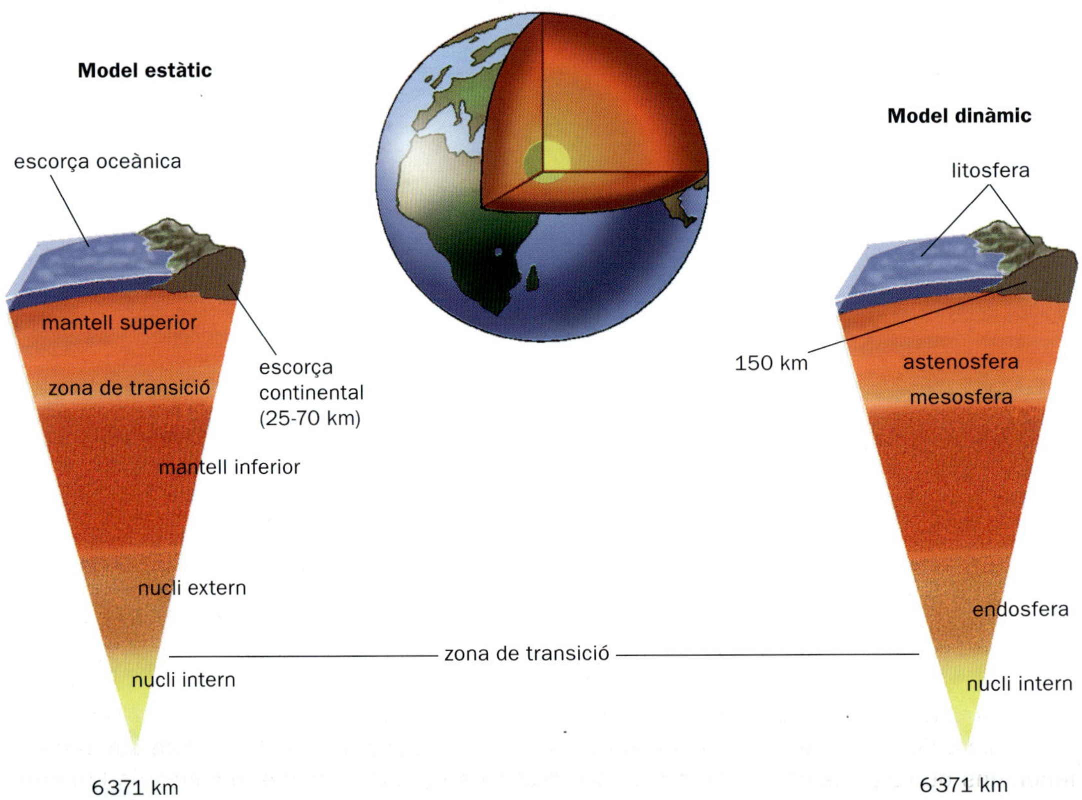

Fig. 1.20. Models estàtic i dinàmic de les diferents capes de la Terra.

Durant anys aquests dos models de l'interior de la Terra han semblat prou coherents i fàcils d'entendre: capes concèntriques amb diferents característiques separades per discontinuïtats. Era un model àmpliament acceptat, però, què succeeix quan es tenen més dades i es comprova que la teoria no es correspon amb la realitat?

La complexitat del sistema del nostre planeta és elevada i sovint sorgeixen nous models que expliquen fets ocorreguts que desmenteixen teories anteriors. Això és el que ha succeït amb l'astenosfera, la capa que es troba immediatament a sota de la litosfera i on les ones sísmiques disminueixen la velocitat. Aquesta capa de «baixa velocitat» ha causat una forta controvèrsia i actualment se'n qüestiona l'existència.

Els primers dubtes van sorgir a la dècada del 1990, quan es va desenvolupar la tomografia sísmica per al coneixement de l'interior de la Terra. A partir d'aquí, científics de tot el món han aportat arguments i, actualment, s'accepta que l'astenosfera no existeix com a tal, i es considera que és el mantell en conjunt el que flueix per donar lloc a la tectònica de plaques.

Sabies que...?

La **tomografia sísmica** és un mètode científic que permet reconstruir l'estructura interna de la Terra en una pantalla d'ordinador a partir de les ones generades pels terratrèmols. El mètode és similar a fer un escàner o una radiografia a la Terra. L'aplicació d'aquesta tècnica permet crear mapes tridimensionals del mantell terrestre.

5.3. La dinàmica terrestre

La teoria de la tectònica de plaques explica la variació en la distribució dels continents i oceans al llarg del temps (deriva continental), que va començar fa milions d'anys i encara continua.

Aquesta teoria justifica l'existència de les plaques litosfèriques que formen la superfície terrestre i n'explica els desplaçaments sobre el mantell fluid a una velocitat d'uns quants centímetres per any. Aquestes plaques que se separen, s'acosten o llisquen horitzontalment, poden incloure masses continentals, oceàniques o les dues alhora i són molt rígides i viscoses.

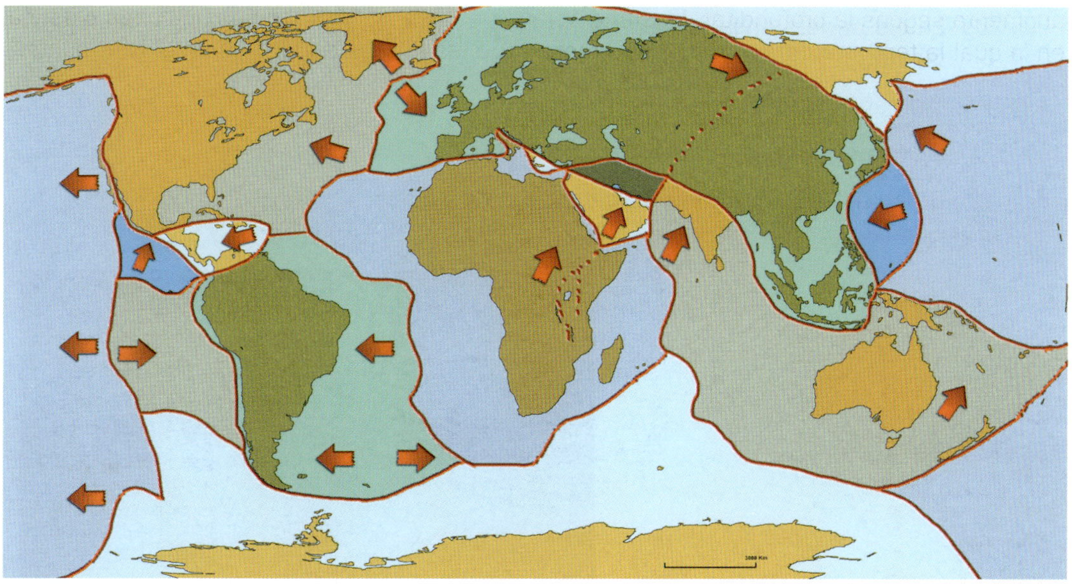

Fig. 1.21. La superfície terrestre està dividida en unes 14-17 plaques independents.

Els canvis de posició dels continents són processos que tenen lloc molt lentament i porten associats altres fenòmens. En els límits entre les plaques tectòniques es localitzen la major part dels fenòmens geològics que impliquen l'alliberament d'energia generada a l'interior del planeta: creació de muntanyes i fosses marines, vulcanisme, terratrèmols... A les vores de plaques convergents es poden donar fenòmens de subducció, quan hi ha dues plaques oceàniques (es formen arcs d'illes com el Japó), o una placa oceànica i una continental (es fomen serralades volcàniques tipus Andes); o d'obducció, quan són dues plaques continentals (Himàlaia o Pirineus). Si les plaques són divergents hi trobem la dorsal oceànica que genera fenòmens de vulcanisme i terratrèmols poc profunds (la dorsal centre atlàntica és la serralada més llarga de la Terra). Si es produeix cisallament entre plaques, tenim falles transformants que generen terratrèmols importants (per exemple, la falla de San Andrés a Califòrnia).

Més dades

En un temps no gaire llunyà, alguns geòlegs creien que quan trobaven un fòssil a dalt de tot d'una muntanya era perquè el mar hi havia arribat. Més tard, es va comprovar que si bé era cert que els fòssils marins provenien, per força, del mar, el fet que ara es trobessin sobre una muntanya era a causa dels moviments tectònics.

Curiositat

Com és que podem trobar un fòssil al capdamunt d'una muntanya?

Quan l'animal mor, queda al fons de l'oceà. Durant milions d'anys, diferents sediments es van dipositant damunt seu i formen capes i capes de sediments. Aquests sediments, al cap d'uns quants milions d'anys, esdevenen roques, amb les restes fòssils de l'animal incloses. Si es produeix una orogènesi (conjunt de processos geològics que duen a la formació d'un sistema muntanyós) i, per tant, la formació d'una muntanya, aquell animal transformat en roca pot quedar al descobert al capdamunt de la muntanya. Una de les muntanyes de casa nostra on podeu trobar nombrosos fòssils és el massís del Garraf.

Activitats

Vídeo

Catalunya tremola

https://goo.gl/PoacsD

Vídeo dedicat als terratrèmols i que recorda el sisme que l'any 1428 va matar més de mil persones a Catalunya.

Informació

Els cins terratrèmols de més magnitud en els darrers vint-i-cinc anys:

Magnitud	Lloc	Any
4,6	Costa de Tarragona	1995
4,3	Golf de Roses	2015
4,3	Plataforma Castor	2013
4,0	Ripollès	2004
4,0	Costa del Maresme	1994

Taula 1.8.

4> El risc sísmic a Catalunya

La figura 1.22 representa l'activitat sísmica a Catalunya entre el 1986 i el 2000.

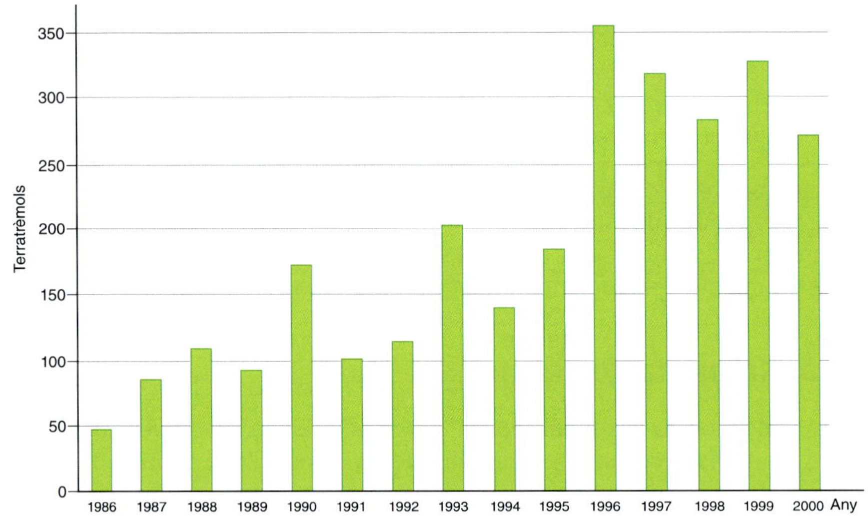

Fig. 1.22. Activitat sísmica a Catalunya entre el 1986 i el 2000.

a) Quina interpretació es podria fer de les dades representades?

1) En els darrers anys ha augmentat l'activitat sísmica.

2) En els darrers anys ha augmentat la quantitat de sismes detectats pels instruments.

b) Per tant, som davant...

1) D'un canvi en l'activitat tectònica del país.

2) D'una millora en la xarxa de detecció dels sismes.

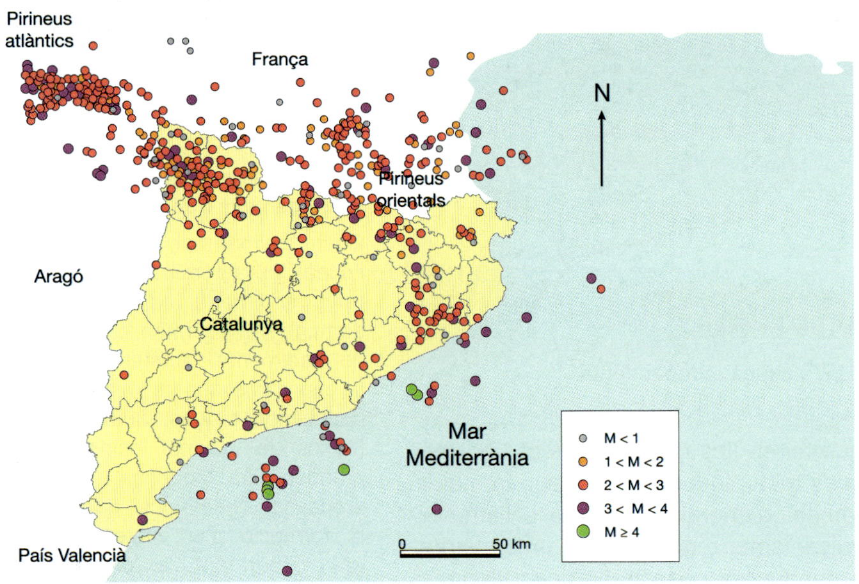

Fig. 1.23. Sismicitat a Catalunya.

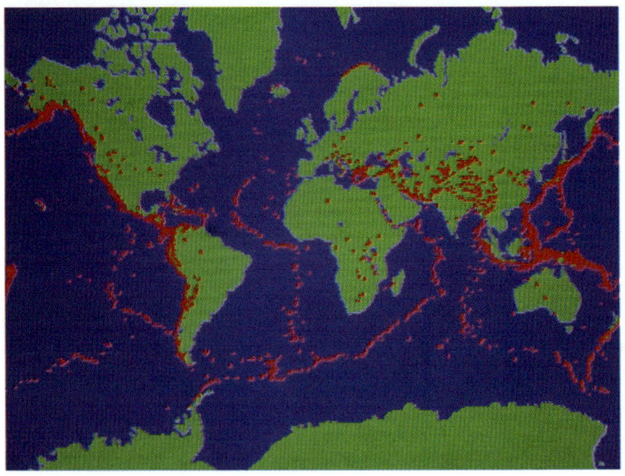

Fig. 1.24. Sismicitat al món.

c) Quines són les zones de major risc a Catalunya? Com expliques aquesta distribució de l'activitat sísmica? Hi ha alguna relació amb la distribució mundial dels sismes?

La deriva dels continents i l'expansió oceànica

La teoria de la tectònica de plaques es va formular a partir del 1968, però la idea que en el passat els continents estaven units data del 1915, quan l'alemany Alfred Wegener va publicar *L'origen dels continents i dels oceans*, que més tard va donar lloc a la teoria de la deriva continental.

Sembla que la Terra fa uns dos-cents milions d'anys estava formada per un gran continent denominat *Pangea*, que es va dividir en dos nous continents: *Gondwana* i *Lauràsia*. Posteriorment, en divisions successives, es van crear els continents actuals.

Vídeo

L'expansió oceànica

https://goo.gl/JLHSUK

Aquest vídeo explica l'expansió oceànica a través del magnetisme, els sediments, el gradient de temperatures..., per tal de tractar l'activitat interna del planeta i els volcans.

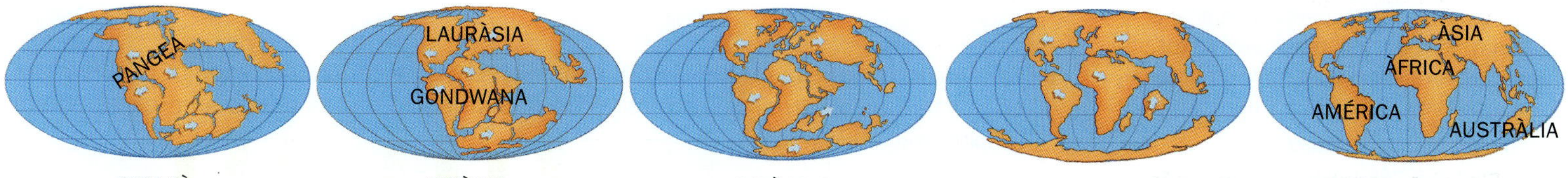

Fig. 1.25. Evolució de les masses continentals en els darrers dos-cents milions d'anys.

La teoria de la deriva continental de Wegener es basava en el moviment de l'escorça continental sobre l'escorça oceànica, és a dir, els continents semblaven surar sobre els oceans. Aquesta teoria es va confirmar quan es van adonar que la part est del continent sud-americà i la part oest del continent africà coincidien gairebé com un trencaclosques; a més es van trobar fòssils de les mateixes espècies en aquestes àrees que ara estan separades per un oceà.

Posteriorment es va comprovar que la causa que provoca la deriva continental és l'expansió del fons oceànic. En efecte, els oceans poden créixer a tots dos costats de les dorsals a causa de la incorporació constant de materials procedents del mantell.

L'eixamplament del fons marí fa que els continents de les dues ribes oceàniques s'allunyin. A més, quan els oceans són suficientment amples i antics, l'escorça oceànica s'esfondra per sota de les vores continentals i s'incorpora al mantell. Això s'esdevé en les anomenades *zones de subducció*, emplaçades generalment a les fosses marines.

A causa de l'existència de les dorsals i les zones de subducció, la litosfera es troba fragmentada en peces més poligonals o menys que anomenem *plaques tectòniques*, els límits de les quals poden ser constructius o divergents —a les dorsals—, destructius o convergents —a les zones de subducció— o passius —a les zones on xoquen dues plaques continentals.

! Important

Les proves paleomagnètiques

L'expansió oceànica s'ha comprovat pel fet que els minerals magnètics de les roques s'orienten quan se solidifiquen en la direcció dels pols magnètics terrestres. Dues roques de la mateixa edat tenen la mateixa orientació paleomagnètica. En el fons oceànic actual és possible traçar bandes paleomagnètiques simètriques a costat i costat de cada dorsal. La separació de dues bandes simètriques —formades al mateix temps— d'edat coneguda ens indica la velocitat d'expansió del fons de l'oceà.

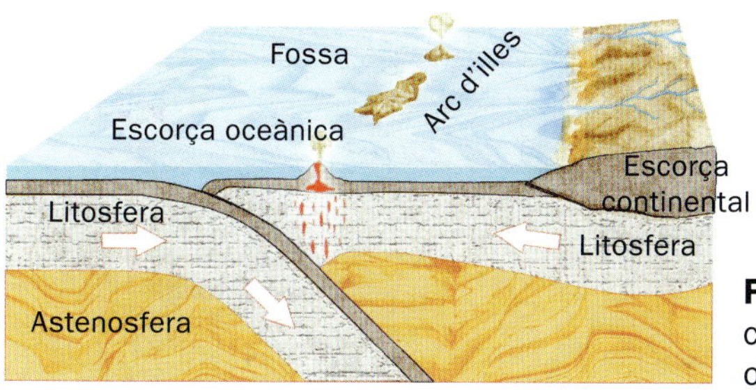

Fig. 1.26. Límit convergent oceà-oceà.

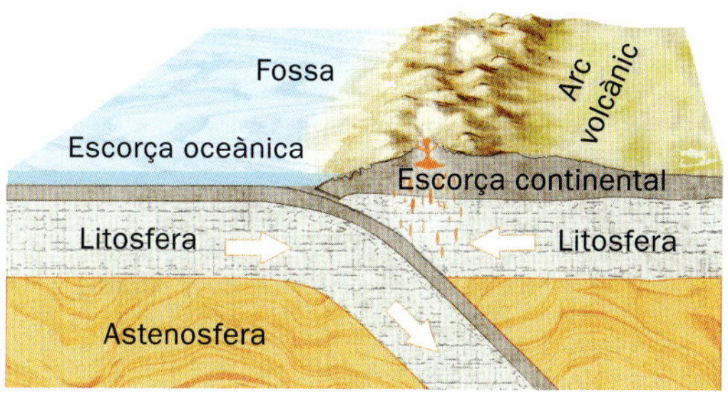

Fig. 1.27. Límit convergent oceà-continent.

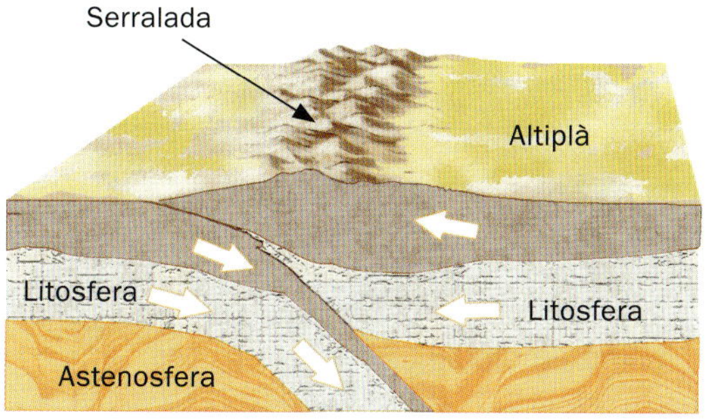

Fig. 1.28. Límit convergent continent-continent.

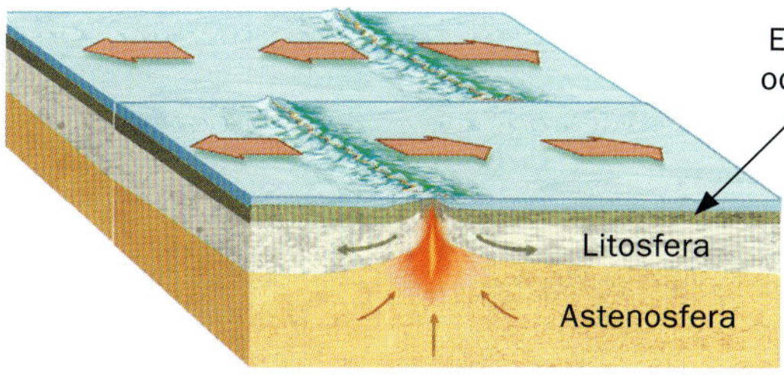

Fig. 1.29. Límits divergent i transformant.

! Important

Proves de la hipòtesi de Wegener

Proves geogràfiques

Algunes vores de continents coincideixen, per exemple la costa est sud-americana i la costa oest africana. Amb el temps es va descobrir que els continents havien estat units en un supercontinent. Els continents estaven units en un supercontinent anomenat Pangea (en grec *pan* = 'tot'; *gea* = 'Terra'), envoltats per un oceà, Panthalassa (*thalassa* = 'mar').

Proves paleoclimàtiques

Si unim els continents podem veure les empremtes d'una glaciació que va tenir lloc fa 300 Ma.

Proves paleontològiques

S'havien trobat plantes i animals molt semblants en continents diferents. Només es podia explicar si els continents havien estat units en el passat.

L'activitat en els límits de placa explica els fenòmens principals de la geodinàmica terrestre, entre els quals destaquen la formació de serralades i de fosses marines, l'existència de cinturons volcànics i els moviments sísmics.

La teoria de la tectònica de plaques és, doncs, la síntesi de totes dues teories —deriva continental i expansió oceànica— i constitueix una de les teories unificadores més importants sorgida com a conseqüència de l'esforç col·lectiu dels científics per explicar els fenomens naturals.

Activitats

5> Si considerem que la tendència de desplaçament dels continents seguirà com fins ara es pot fer una hipòtesi de com canviarà la distribució de les terres emergides en els propers milions d'anys.

Els mapes següents ens indiquen quines són les plaques que tenen tendència a allunyar-se i quines són les que s'acosten.

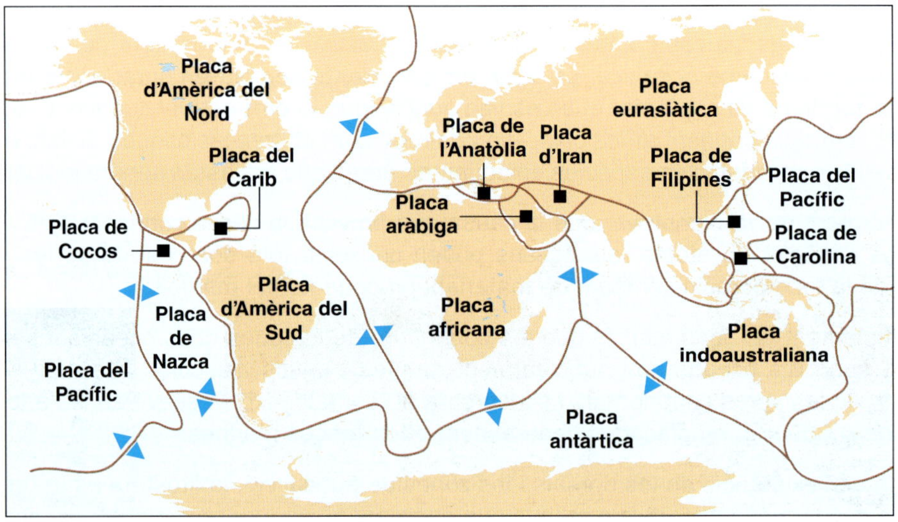

Fig. 1.30. Plaques que s'allunyen.

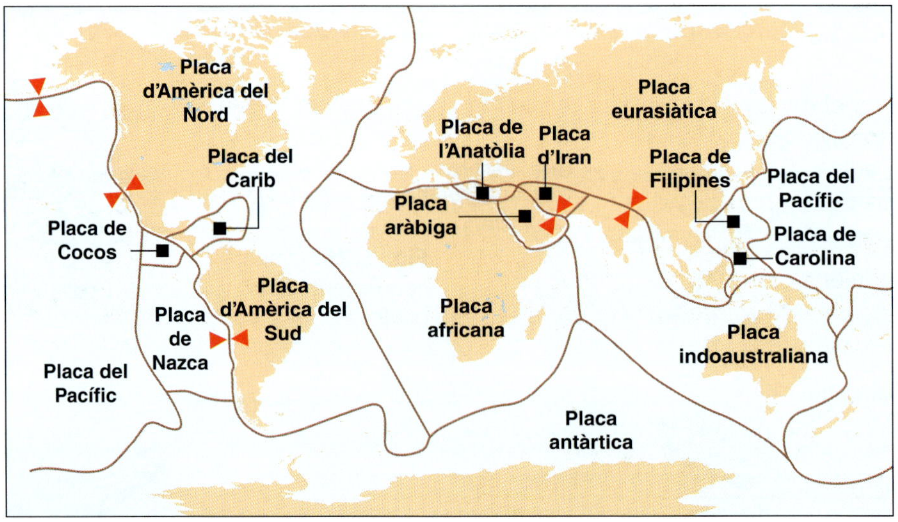

Fig. 1.31. Plaques que s'acosten.

Extrapolant la informació d'aquests dos mapes podem fer una hipòtesi de com serà el planeta d'aquí a cinquanta milions d'anys? Fes-ne un dibuix.

Vídeo

Trencament de la Pangea

https://goo.gl/rg2Lml

Vídeo en anglès sobre la fractura de la Pangea.

Observa i pensa

1. Els vídeos següents tracten diversos aspectes de l'Univers i de la història de la ciència:

https://goo.gl/qPi6Ey
https://goo.gl/GncUQE

En el primer, «Los misterios del universo», es planteja que la distància entre el Sol i Plutó és la que hi ha de banda a banda del camp del Barça.

En el segon, «Riotinto, propera parada: Mart», Riotinto és un paratge marcià.

Feu grups de dos o tres alumnes i repartiu-vos el visionament Després, munteu una presentació per a explicar-lo a la resta del grup. La presentació pot incloure: portada (nom del vídeo, alumnat que el presenta, data); índex breu del punts que es tractaran en l'explicació; diapositives amb fotografies i/o text que ajudin a la comprensió, i (opcional) un apartat final de bibliografia amb les consultes realitzades.

Fig. 1.32. «Los misterios del Universo».

2. Mireu el documental *La biblioteca d'Alexandria* de Carl Sagan (*https://goo.gl/22TvcB*). Després, responeu a la pregunta: les paraules de Sagan sobre el que es va perdre en la biblioteca d'Alexandria ens fan pensar en alguna situació similar en l'actualitat?

3. Mireu el capítol «En la orilla del océano cósmico» de la sèrie *Cosmos (https://goo.gl/OTXyLi)*. Després, responeu a les qüestions següents:

a) Què és un quàsar?

b) Què és una supernova?

c) Quin és l'altre nom de la galàxia d'Andròmeda?

d) Què és un púlsar?

e) Qui era i què va predir Eratòstenes?

4. Científics del Departament de Física de la UAB han dissenyat i creat al laboratori el primer forat de cuc experimental que connecta dues regions de l'espai magnèticament. El dispositiu podria tenir aplicacions mèdiques i obrir la possibilitat de fer ressonàncies amb més comoditat per als pacients.

Busca informació sobre els forats de cuc. Pots veure el vídeo *Podem escurçar el viatge espacial usant forats de cuc? (https://goo.gl/yGSwCk).*

5. T'has preguntat mai quina és la possiblitat de trobar vida a l'Univers? Carl Sagan explica l'equació de Drake per a calcular-ho. Mireu el vídeo següent *(https://goo.gl/jbzb4S)* i feu un debat a classe.

6. Mireu el documental *Gaia, la gran mare (https://goo.gl/UV34G7).* És un vídeo científic divulgatiu que tracta, de manera generalista, de l'origen de la Terra, de la seva evolució fins a l'actualitat i del futur que espera al planeta.

Fig. 1.33. «Los misterios del Universo».

Activitats finals

1. Si la distància entre la Terra i el Sol és de 149,6 milions de quilòmetres, calcula quant triga a arribar la llum del Sol a la superfície de la Terra.

2. Explica què és un forat negre i què és un forat de cuc.

3. Llegeix i analitza aquest text d'Aristòtil sobre la concepció del límit:

S'anomena «límit»

1) l'extrem de cada cosa, allò primer fora del qual no s'hi pot trobar res d'ella, i allò primer dins el qual està contingut tot (el que forma part d'ella);

2) també el que constitueix la forma d'una magnitud, o de quelcom que posseeix magnitud;

3) i el fi de cada cosa (és a dir, allò vers el qual —i no allò des del qual— té lloc el moviment i l'acció; si bé, de vegades, es consideren límits ambdós, allò des de la qual cosa i allò cap a la qual cosa, és a dir, allò-per- al-qual);

4) també l'entitat, és a dir, l'essència de cada cosa: aquesta és, en efecte, límit del coneixement i si ho és del coneixement, també ho és de la cosa.

De manera que resulta obvi que «límit» es diu en tots els sentits en què es diu «principi», i en més encara, ja que el principi és un tipus de límit, però no tot límit és principi.

ARISTÒTIL, *Metafísica*. Alianza Editorial, *Madrid, 2008.*

Quina relació té aquesta definició del límit respecte de la concepció actual que es té de l'Univers? Reflexiona-hi.

4. Explica les diferents concepcions de l'inici de l'Univers que s'han tingut al llarg de la història de la humanitat.

5. Llegeix aquest text i contesta les preguntes.

El director del programa europeu de missions a Mart, Bruno Gardini, ha dit que fins al 2050 no es podrà començar a pensar de veritat a trepitjar el planeta vermell.

El primer humà que trepitjarà Mart potser encara no ha nascut. És el pronòstic de la font més autoritzada del món: l'italià Bruno Gardini, director del programa Aurora, el projecte de l'Agència Espacial Europea per conquerir el planeta vermell.

Gardini ha explicat que el primer viatge tripulat a Mart podria produir-se el 2025, sempre que la NASA hi col·laborés activament. El màxim responsable del programa Aurora de l'ESA ha assegurat que el viatge tripulat a Mart és el repte aeroespacial més complicat que afronta Europa, i que necessitaria una partida d'entre 4 000 i 5 000 milions de dòlars, una quantitat inassolible per a l'ESA. [...]

El camí cap a Mart passa, segons ha avançat Gardini, per enviar una nau exploradora l'any 2011 a la recerca de restes de vida, i una missió per recollir mostres i dur-les de retorn a la Terra, cap al 2018. Després es podria plantejar el vol tripulat, que duraria uns tres anys entre l'anada i la tornada, i que, segons Gardini, necessitaria una tripulació mínima de sis astronautes i hauria d'implicar la col·laboració entre les agències nord-americana i europea. Després, i sobretot gràcies a haver-hi trobat aigua, Mart podria convertir-se en una excel·lent base per a la primera colònia humana a l'espai.

Experiments previs

Mentrestant, ja fa anys que tant europeus com nord-americans experimenten amb els vehicles i la roba que hauran de suportar les dures condicions marcianes, amb temperatures mitjanes de 50° sota zero. Fins i tot s'han fet simulacions de quina serà la vista que l'hipotètic primer home o dona que viatgi a Mart podrà veure des de la finestra.

«L'arribada dels humans a Mart s'endarrereix fins al 2050».
Telenotícies, 2007.

a) Quin tipus de mostres es podrien recollir a Mart? Sobre què informarien?

b) Quins indicis de vida es podrien trobar a Mart?

c) Com imagines la vista que el primer viatger a Mart veurà des de la finestra?

6. *a)* En quines capes podem dividir l'interior de la Terra, segons la composició química?

b) Com s'anomenaven l'escorça continental i oceànica a principis i mitjan segle passat?

c) Com s'anomenen les capes de la Terra segons el model dinàmic?

7. *a)* En què consisteix l'efecte Doppler?

b) Qui va comprovar que aquest efecte passa a l'Univers?

c) Quina és aproximadament la dimensió de l'Univers visible?

8. *a)* Quin científic proposa per primera vegada el moviment dels continents?

b) L'edat de les roques a banda i banda de la dorsal oceànica què ens indica?

c) Què són les proves paleomagnètiques?

9. *a)* Quina serralada és el resultat de la topada entre la placa de Nazca i la sud-americana?

b) Islàndia es troba a cavall entre dues plaques tectòniques, quines?

c) Sempre que hi ha terratrèmols hi ha vulcanisme? Sempre que hi ha vulcanisme hi ha terratrèmols?

10. *a)* Quin és el gruix aproximat de la litosfera?

b) On es situen les discontinuïtats de Gutenberg, Lehmann i Mohorovičić?

c) Quina composició té l'escorça oceànica? I la continental?

Posa't a prova

1. L'ordre correcte de les èpoques que han marcat l'evolució del coneixement sobre la Terra respecte de l'Univers és el següent:

a) Època geocèntrica, excèntrica i heliocèntrica.

b) Època heliocèntrica, geocèntrica i excèntrica.

c) Època geocèntrica, heliocèntrica i excèntrica.

2. La teoria heliocèntrica:

a) Creia que la Terra era el centre de l'Univers.

b) Va ser corroborada pels descobriments de Galileu, Copèrnic, Newton i Kepler.

c) Creia que les òrbites dels planetes eren circulars.

De cada grup d'afirmacions següent, una és falsa:

3. *a)* Ptolemeu ja creia que la Terra girava al voltant del Sol.

b) Aristòtil creia que el cel estava format per esferes concèntriques d'èter i la Terra restava immòbil enmig de l'Univers.

c) Existeix la teoria de la panspèrmia, segons la qual la vida a la Terra té un origen extraterrestre.

4. *a)* Els radiotelescopis serveixen per comprovar l'efecte Doppler a l'Univers.

b) Els científics pensen que els quàsars són nuclis actius de joves galàxies.

c) Es creu que al *Big Bang* es van formar només gasos com l'hidrogen i l'heli.

5. *a)* El *Big Bang* es va produir fa entre 10 000 i 15 000 milions d'anys.

b) El Sistema Solar i, per tant, la Terra, es va formar fa uns 4 600 milions d'anys.

c) L'expansió de l'Univers va finalitzar fa 5 000 milions d'anys.

6. *a)* El Sol, o una estrella de massa similar, esdevindrà una gegant vermella i, després, una nana blanca.

b) Una estrella de massa deu vegades més gran que el Sol esdevindrà una gegant vermella i després una supernova, una estrella de neutrons i, finalment, un púlsar.

c) Una estrella de massa trenta vegades més gran que el Sol acabarà sent una nana blanca.

7. *a)* Un any llum (distància que recorre la llum en un any) equival a uns valors d'entre 94 000 i 95 000 · 10^8 quilòmetres.

b) Un parsec equival a uns valors d'entre trenta i quaranta anys llum.

c) La distància mitjana entre la Lluna i la Terra és de 384 403 km.

8. *a)* Una supergegant és una estrella que té deu mil vegades la lluminositat del Sol.

b) Una gegant és una estrella que té cent vegades la lluminositat del Sol.

c) Una nana és una estrella que té deu vegades la lluminositat del Sol.

9. *a)* La teoria de la relativitat mostra la relació entre la massa i la velocitat.

b) La teoria de la relativitat mostra la relació entre la massa i l'energia.

c) La teoria de la relativitat va introduir la quarta dimensió, és a dir, el temps.

10. *a)* Actualment és acceptat per la comunitat científica que l'astenosfera no existeix.

b) Avui dia ja es poden predir els terratrèmols.

c) La tomografia sísmica és un mètode científic similar als raigs X que utilitza la medicina per tal de crear una imatge de la seva estructura interna.

11. *a)* Els canvis de posició dels continents són processos que tenen lloc molt lentament i porten associats altres fenòmens.

b) Els canvis de posició dels continents són processos que tenen lloc ràpidament i porten associats altres fenòmens.

c) Els canvis de posició dels continents mai porten associats altres fenòmens.

12. *a)* La teoria de la tectònica de plaques no té res a veure amb la teoria de la deriva continental.

b) Els canvis de posició dels continents són processos que tenen lloc ràpidament i porten associats altres fenòmens.

c) La teoria de la tectònica de plaques és la síntesi de les teories de la deriva continental i de l'expansió oceànica.

13. *a)* Arcs d'illes com el Japó són conseqüència del xoc de plaques oceàniques.

b) Els Andes són una serralada volcànica a conseqüència del xoc de dues plaques continentals.

c) Els Pirineus són producte del xoc de dues plaques continentals.

14. *a)* La sismicitat i el vulcanisme sempre estan associats.

b) A les falles transformants només hi ha activitat sísmica.

c) Una zona de rift continental acabarà generant una dorsal.

15. *a)* Pangea significa 'tota la Terra' i *Panthalassa* significa *tot l'oceà.*

b) La Pangea es va dividir en Lauràsia, al sud, i Gondwana, al nord.

c) El mar de Tetis es va convertir en la mar Mediterrània.

16. *a)* La placa africana i la placa d'Amèrica del Sud, s'allunyen. S'hi genera una dorsal.

b) La placa de Nazca i la d'Amèrica del Sud, s'allunyen. Hi trobem una serralada volcànica.

c) La placa indoaustraliana i la placa euroasiàtica, s'apropen. Hi trobem la serralada de l'Himàlaia.

Llegeix i reflexiona

Hipàtia: la primera científica

Divendres, 9 d'octubre, s'estrenarà als cinemes *Àgora,* film centrat en Hipàtia d'Alexandria, considerada la primera (ben documentada) científica de la història.

La direcció d'*Àgora* ha anat a càrrec d'Alejandro Amenábar, guanyador d'un Oscar de Hollywood per *Mar endins.* Rachel Weisz, així mateix guanyadora d'un Oscar *(El jardiner fidel),* hi fa el paper d'Hipàtia. Rodat en anglès (no es podrà veure en català) i amb un pressupost de cinquanta milions d'euros, el film ha estat lloat pel rigor històric, per la versemblança dels fets narrats.

L'escenari d'aquests fets és l'Alexandria egípcia del segle IV, en un Imperi Romà marcat per l'ascens del cristianisme, convertit en religió oficial per l'emperador Teodosi I (379-395). L'ascens del cristianisme implica la reculada del paganisme, en aquest moment molt identificat amb la ciència, amb el coneixement.

Aquest és el context històric de la vida d'Hipàtia, una dona de creences paganes (els pagans no compartien la creença cristiana en un sol déu), culta, intel·ligent i de gran bellesa.

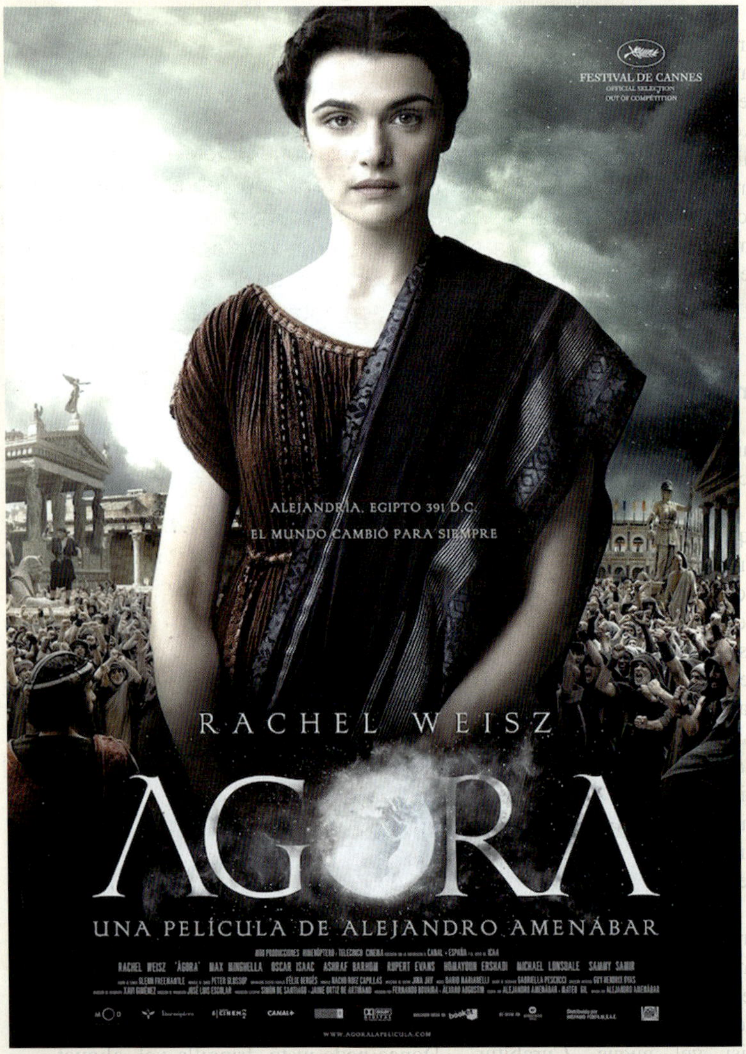

Fig. 1.34. *Àgora,* d'Alejandro Amenabar, pel·lícula sobre la vida d'Hipàtia d'Alexandria.

Astrònoma, matemàtica i filòsofa

Hipàtia era filla del matemàtic i filòsof Teó, encarregat de la biblioteca d'Alexandria, que li va procurar una educació molt acurada. Va destacar en els camps de l'astronomia, la matemàtica i la filosofia: abraça el neoplatonisme, corrent filosòfic fundat per Plotí (s. III), que havia trobat la inspiració en l'obra de Plató. No ens n'ha arribat cap obra, per bé que en tenim referències copioses. Dissenyà un astrolabi per observar la posició dels astres; i un hidròmetre, per mesurar la magnitud dels líquids.

Raó contra intolerància

Ferma de conviccions i consagrada a l'estudi, Hipàtia va ser assassinada amb crueltat extrema per un grup de cristians fanàtics, el 415. La vida que va tenir i la mort que va patir en fan un símbol de la llibertat de pensament, de la raó, en oposició a la violència i a la intolerància; una intolerància que un quart de segle abans, el 391, havia destruït la biblioteca d'Alexandria, la més cèlebre de l'antiguitat.

Alexandria

Fundada per Alexandre el Gran el 332 aC, Alexandria havia esdevingut, a redós de la biblioteca i del museu, un centre intel·lectual de primeríssim nivell, punt de trobada de científics i filòsofs; una ciutat cosmopolita i multiètnica, amb una comunitat jueva molt important. La brillantor passada havia deixat pas, a la darreria del segle IV (en temps d'Hipàtia), a les discòrdies civils i religioses.

VilaWeb.cat, Diari de l'escola (5 d'octubre, 2009).

1. Què significa la paraula *àgora*?
2. Per què Teó (pare d'Hipàtia) no insisteix que ella es casi?
3. Com s'anomena l'esclau que s'enamora d'ella a la pel·lícula? Quins motius té per al seu canvi d'actitud?
4. En l'època en què va viure Hipàtia, en quina posició es creia que estaven la Terra i el Sol en l'Univers? Quin astrònom havia establert aquest model?
5. Cap al final de la pel·lícula, a quines conclusions arriba Hipàtia sobre la posició de la Terra i el Sol?
6. Quin astrònom del s. XVII arriba a aquestes mateixes conclusions?
7. Quina acusació fan els cristians als jueus per a justificar el seu desterrament i arrasar la biblioteca?
8. Per què els cristians decideixen assassinar Hipàtia? Quina amenaça representa?
9. Creus que si Hipàtia hagués estat un home hagués tingut el mateix final?
10. Busca informació sobre la biblioteca d'Alexandria i sobre la figura d'Hipàtia? Creus que queda ben reflectida la seva vida a la pel·lícula?

A fons

Els acceleradors de partícules i l'origen de l'Univers

Un accelerador de partícules és una instal·lació la missió de la qual és llançar a gran velocitat i en direccions oposades feixos d'àtoms o de partícules subatòmiques per tal de provocar col·lisions. A causa de les altes energies assolides en les col·lisions, es produeixen conversions de matèria en energia i d'energia en matèria (tal com prediu l'equació d'Einstein $E = m \cdot c^2$). Com a conseqüència, apareixen noves partícules, gairebé sempre efímeres, que poden deixar traces en un detector. La tipificació de totes les famílies de partícules subatòmiques conforma l'anomenat *model estàndard*, que intenta interpretar de manera unificada l'estructura de la matèria i les interaccions d'energia que s'esdevenen a l'Univers.

El CERN (acrònim del *Centre Européen de Recherche Nucléaire*, situat prop de Ginebra i fundat el 1954) és el centre d'investigació de física de partícules més gran del món, i actualment acull la màquina científica més gran i fantàstica mai construïda: l'LHC, sigles en anglès de *Gran col·lisionador d'hadrons* (els hadrons són partícules subatòmiques formades per *quarks*, com ara els protons). Està instal·lat en un túnel de 27 km de diàmetre situat a 100 m de profunditat i té la missió de comunicar a feixos de protons energies fins ara mai assolides per cap experiment d'aquesta mena, tot reproduint les condicions inicials de l'Univers immediatament després del *Big Bang*.

Les col·lisions de protons seran enregistrades per quatre grans detectors de la mida d'un edifici, situats en diferents punts del túnel. Cadascun d'aquests detectors (Alice, Atlas, CMS i LHCb) estarà a càrrec d'equips d'investigadors dedicats a diferents missions. Per mantenir els protons en una trajectòria circular perfecta, s'han hagut d'instal·lar milers d'electroimants superconductors, la qual cosa requereix mantenir l'accelerador a temperatures properes al zero absolut, utilitzant una quantitat d'heli líquid equivalent a la producció mundial de tot un any.

Tots aquests experiments són d'una envergadura fins ara desconeguda i d'un cost només comparable al de les grans missions espacials. Però probablement provocarà un canvi molt significatiu en les ciències físiques durant els pròxims anys, a més de beneficis col·laterals en forma de transferència de tecnologia a camps com la superconductivitat, la microelectrònica, l'enginyeria civil, les tècniques de radiodiagnòstic o la computació.

Les possibilitats de l'LHC són enormes i els científics tracten de resoldre alguns dels enigmes —sempre en les fronteres de la ciència— estudiant:

- **Per què hi ha partícules amb massa i partícules sense massa? Què és la massa?** Aquestes preguntes busquen la confirmació final del model estàndard, que va predir l'existència de l'anomenat *camp de Higgs* —i la seva partícula associada, el *bosó de Higgs*— que ompliria tot l'espai buit de l'Univers i dotaria les partícules de diferents masses.

Fig. 1.35. Detector de l'LHC del CERN.

- **Podem unificar les quatre forces conegudes —força electromagnètica, interacció forta, interacció feble i gravitació— en una de sola?** Aquestes forces, que actualment actuen separadament, se suposa que eren una sola en els orígens de l'Univers. Els experiments fets fins ara demostren que cadascuna d'aquestes forces està associada a partícules d'interacció: fotons, gluons, bosons, etc. Tota aquesta sopa de partícules, en un entorn energètic similar al del *Big Bang*, podria revelar l'engima.
- **Existeix antimatèria a l'Univers? On és? Si la matèria i l'antimatèria es van anihilar mútuament en els inicis, per què hi ha alguna cosa en lloc de no-res?** El CERN, a través del projecte ATHENA, va aconseguir fabricar uns quants antiàtoms d'antihidrogen el 2002, circumstància que, de moment, només ha tingut impacte en el món de la literatura de ciència-ficció a través de la novel·la *Àngels i dimonis* de Dan Brown, però hi ha experiments en marxa a l'LHC destinats a dilucidar aquesta qüestió.
- **On és la matèria fosca de l'Univers?** Sabem que només el 4 % de l'Univers és matèria visible. La resta és matèria i energia fosca, sobre les quals en sabem molt poc. El més probable és que el costat fosc de l'Univers estigui format per partícules encara no descobertes. L'LHC podria col·laborar amb els astrònoms en la recerca d'aquesta matèria fosca.

a) Hi ha diferents tipus d'acceleradors de partícules. Fes-ne una classificació.

b) Explica'n breument algunes aplicacions.

2

El planeta viu: dels bacteris als humans

- Els primers organismes i la vida
- Els debats sobre l'origen de la vida
- L'escala de la natura
- Tot canvia: l'evolució, un nou paradigma
- La teoria de l'evolució de Darwin
- Les controvèrsies sobre l'evolució
- Evidències de l'evolució: els fòssils i els mètodes de datació
- L'arbre de la vida: noves interpretacions
- L'evolució dels homínids

La Terra, gràcies a la seva composició mineralògica, a la presència d'aigua, a la seva posició en el Sistema Solar, a l'existència d'activitat tectònica, entre altres factors, és un planeta que pràcticament des dels seus inicis reunia les condicions adequades per acollir organismes vius. Posteriorment, aquests organismes pioners van contribuir a crear un nou ambient adequat per a l'establiment d'una biosfera complexa i en transformació permanent, on s'ha desenvolupat l'única espècie capaç d'adquirir consciència sobre la pròpia existència, de sentir curiositat sobre els seus orígens i de cercar diferents vies per interpretar el món.

1. Els primers organismes i la vida

La Terra al principi era una bola calenta bombardejada per perilloses **radiacions ionitzants** procedents del Sol. El nostre planeta era un lloc inhòspit, molt poc apropiat per acollir éssers vius. Però entre els elements presents a la barreja de sòlids, líquids i gasos que constituïen el planeta primitiu, es trobaven en abundància els ingredients de la vida: oxigen, carboni, nitrogen, sofre, fòsfor, calci, magnesi, ferro i d'altres elements que abunden als planetes i els fan singulars, mentre que l'Univers és format essencialment d'hidrogen i heli.

Tots aquests elements, dispersos a l'oceà, a l'atmosfera i als continents, sotmesos a radiacions d'alta energia, es van combinar químicament de milers de maneres, i van generar molècules cada vegada més complexes. Molts científics pensen que en algun moment una mixtura adequada de molècules en un medi apropiat, després de seguir un camí evolutiu inversemblant i irrepetible, va donar lloc a la **primera cèl·lula,** un objecte completament nou del qual emergí una nova propietat: la vida.

Per més que s'ha intentat, cap laboratori no ha pogut repetir encara aquest procés, la qual cosa ens dona una idea de l'enorme **complexitat química** de la cèl·lula. Molts científics pensen que l'aparició de la vida és un fet tan singular que difícilment ha pogut esdevenir més d'un sol cop. Però tampoc no podem estar segurs que sigui a la Terra on es van constituir les primeres cèl·lules vives.

Tot i aquesta complexitat, la primera cèl·lula era molt senzilla si la comparem amb les nostres. Devia assemblar-se a la classe d'organismes que ara anomenem **arqueus** (procedeix del grec *archeos,* que significa 'antic'), semblants als bacteris i capaços de viure en els ambients més extrems. S'han trobat arqueus en llocs tan poc confortables com una fossa marina, el cràter d'un volcà, l'Antàrtida i... qui sap si en algun altre racó del cosmos podrien aparèixer evidències d'activitat biològica.

! Important

Què li cal, a un planeta, per ser habitable?

- **Temperatura adequada:** ha de permetre el funcionament dels processos metabòlics.
- **Activitat tectònica:** les erupcions volcàniques i les intrusions magmàtiques fan sortir a la superfície alguns dels elements que formen part de les molècules vives.
- **Presència d'aigua líquida:** és el medi on es realitzen les reaccions químiques necessàries per a la vida.
- **Protecció fotoquímica** contra la radiació d'alta freqüència (raigs gamma, raigs X, raigs UV...). A la Terra hi ha tres barreres de protecció: la magnetosfera, la ionosfera i la capa d'ozó.

1.1. La vida

Els antics relacionaven la vida amb el moviment. Tot allò que es movia de forma autònoma estava viu. Era freqüent que bruixots i sacerdots de l'antic Egipte intentessin guanyar la submissió del poble amb autòmats que, dirigits per mecanismes ocults, pretenien fer-se passar per divinitats.

Més endavant, Aristòtil (384-322 aC), un dels fundadors del **pensament dualista,** va considerar la diferència entre el món material o inanimat, sense ànima, i l'animat o viu: l'ànima proveeix el cos de vida. Aquesta idea, com tantes altres del pensament aristotèlic, va penetrar en el pensament medieval i s'ha estès fins als nostres dies.

Durant els segles XVI i XVII, els avenços de la física van fer concebre la possibilitat d'explicar el món amb unes quantes, molt poques, lleis simples. Aquest reduccionisme va arribar al camp de la biologia, en què alguns estudiosos cercaven els fonaments mecànics dels éssers vius, els quals no es veien substancialment diferents de les màquines. A partir del segle XVIII es van desenvolupar les teories vitalistes, que afirmen l'existència d'una mena de força immaterial, l'impuls vital, no necessàriament de caràcter sobrenatural, que distingeix els éssers vius de la resta del món físic. El debat entre mecanicistes i vitalistes va arribar fins ben entrat el segle XX.

Fig. 2.1. Els científics estudien els microorganismes existents a les xemeneies hidrotermals del fons de l'oceà com un dels possibles ambients que explicarien l'existència de vida en condicions extremes.

Així, doncs, què es la vida? Actualment, els biòlegs prefereixen definir la vida d'acord amb les propietats que exhibeixen els éssers vius: el naixement, la nutrició, el creixement, la reproducció, la relació amb el medi, la mort, etc. En tot cas, hi ha quelcom que comparteixen tots els éssers vius i que els distingeix de la resta dels objectes de la naturalesa:

- Són formats per **cèl·lules** que creen còpies d'elles mateixes.
- Funcionen d'acord amb un **programa prefixat genèticament** que passa de generació a generació.

Però per damunt de totes aquestes consideracions, cal admirar que l'aparició d'una minúscula cèl·lula en un astre estèril hagi pogut derivar en la sorprenent explosió de formes, colors i paisatges que avui és el planeta Terra.

! Important

Apps de la NASA

Podeu fer un seguiment dels resultats de les investigacions de la NASA a través dels vostres dispositius electrònics. A l'enllaç següent hi trobareu diverses aplicacions: *https://www.nasa.gov/connect/apps.html.*

2. Els debats sobre l'origen de la vida

Un tractat francès de botànica del 1609 explicava això:

«Existeix un arbre molt poc comú a França però freqüentment observat a Escòcia. D'un costat, les seves fulles toquen l'aigua i es transformen en peixos, de l'altre, toquen la terra i es transformen en ocells.»

Aquesta «observació» era totalment coherent amb el pensament científic d'aquell temps, però aviat es generaria un dels més intensos **debats** que ha viscut la història de la ciència al voltant d'una sola pregunta: d'on venen els éssers vius?

2.1. La generació espontània

Al voltant del 1620, l'eminent químic Jan Baptista van Helmont proposava el mètode següent per obtenir ratolins:

«Col·loqueu una camisa o draps bruts en un barril que contingui uns quants grans de blat o una mica de farina. En vint-i-un dies, hi apareixeran ratolins. Hi haurà mascles i femelles que seran capaços de reproduir-se per produir més ratolins.»

Aquests paràgrafs recollien l'opinió de la majoria dels científics des d'Aristòtil fins ben entrat el segle XIX: alguns éssers vius sorgien de manera espontània de determinats substrats gràcies a una mena de **força vegetativa** que emanava de la pròpia matèria. Pel que fa als organismes petits, la idea d'una **generació espontània o abiogènesi** era fàcilment contrastable amb les observacions que qualsevol podia fer —era, per tant, una teoria científica— i amb el sentit comú. Del blat sortien ratolins; de la carn putrefacta, cucs; del fang, gripaus.

La invenció del microscopi va descobrir un món nou i apassionant, el dels microorganismes. Paradoxalment, però, aquesta troballa va servir per reforçar encara més la teoria de la generació espontània. En efecte, les observacions del seu inventor, Anton Van Leeuvenhoek, al final del segle XVII, mostraven que en gotes d'aigua apareixien sobtadament éssers diminuts que ningú no havia vist mai abans.

Dos italians, Francesco Redi, el 1668, i Lazzaro Spallanzani, el 1769, van fer experiments en què mostraven que un recipient tancat i aïllat de l'exterior es podia mantenir lliure d'organismes. Amb el temps, va augmentar el nombre de científics que dissentien de la teoria de la generació espontània, fins al punt que l'Acadèmia Francesa de les Ciències va convocar el 1861 un concurs per establir una evidència experimental a favor o en contra de la generació espontània. **Louis Pasteur** (1822-1895), descobridor de l'activitat bacteriana, va guanyar el premi.

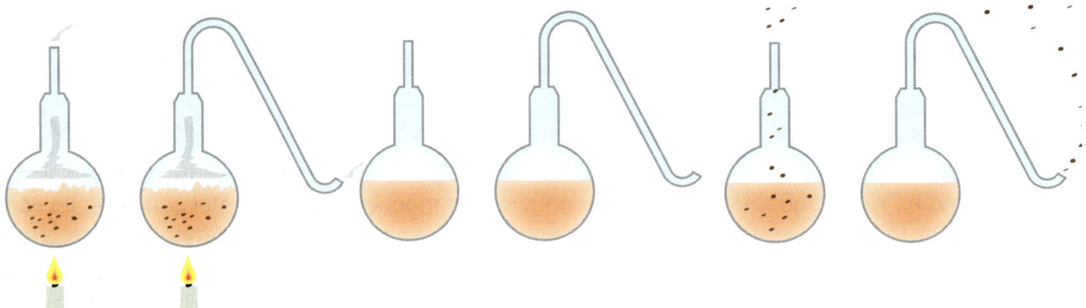

Fig. 2.2. Experiment de Pasteur. Per rebatre altres investigadors que afirmaven ser capaços de generar vida a l'interior d'un recipient que contingués matèria orgànica, Pasteur va preparar una espècie de brou que va abocar en dos matrassos, l'un amb el coll recte, l'altre en forma de coll de cigne. Va bullir-los durant molt temps, fins a considerar que el brou estava **estèril** (sense microorganismes). Al cap d'unes setmanes, el líquid del matràs de coll recte presentava un aspecte tèrbol i descolorit, però el del matràs de coll corbat no havia experimentat cap canvi. Va concloure que el primer matràs s'havia contaminat a causa de l'entrada dels **gèrmens** que contenia l'aire exterior. En el segon recipient els gèrmens haurien restat atrapats en la primera corba del coll, sense possibilitat d'arribar a la cavitat principal. Pasteur va argumentar que, en el cas que els microorganismes s'haguessin generat espontàniament a partir del brou, ambdós matrassos haurien presentat el mateix aspecte. Els gèrmens que contaminaven el brou només podien procedir d'altres gèrmens. L'experiment de Pasteur contenia totes les fases del que avui anomenem **mètode científic** (hipòtesis, experiment controlat, obtenció d'evidències, verificació, etc.).

! Important

L'entropia

Un ésser viu és un ésser capaç de reduir la pròpia entropia a costa d'augmentar l'entropia de l'entorn. Això significa que mentre que l'Univers evoluciona inexorablement cap a un equilibri consistent en el màxim desordre (entropia), els éssers vius intenten allunyar-se d'aquesta tendència augmentant la **complexitat** de la seva organització.

+ Més dades

Frankestein i l'origen de la vida

Mary Shelley (1797-1851) va escriure la cèlebre novel·la en un temps que als cercles universitaris es començava a pensar en l'electricitat com la possible força vital que animava la matèria orgànica. Frankestein és un ésser de ficció que reflecteix molt bé la imatge popular del científic del segle XIX.

Sabies que...?

La teoria cel·lular i l'origen de la vida

A partir de la segona meitat del segle XIX es va desenvolupar la teoria cel·lular, que els científics de l'època resumien amb una sola sentència: *Omne vivum ex ovo* ('tot el que està viu prové d'un ou').

2.2. Les interpretacions modernes: la vida per evolució bioquímica

Un cop establert, a partir dels experiments de Pasteur, que **només la vida pot generar vida** (biogènesi), quedava encara una gran pregunta per contestar: i el primer ésser viu, com es va formar?

En investigar les condicions en què van sorgir les primeres formes de vida sobre la Terra, el bioquímic rus A. I. Oparin, el 1924, i el biòleg anglès J. B. S. Haldane, el 1928, van imaginar un mateix escenari químic: una **atmosfera primitiva** de caràcter reductor, és a dir, sense oxigen. En comptes d'oxigen (que hauria destruït immediatament qualsevol estructura viva), aquesta atmosfera contindria compostos com el metà (CH_4), el vapor d'aigua (H_2O) i l'amoníac (NH_3). En aquestes condicions —i enmig d'erupcions volcàniques, l'energia dels llampecs i la radiació ionitzant procedent del Sol —, podrien haver-se format molècules i macromolècules orgàniques que després haurien evolucionat, passant per una espècie de **complexos prebiòtics** anomenats coacervats, fins a constituir les primeres cèl·lules vives.

El 1953, els bioquímics S. L. Miller i H. C. Urey de la Universitat de Chicago van construir un aparell que tractava de reproduir les condicions d'atmosfera primitiva postulades per Oparin i Haldane: van sotmetre una barreja de vapor d'aigua, metà, amoníac i hidrogen a fortes descàrregues elèctriques. El resultat va ser l'obtenció d'algunes molècules orgàniques, entre elles tretze dels vint aminoàcids presents a les proteïnes.

L'experiment mostrava que era possible que la Terra primitiva hagués evolucionat de condicions abiòtiques (sense vida) a condicions prebiòtiques (prèvies a la vida). Això no obstant, no aclaria el pas definitiu de les molècules complexes a la primera cèl·lula.

El 1961, el científic català Joan Oró va aconseguir per primera vegada la síntesi abiòtica de l'adenina, un dels components de l'ADN i l'ARN. Cap laboratori, però, no ha pogut repetir el procés final, el que transformaria els components bioquímics en una estructura viva.

Activitats

1> L'experiment de Redi

Francesco Redi (1626-1697), un metge italià de la cort dels Mèdici, va viure en l'ambient especulatiu —poc amant de la ciència experimental— dels pensadors del segle XVIII. Malgrat tot, es va afanyar a refutar la teoria de la generació espontània amb un senzill experiment de laboratori.

Va col·locar uns bocins de carn a l'interior de diversos flascons. En va deixar alguns d'oberts, altres els va cobrir amb una gasa i va tancar hermèticament la resta.

Al cap d'uns dies va observar que la carn del primer recipient contenia «cucs», que en realitat eren larves de mosca. El segon recipient no contenia aquestes larves, però va trobar uns quants ous de mosca a sobre de la gasa. El tercer recipient no tenia cap larva. La carn, però, es va fer malbé igualment als tres recipients.

a) Què pretenia demostrar Redi amb el seu experiment? Ho va aconseguir?

b) Hi havia algun problema en l'experiment de Redi que impedís la refutació total de la teoria de la generació espontània?

Fig. 2.3. Experiment de Redi. En els tres tipus de recipient es produeix la putrefacció de la carn, però només a les mostres del primer poden aparèixer larves de mosca.

Sabies que...?

El 2016 Craig Venter va anunciar la creació del **primer organisme amb ADN completament sintètic,** que va anomenar JCVI-Syn 3.0 (en honor a l'Institut John Craig Venter i en referència a la seva condició sintètica o artificial). Es tracta d'un cromosoma complet, amb 473 gens i 530 000 parells de nucleòtids (les unitats que formen l'ADN). El 2010, els mateixos laboratoris ja van anunciar que havien creat **vida artificial:** un genoma sintètic complet capaç de produir proteïnes i crear còpies de si mateix a l'interior de la membrana d'un bacteri.

L'avenç és, sens dubte, molt important i permet pensar en futures aplicacions: **bacteris programats** per produir combustibles o aliments, o reduir i eliminar contaminants. Tanmateix, la pretensió d'haver creat una cèl·lula completament artificial ha generat tant controvèrsies científiques com filosòfiques, derivades del fet que ambdós experiments han necessitat la participació d'un organisme natural, amb la seva membrana i contingut bioquímic: el bacteri on es va introduir l'ADN sintètic.

! Important

La vida: propietat emergent

El concepte de propietat emergent és essencial en la comprensió del funcionament de quelcom tan complex com la vida. Una propietat emergent apareix quan una sèrie d'elements simples interactuen en un medi, fins a adoptar un comportament col·lectiu nou que no havia aparegut en els elements constituents per separat, ni podia ser previst estudiant les propietats d'aquests elements. Aquesta podria ser una manera d'interpretar el fenomen de l'aparició de la vida a partir de components químics relativament simples.

! Important

Els estromatòlits i la vida primitiva

Els estromatòlits són **roques calcàries laminades** que es van formar a partir de l'agrupació de bacteris que vivien en quantitats enormes als oceans primitius. Aquestes roques són com les empremtes digitals de l'origen de la vida, i constitueixen el **registre fòssil més antic** que es coneix —el 2016 es van trobar estromatòlits datats en 3 700 milions d'anys.

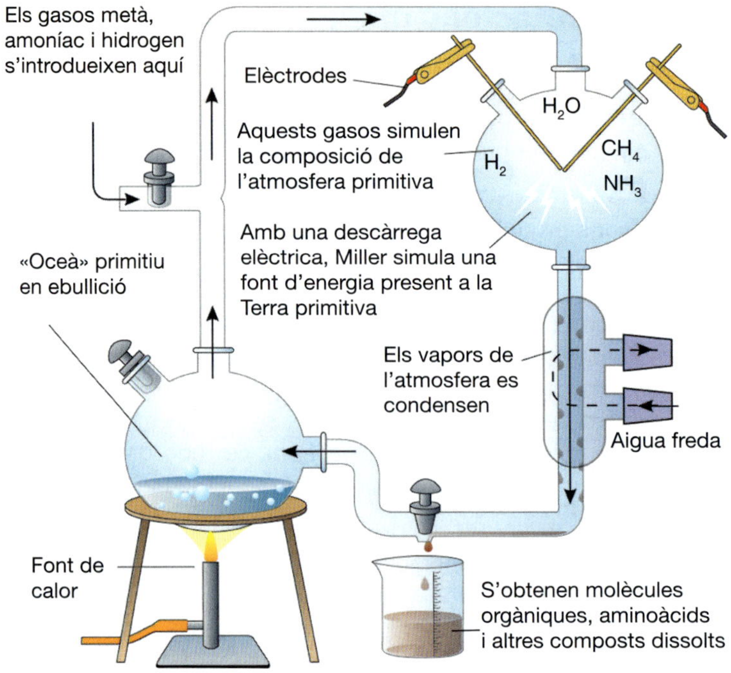

Fig. 2.4. L'experiment de Miller.

+ Més dades

El brou primitiu

Per explicar l'establiment de condicions prebiòtiques a la Terra se suggereix que els oceans (o els llacs) primitius van arribar a contenir fins a un 5-10 % de materials orgànics, que van formar una espècie de «brou» a partir del qual, i amb la presència d'algun agent de condensació, haurien sorgit les primeres macromolècules. Aquestes macromolècules s'haurien agrupat en **coacervats o microesferes** que van evolucionar més tard cap a estructures cel·lulars.

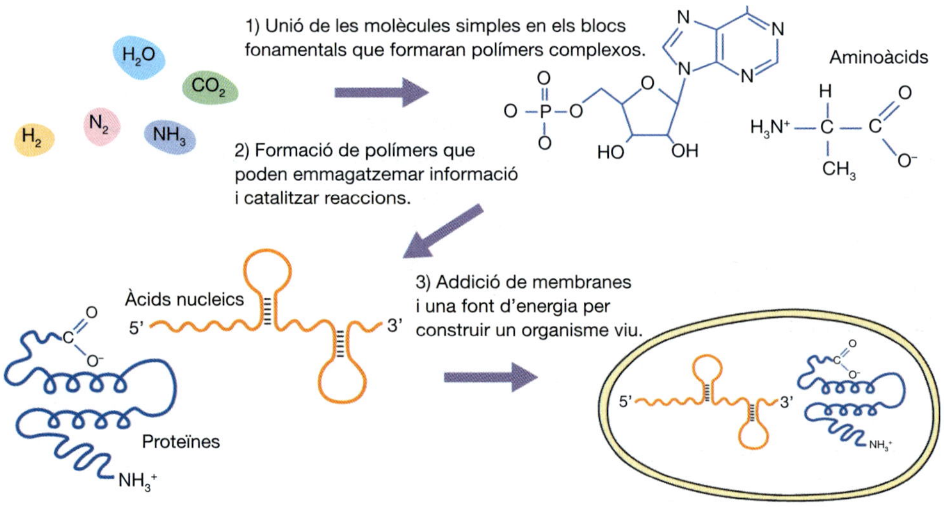

Fig. 2.5. Possible evolució de la matèria fins a les primeres cèl·lules.

2.3. La panspèrmia

El filòsof grec Anaxàgores propugnava en el segle V aC la idea de la panspèrmia, segons la qual hi havia un nombre infinit de gèrmens o *spermata* distribuïts per tot l'Univers que haurien donat lloc a qualsevol forma de vida.

El 1906, el físic suec Svante August Arrhenius va usar aquest terme per postular que **la vida hauria pogut arribar a la Terra procedent de l'espai.** La idea de cèl·lules o espores que viatjaven pel cosmos era sustentada per altres científics de l'època, però calia explicar com era possible que una estructura orgànica pogués resistir la radiació còsmica i després entrar a l'atmosfera terrestre sense desintegrar-se a conseqüència de les altes temperatures.

La panspèrmia continua essent una especulació, però la ciència considera seriosament la possibilitat que les primeres formes de vida s'haguessin originat en algun altre lloc de l'espai, hipòtesi que obre les portes a la possibilitat de vida en altres astres.

Tanmateix, això tampoc no respon encara la pregunta primordial: com es va formar la primera cèl·lula viva?

3. L'escala de la natura

Quan sentim parlar d'**Aristòtil** imaginem un savi que va passar-se la vida explorant les profunditats de la ment i especulant sobre totes les coses. En realitat, la seva primera ocupació era estudiar la natura. Hi ha qui el considera el primer biòleg.

A partir d'observacions acurades, pròpies d'un home de ciència, Aristòtil va intentar esbrinar si entre els éssers vius hi havia alguna mena d'ordre. Finalment, va concloure que els organismes es trobaven perfectament organitzats segons una **jerarquia** que va anomenar l'*escala de la natura,* de manera que els esglaons inferiors eren ocupats pels organismes més simples, mentre que a dalt de tot es trobava l'home.

Després de distingir entre animals, plantes i humans, va establir **categories** que encara fem servir avui, com ara els mamífers o les aus. Tanmateix, considerava que el fet que alguns grups d'organismes tinguessin similituds es devia a la seva proximitat en l'escala de la natura, no pas a cap mena de parentiu.

Alguns savis de l'antiguitat com **Anaximandre** (611-547 aC) i **Lucreci** (99-55 aC) ja havien insinuat abans que els éssers vius canviaven al llarg del temps, però aquest tipus d'idees van ser eclipsades pel prestigi d'Aristòtil, que va determinar la manera de pensar dels científics naturalistes fins al segle XVIII. Els naturalistes describien i classificaven els éssers vius, però no intentaven interpretar el funcionament de la natura, la qual era un producte immutable de la creació **(fixisme).**

El gran botànic suec **Carl von Linné** (1707-1778) pretenia classificar tots els organismes existents segons les semblances que observava entre ells. Amb aquest propòsit va començar a classificar els organismes segons una jerarquia establerta per **categories taxonòmiques** adjudicant a cada animal o planta un nom en llatí compost per dos termes, el gènere i l'espècie. A mesura que li arribaven exemplars —molts d'ells completament nous, procedents de les colònies— de vegetals i animals, la tasca es va complicar. Va acabar reconeixent que mai no arribaria a obtenir un catàleg complet de totes les espècies. De fet, la seva obra magna es continua completant i reeditant en els nostres dies, ara en format digital.

Avui sabem que els éssers vius, tot i que els classifiquem per estudiar-los, no es troben ordenats de cap manera particular. No hi ha res semblant a l'harmonia perfecta que cercaven els antics. Per contra, davant dels nostres ulls s'obre una festa de formes i colors que mai no podrem descriure ni comprendre completament. I per damunt de tot, el fet més incontrovertible de la ciència moderna: **tot canvia.**

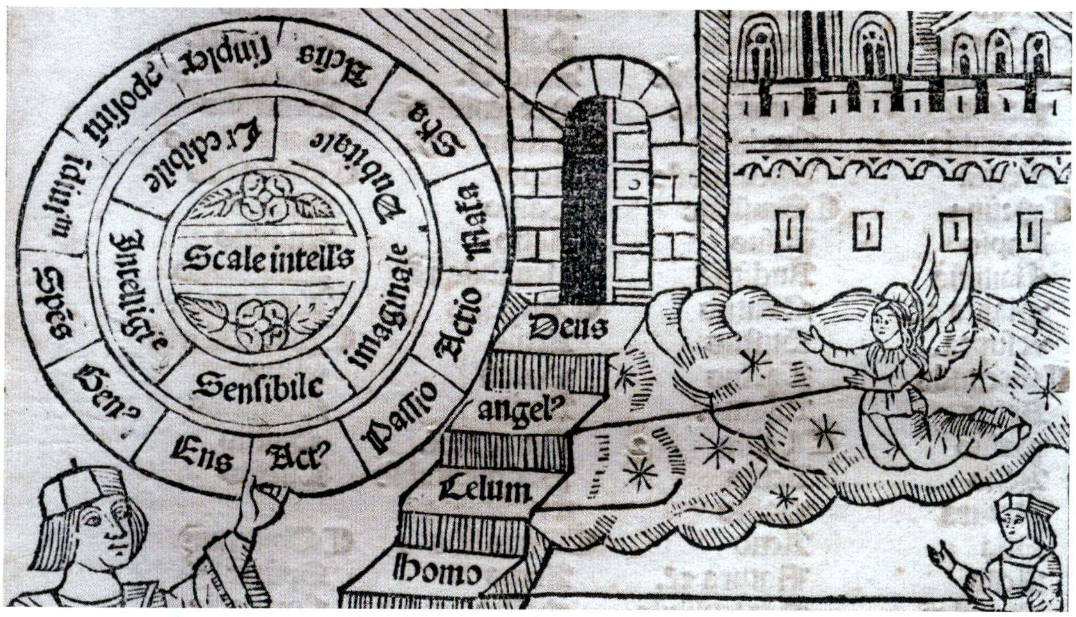

Fig. 2.6. El pensament cristià va reinterpretar la idea aristotèlica de l'escala de la natura a través del concepte de la **gran cadena de l'ésser,** segons el qual els éssers vius s'organitzaven en una sèrie jeràrquica, del més simple al més complex, que culminava en el cel, amb Déu a dalt de tot. El gravat del *Llibre de l'ascens i del descens de l'intel·lecte* de Ramon Llull ens proporciona una bona imatge de les idees imperants en l'edat mitjana i el Renaixement.

Fig. 2.7. Ganimedes. Font: NASA. ***Programa Juice:*** l'Agència Espacial Europea ha emprès el programa Juice (Jupiter Icy Moon Explorer). El 2022 una nau espacial no tripulada sortirà de la Terra amb destinació als satèl·lits de Júpiter, Europa, Cal·listo i Ganimedes, on arribarà el 2032. Aquest darrer astre és especialment interessant per l'exploració **d'indicis de vida a l'exterior** per motius diversos: sota d'una coberta congelada, conté un gran oceà líquid. A més, posseeix **camp magnètic,** cosa que indicaria l'existència d'un nucli metàl·lic fluid, i una tènue atmosfera amb oxigen.

4. Tot canvia: l'evolució, un nou paradigma

A partir del segle XVIII, les ciències naturals van experimentar un canvi molt profund, derivat de l'observació de l'enorme diversitat dels organismes i de la constatació que l'essència de la natura no era cap mena d'equilibri, sinó el **canvi permanent.** En menys de cent anys, ja s'havia construït un cos de teories que descrivien i interpretaven la diversitat i les transformacions observades a la natura. Tot plegat va produir una **revolució científica** que va abraçar també altres camps —història, economia, etc.—, que tractaven d'aplicar els principis evolucionistes fins i tot a la interpretació de la societat.

! Important

Paradigmes científics al llarg de la història

Un paradigma científic descriu la forma en la qual veiem i interpretem el món, les preguntes que els científics consideren importants, i la manera de fer ciència de cada època. Un canvi de paradigma significa una revolució científica i és causat per algun descobriment important o per alguna **teoria unificadora,** que explica en conjunt fenòmens que abans s'interpretaven separadament, o que influeix en la manera de pensar de científics de diversos camps. L'heliocentrisme i l'evolucionisme són dos exemples històrics de nous paradigmes.

Fig. 2.8. Entre les expedicions naturalistes endegades a l'època destaca la d'Alessandro Malaspina. Promoguda per la Corona espanyola entre el 1789 i el 1794, i dotada d'una tripulació científica de molt alt nivell, va aportar una quantitat enorme d'observacions, il·lustrades amb mapes i dibuixos excel·lents. Malauradament, quan l'expedició va tornar, a conseqüència dels problemes de Malaspina amb les autoritats, tot aquest conjunt de materials va romandre inèdit.

4.1. L'evolució abans de Darwin: el segle de les llums

Tothom uneix automàticament la figura de Charles Darwin a la teoria de l'evolució. Les interpretacions de Darwin són encara **el fil conductor de la teoria moderna de l'evolució,** però Darwin no va ser el primer evolucionista. Molt abans, alguns naturalistes inquiets ja havien fet sentir les seves opinions sobre la debilitat de les explicacions clàssiques a l'organització de la natura.

Durant el segle XVIII, la ciència va deixar de ser un assumpte exclusivament acadèmic i va començar a merèixer l'atenció del públic, fet que va coincidir amb l'expansió colonial dels països europeus, l'arribada de productes exòtics a les taules de la gent benestant, la construcció de jardins botànics, parcs zoològics, gabinets i **museus de ciències naturals,** des d'on s'organitzaven expedicions a tot el món, etc. Alguns exploradors portaven plantes i animals mai vistos ni imaginats i fòssils d'animals sorprenents. I els científics rebien el suport dels reis, nobles, banquers i comerciants. No en va, el segle XVIII és anomenat el *segle de les llums.*

Les exploracions mostraven que la natura era molt més variada i complicada del que es pensava, però les **idees fixistes** estaven encara molt consolidades. Com a màxim, s'arribava a acceptar que alguna catàstrofe hauria pogut fer desaparèixer algunes espècies.

La primera idea posada en qüestió va ser la de **l'edat de la Terra.** El 1650, el bisbe irlandès James Ussher, a partir de la seva particular interpretació dels relats bíblics, havia calculat el moment exacte de la creació del món: l'any 4004 aC. James Hutton i Charles Lyell, els precursors de la geologia moderna, van argumentar que la formació de la Terra era un **procés dinàmic,** però molt lent. Lyell parlava de vint milions d'anys! Avui sabem que es va quedar mot curt. Els escrits de Lyell van influir directament sobre les idees de Darwin, però molt abans, eminents naturalistes, com Buffon, Erasmus Darwin (avi de Charles), Cuvier o Larmack, van tractar de refutar la idea d'una natura inmutable i acabada, tot preparant l'ambient científic que al llarg dels segles XIX i XX portaria a la construcció d'una **teoria coherent amb les observacions.**

Curiositat

Abans de les explicacions evolucionistes, la troballa de fòssils de mastodonts i dinosaures semblava demostrar que en l'antiguitat havien viscut animals fantàstics com els dragons, que probablement havien desaparegut durant el diluvi universal. I els esquelets de mamuts trobats als Alps es van arribar a atribuir als elefants que va portar el general cartaginès Anníbal en la campanya contra Roma.

Autor	Obres i teories
Louis Leclerc, comte de Buffon (1707-1788)	*Història Natural* (1749-1804). Introdueix la idea de la transformació o degeneració de les espècies. És considerat el primer evolucionista.
James Hutton (1726-1797)	*Teoria de la Terra* (1785). Planteja una Terra molt antiga en canvi continu.
Erasmus Darwin (1731-1802)	*Zoonomia* (1794). Introdueix la idea d'evolució per a la millora o el perfeccionament de les característiques dels organismes. Inspira Lamarck.
Thomas R. Malthus (1766-1834)	*Assaig sobre els principis de la població* (1798). Expressa el perill del creixement demogràfic per damunt de la disponibilitat de recursos. Inspira Charles Darwin.
Jean Baptiste de Lamarck (1744-1829)	*Filosofia zoològica* (1809). Enuncia la primera teoria completa sobre l'evolució, basada en l'herència dels caràcters adquirits.
George Cuvier (1769-1832)	*El regne animal distribuït segons la seva organització* (1817). Creu que els canvis produïts en el registre fòssil es deuen a grans catàstrofes, però no creu en les transformacions de les espècies.
Charles Lyell (1797-1875)	*Principis de geologia* (1833). Presenta la Terra actual com a resultat d'un procés de canvi lent i constant conduït per processos naturals.

Taula 2.1. Els antecedents de les idees evolucionistes, abans de Darwin.

4.2. Les idees evolucionistes de Lamarck

Entre els naturalistes que van precedir Darwin en la construcció de la teoria de l'evolució, cal destacar Jean Baptiste de Lamarck. Les teories lamarckianes poden resumir-se en els dos punts següents:

- Quan l'ambient on viu una espècie es modifica, els individus varien els seus hàbits o la seva anatomia per adaptar-se al nou medi. Els òrgans que es necessiten més es reforcen amb l'ús, mentre que desapareixen o es redueixen els òrgans poc o gens utilitzats. En paraules del mateix Lamarck, «la funció crea l'òrgan».
- Els canvis que fan els individus per adaptar-se al medi ambient es transmeten a la descendència. D'aquesta manera, amb el pas del temps, **les espècies es transformen i perfeccionen.**

Lamarck, però, no va parlar del parentiu ni dels ancestres comuns entre les diverses espècies. Al contrari, hi hauria un cert nombre d'espècies originals que s'haurien anat transformant fins a les actuals. No hi ha, doncs, un procés únic d'evolució, sinó diversos processos independents. Les espècies, segons el parer de Lamarck, no desapareixen, sinó que es transformen gradualment en altres.

Gràcies als avenços posteriors de la biologia, ara sabem que les teories de Lamarck contenien errors importants. Sembla evident que els caràcters externs es poden modificar com a resposta individual a les exigències del medi, però els caràcters adquirits d'aquesta manera no són transmissibles per **via genètica.** Per exemple, un atleta podria modificar notablement la seva estructura muscular amb l'entrenament i la competició, però els seus fills no heretarien aquestes característiques, sinó només aquelles que formen part del programa genètic que els seus progenitors els han tramès. Els gens que els pares passen a la seva prole són els mateixos que aquests varen rebre dels seus ancestres i només es modifiquen com a resultat de canvis o mutacions accidentals, generalment amb efectes adversos sobre la descendència i, en tot cas, sense una finalitat d'adaptació o perfeccionament, que era allò que postulava Lamarck. Però hem d'apreciar que la senzillesa i claredat de les explicacions de Lamarck van fer que molta gent que no era especialista es meravellés davant del fenomen de l'evolució i s'interessés per conèixer millor la natura.

! Important

Jean Baptiste de Lamarck (1744-1829) era el més petit d'onze germans. Obligat a iniciar estudis com a sacerdot, aviat va abandonar el seminari i va entrar en contacte amb Buffon, que seria el seu protector i mentor científic. El seu primer llibre, *Flora francesa* (1778), va tenir un gran èxit entre els especialistes. Després de la Revolució Francesa, Lamarck va treballar al Museu Nacional d'Història Natural, on es va ocupar de col·leccions de cucs, insectes i mol·luscs, que en aquella època eren considerats grups de poca importància que no mereixien l'atenció dels naturalistes. Lamarck es va esforçar a elaborar noves classificacions d'aquests organismes, que va anomenar *invertebrats* (sense columna vertebral). També li devem la invenció del terme *biologia* per designar la ciència que estudia els éssers vius, en aquell temps anomenada *història natural.* Però el mèrit pel qual Lamarck és reconegut en la història de la ciència és el de ser l'autor de la primera teoria completa i consistent sobre l'evolució de les espècies, exposada en la seva obra *Filosofia zoològica.* En morir Buffon, Lamarck va ser durament desacreditat pels científics de l'època, als quals la idea d'una natura canviant els semblava un disbarat. A pesar de llargs anys de dedicació a l'estudi de la naturalesa, va morir pobre i oblidat per quasi tots. Només molt després de la seva mort, les seves idees van obtenir popularitat.

4.3. Darwin, el naturalista viatger

El 1831, després d'abandonar la carrera clerical, Charles Darwin va aconseguir embarcar-se com a naturalista sense sou en un vaixell de guerra —el *Beagle*— la missió del qual era fer un viatge d'exploració al voltant del món.

Amb vint-i-dos anys, va iniciar la seva experiència més fantàstica. El seu treball consistia a recórrer per terra els llocs que el vaixell visitava i col·leccionar insectes, cargols, fòssils, etc. Durant cinc anys, va explorar països com el Brasil, l'Argentina, Xile, Nova Zelanda o Austràlia. Al llarg de les seves excursions va prendre consciència de l'enorme varietat d'organismes existent a la Terra i va observar com **hàbitats diferents contenien espècies distintes.**

Són famoses les seves anotacions sobre els pinsans de les illes Galápagos. Allí va observar que cada illa contenia una espècie exclusiva de pinsans que no es trobava a les altres. Quelcom semblant ocorria amb les tortugues i també amb altres organismes. Igualment es va sorprendre que la fauna de Nova Zelanda o Austràlia no s'assemblés gens a la de cap altre lloc.

Mentre madurava una teoria que expliqués tot allò, va relatar les seves experiències a *Viatge d'un naturalista al voltant del món* (1839) i a tres llibres sobre geologia que arreplegaven moltes de les seves observacions.

Fig. 2.10. La interpretació de l'augment de la longitud del coll de la girafa és un dels exemples posats per Lamarck per explicar el mecanisme de l'evolució.

Fig. 2.9. Els pinsans de les illes Galápagos presenten diferències que Darwin va atribuir als diferents factors de selecció natural que actuen en cada illa.

+ Més dades

El llegat de Darwin

La Universitat de Cambridge, a partir de l'estudi de la correspondència de Darwin, ha creat un portal ple de recursos sobre la vida i obra d'aquest científic: *https://goo.gl/Om6ZMA.*

! Important

El concepte popular d'evolució

En diverses investigacions fetes sobre la divulgació pública del concepte d'evolució, s'ha demostrat que la majoria de la gent percep l'evolució en el sentit sostingut per Lamarck, per més que aquesta visió correspongui a idees desenvolupades fa dos segles. Per cert, Darwin no usava mai el terme *evolució.* Preferia parlar de *descendència amb modificació.*

Alfred Russell Wallace (1823-1913), un altre naturalista anglès que havia viatjat per l'Amazones, Malàisia i Indonèsia, i que també s'havia admirat davant de la diversitat de la naturalesa, havia arribat pel seu compte quasi a les mateixes conclusions que Darwin, i es disposava a publicar-les el 1858. Ambdós van decidir presentar junts aquestes teories davant la Societat Linneana de Londres l'**1 de juliol del 1858,** una data important per a la història de la biologia.

Un any més tard, i vint-i-tres anys després de la finalització del periple al *Beagle,* va aparèixer *L'origen de les espècies,* l'obra en què Darwin va expressar els fonaments de la teoria moderna de l'evolució. Al contrari del que va passar amb Lamarck, el prestigi de Darwin era tal que la primera edició d'aquest llibre es va vendre en un sol dia.

Darwin, a pesar d'haver desenvolupat tota la seva activitat durant el segle XIX, encarna com ningú la imatge d'un **científic modern:** registrava observacions de manera precisa i ordenada, realitzava experiments, mantenia correspondència amb els científics rellevants de la seva època (el seu llegat consta de més de vuit mil documents). I sobretot es preocupava per comunicar els resultats de les seves investigacions en llibres i revistes, de manera clara i accessible als no especialistes.

5. La teoria de l'evolució de Darwin

El títol original en anglès de la cèlebre obra de Darwin era *On the origin of species by means of natural selection, or the preservation of favoured races in the struggle for life.* El concepte d'**evolució per selecció natural,** per primer cop formulat per Darwin i Wallace, és una de les idees centrals de la ciència actual, i es basa en evidències subministrades independentment des de diversos camps científics. Però el discurs de Darwin sovint ha estat malinterpretat, especialment pel que fa a la concepció de la **lluita per l'existència** com una mena de batalla contínua que sempre guanyen el més forts. Això no és el que va expressar Darwin: una breu anàlisi de les seves paraules originals ens ajudarà a interpretar aquesta teoria:

«...com que neixen molts més individus en cada espècie que els que tenen possibilitat de sobreviure, i com que, per consegüent, hi ha sovint una lluita per l'existència, se segueix que qualsevol ésser, en variar a favor seu, per lleugera que sigui la variació, sota les condicions complexes i algunes vegades variables de la vida, tindrà una probabilitat més gran de sobreviure i serà naturalment seleccionat. Així, pel principi de l'herència, qualsevol varietat selecta tendirà a propagar la seva nova i ja modificada forma.»

Per tal de conèixer el pensament de Darwin, considerem els punts següents:

- En qualsevol hàbitat hi ha una gran **varietat** d'espècies i dins de cada espècie, una gran varietat d'individus.
- Els individus solen viure en ambients en els quals no hi ha aliment suficient per a tots o en els quals han de protegir-se dels depredadors o d'unes condicions ambientals hostils. Només els més **adaptats** aconsegueixen sobreviure.
- Els que sobreviuen, és a dir, que presenten les **variacions més apropiades,** transmeten els seus caràcters a la descendència.
- Amb el pas del temps, **les espècies es transformen en altres** de més ben adaptades per a l'existència.

Tot aquest procés, en el qual sembla com si la natura fes una tria dels organismes i de les espècies més avinents a cada ambient, és el que Darwin va anomenar *selecció natural.* Quan ha passat molt de temps, la selecció natural resulta en una transformació de les espècies o *evolució.*

Fig. 2.11. Caricatura del 1874. Per al públic instruït del segle XIX allò que avui anomenem teoria de l'evolució es reduïa a una frase: l'home descendeix dels simis. Aquesta era una idea incòmoda per als que consideraven l'home com el rei de la naturalesa. Per això, en els diaris apareixien caricatures que representaven Darwin enfilat a un arbre fent el mico o menjant plàtans. En realitat, Darwin, tot i que al final va escriure una obra sobre el tema, no s'havia mostrat particularment preocupat per l'origen de l'home. Les seves teories perseguien, per sobre de tot, explicar la immensa varietat de la naturalesa i la transformació de les espècies al llarg del temps.

! Important

Charles Darwin (1809-1882) pertanyia a una família molt respectada en els cercles científics d'Anglaterra: el seu avi, Erasmus Darwin (1731-1802), a qui no va conèixer, havia estat un famós naturalista amb idees evolucionistes semblants a les de Buffon i Lamarck. Charles va estudiar dos anys de medicina a la Universitat d'Edimburg, carrera que va abandonar per fer-se clergue a la Universitat de Cambridge. Tant a Edimburg com a Cambridge, segons les seves pròpies confessions, el jove Darwin es trobava més a gust entre científics i naturalistes, als quals acompanyava en excursions pel camp.

+ Més dades

El darwinisme social, un exemple de pseudociència

Darwin mai no va pretendre extrapolar els principis de les seves teories fora de la biologia dels organismes, ni va intentar explicar el funcionament de la societat segons principis com la lluita per l'existència o la supervivència dels més aptes. Però d'altres autors, generalment provinents del camp de l'economia, les ciències socials i la política, van trobar suggeridors aquests termes i els van utilitzar per justificar les idees més diverses, des del capitalisme al nazisme. En la seva versió més extremista, el darwinisme social pretén elaborar una justificació moral, pretesament basada en la ciència, del racisme i de l'eugenèsia. En tot cas, els biòlegs evolucionistes consideren que el darwinisme social és un cos d'**especulacions** sense cap base científica.

6. Les controvèrsies sobre l'evolució

Al començament del segle XX es van divulgar i ampliar les teories de **Gregor Mendel** (1822-1884), que explicaven de quina manera els organismes vius transmetien els seus caràcters a la descendència. Al mateix temps, es produïen avenços en citologia, paleontologia, botànica, zoologia, etc.

Amb tot plegat, els coneixements aportats per totes aquestes ciències contribuïen a completar, i també a corregir, les teories evolucionistes de Darwin i Wallace, que eren les que la comunitat científica havia arribat a acceptar després de llargs debats.

6.1. La nova síntesi

Finalment, diversos biòlegs evolucionistes, que van treballar entre el 1930 i el 1950, van elaborar una teoria completa d'evolució, avui coneguda com a **teoria sintètica,** o la **nova síntesi,** prenent el concepte del llibre ***Evolució,*** *la síntesi moderna* de Julian Huxley.

La característica principal d'aquesta actualització **neodarwinista** és que explica la manera com es produeixen les variacions sobre les quals actua la selecció natural. Les diferències que s'observen entre diferents poblacions o les que s'esdevenen en un grup d'organismes determinat al llarg del temps es deuen a **canvis en les freqüències dels gens** que determinen els caràcters sotmesos a variació.

Aquests canvis resulten de diversos factors:

- Les **mutacions.**
- La **recombinació genètica.**
- Les **migracions,** etc.

Quan un petit grup d'organismes queda separat de la resta de la població per alguna barrera geogràfica, ecològica o genètica, s'estableix un **nou llinatge** d'individus amb característiques genètiques diferents, que amb el pas del temps pot esdevenir una nova espècie. L'**especiació** seria, doncs, un procés gradual resultat de l'aïllament.

La teoria sintètica de l'evolució ha estat una de les teories unificadores de la ciència moderna, la qual cosa no significa que no hagi estat qüestionada.

6.2. Evolució gradual o a salts?

No hi ha evidències del **caràcter gradual i lent dels canvis** que condueixen l'evolució de les espècies. Al contrari: l'estudi dels fòssils sembla suggerir que existeixen períodes amb canvis sobtats i importants que fan que es produeixin noves espècies o nous grups d'organismes en molt poc temps, seguits de llargs períodes en els quals no hi ha canvis aparents.

Les crítiques principals al gradualisme han vingut de dos paleontòlegs eminents: Niles Eldredge i Stephen J. Gould, que van elaborar la *teoria de l'equilibri puntuat,* segons la qual les espècies romanen **llargs períodes en un estat d'equilibri,** o sense canvis importants, separats per «revolucions» genètiques sobtades o esdevingudes en un període relativament curt que donen lloc a nous grups d'organismes, alguns dels quals desapareixeran i d'altres s'estabilitzaran.

D'aquesta manera, si es representen els canvis gràficament en l'escala dels temps geològics, en comptes de línies de transformació gradual, apareixerien «punts» de **bifurcació** brusca.

Els evolucionistes clàssics, partidaris del gradualisme, expliquen els salts en el registre fòssil per les mateixes imperfeccions d'aquest registre, ja que només es conserven algunes restes de cada episodi evolutiu. Cal insistir, però, que aquesta controvèrsia, que es manté viva en l'àmbit científic, no és un debat sobre la realitat de l'evolució, que és un fet ben establert, sinó sobre els mecanismes que la dirigeixen.

Alguns biòlegs evolucionistes adopten una postura eclèctica, ja que consideren que el **gradualisme** i el **saltacionisme** són perfectament compatibles: hi hauria canvis lents i graduals, especialment dins les espècies —el que anomenem *microevolució*— al costat de canvis sobtats, especialment a l'hora de produir nous grups —*macroevolució.*

! Important

Fets sobre l'evolució

En el camp de la ciència no hi ha una teoria alternativa a l'evolució, sinó diverses interpretacions que intenten explicar uns fets sobre els quals tota la comunitat científica està d'acord, que podem resumir en els punts següents:

- Els éssers vius han canviat al llarg del temps.
- Entre els diferents grups hi ha **homologies** que confirmen una **relació filètica** entre aquests grups (per exemple, la relació entre les ales de les aus i les potes anteriors dels mamífers).
- Totes les espècies existents estan emparentades a través d'**ancestres comuns.**
- L'evolució no té una finalitat ni és un procés de perfeccionament.
- El model gràfic de l'evolució no és una escala ni una línia, sinó un **arbre** amb moltes branques.

+ *Més dades*

Les reaccions contra l'evolucionisme

El 5 de maig del 1925 la policia va arrestar a Dayton (Tennessee, EUA) John T. Scopes, un professor de secundària que explicava als alumnes les teories de Charles Darwin, en contra d'una llei que havia declarat il·legal explicar la teoria de l'evolució a les escoles. El procés va tenir una repercussió enorme i va encetar un agre debat entre els creacionistes, que sostenien una interpretació estricta del relat bíblic, i els evolucionistes. El judici va ser un dels primers esdeveniments transmesos per ràdio en directe. Al final, Scopes, que en realitat havia provocat el seu propi procés d'acord amb associacions de drets civils, va rebre una multa simbòlica d'un dòlar. En l'actualitat, ni el fet que l'evolució sigui un dels elements més sòlids del paradigma científic actual, ni tampoc que els EUA siguin la primera potència científica del món, garanteix el consens públic al voltant de la ciència. Una investigació recent revela que, encara avui, poc menys de la meitat dels ciutadans americans accepten la teoria de l'evolució.

6.3. Un nou camp d'estudis evolucionistes: l'*evo-devo*

L'evolucionisme modern s'ocupa d'estudiar de manera unificada el mecanisme de transmissió dels gens de generació en generació i el paper de la selecció natural en augmentar o disminuir la freqüència de certs gens en la població. Però tot just ens explica com s'ho fan els gens per produir els organismes, des de les cèl·lules mare a l'adult, passant per tot el procés de desenvolupament de l'embrió.

Fa uns anys, es va descobrir un grup de **gens reguladors** que controlava el desenvolupament embrionari de tots els organismes multicel·lulars des dels primers estadis: els gens Hox. Els gens Hox tenen una seqüència de nucleòtids que indica a les cèl·lules on s'han de situar al llarg de l'eix de l'embrió. Cada cèl·lula de l'embrió serà una cèl·lula del cap o de les extremitats o un glòbul vermell, gràcies a les instruccions dictades pels gens del desenvolupament. D'aquesta manera, cada cèl·lula acaba adquirint una identitat. El més curiós és que aquests gens reguladors han estat units en el mateix cromosoma i en el mateix ordre durant centenars de milions d'anys en espècies tan diferents com una mosca i un ocell.

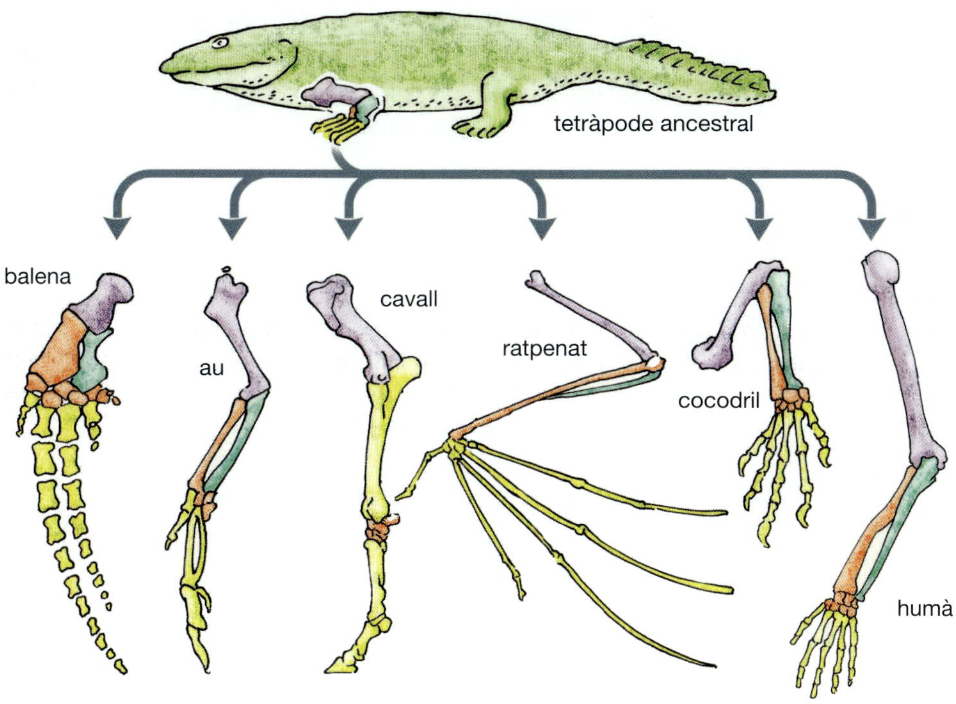

Fig. 2.12. L'esquema pentadàctil (cinc dits), amb modificacions causades per usos i hàbitats diferents, es repeteix en grups molt diferents de vertebrats. És un exemple de caràcter regulat per gens que actuen en el desenvolupament de l'embrió.

És fàcil entendre que un canvi en un gen regulador del desenvolupament pot tenir conseqüències dràstiques. El fet que tots els insectes tinguin sis potes i els mamífers, quatre, té a veure amb canvis en aquests gens reguladors. La formació de l'ull és controlada exactament pel mateix gen en ratolins i humans. El mateix podríem dir de trets compartits per moltes espècies, com el tipus de simetria, la presència d'ulls, el sistema nerviós, etc.

Tot això és l'objecte d'atenció de la biologia del desenvolupament, que unida als estudis sobre evolució ha produït un camp nou del coneixement, l'*evo-devo* o l'evolució **a la llum de la biologia del desenvolupament.**

Gràcies a aquesta nova confluència de camps científics abans separats, avui es considera la importància dels canvis en els gens reguladors en aspectes centrals de l'evolució: adquisició de simetria, formació d'ulls, potes, ales i altres característiques comunes a grans grups d'organismes. Una sola **mutació** en un d'aquests gens, si produeix un individu viable, pot donar com a resultat un gran salt evolutiu.

Vocabulari

Espècie: grup d'individus que poden encreuar-se entre ells i donar descendència fèrtil.

Població: grup d'individus de la mateixa espècie que comparteixen un mateix espai i temps.

Llinatge: en una població, sèrie contínua de descendents d'un individu.

Especiació: fundació d'una nova espècie a partir d'un canvi en un llinatge que resta separat de la població original.

Microevolució: canvis que s'esdevenen dins d'una espècie al llarg del temps.

Macroevolució: evolució a escala taxonòmica més gran que la de l'espècie. Per exemple: els canvis que porten dels dinosaures a les aus.

Important

Dos tipus de gens

Distingim entre *gens estructurals*, que codifiquen la construcció de proteïnes que passen a formar part d'alguna estructura, i *gens reguladors*, que controlen —a través de proteïnes intermediàries— l'activitat d'altres gens. Una mutació en un gen regulador pot significar l'alteració simultània de molts caràcters.

Més dades

L'ontogènia reprodueix la filogènia?

Aquesta frase, enunciada fa un segle per l'evolucionista clàssic Ernest Haeckel (1834-1919), vol expressar la similitud entre el desenvolupament d'un embrió individual (*ontogènia*) fins a l'estadi adult i les fases de l'evolució (*filogènia*), de les formes simples a les complexes. Aquesta afirmació, però, ha creat certa controvèrsia.

7. Evidències de l'evolució: els fòssils i els mètodes de datació

> **Vídeo**
>
> ***¿De quin color eren els dinosaures?***
>
> *https://goo.gl/uYXWDX.*

Si volem saber com eren les espècies que van desaparèixer, és a dir, quasi totes les que fins ara han existit, hem d'observar-ne els fòssils. La **paleontologia,** o estudi dels fòssils, és una ciència de gran ajuda per a l'estudi de l'evolució.

Els fòssils constitueixen una gran biblioteca en la qual podem llegir la història dels éssers vius. Però en aquesta biblioteca els llibres es troben desordenats, molts s'han perdut i a d'altres, els falten fulls. No és fàcil, doncs, buscar-hi informació.

No obstant això, si sabem que durant cent cinquanta milions d'anys van viure aquells éssers tan fantàstics que eren els dinosaures, és perquè tenim fòssils de dinosaure. I si estem convençuts que les espècies han anat canviant és perquè aquests canvis han quedat registrats en els fòssils. Els fòssils són l' **evidència** principal de l'evolució.

> **! Important**
>
> ***Organismes inversemblants***
>
> Els fòssils ens parlen també d'organismes avui inversemblants, però que en el seu dia van ser comuns: animals coberts de pèl amb bec d'au, les cries dels quals s'alimentaven de la llet materna de la mare després de trencar un ou; aus cobertes d'escates de rèptil; rèptils que volaven, o peixos que podien viure durant molt de temps soterrats en el fang sense aigua.

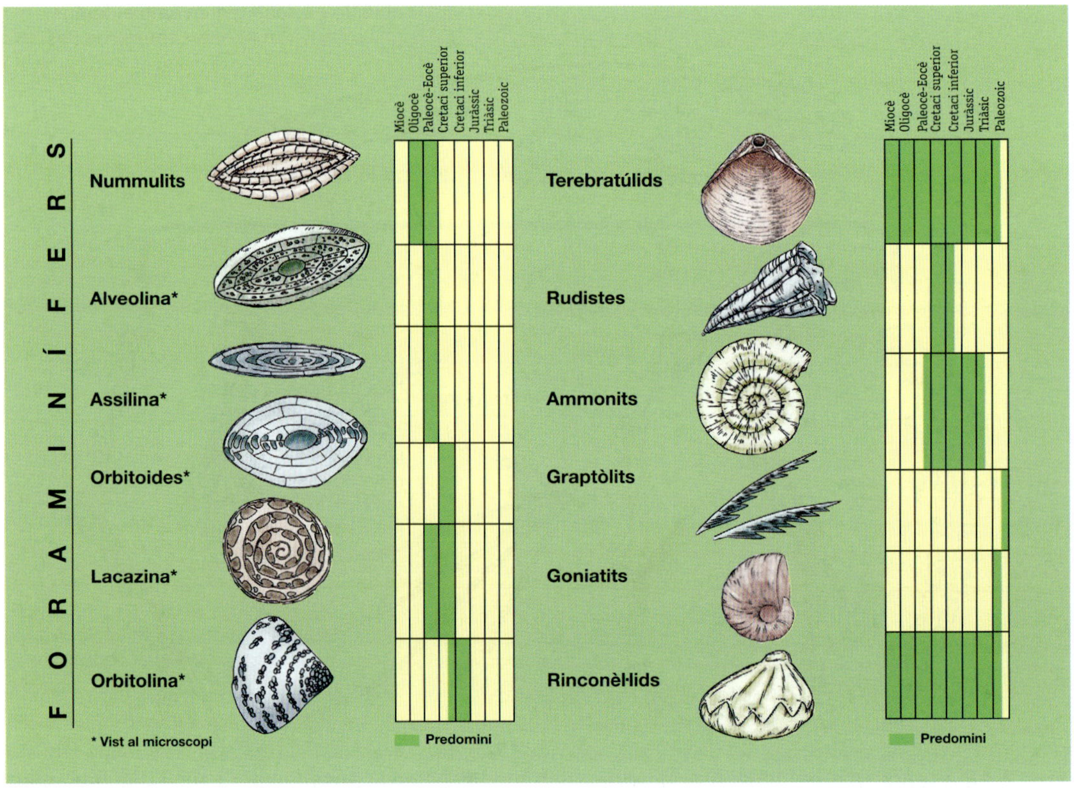

Fig. 2.13. Els fòssils més freqüents amb indicació dels períodes d'expansió. Font: Institut Geològic de Catalunya.

Activitats

2> El registre fòssil

Obre el mòdul interactiu que trobarem a l'adreça següent:

https://goo.gl/Cpw2ZI

1. Completa el *tour* virtual.
2. Respon a les preguntes següents:
   a) Hem trobat un esquelet d'un animal mort fa dos-cents anys. Podríem dir que hem trobat un fòssil?
   b) Un fòssil, ha d'estar necessàriament sepultat en sediments? Raona la teva resposta.
   c) En quins d'aquests llocs buscaries fòssils? Argumenta la teva resposta en cada cas:
      - Una glacera dels Alps.
      - Una formació granítica.
      - La llera d'un riu.
      - Una mina de carbó.
      - Entre sediments procedents d'una platja del Cretaci, a cent metres de profunditat.
   d) Matèria pel debat: què faries si trobessis un fòssil? Te'l podries emportar a casa? I al laboratori del teu centre? Hi ha normes legals sobre això? Et semblen justes aquestes normes?

No sempre, però, és possible trobar fòssils indicadors de cada època. En aquests casos, hi ha altres **mètodes de datació** relativa o absoluta que se seleccionen segons allò que es vol datar i l'antiguitat dels processos.

Tipus	Mètode	Principi	Aplicacions
Datació relativa Situen cronològicament un procés respecte d'un altre.	Estratigrafia (sediments)	Els sediments més nous descansen sobre els més antics.	Establiment de sèries i columnes estratigràfiques.
	Biocronologia (fòssils)	Estrats que contenen els mateixos fòssils, tenen la mateixa edat.	Establiment de seqüències en l'evolució, correlació entre estrats.
	Tipologia (eines)	Estimació de l'edat pel tipus de tecnologia utilitzada.	Datació de restes arqueològiques.
Datació absoluta Ens informen de l'edat d'objectes i processos en termes quantitatius.	Radiometria	Els isòtops radioactius que conté un objecte es desintegren amb el temps. La radiació romanent respecte de l'estat original, ens permet fer una estimació sobre l'edat de l'objecte.	Carboni 14: datació de materials de menys de setanta mil anys. Potassi-argó: fins a cinc milions d'anys. Urani-plom: fins a milers de milions d'anys.
	Termoluminescència	Un material cristal·litzat, quan s'escalfa, emet una quantitat de radiació proporcional al temps transcorregut des de la seva formació.	Jaciments arqueològics: s'utilitzen en ceràmica i eines lítiques cremades.
	Dendrocronologia	Anàlisi dels anells dels arbres.	Estudis climàtics: fins a 2000-3000 anys.
	Anàlisi de varves	Dipòsits estacionals de sediments lacustres d'origen climàtic.	Edat dels dipòsits i ritme de sedimentació.
	Paleomagnetisme	Els pols magnètics migren al llarg del temps. Alguns minerals de les roques resten orientats segons el camp magnètic en el moment de formació.	Datació de roques ígnies i d'episodis tectònics.

Taula 2.2. Mètodes de datació.

7.1. Altres proves de l'evolució

La identificació i datació de fòssils fan que no es pugui negar, amb arguments racionals, l'existència d'una biosfera molt antiga i en permanent canvi. Tanmateix, les proves paleontològiques no fan sinó reforçar altres evidències igual de contundents.

- El **codi genètic** és universal. Tots els organismes de la Terra es formen i funcionen d'acord amb el mateix «llibre d'instruccions», contingut en el genoma de cada cèl·lula viva.
- L'**estudi de seqüències d'ADN** mostra que totes les espècies estan emparentades a través d'ancestres comuns.
- **Els embrions dels vertebrats són pràcticament idèntics** fins que es produeix la diferenciació de les estructures adultes. Òrgans com les aletes dels peixos, potes del mamífers i ales dels ocells tenen el mateix origen embrionari, és a dir, són **òrgans homòlegs.**
- **L'evolució es pot observar:** per exemple, les resistències dels bacteris als antibiòtics fan que, per selecció natural, les poblacions patògenes esdevinguin immunes.
- La **geografia** també juga a favor de l'evolució. Individus que han quedat aïllats d'un grup, amb el temps, evolucionaran de manera diferent a la població original. Darwin ja va estudiar aquest fenomen a les illes Galápagos. I illes com Austràlia o Madagascar, grans territoris incomunicats durant milions d'anys, han desenvolupat una flora i una fauna pròpies, molt diferent de la dels continents.

8. L'arbre de la vida: noves interpretacions

Més dades

La simbiosi entre espècies

Lynn Margulis ja postulava fa dècades que el principal motor de l'evolució, especialment de l'evolució cel·lular, és la simbiosi entre espècies. El procés sembla molt clar en el cas de l'aparició de les cèl·lules eucariotes, que haurien adquirit les seves funcions i característiques en incorporar bacteris de diversos tipus. Aquesta relació està ben establerta en el cas dels cilis i flagels, òrgans de mobilitat de les cèl·lules que ancestralment eren bacteris del grup de les espiroquetes.

Darwin concebia l'esquema de l'evolució com un arbre, en el qual, a partir d'un tronc, cada branca representava una nova línia evolutiva que restava definitivament separada de la resta i que, al seu temps, produiria successives derivacions. El concepte d'arbre és fonamental per entendre les idees de Darwin. En la base, LUCA *(Last Universal Common Ancestor),* **l'ancestre comú a tots els éssers vius.** Quan una branca (espècie) es bifurca tenim una nova espècie. Moltes branques moriran, però algunes arribaran a dalt de l'arbre: són les espècies vives actuals. L'estudi de l'arbre de la vida ens diu, doncs, quin grau de parentiu tenen les diverses espècies i ens permet retrocedir fins a l'ancestre comú. El treball principal dels biòlegs evolucionistes era i és **completar l'arbre de la vida,** la qual cosa els ha portat grans controvèrsies, la primera de les quals era esbrinar si els canvis eren graduals o es produïen sobtadament. Tanmateix, els darrers anys, la **possibilitat de llegir el genoma** no tan sols de les espècies vivents, sinó també de les extintes —a través de l'anàlisi de residus d'ADN continguts en els fòssils—, ha introduït un element molt important en la comprensió, interpretació i descripció de l'arbre de la vida. Com més pròximes estan dues espècies més semblants seran les seves seqüències d'ADN i ARN. Aquest tipus d'evidències ha donat algunes sorpreses. Primera: els arqueus no són bacteris. Segona sorpresa: es pensava que la descendència era exclusivament vertical, que els caràcters hereditaris passaven només dels individus ancestrals de cada estirp a la descendència. Però cada cop es troben més espècies de branques diferents que s'hibriden o intercanvien fragments de material genètic. Es produeixen **simbiosis** que no es limiten a la prestació mútua de funcions. Finalment, s'ha determinat que, sobretot en el cas dels bacteris, els arqueus i els eucariotes unicel·lulars, aquests **intercanvis horitzontals** són molt comuns, de tal manera que, excepte pels organismes multicel·lulars, més que un arbre tindríem una **xarxa.** Però l'últim bastió, els de les plantes i els animals, també trontolla, ja que les hibridacions són més freqüents del que pensàvem. Sense anar més lluny, la nostra espècie, *Homo sapiens,* es va diferenciar fa 200 000 anys. Doncs bé: recentment s'ha descobert que després es van produir intercanvis de material genètic amb els neandertals, amb descendència fèrtil, diverses vegades i en llocs diferents.

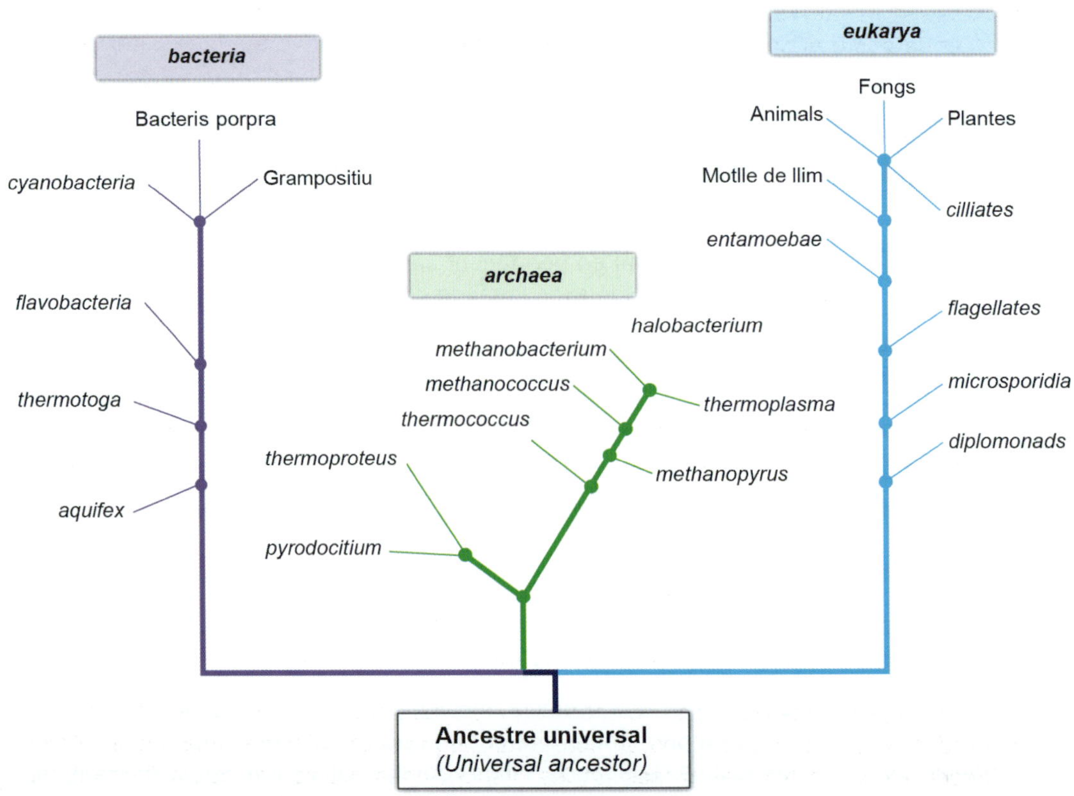

Fig. 2.14. L'arbre de la vida.

! Important

The Open Tree of Life

El nombre total d'espècies que hi ha a la biosfera ens és desconegut. El parentiu entre aquestes es va esbrinant a mesura que es coneix la **identitat genètica** (ADN) de cada espècie. Així creix, dia a dia, **l'arbre de la vida,** publicat per la National Science Foundation al web *https://goo.gl/ICfpSi.*

9. L'evolució dels homínids

A primera vista, el nostre organisme és format per cèl·lules, teixits i òrgans indistingibles dels de qualsevol altre mamífer. Mirant al microscopi difícilment podríem diferenciar, per exemple, si una cèl·lula muscular pertany a una persona o a un ratolí. A més a més, dins de les cèl·lules de tots els animals s'esdevenen gairebé exactament les mateixes reaccions químiques.

9.1. Som diferents?

Els antropòlegs creuen que els primers grups de primats bípedes van sorgir a l'est d'Àfrica fa més de sis milions d'anys. Tot indica que en aquella època, els nostres ancestres van abandonar el bosc, el seu hàbitat natural, per viure a les extenses planes africanes poblades de grans herbívors. Segurament va ser la possibilitat d'obtenir nous aliments el que els va empènyer fins a un lloc tan poc adequat per a les habilitats d'un simi com una sabana tropical o la vall d'un riu.

Fa tres milions d'anys convivien a Àfrica almenys cinc espècies d'*Australopithecus:* es creu que totes eren **bípedes.** De sobte, havien cobrat importància certes adaptacions innovadores: caminar amb les potes de darrere els deixava les mans lliures, i alçaven el tronc i el cap per veure-hi a la llunyania. Es movien en grans grups ben organitzats que cooperaven sota la direcció d'algun cap, potser com a única manera de fer front a les seves preses o de defensar-se dels depredadors.

El gènere *Homo,* derivat d'alguna estirp d'*Australopithecus,* es va començar a diversificar en diverses espècies a l'Àfrica fa uns 2,5 milions d'anys. D'aquests temps són les primeres evidències que s'han trobat sobre l'**ús d'eines,** coincidents amb un considerable augment del volum i el desenvolupament del cervell **(encefalització).** L'evolució humana, llavors, va prendre una ruta molt singular.

Lectura 1

«...vam coincidir amb un dels pastors, conegut nostre. Ens vam saludar i vam encetar una xerrada banal mentre miràvem, distrets, el ramat d'ovelles que bevia. "És curiós —va dir de sobte el nostre amic— que les ovelles i les persones fem servir la mateixa aigua per beure". Davant d'una afirmació tan simple ens vam mirar de reüll i vam començar a pronunciar una frase de comiat. Però els pastors no solen tenir gaire ocasions per comentar amb algú les seves inquietuds, de forma que, desatenent la nostra aparent urgència per marxar, el nostre amic va seguir: "Les persones podem menjar ovelles perquè tots dos som animals i estem fets de carn, però, com és possible que les ovelles mengin només herba? L'herba no és carn...". Es va aturar un moment, i de seguida va reprendre les seves reflexions: "A mi em sembla que encara que l'herba i la carn semblin diferents, han d'estar fetes de la mateixa cosa". Ens vam tornar a mirar, però aquest cop desconcertats per l'agudesa del pastor. "Ara, el més estrany és que l'herba creix de la terra —va seguir—, com si també estiguessin fetes del mateix". Es va tornar a aturar i va xiular al seu gos perquè s'acostés a les ovelles que s'estaven allunyant, llavors ens va mirar fixament i ens va revelar el seu descobriment: "Jo crec que la terra, l'herba, les ovelles i nosaltres estem fets del mateix, no creuen?". Bocabadats, no vam poder contestar».

Ignacio Martínez i Juan Luis Arsuaga,
Amalur, del átomo a la mente. Ed. Temas de hoy, 2003.

El relat anterior narra la trobada entre dos científics i un pastor prop d'Atapuerca.

a) Per què queden sorpresos els científics pel que diu el pastor?

b) Quines operacions del procés científic ha fet el pastor (observar, experimentar, inferir, deduir, elaborar una hipòtesi, contrastar, argumentar, elaborar una teoria, etc.)? Escriu alguna o algunes frases de les pronunciades pel pastor que reflecteixin la realització d'alguna d'aquestes fases.

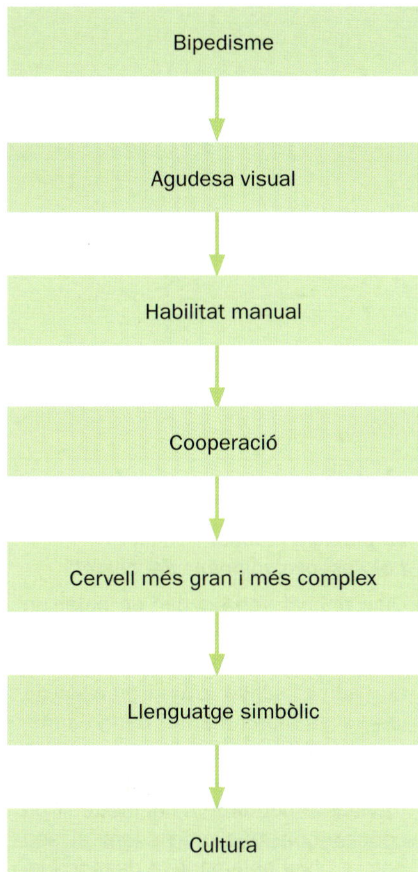

Fig. 2.15. La diferenciació dels humans.

9.2. Somiar, inventar, reflexionar: el pensament simbòlic

Fig. 2.17. Les petjades d'*Australopithecus* trobades per l'equip de Mary Leakey el 1977 sobre els sediments volcànics de Laetoli (Tanzània) delaten que fa 3,6 milions d'anys ja hi havia homínids que caminaven en posició erecta.

En el món dels animals les coses no tenen un nom. Com en el cas dels nadons, només existeixen els objectes que tenen davant dels seus ulls, els quals no poden anomenar, ni descriure, ni representar.

Els humans moderns, en canvi, han crescut en un **món de símbols.** La calavera d'una ampolla que conté un líquid verinós, el color dels semàfors, el dibuix de la porta del lavabo, el so d'una campana o el dit índex assenyalant són exemples de símbols. També són símbols els noms que hem posat a les coses. El llenguatge dels símbols és una adquisició exclusivament humana i constitueix un sistema de sons, gestos i representacions gràfiques que fa que tot objecte, acció, emoció, estigui present en l'interior del nostre cervell, la qual cosa fa possible el **pensament simbòlic.**

D'aquesta manera, el cervell humà es va adaptar a una circumstància nova: la possibilitat d'imaginar situacions, de somiar, de sentir emocions, en suma, la facultat de pensar. I també la de comunicar els pensaments als altres membres del grup.

Els antropòlegs diuen que la presència d'un gran cervell i d'una laringe dotada de cordes vocals va permetre el **sorgiment del llenguatge,** però molts científics afegeixen una observació molt més interessant: l'existència de les paraules va fer que el cervell es desenvolupés amb rapidesa. Un cervell centrat en els sentits, semblant al de qualsevol animal, es va convertir en un cervell centrat en la invenció, en les emocions i en la comunicació. Segurament va ser així com va emergir una nova propietat de la naturalesa: la **cultura,** que podem definir com un sistema integrat de cooperació, innovació i comunicació que es transmet de generació en generació per una via no biològica.

Podem dir que la societat moderna, amb la seva immensa capacitat d'adaptar la naturalesa als seus interessos, amb les seves autopistes, telèfons mòbils i naus espacials, va començar a néixer quan l'home, inicialment poc més que un simi indefens, va abandonar la condició de caçador errant i va inventar noves formes de **cooperació** que van acabar formant societats complexes.

Fig. 2.16. El pensament simbòlic possibilita substituir la realitat per la seva representació.

! Important

La precisió manual i el desenvolupament del cervell

Quin animal seria capaç de pelar un gra de raïm o d'enfilar una agulla? Heus aquí un primer gran avantatge de l'home: sense la fina precisió de les seves mans mai no hauria construït eines. No existiria, doncs, això que anomenem *civilització.* L'habilitat manual va permetre a l'home tenir un control molt més gran sobre el seu entorn i probablement va desencadenar que el cervell s'especialitzés en la invenció i en la comunicació.

Però difícilment podríem determinar amb claredat en quin moment es produeix l'aparició d'aquest tipus de processos cognitius que diferencien els humans de la resta dels animals. Si fins fa poc el pensament simbòlic es considerava una habilitat exclusiva de l'*Homo sapiens,* comencen a acumular-se evidències sobre la presència de pensament simbòlic en grups de neandertals. Hi ha indicis de ritus funeraris, restes d'objectes amb possible funció ornamental i, especialment, la presència del **gen FOXP2** en les mostres d'ADN d'aquest grup humà. Aquest gen està associat al desenvolupament del llenguatge. Sens dubte, l'aplicació de les tècniques més avançades de recerca proporcionarà noves sorpreses. Possiblement l'origen de la cultura humana és més antic del que fins ara pensàvem.

9.3. Els orígens

Tots els humans actuals pertanyem a l'espècie *Homo sapiens,* que és l'única que ha sobreviscut de les desenes d'espècies humanes que han existit. Però les característiques humanes (marxa erecta, visió frontal, habilitat manual, desenvolupament cerebral, etc.) que han permès que la nostra espècie sigui tan singular en l'Univers no eren totes presents en els homínids primitius, ni van aparèixer totes al mateix temps.

Les troballes de fòssils ens mostren que a l'Àfrica ja existien espècies amb característiques clarament humanes fa més de quatre milions d'anys. Els científics han classificat aquests exemplars dins del gènere *Australopithecus.* Però s'han trobat també fòssils d'homínids d'altres gèneres, l'edat dels quals arriba fins als sis milions d'anys, molt a prop del punt de l'arbre evolutiu on seria l'antecessor comú a l'home i als grans simis actuals.

Alguna d'aquestes espècies, fa uns 2,5 milions d'anys, va derivar cap al grup humà que, amb el pas del temps, seria el primer constructor d'eines: *Homo habilis,* un grup també reclòs a l'Àfrica, que es va extingir fa 1,5 milions d'anys, després d'haver conviscut amb poblacions d'*Homo erectus,* espècie apareguda fa 1,8 milions d'anys i extingida aproximadament fa 200 000 anys. El seu volum cranial arribava a 1 000 cm^3, la qual cosa fa suposar que tenia una capacitat intel·lectual molt més gran que la de les espècies antecessores. Segurament eren *Homo erectus* els primers humans que van sortir de l'Àfrica i van colonitzar llocs d'Àsia com el Caucas, la Xina o Indonèsia. També va ser la primera espècie que va desenvolupar l'art de tallar la pedra i va usar el foc.

Mentre l'*Homo erectus* s'estenia per l'Àsia, a la península Ibèrica s'assentava, fa aproximadament un milió d'anys, l'*Homo antecessor,* espècie que ha estat descrita i àmpliament investigada a partir de les restes trobades a Atapuerca (Burgos).

Més moderna, i probablement connectada amb l'*Homo antecessor,* és l'espècie *Homo heidelbergensis,* també trobada a Atapuerca, en nivells d'excavació que tenen uns 400 000 anys d'edat, i a Alemanya, prop de la ciutat de Heidelberg. En algun moment, possiblement fa uns 200 000 anys, aquesta espècie va donar lloc a l'*Homo neanderthalensis* (o home de Neandertal, anomenat així perquè la primera troballa dels seus fòssils es va dur a terme a la vall de Neander, a Alemanya).

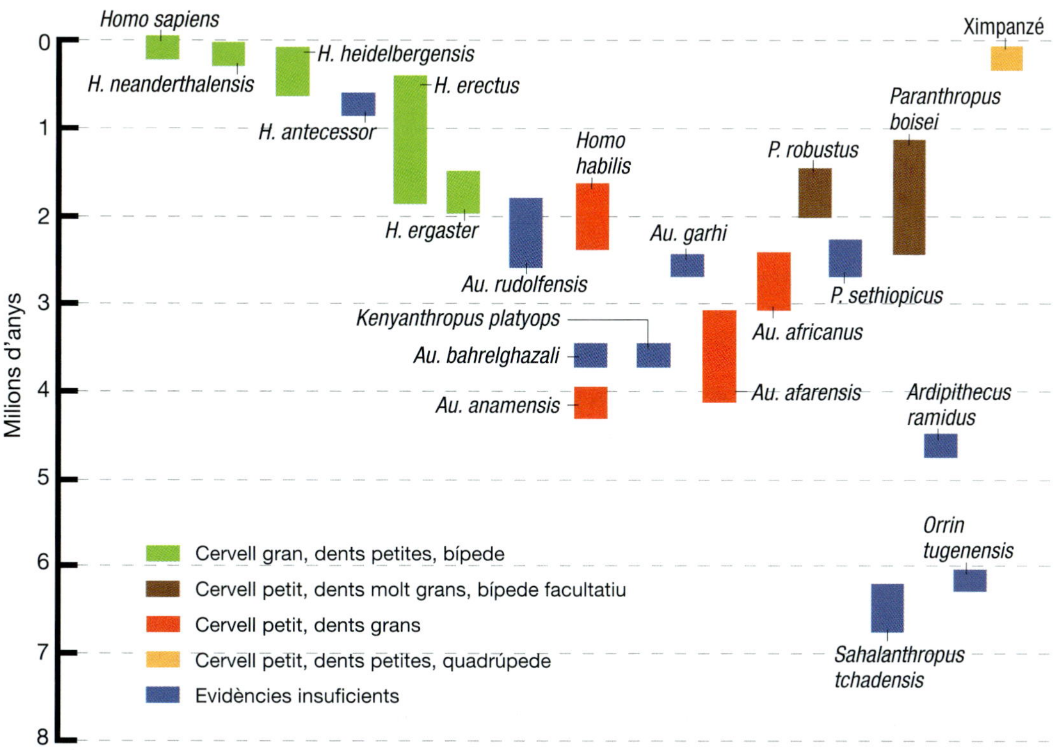

Fig. 2.18. Filogènia de les espècies humanes.

Important

Homínids

La família dels homínids o pòngids, que pertany a l'ordre dels **primats,** inclou l'espècie humana i els actuals grans simis (ximpanzé, goril·la i orangutan), així com les espècies fòssils emparentades fins a arribar a un **antecessor comú,** que es creu que va viure fa uns set milions d'anys.

Més dades

El frau de Piltdown

Els evolucionistes de començaments del segle XX estaven segurs que trobarien algun fòssil representatiu que fos la prova de l'evolució gradual des dels simis als humans: la **baula perduda.** El 1912, Charles Dawson, un paleontòleg aficionat, va presentar unes restes fòssils trobades a Piltdown (Sussex), que reunien característiques d'ambdós grups. La troballa va ser acollida amb entusiasme pels científics de l'època, que fins i tot van atribuir nom a la nova espècie: *Eoanthropus dawsoni,* l'home de Piltdown. Quaranta anys més tard es descobriria que es tractava d'un engany: algú havia unit el crani d'un cadàver humà a la mandíbula d'un orangutan. Mai es va saber qui va ser l'autor real del frau, ni fins a quin punt alguns paleontòlegs, desitjosos d'adquirir prestigi, en van ser còmplices conscients.

Sabies que...?

Neandertals

Els neandertals no van sobreviure a la darrera glaciació. Cap dels seus fòssils no té una edat menor de 27 000 anys, però ara sabem que abans d'extingir-se van tenir temps i ocasió d'establir contactes amb individus *Homo sapiens,* culturalment molt més avançats. Hi ha evidències que van arribar a encreuar-se i, per tant, a intercanviar gens. De fet, tots nosaltres tenim fragments d'ADN procedents dels neandertals.

Lectura 2

Els primers europeus menjaven cru

El moment en què es va començar a utilitzar el foc per cuinar aliments és tema de controvèrsia. Alguns investigadors el situen al voltant de fa 1,8 milions d'anys, mentre d'altres suggereixen que va ser posterior, fa entre 300 000 anys i 400 000 anys. Les proves de la placa dental d'una mandíbula de fa 1,2 milions d'anys, trobada a Atapuerca, indiquen que ingerien els aliments crus, cosa que avala la hipòtesi que l'ús intencionat del foc encara no s'hauria produït. Es tracta d'un estudi liderat per Karen Hardy, professora investigadora ICREA a la UAB, en el qual també han participat investigadors de la Universitat de York. En l'anàlisi dels microfòssils els investigadors han identificat traces de teixit animal cru, grans de pol·len d'una espècie de pi, grànuls de midó crus que indiquen el consum de plantes herbàcies gramínies, fragments d'insectes i espores fúngiques. També una resta de fibra vegetal no comestible al costat d'un solc interdental, cosa que suggeriria el seu possible ús com a escuradents. Cap de les restes no havia estat sotmesa al foc. Tampoc s'ha trobat evidència de la inhalació de microcarbó, que normalment és un indicador clar de proximitat al foc. «En alguns jaciments molt antics de l'Àfrica s'hi han trobat possibles evidències de l'ús del foc. No obstant això, la falta de proves a l'avenc de l'Elefant suggereix que aquest coneixement no el tenien els primers homínids que van abandonar el continent africà», diu Hardy. A Europa, les proves més antigues de l'ús del foc daten de 800 000 anys, al jaciment de la cova Negra (Múrcia) i poc després a Israel, al jaciment de Gesher Benot Ya'aqov. Tot això ens fa pensar que el desenvolupament de les tècniques per controlar i fer servir el foc va tenir lloc en algun moment entre fa 1,2 milions i 800 000 anys», destaca Hardy. Conèixer quan es va produir l'ús intencionat del foc contribuiria a entendre millor l'evolució humana, perquè els aliments cuinats proporcionen més energia i aquest ús per cuinar pot estar vinculat al ràpid increment de la grandària del cervell ocorregut a partir de fa 800 000 anys.

M.L.F., *Diari Ara,* suplements de ciència. 17 de desembre del 2016

a) Atapuerca és un jaciment d'interès mundial en la investigació sobre l'origen i l'evolució dels humans. Quines troballes importants s'hi han fet fins ara?

b) Els homínids a què es refereix el text, de quina espècie podrien ser? Creus que els habitants d'Atapuerca eren els ancestres dels europeus actuals? Raona la teva resposta.

c) Creus que el procés de selecció natural va afavorir els grups que utilitzaven el foc? Per què?

d) A partir del que explica el text i del que trobis a la xarxa, explica per què creus que l'ús del foc i l'evolució del cervell estan relacionats.

e) L'ús del foc, creus que forma part del procés d'evolució biològica o de l'evolució cultural? Raona la teva resposta.

f) Si et trobessis en la mateixa situació que els homínids del jaciment de la cova Negra, quines tècniques podries utilitzar per a encendre un foc?

Vídeo

Tesoros d'Atapuerca, realitzat per Javier Trueba: *https://youtu.be/ism-ZIAKOvO.*

! Important

Eva mitocondrial

L'ADN contingut als mitocondris de les nostres cèl·lules l'hem rebut exclusivament per via materna (el citoplasma del zigot, on resideixen els mitocondris, és aportat per l'òvul). Els estudis que s'han fet comparant l'ADN contingut als mitocondris de tots els llinatges humans actuals, per línia femenina, mostren que totes les dones tindrien una avantpassada comuna que va viure a l'Àfrica fa com a màxim 200 000 anys.

9.4. L'*Homo sapiens*

Els exemplars més primitius de l'espècie *Homo sapiens* ja tenien un aspecte extern molt semblant al nostre. Qualsevol d'ells, vestit amb robes modernes i ben pentinat, passaria desapercebut si passegés avui pel carrer o decidís entrar al metro, mentre que un neandertal probablement provocaria la sorpresa general.

Al contrari que en el cas dels neandertals, no hi ha gaire polèmica sobre els orígens de l'home modern. La ciència actual els situa a l'Àfrica, on van sorgir fa menys de 200 000 anys.

Si se segueix el rastre dels fòssils deixats per l'home modern, al mateix temps que s'estudien les relacions genètiques entre les poblacions actuals, sembla que les migracions d'aquesta nova espècie africana es van iniciar fa uns 50 000 anys, primer cap a l'Àsia, després cap a Europa, on van arribar en **successives onades migratòries:** les restes més antigues de la varietat europea d'*Homo sapiens* tenen uns 40 000 anys d'edat.

Les variacions físiques entre els diferents grups d'*Homo sapiens* no han estat tan grans com per produir noves espècies. Ni tan sols el concepte biològic de **raça** és aplicable a l'home. Per a un biòleg, tots els humans vivents som de la mateixa espècie i de la mateixa raça. En tan poc temps, l'únic tipus d'evolució que ha mostrat l'*Homo sapiens* és l'evolució cultural, producte probablement de la possessió d'un cervell més complex que el dels seus antecessors.

Observa i pensa

Charles Darwin i l'arbre de la vida

El 1836 Darwin va regressar del seu viatge al voltant del món carregat de mostres de roques, fòssils, plantes i animals. Abans de publicar les seves conclusions, dedicaria més de vint anys a ordenar les seves idees, a dissenyar experiments i a recollir observacions i opinions d'altres experts naturalistes. Però el 1837, tan sols un any després de la seva arribada, va dibuixar un arbre que volia representar el seu gran descobriment: les espècies existents, situades a les puntes de les branques, hi figuraven relacionades a través d'ancestres comuns. En l'actualitat la National Science Foundation (NSF), principal institució científica dels Estats Units, patrocina el projecte The Open Tree of Life que tracta de situar absolutament totes les espècies conegudes en un arbre de milions de branques, utilitzant criteris de parentiu genètic (coincidències en les seqüències d'ADN). Aquest arbre, que no para de créixer, és avui la referència fonamental de la ciència de l'evolució. Entre la genial intuïció de Darwin i l'immens i inacabat projecte de reconstruir tot l'arbre de la vida amb eines modernes de recerca genètica hi una llarga història de debats científics, el més significatiu dels quals potser sigui el descobriment que tal arbre, finalment, no tenia forma d'arbre, sinó que era una xarxa interconnectada!

El 2009, amb motiu del 200è aniversari del naixement de Darwin, la BBC va encarregar a David Attenborough el documental **Charles Darwin i l'arbre de la vida.** En aquesta activitat et proposem les tasques següents.

Cerca un dels llocs on es publica a la Xarxa el documental *Charles Darwin i l'Arbre de la Vida* (fes la cerca en castellà, idioma en el qual el trobaràs publicat, així com en anglès). Enllaç suggerit: *http://dai.ly/xp8ubq.*

Un cop visionat el vídeo, visita el web *https://goo.gl/RVOZgh.* Intenta fer-te una idea de l'organització dels diferents éssers vius en grups d'afinitat filètica (és a dir, amb ascendents comuns).

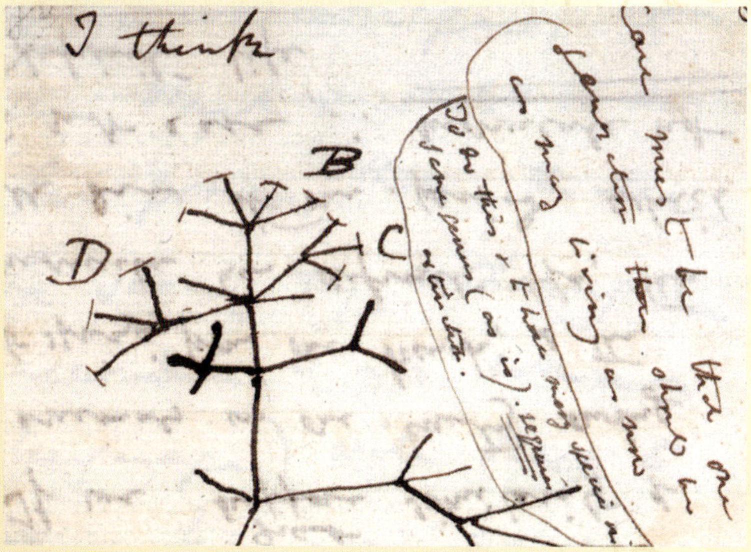

Fig. 2.19. Quadern de treball de Charles Darwin, 1837.

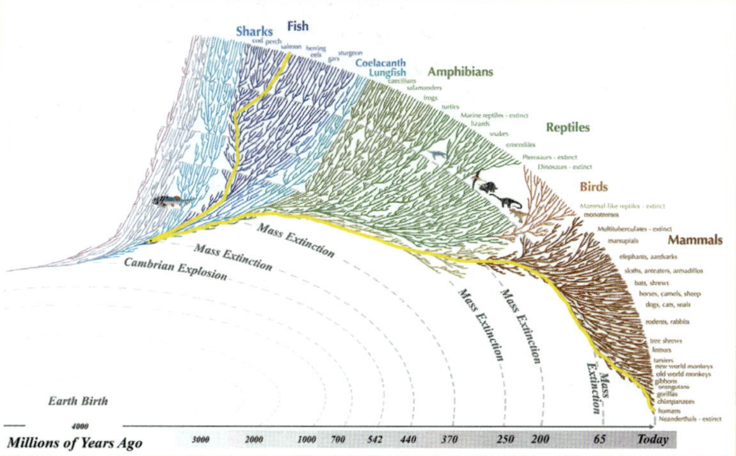

Fig. 2.20. Una moderna imatge de l'arbre de la vida mostra l'enorme complexitat de la tasca de classificació del éssers vius.

Respon a les qüestions següents:

a) Quines raons van portar Darwin a retardar la publicació de la seva teoria?

b) Per què és important Alfred Russell Wallace en l'establiment del que avui coneixem com a teoria darwinista?

c) El creacionistes expliquen la construcció de l'ull amb la metàfora del rellotge. En que consisteix el seu argument? Quins arguments proposa el documental en defensa del punt de vista evolutiu pel que fa a l'aparició de l'ull?

d) Els dinosaures es van extingir molt ràpidament. Sobre les causes hi ha diverses teories, fins i tot hi ha qui diu que, en realitat, no van desaparèixer. Creus que s'insinua aquesta opinió en algun moment en el documental?

e) Darwin no va formular una teoria de l'evolució acabada, sinó que aquesta s'ha anat construint amb la contribució de diverses ciències desenvolupades amb posterioritat. Investiga quines noves aportacions s'han fet o s'estan realitzant durant el segle XXI.

f) A la vista de la reconstrucció de l'arbre de la vida, creus que són correctes aquestes afirmacions?

1. A l'arbre de la la vida s'hi inclouen espècies actuals i espècies extintes.
2. Els organismes han evolucionat de formes simples primitives a les formes més complexes actuals.
3. L'evolució és un procés de perfeccionament que culmina en l'espècie humana.
4. La finalitat de l'evolució és aconseguir formes vives cada cop més adaptades al medi ambient.

Activitats finals

1. No és veritat que cadascuna de les nostres facultats intel·lectuals sigui innata, ni que ho siguin les inclinacions que depenen de la nostra facultat de pensar. Aquestes facultats i inclinacions creixen i es fortifiquen en la mesura que exercitem els òrgans que les produeixen. Podem aportar més o menys disposició a l'estat d'organització que rebem dels que ens han donat la vida, però si no exercim nosaltres mateixos aquestes facultats i tendències, perdrem insensiblement l'aptitud.

J. B. LAMARCK. *Filosofia zoològica,* 1809

a) Lamarck, a l'hora de parlar de la intel·ligència humana, expressa en aquest text una de les idees principals divulgades en el camp de l'evolucionisme. De quina idea es tracta?

2. Com que neixen més individus de cada espècie que els que tenen possibilitat de sobreviure, hi ha d'haver en cada cas una lluita per l'existència, sigui d'un individu contra un altre de la seva mateixa espècie o contra els individus d'espècies diferents, o davant les condicions físiques de la vida. [...] A causa d'aquesta lluita per l'existència, les variacions, per lleugeres que siguin, si han de ser en cert grau profitoses per als individus de l'espècie, tendiran a la preservació d'aquests individus i els seus trets seran heretats per la descendència. També aquesta descendència tindrà, així, més probabilitat de supervivència, perquè dels molts individus de qualsevol espècie que neixen periòdicament, només un nombre reduït pot sobreviure. He donat a aquest principi, pel qual cada lleugera variació si és útil es conserva, el nom de *selecció natural* [...].

CHARLES DARWIN.
L'origen de les espècies, 1859

a) Cita els conceptes evolucionistes que es desenvolupen en el text de Darwin.

3. Hi ha un acord general de considerar que la mutació, la selecció, la recombinació genètica i l'aïllament són els quatre pilars de l'evolució. Però la manera en què aquests factors interactuen en el procés d'evolució i el paper jugat per altres factors subsidiaris no estan prou clars.

ERNST MAYR.
El canvi de l'entorn genètic en l'evolució, 1954

a) Aquest text és d'un dels més eminents evolucionistes del segle XX. Creus que entra en contradicció amb el text de Darwin de la qüestió anterior?

4. Un planeta envaït per bacteris?

Si fem una sembra de bacteris sobre una placa de Petri, cada bacteri formarà una colònia visible, que tindrà forma de filament, botó, taca, etc. Cada colònia, doncs, és formada per tots els descendents d'un sol bacteri. En condicions de cultiu ideals, cada bacteri triga al voltant de trenta minuts a dividir-se en dos.

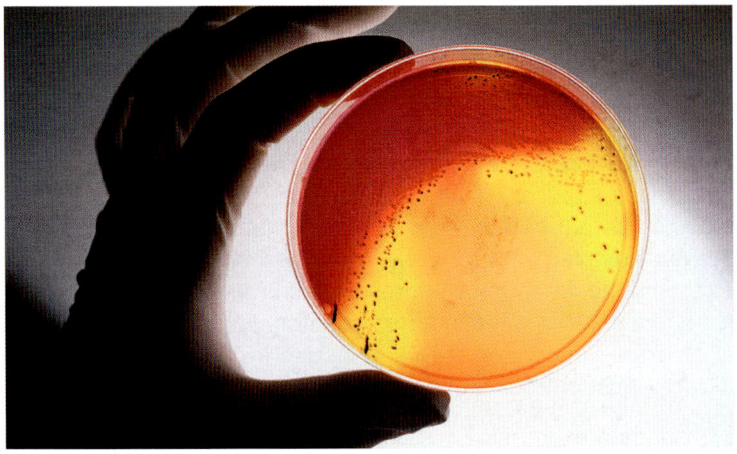

Fig. 2.21. Placa de Petri amb un cultiu bacterià.

a) Quants bacteris ha produït un sol bacteri al cap de vint hores?

b) En teoria, si no hi hagués cap limitació, en una setmana, una colònia de bacteris cobriria tota la superfície de la Terra! Per què no succeeix això, si hi ha bacteris pertot arreu?

5. Aquesta taula procedeix d'un estudi sobre el dimorfisme sexual en els humans:

	Pes (kg)			Talla (cm)		
Espècie	**mascles**	**femelles**	**%**	**mascles**	**femelles**	**%**
Australopithecus afarensis	45	29	64%	151	105	70%
Homo sapiens	65	54	83%	175	161	92%

a) En què consisteix el dimorfisme sexual? Quines diferències s'observen entre *Australopithecus afarensis* i *Homo sapiens?*

b) Examina la taula. Si posem junts una dona i un home de la mateixa talla, podem predir quin dels dos pesa més? Passa això en les dues espècies representades? Quina característica anatòmica explica aquest fenomen?

c) Creus que les espècies primitives presentaven més dimorfisme sexual que les actuals? Per què? (Et suggerim que cerquis a la Xarxa per confirmar o no els indicis que proporciona la taula.)

6. El 2016 es va anunciar el descobriment a dins d'una peça d'ambre d'un fragment de plomatge sedós sobre la punta de la cua d'un dinosaure. Pots consultar la notícia a diaris i revistes digitals de començaments de desembre del 2016.

a) Per què creus que aquest descobriment és important per a la ciència de l'evolució?

b) *Parc Juràssic* és una novel·la de ciència-ficció portada al cinema que imagina la recuperació dels dinosaures vius a partir d'ADN trobat en una mostra d'ambre. Creus que això seria possible en aquests moments? Argumenta la teva resposta.

Posa't a prova

1. A la Terra primitiva, en absència de ionosfera i capa d'ozó, l'existència de vida era incompatible amb les radiacions solars d'alta energia que arribaven a la superfície, però els científics consideren que els primers éssers vius es protegien de la radiació...

a) Amb la membrana cel·lular.

b) Establint-se en el fons oceànic o en el subsòl, a una profunditat suficient per obtenir protecció.

c) no es protegien, ja que estaven perfectament adaptats.

2. En la literatura científica de divulgació, sovint apareix la metàfora: «som pols d'estrelles». Quin fonament científic té aquesta expressió?

a) Es refereix al possible origen extraterrestre de les primeres cèl·lules vives.

b) Es refereix a la presència d'elements pesants —C, O, N...— en el nostre organisme, que només s'han pogut formar en el nucli d'alguna estrella que va finalitzar els seus dies en una explosió de supernova.

c) No té cap fonament, ja que la matèria estel·lar no té manera d'arribar a la Terra.

3. Una de les condicions prèvies de l'origen de la vida és que a partir de molècules orgàniques simples (aminoàcids, monosacàrids, nucleòtids, etc.) es formin macromolècules (proteïnes, polisacàrids, ADN, etc.). Però perquè això s'esdevingui en condicions naturals, cal vèncer una dificultat important:

a) Per unir les molècules simples cal que el procés es dugui a terme en un ambient que eviti l'atac químic de les molècules d'aigua, que trencarien (per hidròlisi) les molècules formades.

b) Les radiacions solars obstaculitzen la síntesi de matèria orgànica.

c) Es necessita una gran quantitat d'energia per formar macromolècules que no estava disponible a la Terra primitiva.

4. Es diu que hi ha vida sobre la Terra des de fa almenys 3 800 milions d'anys. Hi ha alguna evidència que permeti fer aquesta afirmació?

a) No hi ha evidències. Es tracta d'una deducció a partir de la composició dels materials continguts als meteorits.

b) La datació dels fòssils permet fer aquest càlcul.

c) La datació dels estromatòlits, unes roques procedents de l'activitat dels bacteris.

5. L'element principal de què disposem per lluitar contra les infeccions provocades per bacteris són els antibiòtics, però sabem que a la llarga tots els antibiòtics perden eficàcia, per la qual cosa cal dissenyar-ne de nous. Aquest fet és un dels pocs en els quals podem observar l'evolució en temps real. A què ens referim exactament?

a) Els bacteris s'adapten als antibiòtics i aquests deixen de fer efecte.

b) La selecció natural afavoreix la multiplicació de soques de bacteris resistents als antibiòtics.

c) Els bacteris, un cop reconeixen el primer atac amb antibiòtics, aprenen a sintetitzar substàncies que els neutralitzen.

6. Si comparem els gens (seqüències d'ADN) dels humans, dels ximpanzés i dels goril·les, hi ha més proximitat (percentatge de coincidència en els nucleòtids del genoma) entre els humans i els ximpanzés que entre aquests i els goril·les. A què és degut?

a) Al fet que, en el curs de l'evolució, l'antecessor comú de ximpanzés i humans és més modern que el de ximpanzés i goril·les.

b) Al fet que els humans són ximpanzés evolucionats.

c) Al ritme evolutiu diferent de cada espècie.

7. Podríem datar en termes absoluts un fòssil d'*Australopithecus* pel mètode del carboni 14?

a) No, perquè pràcticament tot el carboni 14 d'un exemplar d'*Australopithecus* ja s'ha desintegrat.

b) No, perquè el mètode del carboni 14 no es pot aplicar a fòssils.

c) Sí, sempre que procedeixi d'un exemplar l'antiguitat del qual no ultrapassi els setanta mil anys.

8. Quina d'aquestes frases s'ajusta més a la teoria de la generació espontània?

a) La primera cèl·lula va sorgir a la Terra per evolució química.

b) Una cèl·lula es pot formar espontàniament a partir d'una altra cèl·lula.

c) Alguns substrats tenen la propietat de generar organismes sense participació de cap procés reproductiu.

9. Quina creus la causa més probable de les diferències entre elefants asiàtics i africans?

a) L'aïllament geogràfic mantingut durant molt temps.

b) El fet de viure en ambients molt diferents els ha fet evolucionar de manera diferent.

c) No hi ha parentiu genètic entre les espècies asiàtiques i africanes.

10. Només una de les afirmacions següents respecte dels fòssils és certa:

a) Els fòssils ens proporcionen proves de tots els esdeveniments evolutius.

b) Els fòssils permeten conèixer de manera indirecta l'edat dels estrats geològics.

c) Segons la llei, tothom que trobi un fòssil l'ha de portar a un museu.

Llegeix i reflexiona

Homo sapiens i neadertals es van aparellar

L'*Homo sapiens* i els neadertals es van aparellar repetidament al llarg de desenes de milers d'anys, segons es desprèn d'una anàlisi genètica de fòssils de neandertals que es presenta en la revista *Nature*.

Recerques anteriors havien aportat proves d'aparellaments esporàdics entre totes dues espècies ocorreguts fa entre uns 40 000 anys i 60 000 anys i suggereixen que aquest tipus de conducta va ser recurrent allí on *sapiens* i neandertals es van trobar, informa Sergi Castellà, de l'Institut Max Planck d'Antropologia Evolutiva de Leipzig (Alemanya), que ha dirigit el treball.

La peça clau de la recerca és una petipa falange d'un dit del peu d'una dona neandertal que va morir fa més de 50 000 anys en una cova del massís d'Altai, al sud de Sibèria, prop de la frontera entre Rússia i Mongòlia. Se n'ha analitzat el genoma i s'ha comparat amb l'ADN d'uns altres dos neandertals: un home de fa 49 000 anys trobat a la cova El Sidrón (Astúries) i una dona de fa 44 000 anys a la cova de Vindija (Croàcia). Així mateix, s'ha comparat amb el genoma d'una dona denisovana —una població emparentada amb els neandertals de la qual només se n'han trobat fòssils a Sibèria— de fa més de 50 000 anys. I també amb els de 504 *Homo sapiens* actuals d'ètnies africanes com els San i els Yoruba, que estan lliures de qualsevol influència neandertal.

Fig. 2.22. Grup d'*Homo antecessor.* Les restes d'aquest homínid van ser descobertes al nivell TD6 de la Gran Dolina a la serra d'Atapuerca.

Els resultats mostren que la dona neandertal d'Altai ja tenia extenses regions del seu genoma que descendien directament de l'*Homo sapiens.* Si les recerques anteriors havien trobat que els neandertals van deixar al seu llegat en l'ADN de la nostra espècie, i avui dia els europeus tenim el 2 % del nostre genoma d'origen neandertal, aquesta és la primera recerca que demostra que l'intervanvi també es va fer en el sentit contrari: hi ha pet-jades inequívoques d'ADN d'*Homo sapiens* en el genoma del neandertal d'Altai. Entre els 163 segments d'ADN que es van transmetre dels *sapiens* als neandertals, el més cridaner és el gen FOXP2, que es considera necessari per al desenvolupament del llenguatge en els *Homo sapiens,* encara que no és clar si va poder afectar d'alguna manera la capacitat lingüística dels neandertals.

Curiosament, gran part dels gens procedents de l'*Homo sapiens* identificats en la dona neandertal d'Altai no es troben en els neandertals posteriors d'Espanya i Croàcia. Això significa que la població neandertal de Sibèria es va extingir probablement a l'est d'Euràsia sense que el seu ADN arribés a transmetre's a les poblacions neandertals de l'oest.

Segons les dades genètiques, els ancestres de l'*Homo sapiens* i dels neandertals es van separar fa entre 500 000 anys i 600 000 anys, probablement en algun lloc d'Àfrica. El llinatge de la nostra espècie es va quedar al principi a Àfrica, on va seguir evolucionant. El dels neandertals, per la seva banda, va emigrar a Euràsia, on es va dividir entre neandertals i denisovans fa uns 450 000 anys.

Segons els resultats de la recerca, el primer intercanvi genètic entre *Homo sapiens* i neandertals es va produir fa entre 100 000 anys i 200 000 anys, possiblement a l'Orient Mitjà, quan la nostra espècie es va aventurar fora d'Àfrica.

«Estem assistint a un canvi de paradigma», destaca Carles Lalueza Fox. «Tradicionalment hem descrit l'evolució humana com un arbre amb un tronc principal i hem situat les diferents espècies en diferents branques separades de manera nítida. Ara veiem que tot és més complex, que les branques no estan separades sinó que es creuen entre elles. No hi ha motiu per pensar que els fluxos genètics com el que hem identificat entre *Homo sapiens* i neandertals no s'hagin produït al llarg de tota l'evolució humana entre espècies més arcaiques, fins i tot entre australopitecs».

JOSEP CORBELLA, *La Vanguardia* (17 febrer del 2016) (extractat)

a) Creus que és correcte afirmar que l'home actual va sorgir com a resultat de l'evolució de l'home de Neandertal? Raona la teva resposta.

b) S'ha confirmat que l'*Homo sapiens* posseeix gens procedents dels neandertals, però l'autor d'aquest article aporta una novetat sorprenent. De què es tracta?

A fons

L'extinció dels dinosaures i el límit K-T

El registre fòssil ens proporciona evidències de diverses extincions en massa en la història de l'evolució. De tant en tant, algun tipus d'esdeveniment catastròfic fa que desapareguin en poc temps —en uns pocs milers d'anys!— la major part de les espècies. La darrera extinció important s'esdevingué al final del període Cretaci, fa aproximadament seixanta-cinc milions d'anys. Aquesta extinció només ha estat superada en magnitud per l'esdevinguda al final del Permià —fa dos-cents vint milions d'anys. Totes dues extincions marquen una frontera en els temps geològics i en la història de l'evolució: el trànsit entre el Paleozoic i el Mesozoic, i entre aquest període i el Cenozoic.

La darrera extinció s'identifica arreu amb la desaparició sobtada dels dinosaures, però es calcula que juntament amb els dinosaures van desaparèixer entre el 80 % i el 90 % de totes les espècies, amb més incidència en el medi marí que en el continental.

Les hipòtesis que explicaven fins fa pocs anys la desaparició dels dinosaures eren diverses: l'assoliment d'unes mides que dificultaven la funció digestiva, el refredament global, l'escalfament global, les epidèmies, el naixement només de femelles, la depredació dels ous per part dels mamífers, el vulcanisme, la radioactivitat, la caiguda de les restes d'una supernova, l'impacte d'un cometa o d'un asteroide, etc. De totes aquestes conjectures, la ciència només podia considerar aquelles que afectessin la resta de les espècies contemporànies dels dinosaures. Així, doncs, l'única causa possible semblava un canvi climàtic més o menys sobtat. Però, què podria haver causat un canvi climàtic sobtat, sense temps perquè els organismes es puguessin adaptar?

El 1978 un grup de científics dirigits per Luis i Walter Álvarez, de la Universitat de Califòrnia, va trobar que entre els sediments del Cretaci i els del Terciari (límit K-T) hi havia una concentració d'iridi trenta vegades més elevada que la concentració normal. Cal dir que l'iridi és un metall molt poc comú al planeta i relativament abundant en algunes mostres de meteorits.

Fig. 2.23. El límit K-T és tènue, però visible.

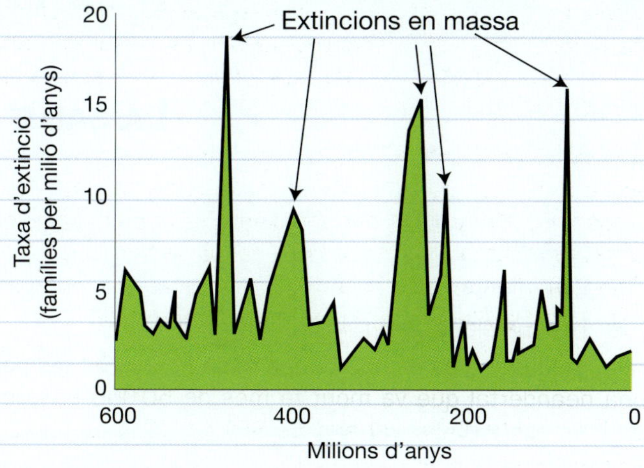

Fig. 2.24. Les extincions principals.

La repetició d'aquesta observació a diversos punts d'arreu del món, com Dinamarca, Nova Zelanda i Espanya, semblava confirmar l'existència d'algun esdeveniment d'abast planetari.

El 1980, els mateixos investigadors van formular una hipòtesi que explicava aquesta concentració d'iridi tan anormal. Era el resultat del xoc contra la Terra d'un asteroide d'uns 10 km de diàmetre, que hauria llançat a l'atmosfera milions de tones de pols de l'asteroide i dels materials terrestres projectats a causa de l'impacte. La distribució de les partícules més fines del meteorit per tota la Terra —tal com s'esdevé quan esclata un volcà de grans dimensions— explicaria la concentració d'iridi trobada al límit K-T. Se suposava que l'asteroide havia causat un gran cràter, d'uns 180 km. Aquest cràter s'ha trobat a la península de Yucatán, al golf de Mèxic.

Les partícules de pols i els aerosols aixecats van filtrar la radiació solar fins a causar un refredament global. Grans tsunamis, terratrèmols i, fins i tot, l'oscil·lació de l'eix terrestre són alguns dels efectes addicionals que es poden esperar d'un esdeveniment d'aquesta mena. A més a més, el plàncton marí va esdevenir molt improductiu. El fred i la manca d'aliment explicaria l'extinció massiva d'organismes marins.

Tanmateix, mentre que sembla clara la relació entre el límit K-T i l'impacte d'un gran objecte còsmic, no hi ha evidències que confirmin que va ser aquest l'únic episodi que va provocar directament l'extinció dels dinosaures i de totes les altres espècies.

a) En el Cretaci, abans de la gran extinció, ja existien mamífers. Per què creus que no van desaparéixer totalment?

b) A banda de l'impacte d'objectes còsmics contra la Terra, cita altres causes que podrien provocar extincions massives com la descrita.

3

La salut i la malaltia

- La salut
- La malaltia
- Les malalties

L'Organització Mundial de la Salut considera que la salut és l'estat de complet benestar físic, mental i social i no solament l'absència d'afeccions o malalties. Podem considerar la salut com una variable dependent de quatre tipus de factors: uns biològics o interns del organisme, altres relacionats amb l'entorn o medi ambient, però també altres determinats pels hàbits de vida i pel mateix sistema sanitari. Així, per exemple, una infecció intestinal, que en un país desenvolupat es guareix sense cap problema, en un país en vies de desenvolupament pot ser causa d'una elevada mortalitat infantil.

1. La salut

Un dels problemes teòrics principals que tradicionalment ha hagut d'afrontar la medicina és la delimitació dels dos conceptes fonamentals al voltant dels quals gira el seu discurs científic i la seva funció social: la salut i la malaltia.

Malgrat el gran desenvolupament de les tècniques mèdiques i dels coneixements biològics entorn del funcionament del cos humà, no és possible determinar del tot el concepte de *normalitat biològica* i, per tant, no es pot donar una definició absolutament satisfactòria i objectiva del concepte de *salut*.

A diferència del concepte simple de *normalitat biològica*, la medicina actual tendeix a considerar que parlar de salut no és només parlar d'absència de malaltia, perquè la salut consisteix sobretot a sentir-se sa, i per això implica elements subjectius relacionats amb el benestar físic, psíquic i social.

Aquests elements de caràcter subjectiu tenen molt a veure amb els valors culturals dominants. Es tracta, doncs, de conceptes condicionats per la societat, que integren un element orgànic o biològic, que repercuteix en el funcionament dels aparells i sistemes de l'organisme, amb una influència, més o menys marcada, d'elements psicològics, culturals i socials.

És per tot això que el concepte de salut fa referència a un estat subjectiu d'equilibri entre l'individu i la societat. La salut és allò que ens fa sentir integrats socialment i alliberats d'alteracions biològiques, mentals o socials que puguin fer que se'ns rebutgi o margini.

Fig. 3.1. *Mens sana in corpore sano.* Amb aquesta frase, Juvenal posa en boca d'un dels personatges de les seves sàtires què és allò que els homes han de demanar als déus.

1.1. Mesura de la salut

Però, com mesurem la salut? L'indicador més usat arreu per mesurar la salut d'una població és l'esperança de vida, és a dir, la perspectiva mitjana de durada de la vida d'una persona.

No obstant això, un paràmetre que només es fixa en la mortalitat és insuficient per descriure l'evolució de l'estat de salut d'una població. Cal veure si l'augment de la mitjana de vida està relacionat amb una millora del nivell de salut d'una població.

L'esperança de vida en bona salut i l'esperança de vida lliure d'incapacitat estimen els anys que una persona d'una edat determinada pot esperar viure en un territori determinat, amb bona qualitat de vida.

1.2. Factors determinants de la salut

Els factors que afecten la salut d'una persona poden ser de caire biològic (envelliment, mecanismes de defensa de l'organisme contra agents externs, agents genètics), ambiental (el clima, altres éssers vius, la societat...), o estar relacionats amb l'accés als serveis sanitaris (nombre d'hospitals, nombre de personal sanitari, medicaments, programes d'educació per a la salut, facilitat per accedir-hi...) o amb l'estil de vida.

Els factors biològics són propis de l'organisme, mentre que els factors ambientals i els factors relacionats amb l'accés als serveis sanitaris depenen del lloc on es viu, de la situació econòmica i també del moment històric. Tant els uns com els altres són, doncs, difícilment modificables.

Actualment es considera de gran importància l'estil de vida com a factor determinant de la salut. Una alimentació equilibrada, l'exercici físic, no fumar, no prendre drogues i no abusar de les begudes alcohòliques (especialment de les de més graduació) són factors fonamentals per a la salut. A més, la prevenció de les malalties que comporta un estil de vida orientat a la salut és també un factor econòmic, ja que estalvia molts recursos als sistemes sanitaris.

La salut és, doncs, avui en dia, un concepte complex, en el qual es combinen elements de tipus biològic, ambiental, social i de forma de vida. Així, per exemple, malalties com l'anorèxia o la bulímia poden tenir un factor innat, però a la vegada poden relacionar-se amb la publicitat i un determinat model del cos socialment acceptat.

> ***Informació***
>
> Segons les dades aportades pel Departament de Salut i l'Agència de Qualitat i Avaluació Sanitàries de Catalunya (AQuAS), els Centres de Salut Mental d'Adults (CSMA) van atendre 169919 persones l'any 2014, cosa que suposa el 2,5 % sobre el total poblacional de Catalunya.

Lectura 1

L'esperança de vida

L'esperança de vida en néixer de la població espanyola s'ha duplicat en un segle: ha passat de 34,76 anys el 1900 a 80,86 anys el 2007.

L'esperança de vida és una mesura que expressa la mitjana d'anys que s'espera que visqui una persona d'una àrea determinada, en les condicions de mortalitat del període calculat. És una mesura estadística, no vol dir, per tant, que cap persona no viurà més anys (o menys) dels que indica la mesura.

L'esperança de vida es mesura a l'inici de l'interval d'edat. L'esperança de vida en néixer representa així els anys que poden esperar viure de mitjana un grup de gent i es calcula en el moment del seu naixement. Mentre que l'esperança de vida als seixanta-cinc anys expressa els anys que viuran de mitjana un grup de persones en el moment de fer seixanta-cinc anys.

L'any 2014, l'esperança de vida global a Espanya és ja de vuitanta-tres anys, 80,2 pels homes i 85,7 per les dones.

Per a poblacions actuals, la mesura de l'esperança de vida té caràcter d'estimació, perquè cal preveure com evolucionaran en el futur les taxes de mortalitat per edats. Ara bé, de l'estudi de les dades del segle XX podem treure'n ja algunes conclusions.

Al llarg del segle XX l'esperança de vida va augmentar en totes les franges d'edat. Ara bé, durant els dos primers terços de segle l'increment va ser molt més pronunciat en el cas de les edats més joves. El factor principal que va permetre aquest guany d'anys va ser el descens de la mortalitat infantil gràcies a la millora de les condicions de vida dels infants.

L'increment de l'esperança de vida en l'últim terç del segle es relaciona principalment amb les millores en l'assistència sanitària i amb el fet d'haver-se fet extensiva a tota la població, la qual cosa beneficia especialment les persones de més de seixanta-cinc anys.

La majoria de les persones nascudes a Espanya en l'actualitat celebraran el seu 65è aniversari, però, al principi del segle XX, tan sols un 26 % dels nascuts ho aconseguia. En les condicions de mortalitat actuals, de cada cent nounats, més de vuitanta-set arribaran a la vellesa (noranta-dues de cada cent dones i vuitanta-set de cada cent homes).

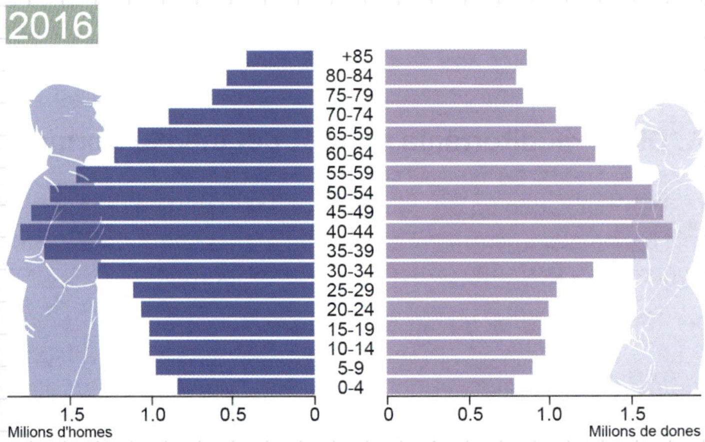

Fig. 3.2. Piràmide de població a Espanya el 2016. Font: *eumed.net*.

A l'**Estat espanyol,** l'augment de l'**esperança de vida,** la reducció progressiva de la **mortalitat,** al costat de la disminució de les **taxes de fecunditat,** estan provocant la inversió de les **piràmides poblacionals** amb els consegüents problemes socials i econòmics, el que alguns han anomenat *l'hora malthusiana de la població espanyola.* Aquesta alteració en la piràmide demogràfica provocada per l'envelliment de la població està començant a repercutir en l'estructura del **sistema sanitari.**

Si continua aquesta tendència poden sorgir problemes econòmics. Si el nombre de persones en edat de jubilació és molt superior al de les persones en edat laboral, com es finançaran les pensions de jubilació?

	Al naixement			Als seixanta-cinc anys		
Anys	**Tots dos sexes**	**Homes**	**Dones**	**Tots dos sexes**	**Homes**	**Dones**
2010	82,1	79,1	85,1	20,6	18,4	22,4
2011	82,3	79,3	85,2	20,7	18,6	22,6
2012	82,3	79,4	85,1	20,6	18,5	22,3
2013	82,8	80,0	85,6	21,1	19,0	22,9
2014	83,0	80,2	85,7	21,2	19,1	23,0

Taula 3.1. Esperança de vida de la població resident a Espanya.

a) Quins són els factors principals que han fet augmentar l'esperança de vida a Espanya durant el segle XX?

b) Amb quins fets socioculturals i econòmics podríem relacionar aquest augment de l'esperança de vida?

1.3. L'estil de vida i les pràctiques saludables

Els factors relacionats amb l'estil de vida (consum de substàncies nocives per a la salut, sedentarisme...) depenen de decisions personals o culturals.

Dur una vida sana és tenir cura de la dieta, fer exercici físic i evitar consumir substàncies addictives; accions totes que estan al nostre abast.

Tot i això, la dieta mediterrània és desplaçada pel menjar porqueria el consum de tabac i alcohol augmenta entre els joves i estar bronzejat és més important que protegir la pell dels efectes nocius del sol.

Sovint, doncs, és de vital importància que modifiquem alguns hàbits per tal de conservar la salut i la qualitat de vida.

A. Dieta mediterrània enfront del menjar porqueria

L'obesitat es considera una de les epidèmies del segle XXI. Les dades són prou significatives: a Europa una de cada tres persones té problemes de sobrepès i una de cada deu és obesa.

Però, què és l'obesitat? És l'excés de greix corporal produït per factors genètics, hormonals, metabòlics, dietètics, culturals i socioeconòmics. Si consumim més energia de la que gastem, l'excés d'energia s'acumula en forma de greix i es produeix un augment de pes. Aquest tipus d'obesitat és la que pateixen el 99 % dels obesos. Es tracta d'una malaltia crònica i és un factor de risc associat al desenvolupament de malalties com les cardiovasculars, la diabetis o el càncer.

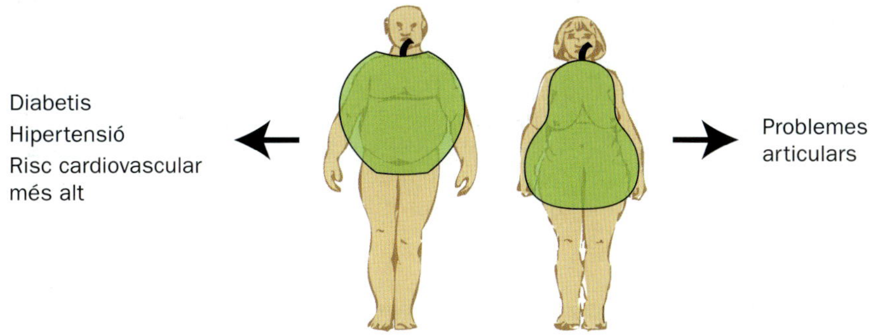

Fig. 3.3. Distribució del greix corporal i malalties associades.

La modernització de la societat ha modificat alguns dels nostres hàbits alimentaris: dediquem menys temps a la cuina i s'ha globalitzat el consum d'alguns aliments, alhora que hem adoptat tendències nutricionals anglosaxones.

No obstant això, l'obesitat és una malaltia molt fàcil d'evitar si duem una dieta sana i variada, rica en fruita i verdura fresca i natural, i reduïm el consum d'aliments grassos com ara la brioixeria industrial.

I a la Mediterrània ho tenim molt fàcil! Actualment, l'alimentació mediterrània —que es caracteritza per una gran diversitat d'aliments i el predomini d'aliments d'origen vegetal, davant dels d'origen animal, especialment fruites, verdures i hortalisses— es considera una de les més saludables del món. Nombrosos estudis de diferents països han valorat molt positivament l'alimentació mediterrània amb relació a la prevenció de malalties associades a l'obesitat.

L'obesitat, però, no és només una malaltia associada a les societats industrialitzades: la població mundial amb sobrepès ja ha superat la desnodrida.

Les causes d'aquesta obesitat mòrbida són variades. Sedentarisme, aliments i refrescos molt rics en energia, bulímia, a vegades certs tipus de depressió que provoquen una ingesta excessiva d'aliments dolços com a compensació emocional, etc. El menjar porqueria, els aliments precuinats i altres aspectes de la vida moderna també hi tenen molt a veure.

Sabies que...?

L'**índex de massa corporal (IMC)** és una xifra que permet avaluar la corpulència d'una persona:

$$\text{IMC} = \frac{\text{pes en kg}}{(\text{alçada en m})^2}$$

Encara que els valors que es consideren saludables varien segons l'edat i el sexe, es considera que un IMC per sobre de 20 i per sota de 25 és un valor correcte. Per sobre de 25 es considera sobrepès i per sobre de 30, obesitat.

Més dades

Valor energètic dels nutrients

1 g de glúcids conté 4 kcal

1 g de proteïnes conté 4 kcal

1 g de lípids conté 9 kcal

Normalment, es parla de grams quan en realitat es mesura en calories o quilocalories:

1 quilocaloria = 1 caloria alimentària
1 quilocaloria = 1 000 calories
1 caloria = 4,2 joules

La mateixa quantitat de lípids aporta més calories que la de glúcids o de proteïnes.

Els glúcids es metabolitzen més ràpidament. Les proteïnes es redueixen en aminoàcids, que es fan servir per sintetitzar noves proteïnes, però també poden ser metabolitzats per produir energia.

Important

Valors nutricionals de la dieta mediterrània

És una alimentació rica en hidrats de carboni complexos (llegums, pa i pastes, sovint els integrals...); fibra, vitamines i minerals (llegums, verdures, fruites fresques i seques); greixos vegetals, sobretot els procedents de l'oli d'oliva; antioxidants naturals (vitamines A, C, E, seleni...).

Pobra en greixos d'origen animal, amb abundància de greixos saturats.

Amb més proporció de proteïnes vegetals que d'animals.

Activitats

1> Els joves entre setze i vint anys han de consumir entorn de 3 000 kcal si són nois i de 2 300 kcal si són noies, sempre considerant variacions individuals que depenen del pes i l'activitat física. Aquesta energia ha de provenir d'una dieta formada per aproximadament un 15 % de proteïnes, menys del 55 % de glúcids i la resta de lípids.

Tan important com la quantitat d'energia consumida és que es distribueixi en diferents àpats. Si dividim la ingesta diària en cinc àpats, el del migdia pot arribar a contenir el 40 % de l'aportació calòrica i el de la nit, el 25 %. La resta d'energia es reparteix entre els altres tres àpats.

Fig. 3.4.

Una dieta sana ha de ser variada i contenir tots els requeriments que l'organisme necessita. Una manera senzilla d'aconseguir-ho és incloure aliments dels sis grups bàsics a la dieta, indicats a la piràmide adjunta. Com més alt estigui un grup en la piràmide, menys racions diàries en consumirem.

a) Tenint en compte els criteris indicats, fes un petit estudi de la teva dieta setmanal, i indica a la piràmide el nombre de racions ingerides durant tota la setmana.

Considerarem una ració la quantitat consumida normalment d'un sol cop, sigui com a àpat principal o com a guarnició. Per exemple, un tomàquet i tres fulles d'enciam, amanides amb oli, que acompanyen una cuixa de pollastre comptaran com una ració del grup 1, una ració del grup 3 i dues racions del grup 4. Aquesta manera d'investigar la dieta intenta valorar un criteri qualitatiu (l'equilibri entre nutrients), més que no quantitatiu (el contingut en nutrients).

b) Consideres equilibrada la teva dieta? Per què? Quines millores caldria introduir-hi per aconseguir els criteris de la piràmide?

c) Quins són els nutrients principals (estructurals, energètics o reguladors) dels aliments de la teva dieta?

d) Quins problemes per a la salut pot provocar la falta d'algun d'aquests aliments en la teva dieta? Fes una llista dels sis grups d'aliments, i indica quin tipus de principi nutritiu (glúcids, fibra, vitamina C, etc.) proporcionen i quins problemes pot causar-ne l'absència en l'alimentació.

Primers plats		Segons plats		Postres	
kcal	**Aliments**	**kcal**	**Aliments**	**kcal**	**Aliments**
13-15	Enciam, espàrrecs	50-80	Bacallà, llenguado	33	Mandarina
17-18	Coliflor, espinacs	52	Truita de riu, lluç	40	Iogurt descremat
22	Xampinyons	88	Filet de salmó	45	Taronja
29	Pastanaga	93	Vedella semigreixosa	50	Kiwi
37	Pèsols	137	Fetge de vedella	56	Préssec
85	Patates pelades	143	Magre de porc	58	Pera
131	Mongetes tendres	150	Ous	62	Iogurt natural
183	Pa integral	161	Arengada, sardina	85	Iogurt ensucrat
220	Patates fregides	250	Salsitxes	88	Plàtan
255	Pa blanc	274	Pernil cuit	94	Poma
350	Arròs blanc	293	Vedella greixosa	190	Formatge fresc
375	Pasta	324	Embotits	450	Fruita seca
899	Oli d'oliva				

Taula 3.2.

L'OMS ha classificat l'anorèxia nerviosa, la bulímia i els trastorns per afartament com a trastorns mentals i del comportament.

Els trastorns del comportament alimentari són malalties que afecten més del 5 % dels adolescents i joves, però també es produeixen en adults. Es caracteritzen per l'adopció de conductes anòmales davant l'alimentació, i per la insatisfacció davant la pròpia imatge corporal. La persona que els pateix menja molt poc o impulsivament fins a afartar-se, vomita, fa exercici de forma exagerada, abusa dels laxants o pren diürètics, sempre amb el desig insatisfet d'estar prim.

Fig. 3.5. La persona que pateix anorèxia nerviosa menja molt poc perquè té una imatge distorsionada del seu aspecte corporal.

B. Posa't en marxa

Caminar, anar amb patinet o bicicleta, fer gimnàstica o natació, practicar algun esport o simplement pujar les escales ens ajuda a sentir-nos millor, amb més energia, i a relaxar-nos, reduir l'estrès i prevenir l'obesitat, perquè regula la gana i augmenta el nombre de calories que gastem cada dia.

A més a més, ens ajuda, entre moltes altres coses, a reduir el risc de patir malalties cardíaques, embòlies, diabetis i hipertensió arterial; a mantenir les artèries flexibles i sanes i el sistema nerviós en bona forma; a enfortir els músculs i els ossos.

No hem de confondre la pràctica habitual de l'esport, que és un costum bo per a la salut, amb el culte al cos. El **culte al cos** és com informalment es coneix la dèria o obsessió per tenir o mantenir un cos dins els paràmetres de **bellesa** i cos adequat que dicta la societat.

En aquesta actitud hi té un gran paper mantenir o incrementar la bona forma física (per exemple amb **gimnàsia** i **esport**), el recurs a la **cirurgia estètica,** les **dietes,** la **roba,** la **moda** i els **cosmètics.** Els anuncis comercials són el gran factor dins el culte al cos.

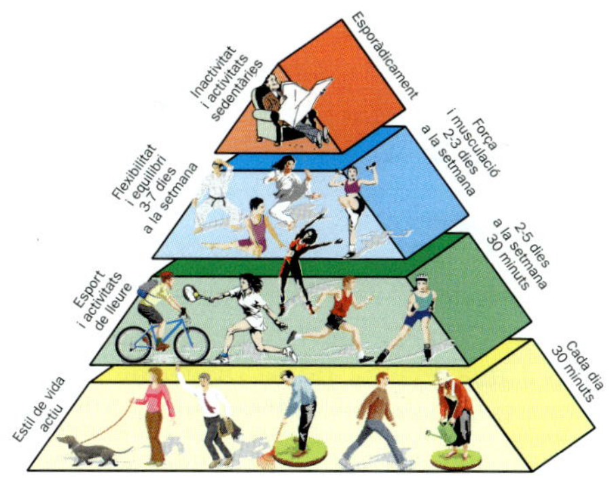

Fig. 3.6. Piràmide de l'activitat física.

El culte al cos pot fer que s'adquireixin noves obligacions per obtenir el triomf social (obsessionar-se pel propi cos és una manera de ser menys lliure) o que es creï una obsessió per la pròpia imatge. Té molt a veure amb l'**autoestima** de cada persona.

Davant la proliferació de trastorns del comportament alimentari (TCA), concretament de casos d'**anorèxia** i de **bulímia** nervioses en població jove, es detecta el gran paper de la publicitat com a transmissora d'estereotips i de productes de culte al cos que comporten una insatisfacció corporal.

En la legislació espanyola (Llei audiovisual del 2010) es prohibeix emetre en horari infantil «anuncis que promoguin el culte al cos i el rebuig a l'autoimatge».

1.4. Conductes que afavoreixen la malaltia: les drogues

Les drogues són substàncies que alteren l'estat d'ànim, la percepció o el coneixement i que sovint produeixen dependència i tolerància.

Algunes drogues tenen aplicació terapèutica i, per tant, efectes beneficiosos; però el consum d'altres pot perjudicar molt seriosament el nostre cos.

Entre les drogues depressores hi ha l'alcohol, els sedants o els opiacis, que actuen sobre el sistema nerviós central, entorpeixen el funcionament del cervell i fan que les reaccions siguin més lentes i imprecises del que és habitual.

Les drogues estimuladores (cafeïna, nicotina, amfetamines) actuen sobre el sistema nerviós central i fan que el cervell s'activi i produeixi efectes que van des de la dificultat per dormir fins a la hiperactivitat.

Les drogues al·lucinògenes (derivats del cànnabis, àcid lisèrgic o LSD, mescalina...) distorsionen la percepció.

Sabies que...?

Prevalença: és la proporció de persones que en una àrea i període de temps establert, pateixen una determinada malaltia. Es calcula dividint el nombre d'individus que pateixen el trastorn (numerador) pel nombre total d'habitants de l'àrea considerada incloent els que la pateixen.

> **! Important**
>
> La **tolerància** és la facultat d'habituar-se a l'ús continuat o creixent d'una droga, d'un medicament o de suportar aquest ús. Així, per aconseguir els mateixos efectes, en cal una dosi cada vegada més alta.

A banda dels efectes nocius per a l'organisme, el consum del cànnabis, l'heroïna i la cocaïna afecta greument la nostra vida perquè destrueixen els vincles socials i provoquen problemes psicològics, a més de problemes indirectes com accidents de trànsit i laborals o malalties infeccioses.

A. L'alcoholisme

Sovint, però, el consum de drogues està lligat a determinats comportaments socialment acceptats: és el cas de la ingesta d'alcohol.

L'alcohol, com a depressor del sistema nerviós central, inicialment produeix una sensació d'eufòria i desinhibició que després esdevé somnolència, tristor i depressió.

Quan una persona cau en la dependència de l'alcohol, l'absència de consum produeix l'aparició de la síndrome d'abstinència, que es caracteritza per la irritabilitat i els tremolors. Si la situació s'agreuja es pot arribar al delírium trèmens, quan apareixen al·lucinacions, i, fins i tot, a la mort.

La dependència de l'alcohol no es cura mai més i pot adquirir-se des de jove. L'abús de l'alcohol produeix malalties en l'aparell digestiu (cirrosi hepàtica, gastritis, úlcera gastroduodenal) i en l'aparell circulatori. També pot provocar trastorns psicològics.

B. El tabaquisme

S'estima que el consum de tabac és la causa evitable de mort més important arreu del món. L'esperança de vida dels fumadors es redueix entre quinze i vint anys. I, segons l'OMS, el tabac causa la mort de tres milions de persones l'any.

El tabaquisme, a llarg termini, pot produir càncer de pulmó, de laringe i d'estómac, bronquitis crònica, emfisema i malalties cardiovasculars. Però el consum de tabac no afecta només els fumadors, sinó també les persones que els envolten: els fumadors passius.

Els comportaments de risc són molt significatius. A Espanya, el 14,8 % dels estudiants declara consumir tabac cada dia, i aquest percentatge augmenta quan parlem de noies.

La prevenció del tabaquisme és essencial en la infància i l'adolescència, ja que el 90 % dels fumadors adults es consolida abans dels divuit anys. Però com arribem a aquesta dependència? La dependència del tabac, a banda de factors de tipus psicològic, és produïda per la *nicotina,* substancia estimulant que conté el tabac.

> **Sabies que...?**
>
> Un informe recent elaborat per experts de l'Oficina de Control de Drogues de la Casa Blanca (EUA), adverteix que els adolescents que fumen marihuana tenen fins a un 40 % més de risc de patir depressió, ansietat, psicosi (al·lucinacions) o algun tipus de malaltia mental; especialment en el cas de les noies. I encara que no s'ha demostrat d'una manera estadísticament significativa que pugui causar esquizofrènia, sí que sembla que n'empitjora els símptomes i n'agreuja els atacs.
>
> Aquest mateix document explica que molts joves amb símptomes depressius estan recorrent als *porros* per alleujar el seu malestar, «i no s'adonen que la marihuana, en realitat, empitjora la seva depressió». Els consumidors habituals, afegeix l'informe, tenen pensaments suïcides amb tres vegades més freqüència que els altres nois de la seva edat.

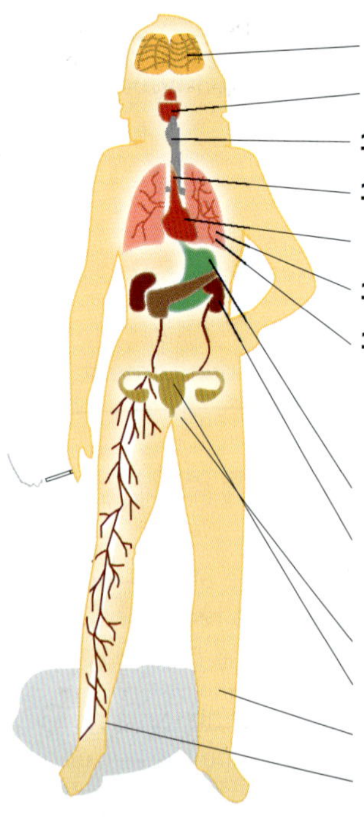

1,8	Malalties cerebrovasculars	2,2
5,6	Càncer oral i de faringe	27,5
17,8	Càncer de laringe	10,5
10,3	Càncer d'esòfag	7,6
2,8	Aneurisma de l'aorta	3,5
11,9	Càncer de pulmó	22,4
10,5	Bronquitis crònica i emfisema	9,7
2,3	Càncer de pàncrees	2,1
2,2	Úlcera pèptica	2,0
2,0	Càncer gàstric	2,1
1,4	Càncer de ronyó	3,0
2,6	Càncer de bufeta	2,9
2,1	Càncer d'úter	
0,7	Càncer d'endometri	
2,2	Arteriopatia dels membres inferiors	4,5
2,0	Leucèmia	2,0

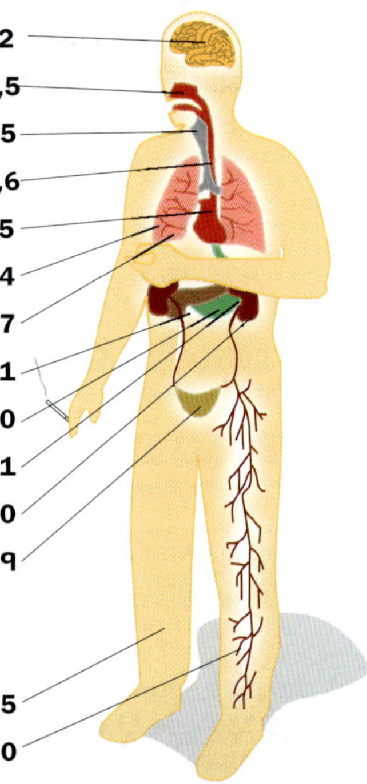

Fig. 3.7. Grau de multiplicació del risc de contraure una malaltia si s'és addicte al tabac en les dones i en els homes.

Activitats

2> Fumar un paquet al dia desencadena cent cinquanta mutacions diferents al pulmó

Un estudi publicat a *Science* demostra que fumar provoca canvis genètics fins i tot en els òrgans sense contacte amb el fum.

Unes cent cinquanta mutacions genètiques a cada cèl·lula del pulmó, un centenar a les de la laringe, trenta-nou a les de la faringe i vint-i-tres a les de la boca. Aquests són els canvis directes en l'ADN que provoca fumar un paquet de tabac al dia durant un any seguit, segons un estudi fet per l'Institut Sanger (Regne Unit) i el Laboratori Nacional de Los Alamos (EUA).

La investigació, que publica la revista *Science,* és la més completa feta fins ara sobre les conseqüències visibles que el tabaquisme té per a l'organisme humà. Les conclusions s'han obtingut després d'analitzar el genoma de més de cinc mil tumors de fumadors i no fumadors de disset tipus de càncer diferents i comprovar que hi havia signatures genètiques compartides entre els que consumien tabac.

La investigació, per tant, estableix un vincle directe entre la quantitat de cigarretes fumades per una persona a la seva vida i el nombre de mutacions registrades a les cèl·lules de diferents òrgans. De fet, els investigadors subratllen que fa com a mínim sis dècades que se sap que fumar és un dels factors de risc evitables més importants per combatre el càncer, però la novetat aquesta vegada és que han sigut capaços d'identificar un patró complex de signatures sobre l'ADN que desencadena el tabaquisme.

En el cas dels teixits que estan exposats directament al fum del tabac, com són el pulmó, la faringe o la laringe, els canvis són directes. En el cas dels òrgans que no ho estan, tot i que el procés és més complex i no s'acaba d'entendre bé com es produeix, els científics també han pogut demostrar que existeix. Així, doncs, per exemple, han quantificat en divuit les mutacions genètiques que es produeixen en una cèl·lula de la bufeta després d'un any de fumar un paquet diari, i en sis les mutacions del fetge.

El treball permet entendre millor els mecanismes concrets pels quals el tabac produeix càncer, tot i que altres estudis ja han demostrat que aquesta vinculació existeix.

«Fins ara sabíem que fumar estava associat a molts tipus de càncer, però el que no coneixíem eren els mecanismes que el produïen. El que hem trobat és l'evidència que el tabac realment provoca mutacions en diferents òrgans», ha explicat a Efe l'investigador de Los Alamos que ha liderat l'estudi, Ludmil Alexandrov. «Amb aquest estudi podem quantificar el mal que un mateix fa al seu material genètic quan fuma», ha afegit.

Almenys sis milions de persones moren cada any a tot el món per culpa del tabaquisme. L'Organització Mundial de la Salut (OMS) prediu que, si aquesta tendència continua, més de mil milions de persones moriran aquest segle per causes associades al tabaquisme.

Ara.cat (4 de novembre, 2016)

a) Consideres que els consumidors de tabac coneixen prou bé els efectes nocius de la seva addicció?

b) Creus que el fet que les tabaqueres facin pública la llista de components del tabac dissuadirà algun fumador?

c) Què opines de l'ús d'additius per part de les tabaqueres?

d) Valora els perjudicis a la salut i a la qualitat de vida que et pot causar el tabac a mitjà i llarg termini.

e) Valora els beneficis socials o culturals que et pot aportar aquesta addicció.

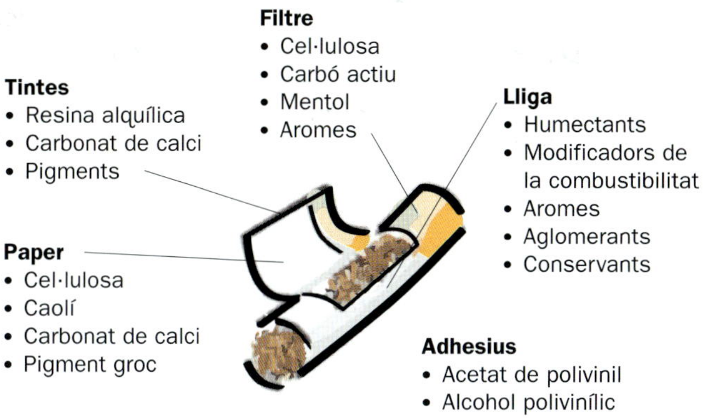

Fig. 3.8. Components de la cigarreta.

Es coneix com a **Nova llei antitabac** o **Llei antitabac 2011** la llei espanyola que va entrar en vigor el 2 de gener del 2011, en la qual s'estableix la prohibició de fumar en qualsevol tipus de local tancat obert al públic: bars, restaurants i discoteques lliures de fum.

Aquesta prohibició també afecta els edificis constituïts en règim de propietat horitzontal (comunitats de propietaris) o vertical (un únic propietari). També està prohibit fumar en els recintes dels parcs infantils i zones de joc per a la infància.

Només hi ha unes quantes excepcions, però en general es pot parlar de «prohibició total», cosa que iguala la legislació espanyola a les més avançades en aquesta matèria com poden ser l'estatunidenca, l'alemanya o la britànica.

2. La malaltia

El concepte o definició de malaltia es fonamental en les ciències bàsiques de la medicina, i està estretament relacionat amb el concepte de salut. La salut no és només l'absència de malaltia, sinó un conjunt de condicions físiques, psicològiques i socials que fan possible una vida digna.

Sabies que...?

Segons les estimacions, uns 5,9 milions de nens van morir abans de fer cinc anys el 2015.

Més de la meitat d'aquestes morts prematures es deuen a malalties que es podrien evitar o tractar si hi hagués accés a intervencions simples i assequibles.

Les causes principals de mort entre els menors de cinc anys són la pneumònia, les complicacions per part prematur, l'asfíxia perinatal i la malària. Aproximadament el 45 % de les morts infantils estan associades a problemes de malnutrició.

A l'Àfrica subsahariana, els nens tenen una probabilitat de morir abans dels cinc anys catorze vegades més gran que els nens dels països d'ingressos alts.

Font: Organització Mundial de la Salut.

2.1. La construcció social de la malaltia

Entre les diverses formes de manifestació de la malaltia en cada context històric i social es pot observar que sempre hi ha determinades malalties que poden ser considerades com les més importants. Aquesta condició és determinada per criteris objectius, estadístics, o per criteris econòmics, polítics o socials, o també per qüestions de pura psicologia col·lectiva. Per totes aquestes raons, determinades malalties adquireixen la condició de *malaltia social*.

Un exemple de malaltia social és l'epidèmia de pesta negra o pesta bubònica, que va assolar el continent europeu les primeres dècades del segle XIV. La mortalitat va ser tan gran que la població es va reduir en dues terceres parts.

Hi ha altres malalties que poden ser considerades com a socials per la importància que se'ls dona, sense tenir unes repercussions tan catastròfiques i evidents. Malalties amb un fort impacte emocional o amb determinades connotacions, com la tuberculosi, la sífilis o el càncer en són un bon exemple. La sida seria el cas més actual de malaltia social.

En qualsevol cas, hem de tenir en compte que la manifestació concreta de la malaltia en cada societat està relacionada amb el seu sistema socioeconòmic i amb la seva cultura.

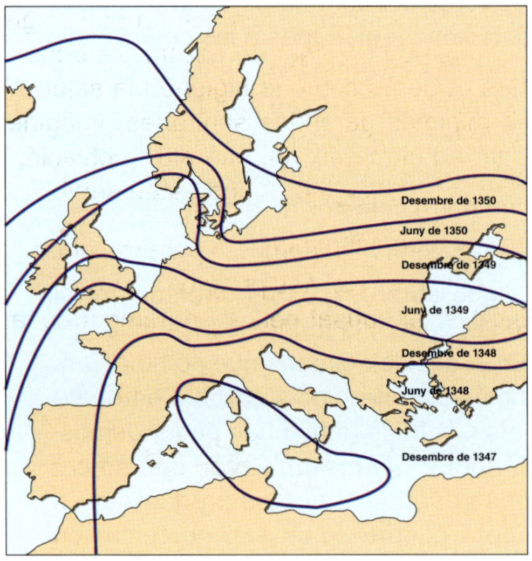

Fig. 3.9. Evolució de la pesta negra a l'edat mitjana.

2.2. Distribució de les malalties al món

Qualsevol estudi de la distribució de les diferents malalties pels diversos països del món, de la seva incidència i de la mortalitat que poden provocar ens mostra que aquests fenòmens no són deguts a l'atzar. A les zones més pobres del planeta un de cada cinc nens no viu més de cinc anys. La xifra ascendeix a onze milions de morts infantils cada any, degudes principalment a infeccions intestinals o respiratòries agudes.

Vocabulari

Incidència: mesura el nombre de casos nous que sorgeixen en una àrea geogràfica i període de temps determinat. Tant la prevalença i la incidència són dades necessàries en un sistema sanitari.

Encara que la pobresa sigui la causa més important de les malalties al món, hi ha altres amenaces associades al creixement econòmic, quan té lloc sense una protecció adequada del medi. Als EUA uns vuitanta milions de persones estan exposades a nivells d'aire contaminat que poden posar en perill la seva salut. A la Xina, que té una de les economies en creixement més ràpid, moren cada any dos milions de persones pels efectes de la contaminació de l'aire i de l'aigua.

Els problemes relacionats amb la salut i el medi ambient varien enormement d'una regió a una altra, segons la geografia, el clima i, sobretot, el desenvolupament econòmic i la situació política d'un país.

Malaltia, pobresa i subdesenvolupament

Molts problemes de la salut estan associats a la pobresa i a la manca de recursos essencials, principalment aigua neta, alimentació, habitatge, combustible i aire pur. L'OMS ha assenyalat la pobresa com la principal causa de mort.

Existeix, doncs, una geografia de la malaltia i de la mort que coincideix bastant amb la geografia de la pobresa. Aquestes dades posen de manifest la connexió necessària de la medicina amb qüestions socials i polítiques, com els desequilibris regionals, la manca de recursos sanitaris, les relacions Nord-Sud, la globalització i el poder de les multinacionals.

Els problemes ambientals, que els països més rics han solucionat des de fa temps, són la causa fonamental dels disset milions de morts cada any per malalties infeccioses. La majoria d'aquestes morts són mèdicament evitables, però la manca de recursos impedeix que els malalts accedeixin als mitjans de guariment.

L'aigua contaminada per excrements orgànics segueix sent una de les principals causes de mort al món. La manca d'aigua, sanejament i higiene s'ha calculat que és responsable d'un 7 % de les morts globals al món. Només la diarrea posa fi a la vida d'uns 2,5 milions d'infants l'any.

Les aglomeracions urbanes i els ambients interiors contaminats pel fum contribueixen a aguditzar les infeccions respiratòries, que maten quatre milions de persones l'any, sobretot infants menors de cinc anys. El Banc Mundial calcula que entre quatre-cents i set-cents milions de dones i infants estan exposats a una contaminació atmosfèrica greu, en la majoria dels casos procedent dels focs de cuina.

En alguns llocs d'Àfrica les sequeres continuades han fet que l'aigua sigui un autèntic article de luxe, i que les persones hagin de caminar durant un dia o més per aconseguir l'apreciat líquid. Això te conseqüències evidents sobre la higiene i la salut. Altres llocs tenen aigua en abundància però sense les mínimes garanties sanitàries. Imaginem una població al costat d'un riu del qual agafa aigua; en el mateix riu, una altra població, situada més amunt en el seu curs, hi aboca les aigües fecals: les infeccions estan servides.

Hi ha malalties, la incidència de les quals augmenta per problemes ambientals globals, com el càncer de pell o les cataractes, que tenen més probabilitat de donar-se a causa de l'increment de la perillositat de la radiació solar causat pel deteriorament de la capa d'ozó.

> **Més dades**
>
> El mosquit *Anopheles* és el vector del paludisme, i la puça de les rates és el vector de la pesta bubònica.

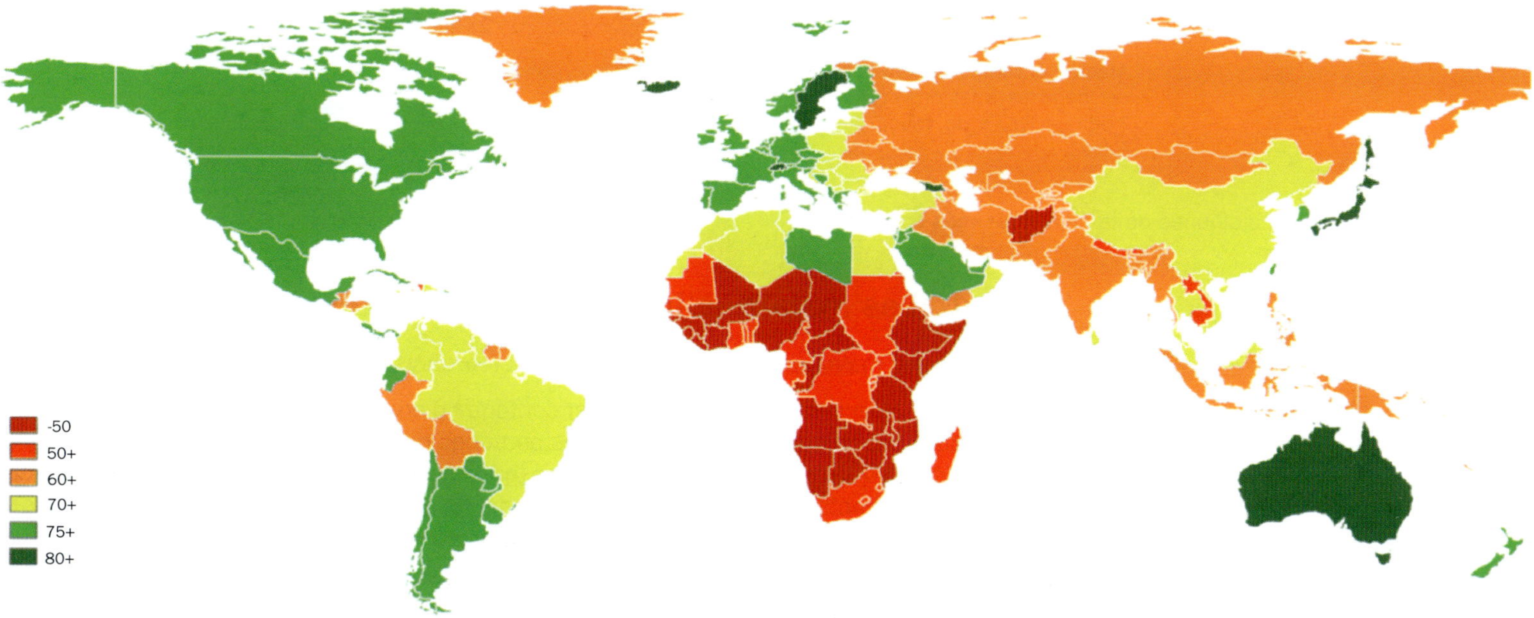

Fig. 3.10. Geografia de l'esperança de vida de la població mundial. Font: Organització Mundial de la Salut.

! Important

Un **microorganisme** és un organisme que només pot ser observat amb l'ajut d'un microscopi. Els microorganismes patògens poden ser d'estructura procariota o bacteris, d'estructura eucariota (fongs, protists, fases larvàries d'helmints) i virus.

3. Les malalties

La malaltia és una alteració orgànica o funcional que afecta negativament l'estat de benestar de l'ésser humà.

Les malalties no infeccioses es guareixen amb medicaments i pràctiques preventives: fent una dieta equilibrada, evitant la ingesta d'alcohol, tabac i drogues i fent exercici. Les malalties infeccioses es combaten mitjançant vacunes i sèrums, amb el funcionament correcte del sistema immunitari i les barreres defensives.

Malalties	Causes	Exemples
Traumàtiques	Accidents de trànsit, domèstics, esportius, laborals...	Fractura d'ossos
Ambientals	Agents del medi (fred, calor, radiacions).	Cremades
Tòxiques	Exposició a toxines mediambientals, exposició als metalls pesants.	Intoxicació
Metabòliques o nutricionals	Manca o deficiència de determinats nutrients. Malalties causades per ferides, malformacions o desús de parts del cos.	Diabetis, hipotiroïdisme congènit, gota
Degeneratives	Alteració anatòmica i funcional dels teixits d'un òrgan, aparell o sistema.	Artrosi
Genètiques	Presència o absència de gens que afecten l'ADN del pacient.	Fibrosi quística, fenilcetonúria
Neoplàstiques	Proliferació de cèl·lules en un òrgan.	Càncer d'ossos, leucèmia
Autoimmunitàries	El sistema immunitari de la persona afectada ataca els teixits del mateix cos.	Malaltia celíaca, diabetis tipus I, artritis, esclerosi múltiple.
Infeccioses i parasitàries	Agents infecciosos transmissibles, com els bacteris, els fongs, els paràsits, els virus i els prions. En el cas de les malalties parasitàries, protozous i cucs.	Grip, malària, hepatitis, còlera, dengue, càries, legionel·losi, lepra, malaltia de Chagas, pesta, sida, malària
Mentals	Afecten el comportament psíquic d'un individu i poden ser degudes a lesions orgàniques del cervell, psicosi i demències, o de causa desconeguda, com ara les fòbies.	Anorèxia nerviosa, bulímia

Taula 3.3. Classificació d'algunes de les malalties més comunes.

3.1. Les malalties infeccioses i el sistema immunitari

La causa de les malalties infeccioses són els microorganismes.

Les malalties infeccioses es transmeten per contagi, i d'aquesta manera s'estenen. La transmissió pot ser per contacte directe amb altres persones o objectes contaminats, per inhalació de gotes d'aigua o saliva carregada de gèrmens (grip, diftèria, tuberculosi...), per la ingesta de líquids o menjar contaminat per microbis (salmonel·losi, el còlera en aigües contaminades), per insectes o vectors (malària), o per contacte indirecte (hepatitis, la sida).

Entenem per contacte indirecte quan és a través de gots, coberts, plats, instruments quirúrgics o xeringues que no han estat correctament rentats i desinfectats després d'haver estat en contacte amb un malalt.

+ *Més dades*

Un **vector** és un animal que porta un germen d'un individu malalt a un de sa, **habitualment** sense que ell en sofreixi cap conseqüència.

Lectura 2

La difteria aviva la polémica sobre las vacunas

El presidente del Colegio de Médicos de Barcelona considera que los padres que deciden no vacunar a sus hijos actúan de manera «irresponsable»

Barcelona. (Agencias).- El presidente del Colegio de Médicos de Barcelona, Jaume Padrós, considera que los **padres que deciden no vacunar a sus hijos** actúan de manera «irresponsable e insolidaria» porque no solo no protegen a sus hijos, sino que ponen en peligro la salud de toda la comunidad.

Padrós ha criticado a quienes banalizan las vacunas sistemáticas establecidas y a quienes «por ideología» se oponen a ellas. «La banalización, la relajación, la introducción de elementos ideológicos que nada tienen que ver con la práctica clínica y la evidencia científica nos pueden hacer retroceder al siglo XIX», ha comentado Padrós, en alusión al **niño de seis años de Olot** (Girona) que ha contraído la **difteria** porque sus padres decidieron no vacunarle.

«Los médicos tenemos la obligación de dar a nuestros pacientes aquello que la evidencia científica y clínica nos dice que es mejor, y la vacunación, junto con la higienización, la potabilización del agua, nos hizo salir hace ciento cincuenta años de la Edad Media», ha argumentado el presidente de los médicos barceloneses.

Sobre el caso del niño que ha contraído la **difteria** y se encuentra muy grave en el Hospital Vall d'Hebron, Padrós ha considerado que «es una mala noticia, y plantea un debate social sobre si las vacunas sistemáticas han de ser obligatorias».

«Apelo a la responsabilidad de los profesionales de la sanidad y de los medios de comunicación para que no den más voz a aquellos que banalizan por motivos ideológicos las vacunas, porque es obvio que las vacunas han contribuido mucho a aumentar la esperanza de vida en el mundo», ha dicho Padrós.

Sobre la creciente corriente de **opinión contra las vacunas**, Padrós ha opinado que «mucha de esta gente que no vacuna lo hace porque piensa que el riesgo individual de contraer la enfermedad es más bajo que los riesgos de la propia vacuna, pero no tienen en cuenta que uno de los efectos generalizadores de las vacunas es que también protegen a los que no se vacunan».

«El hecho de que todo el mundo se vacune es un elemento de protección sobre los que no se vacunan. Si nadie se vacunara ¿qué pasaría? No vacunar es un acto de irresponsabilidad y de insolidaridad respecto a los demás», ha abundado el médico. [...]

Poca información

La Asociación de Afectados por Vacunas (AxV) ha denunciado hoy una falta de información clara y completa sobre la composición de los tratamientos de inmunización y los riesgos de salud que pueden tener. «Confiamos siempre en la buena fe, pero la mayoría de las veces los propios médicos desconocen los efectos adversos», ha declarado a Efe Noelia Vivar, cuyo hijo murió por una alteración genética después de que se le administrara la **vacuna hexavalente** (para seis enfermedades) Infanrix, asegura. [...]

Altamente contagiosa

La Asociación Española de Pediatría (AEP) ha recordado que, aunque en España no se registraban casos de **difteria** desde hace treinta años, se trata de una enfermedad infecciosa que sigue siendo endémica en algunas áreas en desarrollo de África, Asia, Caribe y Sudamérica, y cada año causa unos cuatro mil quinientos casos a nivel mundial.

En concreto, el último informe de la Organización Mundial de la Salud (OMS) muestra como en 2013 se documentaron unos cuatro mil seiscientos ochenta casos a nivel mundial, la última gran epidemia se regristró en la década de los noventa en los países de la antigua Unión Soviética.

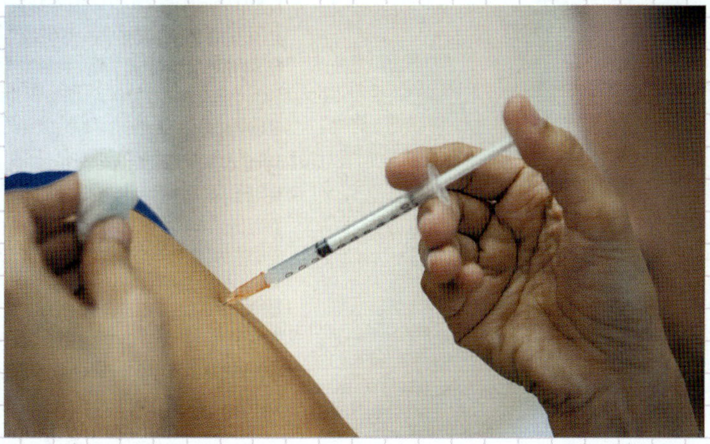

Fig. 3.11. Vacunació contra la diftèria.

El **tratamiento** de la difteria consiste en antibióticos, suero antitoxina de la difteria, así como medidas de soporte respiratorio, tales como traqueotomía, intubación endotraqueal, etc. La letalidad es del 5-10 %, y es mayor en niños menores de cinco años.

La Vanguardia (4 de juny, 2015)

a) Llegeix aquest article i fes un resum del que diu.

b) Busca informació sobre les vacunes i contesta les preguntes següents:

1. Quin és el fonament biològic de les vacunes?
2. Quina és la història de les vacunes?

c) Quins són els arguments dels contraris a les vacunes?

d) Fes un petit escrit en el qual expliquis la teva opinió sobre l'assumpte.

Més dades

La teoria microbiana de les malalties va ser desenvolupada pel químic francès Louis Pasteur en el segle XIX. Pasteur va començar estudiant les fermentacions etíliques de la cervesa i el vi, i va arribar a la conclusió que eren causades per l'acció d'un microorganisme, i després va estendre aquesta conclusió a les malalties infeccioses.

Els éssers vius han desenvolupat una complexa xarxa de defenses amb la finalitat d'evitar l'entrada de microorganismes. La pell, les mucoses o els macròfags són les defenses que formen la primera barrera, però tenen caràcter inespecífic.

Un cop superada la primera barrera defensiva, els bacteris, els gèrmens o les deixalles metabòliques han de lluitar contra unes cèl·lules que els fagociten, és a dir, els engloben i generalment els destrueixen. Aquestes defenses són específiques per a cada microorganisme i constitueixen el sistema immunitari de l'organisme.

L'organisme detecta els elements estranys (microorganismes, cèl·lules d'un altre ésser viu...) quan identifica alguna de les molècules característiques de l'intrús. Aquestes molècules s'anomenen *antígens* i quan l'organisme en reconeix algun fabrica anticossos o cèl·lules sensibilitzades contra ell. Cada anticòs actua només contra un antigen.

Els microbis també es poden eliminar amb substàncies verinoses per als microorganismes, però que no ho siguin per a les cèl·lules del nostre organisme. Hi ha medicines que maten els microorganismes, d'altres que impedeixen que es reprodueixin, d'altres que eviten que els productes tòxics que fabriquen ens facin mal o que estimulen el sistema defensiu.

També n'hi ha que eviten l'efecte de la infecció sense eliminar ni atacar el microbi. Per exemple, els medicaments que prenem contra la grip: no afecten el virus i ens ajuden a minimitzar part de les molèsties.

Quan parlem de microbis o microorganismes cal distingir entre protozous paràsits, bacteris i virus. Els protozous són organismes unicel·lulars de cèl·lula eucariota (amb nucli ben definit); el protozou *Tripanosoma* és el responsable de la malaltia de la son, transmesa per la picada de la mosca tse-tse, i el paludisme és provocat pel protozou *Plasmodium.* Els bacteris són organismes unicel·lulars de cèl·lula procariota (sense nucli ben definit); per exemple, la tuberculosi és produïda per un bacteri anomenat bacil de Koch, en honor del metge alemany que el va identificar. Els virus són estructures subcel·lulars, situades en la frontera entre els éssers vius i les macromolècules. Malalties com la sida, la grip o el xarampió són produïdes per virus. La distinció és important: medicaments com els antibiòtics són efectius contra els bacteris però no contra els virus.

El paludisme causa més morts que la sida, però està molt menys present en el debat públic. Això té a veure amb el fet que la seva incidència es limiti pràcticament a països del Tercer Mon, mentre que la sida, encara que també present al Tercer Món, té una important incidència en els països desenvolupats.

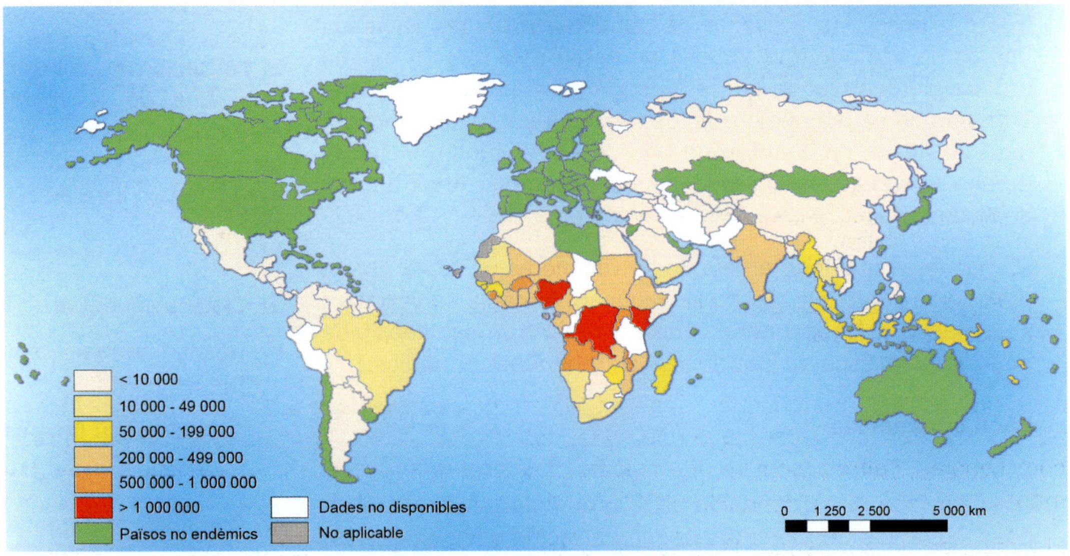

Fig. 3.12. Mortalitat per paludisme el 2010. L'Àfrica subsahariana suporta una part desproporcionada de la càrrega mundial de paludisme. El 2015, el 88 % dels casos i el 90 % de les morts per la malaltia es van produir en aquesta regió.

! Important

El paludisme es pot prevenir i curar i, gràcies als esforços addicionals realitzats, la càrrega de la malaltia s'està reduint notablement a molts llocs.

La malària, també anomenada *paludisme*, *febre intermitent*, *febre dels pantans* o *febre terçana*, és una malaltia infecciosa produïda per protists del gènere *Plasmodium*, transmesos a l'home per mosquits del gènere *Anopheles*. Es manifesta pels accessos característics (calfreds, febre, suor), esplenomegàlia (augment del volum de la melsa) i anèmia, i el diagnòstic es basa en la troballa del paràsit a la sang o en l'estudi serològic.

Entre el 2000 i el 2015, la incidència de la malaltia (és a dir, el nombre de casos nous entre les poblacions en risc) es va reduir en un 37 % a escala mundial, mentre que la taxa de mortalitat entre les poblacions en risc va disminuir en un 60 % en tots els grups d'edat i en un 65 % en els nens menors de cinc anys.

+ Més dades

El 2015, el paludisme es va seguir transmetent en noranta-cinc països i territoris. Prop de tres mil doscents milions de persones —gairebé la meitat de la població mundial— corren el risc de contreure'l.

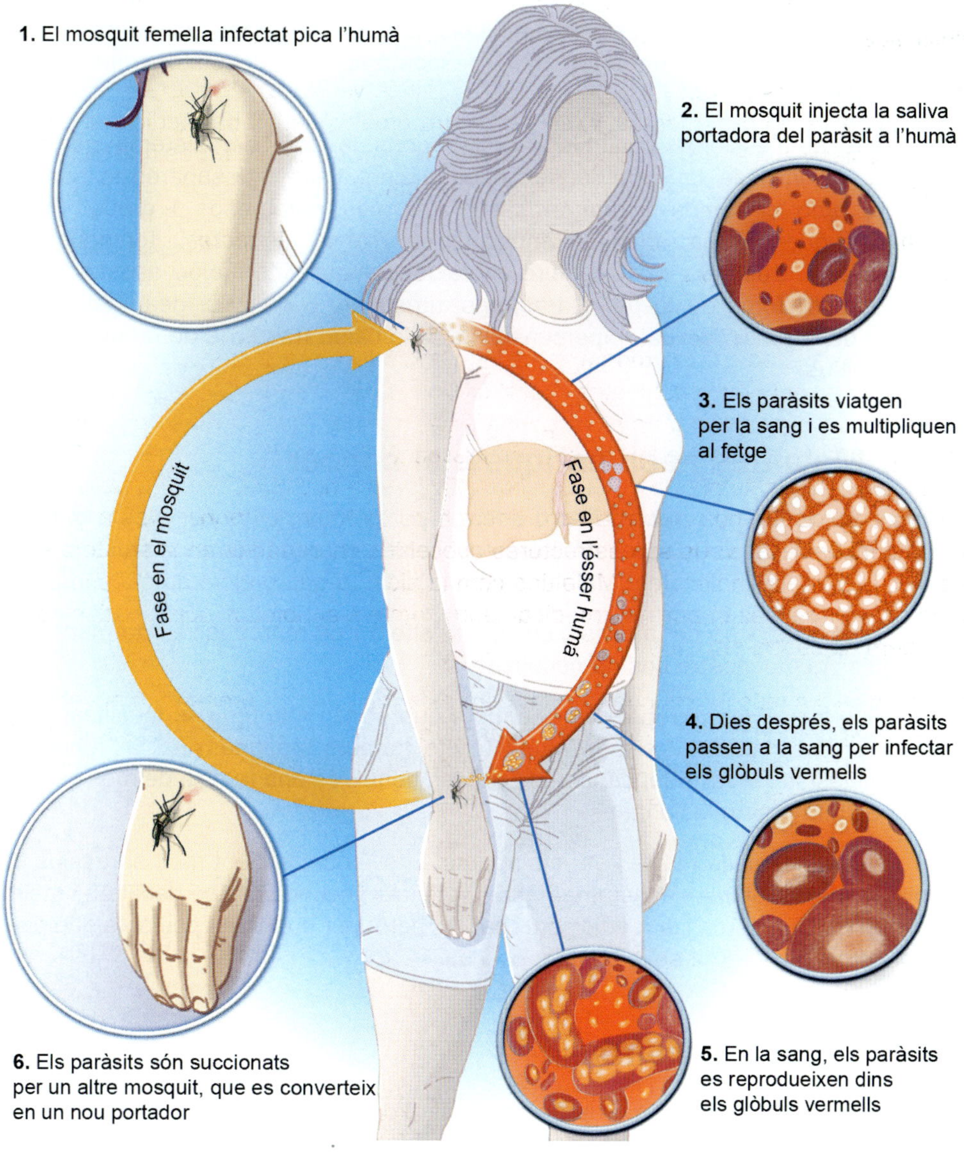

Fig. 3.13. Els papers de l'ésser humà i del mosquit *Anopheles* són complementaris en el cicle de la malària.

A banda de la sida (acrònim de *síndrome d'immunodeficiència adquirida*), han aparegut altres noves malalties infeccioses que encara no estan sota control. La majoria són d'origen víric, com l'ebola. D'altres, com la grip aviària, afecten les aus i només accidentalment els humans, però es tem que el virus es transformi i es pugui convertir en una epidèmia humana.

Els virus, per la seva variabilitat i per la seva facilitat d'establir recombinacions genètiques, són una reserva i una font constant de noves malalties. Els antibiòtics no són eficaços contra els virus, i les vacunes tenen un efecte temporal per la majoria de les malalties víriques (com la grip) per la facilitat amb què varien els antígens.

! Important

La sida de la pobresa

Rhodnius prolixus és el vector que transmet la malaltia de Chagas. *Chagas, un mal escondido* és un documental de Ricardo Preve que parla sobre l'endèmia anomenada «la sida de la pobresa», que afecta vint milions de llatinoamericans i mata cinquanta mil persones cada any. El film mostra per què, segons l'OMS, el Chagas és una «malaltia oblidada» i avui dia es propaga per Europa i els EUA, on ni tan sols s'analitza la presència del virus a la sang dels donants d'òrgans. Un de cada quatre immigrants contactats a l'atzar per col·laborar a la pel·lícula va resultar estar-ne infectat.

3.2. Malalties autoimmunitàries: l'esclerosi múltiple

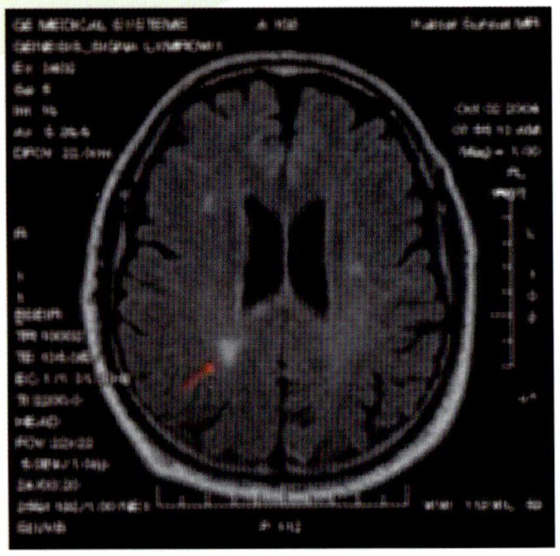

Fig. 3.14. Ressonància magnètica que mostra amb quatre punts brillants (plaques) l'esclerosi que ha danyat la mielina al cervell.

Normalment, el sistema immunitari defensa l'organisme d'invasors aliens, com els virus i bacteris, però en les malalties autoimmunitàries, l'organisme ataca sense advertència el teixit propi.

L'esclerosi múltiple és una malaltia del sistema nerviós central que afecta el cervell i la medul·la espinal. Les fibres nervioses són envoltades i protegides per la mielina, una substància composta per proteïnes i greixos, que facilita la conducció dels impulsos nerviosos. Si la mielina és destruïda o danyada, l'habilitat dels nervis per conduir els senyals des del cervell i al cervell s'interromp i aquest fet produeix l'aparició dels símptomes de la malaltia.

Malgrat que la causa exacta de l'esclerosi múltiple es desconeix, molts científics creuen que la destrucció de la mielina és el resultat d'una resposta anormal del sistema immunitari cap al propi organisme.

Els símptomes de l'esclerosi múltiple varien segons la part del sistema nerviós central afectada. A l'inici de la malaltia són habitualment lleus i desapareixen sense tractament. Però amb el temps poden arribar a ser més nombrosos i greus. Els símptomes més freqüents són: debilitat muscular o manca de força, formigueig, poca coordinació, fatiga, trastorns de l'equilibri, alteracions visuals, tremolor, espasticitat o rigidesa muscular, trastorns de la parla, trastorns intestinals o urinaris, deambulació inestable, trastorns de la funció sexual, hipersensibilitat a la calor, trastorns de memòria i d'altres trastorns cognitius.

3.3. Malalties neoplàstiques: el càncer

> **! Important**
>
> L'origen de la paraula *càncer* s'associa a la semblança d'aquest tipus de malalties amb el cranc, que quan s'adhereix ho fa amb tanta força que és difícil poder-lo arrencar.

Les cèl·lules del nostre cos creixen i es divideixen per produir noves cèl·lules a mesura que l'organisme les necessita. Quan les cèl·lules envelleixen, moren i són substituïdes per altres cèl·lules.

A vegades, però, el procés de la divisió cel·lular s'altera i es reprodueixen de manera incontrolada cèl·lules que el nostre cos no necessita.

Aquestes cèl·lules formen agrupacions o tumors que poden mantenir-se localitzats (tumors benignes) o provocar una invasió en altres teixits (tumors malignes) en un fenomen que s'anomena *metàstasi* (el vertader càncer). El càncer, de fet, és una família de més de cent malalties molt estretament relacionades.

El càncer té un alt índex de mortalitat i els tractaments —normalment molt agressius (la quimioteràpia, la radioteràpia)— acostumen a tenir efectes secundaris que debiliten i malmeten força la persona. La recerca i la medicina treballen, però, per guarir els pacients que pateixen aquesta malaltia i millorar la seva qualitat de vida.

3.4. Malalties mentals

> **+ Més dades**
>
> Al món occidental una de cada cinc persones adultes pateix cada any un desordre mental encara que, d'aquestes, només la meitat tenen símptomes prou greus per afectar la seva vida normal. En els menors de divuit anys les dades d'afectació es redueixen al 12 % i gran part dels joves es recuperen sense patir la malaltia en arribar a adults.

Les malalties mentals formen un grup de trastorns d'origen ben divers que alteren i afecten el pensament, els sentiments, les emocions i la conducta de l'individu.

La diferència que s'estableix entre neurosi i psicosi en les malalties mentals consisteix en el fet que en la neurosi l'afectat és conscient del que li passa i els canvis en la conducta no tenen tanta intensitat com en la psicosi.

Malgrat aquests efectes sobre la conducta i les emocions de la persona, no presents en les malalties físiques, no s'ha de discriminar els malalts mentals i cal que aquests no se sentin estigmatitzats pel fet de patir la malaltia.

L'estrès de la societat moderna, la manca de referents, la influència de la publicitat i l'aïllament individualista són fonts contínues de malalties com la depressió i l'estrès mòrbid. La tendència a medicalitzar i medicar certs comportaments (com el cas del TDAH) també fa que augmenti la construcció social de certes malalties mentals.

Observa i pensa

La mortalitat

La mortalitat en l'àmbit demogràfic és la relació que hi ha entre el nombre de defuncions ocorregudes durant un temps determinat, generalment un any, i la població total d'una entitat geogràfica qualsevol.

El fenomen de la mortalitat s'expressa a través de la taxa o índex de mortalitat, que es defineix com el nombre de morts per cada mil habitants en relació amb la població total al llarg d'un període establert. Se sol expressar en tant per cent o en tant per mil.

S'entén per morbiditat la quantitat d'individus considerats malalts o que són víctimes de malaltia en un espai i un temps determinat. La morbiditat és una dada estadística important per comprendre l'evolució o retrocés d'alguna malaltia, les raons del seu sorgiment i les possibles solucions.

Mortalitat i morbiditat són dos paràmetres importants en l'estudi demogràfic de les malalties:

a) Busca una malaltia amb elevada morbiditat i baixa mortalitat.

b) Busca una malaltia amb baixa morbiditat i elevada mortalitat.

c) Busca una malaltia amb morbiditat i mortalitat elevades.

El paludisme

Al voltant de 3 200 milions de persones (la meitat de la població mundial) estan exposades al paludisme. El 2015 va haver-hi uns 214 milions de casos de la malaltia que, segons les estimacions, van costar la vida a 438 000 persones.

La intensificació de les mesures de prevenció i control s'ha traduït en una reducció de les taxes de mortalitat per paludisme de més del 60 % a tot el món en comparació amb els índexs registrats l'any 2000.

L'Àfrica subsahariana segueix suportant una part desproporcionadament elevada de la càrrega mundial de paludisme. El 2015 la regió va acaparar el 89 % dels casos de malària i el 91 % de les morts per aquesta causa.

S. HOLLYMAN. (Novembre, 2015). Font: OMS.

a) Compara les dades sobre el paludisme amb les de la sida.

b) Compara les dades sobre el paludisme a l'Àfrica subsahariana amb les dades mundials.

c) Quines són les causes d'expansió principals d'aquesta malaltia infecciosa?

d) Quines són les recomanacions de l'OMS per intentar evitar la mortalitat d'aquesta epidèmia?

e) Quines són les mesures profilàctiques principals?

f) Quines ONG treballen sobre el territori? Què fan?

La incidència de la **lesió medul·lar traumàtica** a Espanya és de 2,5 per 100 000 h./any (aproximadament 1 000 persones l'any). El 54 % de les lesions medul·lars traumàtiques afecta joves d'entre setze i trenta anys.

a) Què és un lesió medul·lar traumàtica?

b) Les lesions medul·lars són irreversibles?

c) La majoria de lesions medul·lars són conseqüència d'un traumatisme. Quina és la causa principal d'aquest tipus de traumatismes?

d) Com afecta una lesió medul·lar la qualitat de vida del pacient?

La mielopatia

La lesió de medul·la espinal o mielopatia és una alteració de la medul·la espinal que pot provocar una pèrdua de sensibilitat i/o de mobilitat. Les dues causes principals de lesió medul·lar són els traumes per accident de cotxe, caigudes, trets, trencament de disc intervertebral, etc., i les malalties com la poliomielitis, l'espina bífida, tumors primaris o metastàtics, l'atàxia de Friedreich, osteïtis hipertròfica de la columna, etc.

És important assenyalar que la medul·la espinal no ha de ser seccionada completament per sofrir una pèrdua de funció. De fet, la majoria de medul·les espinals romanen intactes després d'una lesió de medul·la espinal. La lesió medul·lar no sempre guarda relació amb una lesió d'esquena o de coll com poden ser trencaments de discos, estenosi de la columna, etc. És possible lesionar-se el coll o l'esquena i que la medul·la espinal no pateixi cap dany.

És una emergència mèdica la mala evolució de la qual pot determinar un estat de paràlisi permanent que dependrà del nivell al qual es produeixi la compressió, amb major afectació com més gran sigui la proximitat al cervell.

a) Per què està causada la mielopatia: una infecció, un traumatisme o per causes múltiples?

b) Què provoca la mielopatia: pèrdua de sensibilitat, pèrdua de mobilitat o pèrdua de sensibilitat i/o de mobilitat?

Les **malalties cardiovasculars** són totes aquelles malalties que afecten el *cor* o els *vasos sanguinis* (*artèries* i *venes*). Cada any causen més de dotze milions de morts a tot el món (és, per tant, la causa de mort principal a gran part del món).

Actualment, les mesures per prevenir les malalties cardiovasculars inclouen:

- Una *dieta* baixa en greixos i alta en fibra, que inclogui grana sencera i fruites i verdures. Cinc porcions al dia redueixen el risc en un 25 %.
- *Deixar de fumar* i evitar ser un fumador passiu.
- Limitar el consum d'alcohol als límits diaris recomanats; el consum d'1-2 UBE (*unitats de beguda estàndard*) per dia pot reduir el risc un 30 %. Així, el consum excessiu d'alcohol augmenta el risc de malaltia cardiovascular.
- Pressions sanguínies més baixes, si estan elevades.
- Disminuir el greix corporal en cas de *sobrepès* o *obesitat.*
- Augmentar l'activitat diària a trenta minuts d'exercici vigorós per dia almenys cinc vegades per setmana.
- Reduir el consum de sucre.
- Disminuir l'estrès psicosocial.

Quina relació creus que hi pot haver entre fumar, el greix corporal, la pressió sanguínia i l'estrès psicosocial, i aquestes malalties?

Activitats finals

1. Saps llegir una piràmide de població?

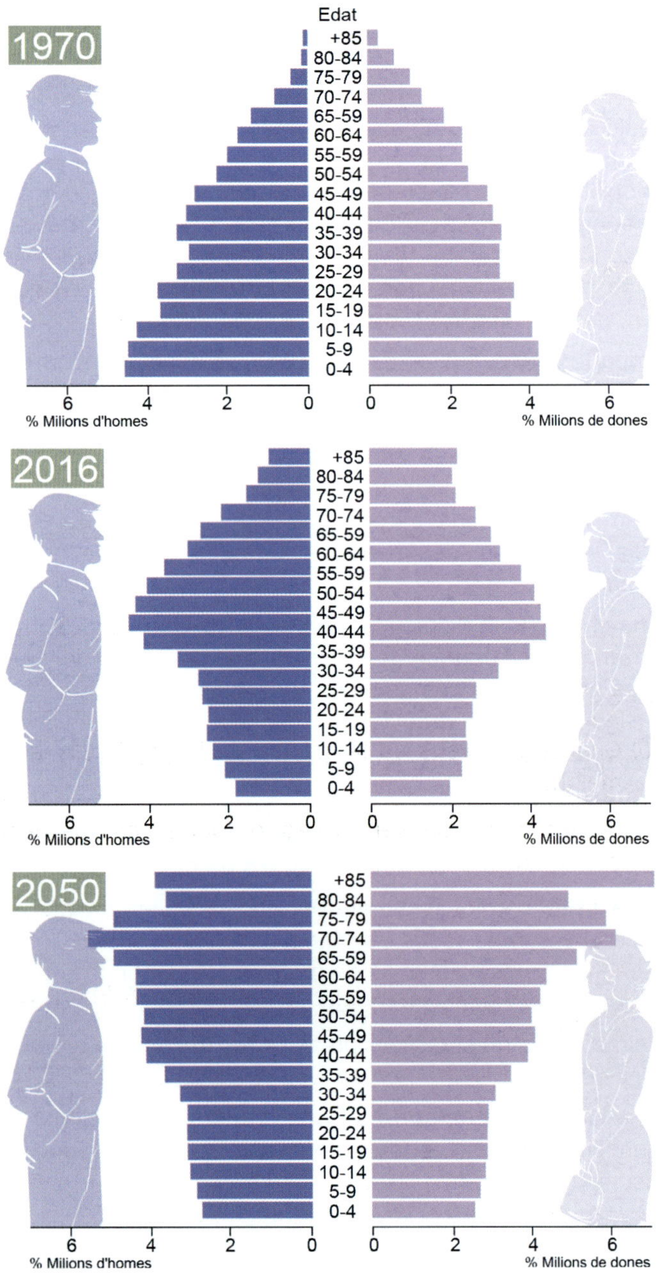

Fig. 3.15. Piràmide de la població espanyola els anys 1970 i 2016 i projecció per al 2050.

Observa la piràmide de població d'Espanya i contesta les qüestions següents:

a) L'esperança de vida ha augmentat més a causa de la davallada de la mortalitat infantil que a causa de l'augment de l'edat de la població. Quins en són els motius?

b) Quins problemes comporta l'envelliment de la població a mitjà i llarg termini?

c) En quina direcció estan treballant els governs?

2. Els aliments principals de la dieta mediterrània són: l'oli d'oliva, el blat i els seus derivats, el vi, els llegums, les fruites seques, les verdures, hortalisses i fruites, el iogurt, alguns formatges, algunes carns, peixos i ous, el cava i la cervesa, així com una gran varietat d'espècies i herbes aromàtiques.

Observa la taula següent:

Aliments	Racions recomanades	Racions consumides 2014 (FEN/MAGRAMA)	
Cereals, cereals integrals i patates (dia)	≥ 6	3,8	↓
Verdures i hortalisses (dia)	≥ 2-3	1,3	↓
Fruites (dia)	≥ 3-4	1,5	↓
Oli d'oliva i de girasol (dia)	3-4	3,4	=
Làctics (dia)	2	2,1	=
Peix (setmana)	3-4	3,3	=
Carns magres (setmana)	3	4,3	↑
Ous (setmana)	3	2,5	↓
Llegums (setmana)	3-4	0,9	↓
Fruita seca (setmana)	2-4	1,6	↓

Taula 3.4. Ajustament de la dieta consumida, per la població adulta espanyola, a les racions recomanades. Valoració Nutricional de la Dieta Espanyola, d'acord amb el Panell de Consum Alimentari 2014. Font: Fundación Española de la Nutrición.

a) El consum real de la població espanyola segueix les recomanacions sobre la ingesta diària? Els espanyols, en general, seguim la dieta mediterrània?

b) Elabora una dieta saludable per a un dia i calcula'n les calories i el preu aproximat.

3. La indústria del tabac mou molts diners arreu del món. Això fa que les tabaqueres inverteixin grans sumes en publicitat per tal que n'augmenti el consum, sobretot perquè els joves s'iniciïn en l'hàbit de fumar i se'n facin dependents, la qual cosa els assegura els ingressos durant molts anys.

a) Estudia els esforços (llei antitabac, campanyes publicitàries, missatges dissuasius en els paquets de tabac...) que fa el Ministeri de Sanitat per prevenir el tabaquisme. Creus que són suficients?

b) Analitza un anunci de tabac i la publicitat que fa el Ministeri de Sanitat en contra de l'hàbit del tabaquisme. Creus que els recursos i els esforços que es dediquen en un sentit i en l'altre són equiparables?

Posa't a prova

1. Les amfetamines...

a) Són compostos sintètics i s'usen en medicina per reduir la gana i el cansament.

b) Més conegudes són l'LSD, la mescalina i el peiot.

c) També s'anomenen *pastilles* o *pastis*.

2. Els al·lucinògens...

a) Són depressors de les funcions del sistema nerviós.

b) Actuen com a estimulants de l'activitat cerebral.

c) Produeixen desorganització de l'activitat cerebral i modifiquen la percepció de la realitat.

3. La quantitat d'alcohol que hi hagi a la teva sang depèn de diferents factors. Digues si els tòpics següents són vertaders o falsos:

a) Si peses poc, l'alcohol t'afectarà més.

b) A igual quantitat, l'alcohol té més efecte en la dona que en l'home.

c) Com més ràpid beus, més efecte et fa.

d) Si menges, l'alcohol triga més a passar a la sang.

4. Quines de les malalties següents són infeccioses?

a) El càncer de pulmó.

b) La malaltia de la son.

c) L'esclerosi múltiple.

d) La malaltia de Chagas.

5. El microorganisme que causa l'hepatitis, la sida, la verola, la rubèola és...

a) Un virus.

b) Un protozou.

c) Un fong.

d) Un bacteri.

6. Els bacteris són microorganismes que causen:

a) L'hepatitis, la sida, la verola, la rubèola.

b) La disenteria, la malària, la malaltia de la son.

c) Els peus d'atleta, la tinya.

d) La salmonel·losi, el còlera, la tuberculosi, el tètanus.

7. La grip i la malària són dues malalties infeccioses produïdes per un virus i un protozou, respectivament. Observa les gràfiques de temperatura següents d'una malaltia i de l'altra i contesta les preguntes.

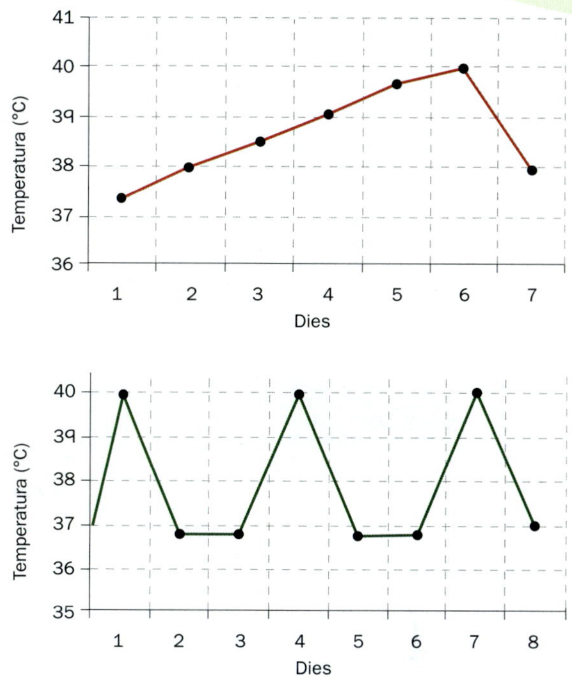

Fig. 3.16.

a) Són iguals?

b) Quants pics veus en la gràfica de la grip? I en la de la malària?

c) Contesta si són vertaderes o falses les afirmacions següents:

- En totes les malalties infeccioses la febre es manté constant.
- En la malària cada tres dies hi ha un màxim de temperatura.
- En la grip la temperatura comença a baixar entre el sisè i el setè dia.

8. Els antibiòtics són eficaços:

a) Contra els virus.

b) Contra els bacteris.

c) Contra qualsevol microorganisme.

9. El mosquit *Anopheles* és el vector de:

a) La malaltia de la son.

b) La malària.

c) La malaltia de Chagas.

10. L'esclerosi múltiple és una malaltia:

a) Infecciosa.

b) Autoimmunitària.

c) Genètica.

Llegeix i reflexiona

La visión de una enfermedad determinada como especial castigo de un gran pecado o de una vida pecaminosa fue harto frecuente en el mundo antiguo cristiano y durante la Edad Media europea. Recuérdese, a título de ejemplo, como fueron interpretadas la enfermedad de Arrio y —ya iniciada la historia «moderna»— la aparición de la sífilis en Europa.

Lutero atribuía las enfermedades al diablo: «Ninguna enfermedad viene de Dios, que es bueno y siempre hace el bien —escribía—, sino del diablo, causante de toda desgracia». Paracelso pensaba que todo un grupo de dolencias tienen su causa en el *flagellum* o castigo divino [...].

Fig. 3.18. Martí Luter, teòleg, frare catòlic i reformador religiós alemany.

«El hombre cuyo espíritu vive en el buen camino no enferma» ha escrito Mahatma Gandhi. A tan amplia serie de opinantes deben ser añadidos los secuaces de la actual antroposofía alemana. La tesis de una conexión biográfica entre la enfermedad y ciertas crisis de la vida personal —en ella coinciden casi todos los iniciadores de la llamada «medicina psicosomática»— será luego más especialmente considerada.

Frente a esta tan reiterada visión de la enfermedad como castigo de un pecado personal, sobreañadido al pecado original, ¿qué puede, qué debe decir el teólogo cristiano? Por lo pronto, algo muy sencillo, repetir las palabras de Jesucristo ante el ciego de nacimiento: «Ni él ni sus padres han pecado; sino que su enfermedad es para que las obras de Dios sean en él manifiestas». Fiel a tan alta y clara enseñanza, la teología cristiana ha distinguido del modo más nítido y riguroso el pecado y la enfermedad [...].

Fig. 3.17. Mahatma Gandhi, pensador i polític indi.

Consideremos ahora el caso de una enfermedad concreta e individual. He aquí un enfermo afecto de neumonía, tumor cerebral, esquizofrenia o neurosis obsesiva. En relación con el origen de estas enfermedades, ¿puede decir algo la teología? [...] Veamos, desde un punto de vista a la vez teológico y médico, si entre la enfermedad y el pecado actual existe alguna conexión genética; si las afecciones morbosas del hombre pueden ser efecto de sus pecados personales.

Pero si no es el pecado, ¿cuál será la causa de la enfermedad, considerada como afección individual y concreta? En cuanto a la génesis inmediata de las enfermedades humanas, la teología deja en plena libertad a la mente del médico: qué cosa sean en sí mismas y de qué procedan inmediatamente la leucemia o la diabetes, son cuestiones que Dios ha querido relegar a la libre discusión de los hombres. ¿Puede contentarse nuestro espíritu, sin embargo, con lo que la ciencia médica vaya diciendo acerca de la enfermedad? Ante el hecho constante de la enfermedad y su distribución entre los hombres, tantas veces azarosa e incomprensible, ¿puede uno impedir que la interrogación causal se levante de nuevo en su alma? ¿Por qué los hombres caen enfermos, por qué el tremendo hecho antropológico del padecimiento morboso?

PEDRO LAÍN ENTRALGO. *Enfermedad y pecado.*

a) Busca informació sobre qui era Pedro Laín Entralgo.

b) Busca informació sobre la sífilis: causes, símptomes, com es contagia.

c) Compara la tesi que la malaltia és un càstig per un pecat amb la tesi «psicosomàtica» que la malaltia pot estar relacionada amb crisis de la vida personal.

A fons

Sistemes sanitaris i seguretat social

Des del final del segle XIX i el començament del XX, coincidint més o menys amb la Revolució Industrial, es comença a estendre pels països europeus la idea que la salut i la malaltia no són només qüestions de la vida privada de les persones, sinó que tenen un fort impacte social, i que són problemes a què la societat en conjunt ha de donar resposta, per les seves implicacions econòmiques i polítiques.

El desenvolupament d'aquesta idea donarà lloc a l'anomenada *seguretat social*. Els diversos sistemes de seguretat social tenen com a finalitat estendre i universalitzar l'assistència sanitària al conjunt de la població, d'una manera gratuïta o, almenys, assequible. Els sistemes de seguretat social solen englobar, a més de les prestacions sanitàries, subsidis per l'atur, la jubilació i la baixa laboral per malaltia. Els sistemes de seguretat social, juntament amb l'ensenyament públic, formen el nucli més important de l'anomenat *estat del benestar*.

El primer sistema de seguretat social es va crear l'any 1884 a l'Imperi alemany, sota el govern del canceller prussià Bismarck, polític conservador i autoritari, molt conscient que una política sanitària i de prevenció era imprescindible per a la cohesió social i per evitar avalots revolucionaris. El seu projecte inicial era una assegurança unificada i centralitzada, que agrupés tant els treballadors agrícoles com els industrials.

El sistema finalment implantat, fruit d'un consens amb socialistes i liberals, reconeixia l'autonomia de les diferents caixes d'assegurança de malaltia (les anomenades *Krankenkassen*) i l'Estat se'n reservava la supervisió. El gran mèrit de Bismarck va ser l'obligatorietat de l'assegurança de malaltia, subvencionada en un 25 % per l'Estat, i la resta per les quotes que pagaven empresaris i treballadors.

El model alemany va ser imitat per molts altres països d'Europa. A Rússia es va desenvolupar un model diferent. L'any 1864 el govern tsarista va crear una organització per assistir mèdicament els districtes rurals (la immensa majoria de la població russa estava formada per camperols; els obrers industrials eren una petita minoria): es tractava de l'anomenat sistema *zemstvo* (nom del govern o consell civil provincial). Era un sistema que depenia absolutament de l'estructura governamental. Les autoritats contractaven metges, i els seus honoraris eren pagats amb fons públics, procedents dels impostos.

Després de la revolució soviètica, Lenin va organitzar el sistema sanitari agafant com a model el *zemstvo*, utilitzant l'estatització com a fórmula econòmica per atendre totes les despeses, i donant molta importància a la medicina preventiva. Després de la Segona Guerra Mundial, tots el països de l'Europa Oriental, en l'òrbita política comunista, van adoptar sistemes molt semblants al soviètic.

A Gran Bretanya, el primer sistema de seguretat social es va fundar l'any 1911, copiat del sistema alemany. Després de la Segona Guerra Mundial es produeix un corrent d'opinió partidari de reformar el sistema. L'any 1941 s'anomena un comitè, presidit per William Beveridge, que l'any següent va presentar un informe on es defensava la creació d'un «National Health Service» ('Servei Nacional de la Salut'), que havia de procurar assistència preventiva i curativa a qualsevol ciutadà, sense límits d'ingressos ni de qualsevol altre tipus. El Servei Nacional de la Salut va començar a funcionar l'any 1948, amb un govern laborista, però els posteriors governs conservadors no n'han modificat en absolut l'estructura.

A Espanya la seguretat social és relativament tardana. Encara que durant la II República s'havien fet algunes propostes, l'embrió de la seguretat social no es crea fins al 1942. En aquesta data el falangista José Antonio Girón de Velasco, ministre de Treball des del 1941 fins al 1957, va fundar el «Seguro Obrero Obligatorio», calcat del model alemany de la *Krankenkassen*, finançat per l'Estat i les aportacions obligatòries de treballadors i empresaris. El model es va anar desenvolupant, però sense canviar-ne els trets fonamentals. Va ser recollit a la Constitució del 1978.

Com a contrapunt és interessant explicar la situació de l'assistència sanitària als EUA. Les primeres temptatives d'introduir assegurances obligatòries de malaltia van tenir lloc entre els anys 1910 i 1920, però van fracassar davant de la pressió de poderosos *lobbies* empresarials i l'Associació Mèdica Americana. Altres iniciatives realitzades a la dècada del 1930 van fracassar per les mateixes causes. L'última temptativa, el projecte de reforma sanitària del president Obama, tampoc s'ha pogut realitzar per la influencia dels *lobbies* i també per la mentalitat individualista de la majoria de la població, que considera que qualsevol protecció estatal atempta contra les seves llibertats.

Diverses investigacions medicosocials han posat de manifest la increïble desigualtat davant de la malaltia i la mort de diferents sectors de la població en la nació més rica de la Terra. Malgrat la gran expansió de les assegurances privades, abans del 1965 una tercera part de la població americana no tenia cap mena de protecció ni assistència sanitària.

La limitació radical de les assegurances privades es manifestava de manera especialment sagnant en les malalties cròniques. Els que no tenien fortuna quedaven pràcticament exclosos de cap mena de tractament.

El reconeixement d'aquestes realitats va portar al fet que l'any 1965 s'aprovessin formes embrionàries de col·lectivització sanitària: els *medicare* i *medicaid*. La primera és una assegurança obligatòria de malaltia per més grans de seixanta cinc anys. La segona cobreix l'assistència mèdica dels sectors més humils de la societat amb un sistema de pagament amb fons públics.

a) Elabora una cronologia sobre el desenvolupament dels sistemes de seguretat social a Europa.

b) Busca informació sobre la reforma sanitària del president Obama.

4

Malaltia i medicina

- La medicina
- Dimensió social de la medicina
- La terapèutica: tipus de tractament
- La farmacologia: els medicaments

La medicina com a pràctica i com a professió que compleix una determinada funció social té com a objetiu principal el tractament de la malaltia. Però, quan parlem de tractar la malaltia i restituir en una persona l'estat de salut que tenia i que ha perdut, quin és el significat estricte que donem a aquestes paraules?

1. La medicina

Les pràctiques curatives són tan antigues com la humanitat. Les primeres manifestacions de l'art de curar tenen a veure amb rituals màgics, però a vegades associats a pràctiques concretes (utilització de plantes, cirurgia rudimentària): és el que es coneix com a empiricocredencial. Les primeres manifestacions de medicina naturalista i racional es donen a la Grècia clàssica, i aquí començarem la nostra revisió històrica.

Fig. 4.1. La medicina actual dona importància a les tres dimensions en què la malaltia afecta el malalt: la *biològica*, la *social* i la *psicològica*.

1.1. La medicina clàssica

La medicina occidental es remunta, en els seus orígens, a l'antiguitat clàssica. Va ser en el context dels canvis culturals que van tenir lloc entre els segles VIII i VI aC a la *Magna Grècia* (colònies gregues distribuïdes per la Mediterrània Oriental) i que van propiciar l'aparició dels primers sistemes cosmològics racionals, quan la medicina va experimentar una transformació qualitativa que va permetre la superació de les interpretacions mítiques de la salut i la malaltia, que havien predominat en etapes anteriors.

Malgrat això, s'ha de tenir en compte que les creences magicoreligioses i la seva influència en el món de la medicina no eren alienes a l'essència de la cultura grega. Així ens ho mostren els ritus òrfics i dionisíacs que sorgeixen a Grècia al costat del pensament racional. La medicina màgica va tenir una forta implantació, normalment vinculada als temples i santuaris d'Apol·lo (déu que cura) i d'Asclepi, fill d'Apol·lo, que, a partir del segle V, caracteritzat amb un bastó i una serp, es va convertir en el símbol mític de la medicina.

La influència del pensament filosòfic va ser decisiva per a la constitució de la medicina racional, de la mà dels filòsofs de la natura, anomenats també **presocràtics,** que van crear sistemes racionals d'interpretació del món a partir de la noció d'**element.** Un d'aquests filòsofs que va tenir una especial influència en l'elaboració d'una doctrina racional sobre el cos humà va ser **Empèdocles d'Agrigent.**

Empèdocles va formular la teoria dels quatre elements, segons la qual tota la matèria, inclòs el cos humà, seria formada per **terra, aigua, aire** i **foc.** Els quatre elements serien el resultat de la combinació de les quatre qualitats fonamentals: la calor, la sequedat, el fred i la humitat. La medicina racional grega va recollir aquestes idees en la seva doctrina dels quatre **humors.**

Més dades

Ritus òrfics: culte a l'heroi i semideu Orfeu, poeta llegendari del qual procedeix una tradició mística anomenada Orfisme.

Ritus dionisíacs: culte a Dionís, déu de la Terra i de la fecunditat.

Els primers textos mèdics grecs dels quals tenim referència daten del segle VII aC i procedeixen de la denominada *Escola de Cnidos*. Hi trobem un interès especial pel diagnòstic i un sistema de classificació de les malalties.

L'altra gran escola mèdica, sorgida durant el segle VI aC, és la denominada *Escola de Cos*, que posava molt d'èmfasi en el pronòstic i en un tractament més integral de la malaltia. A aquesta escola pertanyia el metge grec **Hipòcrates,** el qual es considera autor de la majoria dels tractats mèdics que formen el *Corpus Hippocraticum*, una gran col·lecció de llibres i tractats mèdics escrits en llengua grega.

A. La medicina hipocràtica

Malgrat les diferències entre escoles i l'evolució en el temps, podem resumir els trets fonamentals de la medicina clàssica grega, anomenada també *medicina hipocràtica*. El cos humà és constituït per quatre humors, paral·lels dels quatre elements d'Empèdocles: la **sang,** produïda al fetge i vitalitzada al cor; la **flegma,** humor fred vinculat al cervell; la **bilis negra,** emmagatzemada a la melsa i la **bilis groga,** creada pel fetge.

La salut era considerada com l'equilibri entre aquests quatre humors, i la malaltia, el desequilibri, és a dir, el predomini d'un humor sobre els altres. El desequilibri podia ser produït per causes internes o predisposicions, i per causes externes com el clima o l'alimentació. L'art de curar consistia a retornar aquest equilibri.

La teoria dels quatre humors dels metges hipocràtics està estretament relacionada amb la teoria dels quatre elements dels anomenats filòsofs presocràtics. Els quatre elements eren l'aigua, la terra, l'aire i el foc, i de les seves combinacions sorgien els quatre humors, que formaven el cos de l'home i dels animals.

Sabies que...?

El fundador de la medicina hipocràtica, Hipòcrates, va néixer a l'illa grega de Cos l'any 460 a Ci en aquest lloc va fundar la seva escola. No tots els tractats mèdics reunits en l'anomenat *Corpus Hipocraticum* són obra d'Hipòcrates, ja que n'hi ha de molt posteriors.

! Important

Les dues figures més representatives de la medicina grega són Heròfil i Erasístrat. Heròfil de Calcedònia (300 aC) va fer nombroses aportacions als sabers anatòmics, com ara la descripció minuciosa de la morfologia dels ulls, del cervell i dels vasos sanguinis, entre d'altres. Es diu que va ser el primer a mesurar la freqüència del pols amb un rellotge de sorra. També es va interessar per la cirurgia i l'assistència als parts.

Erasístrat de Cos (330-250 aC) va escriure més de seixanta tractats de medicina, dels quals, dissortadament, no ens n'ha arribat cap. Va distingir els nervis sensitius dels motors. També se li atribueixen observacions de tipus anatomopatològic, com ara la degeneració i enduriment hepàtic que acompanya l'ascites (acumulació de líquid plasmàtic a la cavitat peritoneal).

De cara a guarir les malalties de manera eficaç, el pronòstic va adquirir un significat de primer ordre. Per al metge, més important que diagnosticar quina era la malaltia, era valorar la seva capacitat per guarir-la o, almenys, preveure'n l'evolució i el desenllaç.

Des del punt de vista metodològic, la medicina hipocràtica va donar prioritat a l'observació clínica com a font fonamental de coneixement mèdic. La pràctica absència d'especulació teòrica, juntament amb una inspecció minuciosa de l'estat físic del malalt, proporcionen descripcions molt detallades de malalties com la pneumònia, la tisi, la febre puerperal o el paludisme. Això es plasma en històries clíniques excel·lents.

En els llibres quirúrgics, destinats al tractament de fractures, dislocacions, ferides i úlceres, la medicina hipocràtica es caracteritza sempre per un plantejament conservador, mai dràstic o agressiu contra el malalt. La visió de la malaltia és radicalment natural i somàtica, i exclou d'entrada qualsevol possibilitat d'intervenció sobrenatural o divina en la causa de les malalties.

B. La medicina hel·lenística: Galè

La medicina racional creada durant el període d'esplendor de la cultura grega va sobreviure després de la decadència de Grècia, dins el que es coneix com *cultura hel·lenística.* El marc de referència geogràfic va ser constituït, successivament, per dues ciutats que es van convertir en capitals culturals d'Occident: Alexandria i Roma.

- Durant l'etapa **alexandrina,** la medicina va experimentar avenços importants, causats, entre altres factors, perquè és l'únic moment de l'època clàssica en què es permet la dissecció de cadàvers humans.
- Durant l'etapa **romana,** el màxim representant de la cultura hel·lenística en l'àmbit de la medicina va ser Galè de Pèrgam. La pretensió de Galè era elaborar una doctrina mèdica, en connexió amb els sabers teòrics —és a dir, amb la filosofia— que es diferenciés de les simples pràctiques artesanals.

La concepció de malaltia de Galè partia de la tradició hipocràtica i es fonamentava en la teoria dels quatre humors, però va introduir-hi innovacions importants. Va descobrir que per les artèries també circulava sang i no aire com pensaven els hipocràtics. Galè considerava la malaltia una conseqüència del desequilibri, l'alteració o la corrupció dels humors.

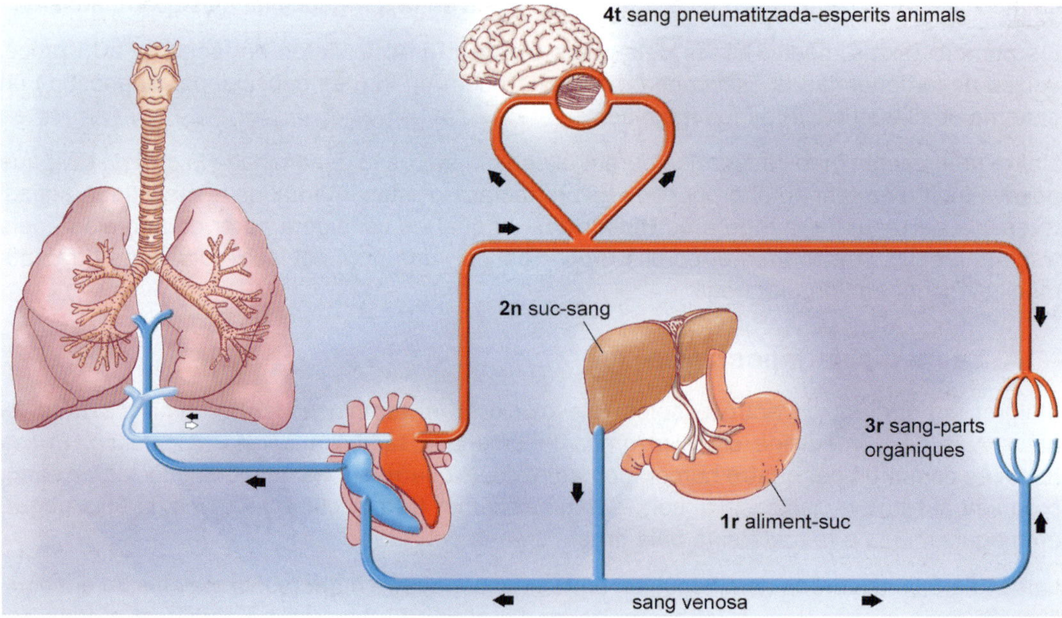

Fig. 4.2. Esquema galènic de la fisiologia humana. El seu model de funcionament del cos humà és *tricentrat*, és a dir, té tres òrgans fonamentals: el fetge, el cor i el cervell. Al fetge l'aliment es converteix en sang venosa; del fetge parteixen les venes, que distribueixen aquesta sang per tot el cos; la sang venosa es converteix en carn. Una petita part de la sang venosa va al cor, i allà es barreja amb el pneuma (aire), procedent dels pulmons, i es converteix en sang arterial; les artèries, que tenen el cor com a centre, distribueixen la sang arterial pel cos. Finalment, al cervell s'elaboren els denominats esperits animals, que es distribueixen per tot el cos a través dels nervis.

+ Més dades

Galè va néixer a la ciutat grega de Pèrgam (avui Turquia) l'any 130 dC. Després d'estudiar a Alexandria va viure a Roma, on va ser metge de l'emperador Marc Aureli i del seu fill Còmmode.

1.2. La medicina a l'edat mitjana: la transmissió de textos i els hospitals

Els primers temps de l'edat mitjana es van caracteritzar per una ràpida decadència econòmica, política i cultural, que ja havia començat en els darrers temps de l'Imperi Romà d'Occident. La medicina racional es va fer enrere a favor de la superstició, la màgia i les pràctiques dels curanderos. Més endavant, les coses van canviar. La creació de l'Imperi Carolingi per Carlemany entre els segles VII i IX va començar a crear un clima d'estabilitat política, i a partir del segle XI es va iniciar la recuperació d'obres clàssiques, que moltes vegades es van traduir de l'àrab al llatí.

La medicina medieval va aportar poc de nou al coneixement dels clàssics. De totes formes, a partir del segle XIV es van començar a apuntar canvis. Els sabers anatòmics van anar guanyant autonomia, i es va generalitzar la pràctica de la dissecció de cadàvers.

En el transcurs de l'edat mitjana es van produir dues grans epidèmies de pesta, la de Justinià en el segle VI, i la pesta negra europea, en el segle XIV, que van exterminar una bona part de la població. A la medicina galènica no hi havia cap mena de referència a l'origen i tractament de la pesta, la qual cosa va obligar els metges a buscar solucions pròpies. Juntament amb la pesta es van descriure altres malalties, considerades noves perquè no havien estat descrites pels clàssics.

Fig. 4.3. Gravat del *Cànon*. A Damasc, al Caire i a Bagdad, la traducció i comentari de les obres de Galè i d'Aristòtil a l'àrab va generar una cultura mèdica pròpiament àrab. El seu representat més important va ser Ibn Sina o Avicenna, autor del famós *Cànon* i del *Poema de la medicina* (un resum del *Cànon*).

! Important

La transmissió de textos

La *medicina monàstica* va tenir un caràcter pragmàtic i poc creatiu. Els monjos copiaven o traduïen textos, sovint manuals pràctics per a l'ús de les seves infermeries i jardins medicinals (els denominats *hortus medicinalis,* en els quals conreaven plantes curatives). Malgrat això, el seu treball va ser important per a la continuïtat de la *medicina occidental* i per la seva trobada i conciliació amb el pensament cristià.

Cal destacar la importància de la *medicina àrab* pel seu paper en la conservació i recuperació de la tradició clàssica durant els primers segles de l'edat mitjana. Després de la caiguda de l'Imperi Romà, els coneixements científics i mèdics de l'antiguitat es van conservar de manera molt aïllada, especialment en el si d'algunes sectes cristianes, com els nestorians, que vivien a Pèrsia, perseguits per l'Imperi Bizantí. Gràcies als nestorians els llibres grecs van ser traduïts al sirià, a l'hebreu i a l'àrab.

A. Els hospitals

Un dels fenòmens més importants de l'edat mitjana des del punt de vista mèdic fou la creació d'hospitals, és a dir, institucions socials d'acollida i assistència als malalts de tot tipus, vinculades als ordes religiosos.

Els **hospitals** no eren, ni molt menys, centres destinats exclusivament al tractament de malalties, sinó que es tractava **més aviat d'institucions d'atenció social als marginats.** La seva tasca d'acollida de pobres, captaires, bojos, malalts sense recursos i marginats de tota mena, els va fer complir una funció de gran importància per mantenir el control i l'ordre social.

Moltes d'aquestes institucions es trobaven lligades a les parròquies, i algunes atenien de forma específica determinats malalts, com va ser el cas de les *leproseries*, o dels *hospitals de folls*. Tots aquests hospitals medievals van ser l'embrió que serví, al principi de l'edat moderna, per a la fundació dels primers hospitals generals, amb una perspectiva més estretament lligada a l'assistència mèdica.

+ *Més dades*

La **medicina escolàstica** va consistir en la recuperació dels textos i l'assimilació de les teories i pràctiques de la medicina clàssica (bàsicament les de Galè i Avicenna), acompanyades de discussions més o menys especulatives sobre els seus continguts, per part de la cultura oficial cristiana. El seu marc van ser diverses escoles de medicina, dintre de les noves universitats que anaven sorgint per Europa, com Salern, Montpeller, París, Bolonya, Oxford o Pàdua.

Lectura 1

La pesta negra

La pesta negra és un exemple de malaltia important des del punt de vista demogràfic, però també des d'una perspectiva econòmica, política i psicològica, fins al punt que alguns historiadors l'assenyalen com un dels factors que és imprescindible considerar en la transició de l'edat mitjana al món modern.

L'epidèmia, que venia de l'Àsia, es va estendre per Europa a causa dels contactes comercials amb l'Orient. Es creia que es transmetia a través de les aigües de pous i rius, i fins i tot es va arribar a acusar jueus i pobres d'infectar els pous de les ciutats.

Giovanni Boccaccio en el *Decameró* descriu l'epidèmia de pesta negra que va assolar Florència el 1348. El text posa de manifest la relació entre les pràctiques mèdiques i les creences religioses.

Fig. 4.4. Molts anys després, en el segle XVII, el metge que s'enfrontava a la pesta negra es representava vestit amb un abric llarg cobert de cera, botes i guants, un barret i una màscara amb herbes per evitar respirar i exposar la pell a l'aire impur o miasma que es creia que transmetia la malaltia.

«Us diré, dones, que ja era l'any de la fructífera Encarnació del Fill de Déu al nombre de mil tres-cents quaranta-vuit, quan a l'egrègia ciutat de Florència, més noble que cap altra d'Itàlia, pervingué la mortífera pestilència, la qual, o per actuació dels cossos superiors o per la justa ira de Déu tramesa damunt els mortals a fi de corregir les nostres iniqües obres, començada uns quants anys abans a les parts orientals, havent-les privades d'innombrable quantitat de vivents, sense aturar-se, avançant d'una banda a l'altra, s'havia eixamplat fins a Occident amb gran misèria. I no valent-hi prudència ni proveïment humà, segons el qual la ciutat fou netejada de moltes immundícies per oficials expressament encarregats, així com fou prohibit a tot malalt d'entrar-hi i hom donà molts consells a fi de conservar la sanitat, ni valent-hi tampoc les humils súpliques ordenades en processons, no una vegada sinó moltes, i adreçades en altres formes a Déu per les persones devotes, gairebé a l'inici de la primavera de l'any esmentat començà horriblement els seus dolorosos efectes i a manifestar-se de manera insòlita. I no pas com ho havia fet a Orient, on si a algú li rajava sang del nas era senyal manifest de mort inevitable, sinó que en començar la malaltia naixien tant als mascles com a les femelles, sota les aixelles o a l'engonal, unes inflors, algunes de les quals creixien com una poma i d'altres com un ou, alguna més, alguna menys, les quals eren anomenades vulgarment «glànoles». I de les dues esmentades parts del cos al cap de poc temps començava la ja dita glànola mortífera a néixer i a venir indiferentment per totes bandes; i després d'això, la qualitat d'aquesta començà a mutar-se en clapes negres o lívides, les quals apareixien en molts als braços i a les cuixes i a qualsevol altra part del cos, i els uns les tenien grosses i escampades i els altres menudes i espesses. I així com la glànola havia estat de primer, i encara ho era, indici cert de mort imminent, ho eren aquestes per a tothom qui les tenia.

Per a tractar aquesta malaltia no semblava que hi valgués o fes efecte consell de metge ni cap virtut de medicina; ans al contrari, fos perquè la naturalesa de la malura no ho permetia o perquè la ignorància dels remeiers (dels quals, ultra el nombre dels metges, tant entre les dones com entre els homes, sense haver tingut mai estudis de medicina, el nombre havia esdevingut molt gran) no sabia com tractar-la i consegüentment no es prenia el remei adient, no sols ben pocs en guarien, sinó que quasi tots al tercer dia de l'aparició dels senyals damunt dits, qui més aviat, qui més tard, i els de més sense gens de febre o d'altre accident, morien.»

GIOVANNI BOCCACCIO, *Decameró,* «Introducció a la primera jornada».
Traducció de Francesc Vallverdú, Edicions 62, Barcelona.

Amb la pesta negra els metges es van enfrontar per primera vegada una malaltia que no estava descrita en els llibres d'Hipòcrates, Galè o Avicenna. Van elaborar la teoria dels *miasmes,* que era una mena d'aire contaminat que sortia dels malalts i infectava els sans.

a) Quines són les diferències entre la pràctica mèdica cristiana i l'andalusina?

b) Quina va ser l'evolució geogràfica de la pesta negra a Europa durant l'edat mitjana?

c) Compara les campanyes de prevenció de l'epidèmia de pesta negra a l'edat mitjana amb les campanyes de prevenció de les malalties infeccioses que es fan avui dia.

1.3. La medicina renaixentista: higiene pública i prevenció de malalties

A partir del segle XV es va produir a l'Occident europeu la transició de l'edat mitjana al món modern. En general, podem dir que la medicina als inicis de l'edat moderna va passar per dues etapes diferenciades.

El segle XV i el començament del XVI es van caracteritzar per una retrobada amb els coneixements clàssics, però llegits de primera mà, de les versions gregues originals. **Galè i Hipòcrates** van ser revalorats.

En una segona part, aquests clàssics van començar a ser corregits i contrastats amb l'experiència dels metges.

A la facultat de medicina de la Universitat de Pàdua es va desenvolupar una important escola d'anatomia durant els segles XVI i XVII. Els paduans eren *neoaristotèlics*, és a dir, estudiosos de les obres d'anatomia i de biologia del gran filòsof grec, però compaginaven aquesta lectura amb disseccions i recerca pròpia. Van introduir així el concepte de *fibra*, la descripció de la *circulació menor de la sang* o les *vàlvules de les venes*.

Miquel Servet (1511-1553) i **Juan Valverde de Amusco** (1525-1587) són els dos metges espanyols més importants de l'època. Juntament amb **Realdo Colombo** (1516-1559) van descriure la *circulació menor de la sang*, és a dir, que la sang anava del cor als pulmons i tornava al cor, en contra de la idea galènica que el *pneuma* (aire) i la *sang* es barrejaven al cor.

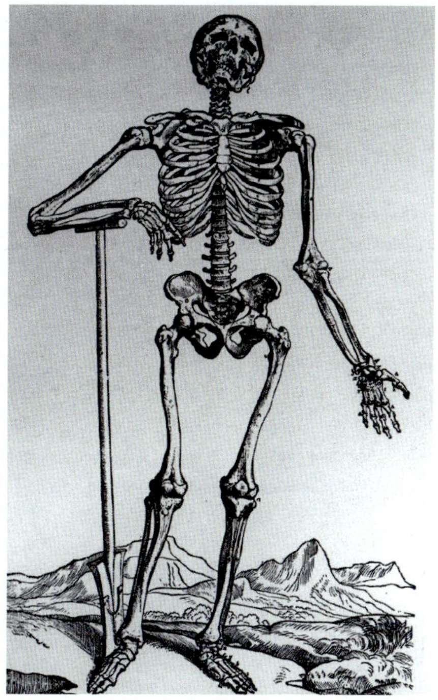

Fig. 4.5. Gravats anatòmics del *De humani corporis fabrica libri septem.* Amb Andreas Vesal (1514-1564) i la seva obra *De humani corporis fabrica libri septem* (Basilea, 1543) es va produir una important renovació dels coneixements anatòmics. Vesal va corregir els errors descriptius de l'anatomia galènica i va posar en primer pla la visió directa del cadàver. La seva obra significa una nova orientació descriptiva i va ser el punt de partida de les recerques posteriors.

1.4. La revolució científica del segle XVII: la classificació de les malalties i la circulació de la sang

El segle XVII és conegut habitualment com el segle de la revolució científica, a causa dels importants canvis teòrics, metodològics i tècnics que s'hi van produir.

En les **ciències mèdiques,** encara que els canvis no van ser tan espectaculars com en física, es van formar una sèrie de corrents intel·lectuals, dos dels quals van destacar per la seva importància: l'*empirisme mèdic* i el *mecanicisme biològic*.

- L'**empirisme mèdic** se va centrar en la renovació dels coneixements patològics. El seu representant més significatiu és el metge britànic Thomas Sydenham (1624-1689), que es considera el creador de la patologia moderna.

Entre les seves aportacions principals tenim la idea d'*espècie morbosa*, treta de la botànica i aplicada a les malalties; la distinció entre malaltia crònica i aguda, i la primera classificació de les malalties.

- El **mecanicisme biològic,** desenvolupat per influència de René Descartes (1596-1650), va incidir especialment en la fisiologia, i el seu representant principal és el metge britànic format a Pàdua William Harvey (1578-1657).

Harvey és considerat el fundador de la fisiologia moderna pel seu mecanicisme, ja que va interpretar el moviment del cor com una bomba que, en contraure's, impulsa la sang; i pels seus arguments quantitatius, ja que va calcular la quantitat de sang que passa cada minut pel cor, i va veure que era impossible que tota aquesta sang es convertís en «carn» (tal com deia Galè) i, per tant, l'única explicació era que «circula», és a dir, que va del cor als òrgans i dels òrgans al cor.

Amb Harvey i Sydenham comença a desplaçar-se el centre de gravetat de la recerca mèdica del món llatí al món anglosaxó. De tota manera, Harvey s'havia format a la Facultat de Medicina de Pàdua, que va ser un dels principals centres de recerca mèdica i protobiològica dels segles XVI i XVII.

A la Universitat de Pàdua s'havia desenvolupat la filosofia neoaristotèlica, que combinava les idees d'Aristòtil amb un interès creixent per la investigació experimental. De fet, era una tornada a les idees originals del filòsof grec que havia escrit que «tot coneixement entra per la porta dels sentits». L'obra de Harvey està amarada d'aquesta filosofia.

Sabies que...?

La circulació pulmonar ja havia estat descrita pel metge àrab Ibn-Nafis en el segle XII.

Vocabulari

La **fisiologia** estudia les funcions dels éssers vius i els mecanismes que les regulen i regeixen.

La **patologia** estudia les causes de les malalties i la fisiologia dels organismes que les pateixen.

1.5. La medicina a la Il·lustració

> **! Important**
>
> La **Il·lustració** va aportar com a element original un ampli debat al voltant de considerar els problemes sanitaris com a problemes socials. Metges i altres científics es van comprometre amb reformes socials; d'altres van defensar l'alliberament dels bojos de les seves cadenes o la reforma de les condicions sanitàries de l'exèrcit.

Durant la Il·lustració, en el segle XVIII, no va haver-hi canvis tan radicals com en els segles anteriors, però es van consolidar algunes de les tendències del segle XVII. La novetat es va produir en la revifalla del *vitalisme*, com a reacció contra el mecanicisme.

El vitalisme sostenia que la vida en general i la malaltia en particular són conseqüència de l'acció d'una ànima que habita cadascuna de les parts de l'organisme, el qual no pot ser estudiat només en termes mecànics.

- **Hermann Boerhaave** (1668-1738), el metge més conegut de la primera meitat del segle XVIII, va intentar construir un model d'aproximació a la salut i a la malaltia combinant aspectes del mecanicisme, de la química i, sobretot, l'observació directa del malalt. En aquest sentit, va posar de moda la *lliçó clínica* al costat del llit del malalt.
- **Albrecht von Haller** (1708-1777), la personalitat més destacada de la medicina en la segona meitat del segle XVIII, va fer contribucions importants a l'anatomia microscòpica, però és conegut sobretot com a pare de la fisiologia experimental. Va estudiar les propietats fisiològiques del teixit muscular i del sistema nerviós, i va distingir la contracció muscular de l'impuls nerviós. El seu *Elementa physiologiae* marca el naixement de la fisiologia com a disciplina independent.

Higiene pública i prevenció de malalties

A banda dels avenços científics generals i de les ciències mèdiques en particular, en el segle XVIII es va produir un moviment ideològic i polític important que va culminar amb la Revolució Francesa. Un dels aspectes científicament més transcendents d'aquest moviment va ser la definitiva secularització dels sabers, és a dir, el fet de deixar de banda la preocupació per la salvació de l'ànima i preocupar-se per millorar les condicions de vida del món en què vivim. Des d'aquest punt de vista, prenia una importància renovada el desenvolupament de les ciències i de la tècnica com a eina immediata per transformar el món.

En aquesta línia un dels aspectes de la medicina que es va desenvolupar com a novetat és el relatiu a la higiene pública i la prevenció de les malalties. Per primera vegada en la història de la humanitat, la medicina, preocupada exclusivament pel guariment de les malalties, va començar a tenir en compte les condicions de vida i a valorar-les com a factor que incideix en l'estat de salut.

1.6. Ciència mèdica i escoles clíniques en el segle XIX

> **+ Més dades**
>
> L'**anatomia patològic**a és l'especialitat mèdica que s'ocupa de les malformacions, normalment microscòpiques (tumors), que certes malalties provoquen als teixits del cos humà.

Al llarg del segle XIX, la medicina va experimentar profundes transformacions. D'una banda, trobem importants avenços científics en les ciències biològiques que van incidir de manera directa en els coneixements mèdics, com és el cas de la formulació de la *teoria de l'evolució* de Charles Darwin, de la *genètica clàssica* de Mendel i De Vries o de la *teoria cel·lular* de Schleiden, Schwann i Virchow. De l'altra, el període de creixement econòmic i de profundes transformacions provocades pel capitalisme i la Revolució Industrial modificaran de forma substancial el marc social.

En l'àmbit mèdic tres grans tendències o escoles van marcar el desenvolupament de les ciències de la salut: l'**anatomopatològica,** que vinculava la malaltia a algun tipus de lesió morfològica, microscòpica o macroscòpica; la **fisiopatològica,** a alteracions funcionals, i la **etiopatològica,** a algun tipus d'agent extern, microbis o tòxics.

- Un clínic molt destacat a les primeres dècades del segle XIX va ser **Philippe Pinel** (1745-1826), que es va interessar per les lesions provocades per determinades malalties als teixits del cos. Deixeble de Pinel va ser Xavier Bichat (1771-1802), que va dur a terme una profunda activitat de recerca morfològica i va arribar a descriure i diferenciar vint-i-un teixits del cos humà. Les idees de Bichat van donar lloc a l'actual *anatomia patològica*.

El naixement de la biologia com a ciència en el segle XIX va tenir un impacte fonamental en la recerca biomèdica. Fins llavors, els coneixements protobiològics eren d'història natural o d'anatomia. La teoria cel·lular i el darwinisme van tenir gran impacte en medicina.

- Un altre deixeble de Pinel, François-Joseph-Victor Broussais (1772-1838) va criticar la patologia de Pinel i es va interessar per les alteracions fisiològiques provocades per la malaltia, com les inflamacions. Així va començar a prendre cos la idea que tota malaltia està associada a alteracions fisiològiques. Un dels grans impulsors d'aquesta medicina *fisiopatològica* va ser l'alemany Carl Wunderlich (1815-1877), que, entre altres coses, es va interessar pel fenomen de la febre.

En el naixement de la medicina fisiològica hi van incidir directament les recerques analítiques encaminades a construir una ciència mèdica sobre la base de l'experimentació de laboratori.

- Un tercer corrent molt important fou l'anomenat *etiopatològic*, que buscava les causes de la malaltia en elements procedents de l'exterior de l'organisme. En aquesta línia, va destacar el maonès Mateu Orfila (1787-1853), que es va interessar per les malalties causades per enverinament, i es considera fundador de la *toxicologia*.

Una altra línia de pensament dins l'etiopatologia va ser l'endegada pel químic francès **Louis Pasteur** (1822-1895) i el metge alemany Robert Koch (1843-1910) en estudiar les malalties causades per la invasió d'altres éssers vius, microscòpics o no. Pasteur va començar interessant-se per les fermentacions i va arribar a la conclusió que tant aquestes com les malalties d'origen infecciós eren causades per l'activitat biològica de microbis o microorganismes. Va preparar la primera vacuna contra la ràbia o *hidrofòbia*.

Koch, per la seva banda, va identificar al microscopi els bacteris productors del carboncle, la tuberculosi i el còlera. De la mà d'aquests dos científics va néixer la *teoria microbiana de la infecció*, que va donar lloc a la *microbiologia mèdica*. Aquesta especialitat es va consolidar definitivament amb el descobriment del primer antibiòtic, la *penicil·lina*, per Alexander Fleming l'any 1929.

Fig. 4.6. Louis Pasteur al seu laboratori.

! Important

El *carboncle* és una malaltia infecciosa dels animals, especialment del bestiar bobí i oví, que es pot transmetre a l'home per un bacteri que es troba en el pus de les lesions cutànies, en els esputs i en els excrements.

Fig. 4.7. François-Joseph-Victor Broussais, Robert Koch i Carl Reinhold August Wunderlich.

La institució hospitalària

La institució hospitalària va tenir un paper decisiu en el desenvolupament del pensament mèdic del segle XIX, encara que més endavant els avenços en recerca experimental van traslladar l'escena central de la medicina als laboratoris. Tot i que els hospitals ja existien en etapes anteriors, van anar augmentant de manera extraordinària a mesura que avançava la industrialització i creixien les agrupacions urbanes.

Un factor important va ser l'increment espectacular de les malalties infeccioses, conseqüència de les males condicions sanitàries de les ciutats, que rebien una immigració massiva de les zones rurals. Aquests canvis epidemiològics demanaven noves instal·lacions hospitalàries i donaven als metges abundant material per a l'observació clínica i per a la pràctica de disseccions *post mortem*.

1.7. Els reptes de la medicina actual

Al llarg del segle XX, la medicina es va desenvolupar de manera espectacular, però malgrat l'optimisme de molts, al final d'aquest segle i al principi de l'actual han aparegut noves malalties que no estan encara sota control, com és el cas de la sida i les malalties d'autoimmunitat que, juntament amb d'altres, com el càncer, encara no ben conegudes, són els reptes principals de la medicina del segle XXI.

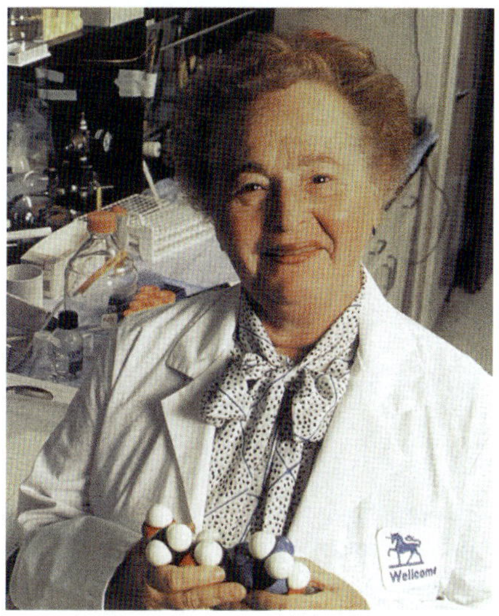

Fig. 4.8. La bioquímica nord-americana Gertrude Belle Elion (1918 - 1999) va ser guardonada amb el Nobel de Medicina o Fisiologia l'any 1988, premi que va compartir amb George H. Hitchings i Sir James W. Black.

2. Dimensió social de la medicina

Encara que la medicina es fonamenta en el coneixement científic del cos humà, la pràctica mèdica no és, ni ha estat mai, una «ciència pura», ja que tots els coneixements sobre el cos humà (sa o malalt) es posen sempre al servei d'una finalitat molt concreta: guarir les malalties.

La pràctica mèdica **és sempre una activitat social,** que involucra com a mínim dos protagonistes: el metge i el malalt. La relació metge-malalt és l'element fonamental de la pràctica mèdica, i es concreta en l'anomenat *acte mèdic* o *acte clínic*.

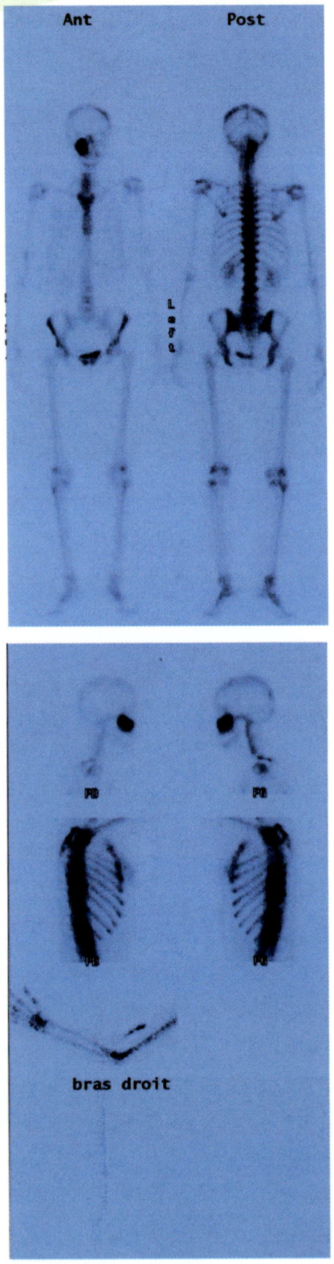

Fig. 4.9. Gammagrafia òssia per detectar metàstasis canceroses.

2.1. L'acte mèdic

El contingut de l'acte mèdic es pot esquematitzar en els elements següents: l'**anamnesi,** l'**exploració,** el **diagnòstic** i el **pronòstic,** i la **indicació terapèutica.** El document que resulta de l'acte mèdic és la *història clínica*.

En el desenvolupament de l'acte mèdic tenen molta importància els senyals de les malalties, que poden ser *símptomes* o *signes*.

Els símptomes són mostres subjectives de la malaltia, és a dir, trastorns que pateix el malalt i que comunica directament o indirectament al metge.

Els signes són el resultat de mètodes d'exploració objectius, aplicats pel metge o els seus ajudants.

2.2. Mitjans diagnòstics

Després de parlar amb el malalt, el metge passa a explorar-lo. Això vol dir recollir, utilitzant tots els mitjans instrumentals al seu abast, els signes de la seva possible malaltia. El metge efectua directament aquells aspectes de l'exploració tècnicament més senzills.

És el que es diu **exploració clínica immediata:** palpació, auscultació, exploració dels reflexos nerviosos més importants, determinació de la pressió arterial i de la temperatura.

Tot això no és més que el capítol preliminar de l'exploració, que serveix per orientar l'examen molt més detallat que es farà a continuació. La tecnologia posa al servei del metge un conjunt de **mitjans diagnòstics** molt més potents: anàlisis clíniques, radiologia, ecografia, medicina nuclear, etc.

La seva aplicació demana professionals específics, i així tenim especialitats mèdiques centrades en l'aplicació d'aquests mitjans diagnòstics.

L'aplicació de diverses tecnologies a l'exploració del cos humà ha fet que les possibilitats d'exploració i, per tant, l'accés a les dades necessàries per emetre un diagnòstic, hagin augmentat d'una manera extraordinària. Distingirem entre els mitjans diagnòstics que es fonamenten en l'exploració anatòmica, en l'exploració funcional i en l'anàlisi de fluids del cos humà (sang, orina, etc.).

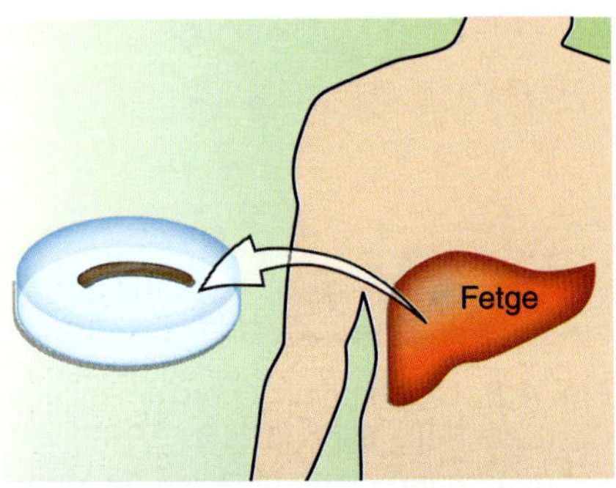

Fig. 4.10. Biòpsia d'un fetge amb hepatitis. Presa de mostres per a una biòpsia hepàtica.

L'esquema fonamental de l'acte mèdic ja el podem trobar en el tractat hipocràtic *La història clínica.* El dia que vagis al metge veuràs com segueix aquest esquema d'actuació: conversa amb el malalt (anamnesi), exploració (una part la pot fer el metge directament, i l'altra part és demanar proves, analítica, radiografies, etc.), diagnòstic (és a dir, de quina malaltia es tracta), pronòstic (si la malaltia és curable, és incurable, és crònica, quant temps durarà) i tractament (medicació, operació, dieta, etc.). El metge elabora un document: la història clínica.

A. L'exploració anatòmica

L'exploració anatòmica tracta de situar, delimitar i descriure l'organització interna del cos humà.

Radiografia	Consisteix a sotmetre un cos a l'acció dels raigs X, invisibles a l'ull humà, però d'una gran penetració en la matèria viva. Els raigs X, capaços de travessar els cossos opacs, són més o menys absorbits pels òrgans segons la seva densitat i es projecten sobre una pel·lícula sensible. Les radiografies permeten definir el perfil dels òrgans «durs», com el ossos, i veure l'organització de l'esquelet.
Ecografia	Consisteix a travessar un teixit viu amb una ona d'ultrasons. El límit entre dos òrgans és determinat per la diferència entre les capacitats de reflexió de cada un. Un dispositiu d'enregistrament capta els ecos produïts, que són analitzats per un ordinador i visualitzats en una pantalla. Es fa servir en l'exploració d'òrgans tous, com el fetge o els ronyons, i per la seva innocuïtat, en el control de la gestació.
Endoscòpia	Consisteix en la introducció de fibres òptiques pels orificis naturals del cos per tal d'examinar els racons més amagats de l'interior de les cavitats, com els bronquis, el tub digestiu, les vies urinàries, etc. També permet observar l'embrió a través de la membrana amniòtica. Les fibres òptiques porten llum fins a l'òrgan que cal observar, i retornen la llum fins als ulls de l'observador.
Escàner, tomodensitometria o tomografia axial computada (TAC)	Consisteix a visualitzar les diferents parts del cos en seccions successives molt fines, i observar-ne els detalls més petits. L'aparell consta d'un tub de raigs X i uns detectors que analitzen la fracció de raigs absorbits pels teixits. Milers de dades són recollides per l'ordinador, que dona els resultats en una pantalla, de manera que cada punt correspon a un valor de densitat. Així, els teixits durs es veuen més clars que els teixits tous i, per contrast, són fàcilment diferenciables.
Biòpsia	Consisteix en l'extracció d'una petita part de teixit viu de l'organisme, per ser tractada i estudiada segons tècniques microscòpiques. Es poden apreciar els possibles canvis soferts per les cèl·lules que formen els teixits, i fer el diagnòstic de les alteracions observades. És una tècnica molt utilitzada per a la diagnosi de tumors.

Taula 4.1. Mitjans diagnòstics que es fonamenten en l'exploració anatòmica.

B. L'exploració funcional

L'exploració funcional es basa en mètodes que permeten detectar anomalies de funcionament o fisiològiques.

Electromiografia	Consisteix a introduir elèctrodes directament en el múscul. Això permet reconèixer l'activació de les fibres en modificar la intensitat del corrent elèctric que hi arriba a través dels elèctrodes. Els canvis soferts s'enregistren en un aparell, el miògraf, que proporciona el gràfic corresponent, el miograma, que dona la situació en què es troba el múscul. S'utilitza en l'estudi de les *miopaties.*
Termografia	Consisteix a filmar el cos amb una càmera sensible a la radiació infraroja que emet qualsevol cos calent i projectar la pel·lícula en una pantalla. Això permet obtenir una imatge tèrmica de la seva vascularització subcutània, que és el principal indicador en les parts superficials del cos. S'aplica a la detecció de l'augment de la temperatura cutània que produeixen els tumors malignes a les mames.
Gammagrafia o medicina nuclear	Consisteix a injectar isòtops, dèbilment radioactius, en els pacients en quantitats molt controlades, cosa que permet fer el seguiment dels òrgans pas a pas. Els isòtops es fixen selectivament i emeten radiacions gamma, que són enregistrades per una càmera i un ordinador visualitza en una pantalla les informacions transmeses. S'utilitza en l'estudi de ronyons, ossos, cor, pulmons, fetge, tiroides, etc.
Ressonància magnètica	Es fonamenta en el fet que determinats elements químics, com l'hidrogen, quan se situen en un camp magnètic intens, emeten uns senyals característics enregistrables. Un ordinador acoblat al sistema pot reconstruir una imatge fidel de la part del cos estudiada.

Taula 4.2. Mitjans diagnòstics que es fonamenten en l'exploració funcional.

+ *Més dades*

Fins no fa massa temps els metges de capçalera o medicina general tenien un aparell de raigs X a la seva consulta. El descobriment del potencial perill de l'exposició a aquests raigs ha fet que actualment sigui un metge especialista, el radiòleg, qui maneja aquest mitja diagnòstic.

! Important

No s'ha de confondre la medicina nuclear, que es un mitjà diagnòstic que fa servir isòtops radioactius amb la radioteràpia, que és la utilització de la radioactivitat per combatre certs tipus de càncer. El primer és un mitjà diagnòstic, el segon, un tractament.

Nadó	45-75 %
Infant 3-6 mesos	30-40 %
Infant 6-24 mesos	30-38 %
Infant 2-6 anys	34-40 %
Infant 6-12 anys	35-45 %
Dona adulta	36-46 %
Home adult	40-50 %

Taula 4.3. Valors de referència d'hematòcrit.

Nadó	140-220 g/L
Infant 3-6 mesos	111-141 g/L
Infant 6-24 mesos	111-141 g/L
Infant 2-6 anys	110-140 g/L
Infant 6-12 anys	115-155 g/L
Dona adulta	120-150 g/L
Dona (embarassada)	110-140 g/L
Home adult	130-170 g/L

Taula 4.4. Valors de referència de la concentració d'hemoglobina.

Substància	Valors de referència
Glucosa	65-110 mg/dL
Colesterol	200-239 mg/dL
LDL Colesterol	130-159 mg/dL
HDL Colesterol	Més del 20 % del total

*LDL i HDL són les dues proteïnes transportadores a les quals va associat el colesterol.

Taula 4.5. Valors de referència de les diverses substàncies que es troben a la sang.

! Important

La presència d'una quantitat alta de glucosa a la sang pot ser signe de diabetis, o un augment de la quantitat de colesterol pot indicar alguna alteració en el metabolisme dels lípids. A l'anàlisi es donen els valors obtinguts i al costat els valors de referència.

C. Anàlisi de fluids

Hi ha diversos fluids del cos humà que, en ser extrets i analitzats, proporcionen informació molt important per detectar malalties. Les anàlisis més utilitzades són les de sang i d'orina.

La concentració en sang d'algunes substàncies cal que es mantingui dins uns límits determinats. Quan aquestes quantitats augmenten, les substàncies passen de la sang a l'orina i això es detecta gràcies a l'anàlisi bioquímica de l'orina.

L'anàlisi d'orina no té una validesa diagnòstica tan gran com la de sang, però pot donar informació d'algunes malalties metabòliques, a banda d'infeccions i disfuncions locals del sistema excretor.

D. L'anàlisi de sang

Quan ens fan una anàlisi de sang, primer ens extreuen sang que es guarda en un tub amb **heparina,** substància que n'impedeix la coagulació. La sang s'estudia al microscopi per comprovar si la seva composició cel·lular és normal, i se sotmet a diferents proves bioquímiques per determinar les substàncies que hi ha presents i la seva quantitat.

	Fracció plasmàtica		
Components	Aigua	Sals: sodi, potassi, calci, magnesi, clor, bicarbonat	Proteïnes plasmàtiques: albúmina, fibrinogen, immunoglobulines
Funcions	Solvent	Equilibri osmòtic, esmortiment del pH, regulació del potencial de membrana	Equilibri osmòtic, esmortiment del pH, coagulació, respostes immunitàries

Transportats per la sang:
Nutrients (p. e. glucosa, vitamines)
Productes metabòlics de rebuig
Gasos respiratoris (O_2 i CO_2)
Calor

	Fracció cel·lular (hematòcrit)		
Components	Hematies o eritròcits (glòbuls vermells) 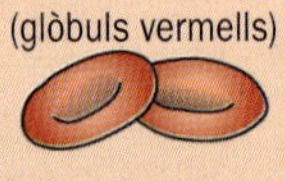	Leucòcits (glòbuls blancs)  Basòfils, Eosinòfils, Neutròfil, Limfòcit, Monòcit	Plaquetes 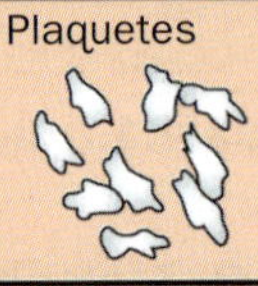
Components mm³ de sang	5-6 milions	5000-10000	250000-400000
Funcions	Transport d'oxígens i diòxid de carboni	Destrucció de cèl·lules estranyes, producció d'anticossos; intervenen en les respostes al·lèrgiques	Coagulació sanguínia

Fig. 4.11. Composició de la sang. La sang és un teixit que flueix per tot l'organisme i té diferents funcions. Els components principals són el plasma, els glòbuls vermells i els glòbuls blancs.

La informació relativa als elements cel·lulars de la sang rep el nom d'*hemograma*. Dins l'hemograma distingim les dades relatives al glòbuls vermells (també dits hematies o eritròcits), les dels glòbuls blancs (o leucòcits) i les de les plaquetes (o trombòcits).

L'**hematòcrit** és el percentatge de glòbuls vermells (hematies o eritròcits) respecte del volum total de sang. L'*hemoglobina* és una proteïna especialitzada en el transport d'oxigen (respiració cel·lular) que ocupa tot l'interior dels eritròcits i és responsable del característic color vermell de la sang.

En els teixits l'oxigen és fonamental per a la respiració de les cèl·lules, de manera que en cas d'anèmia la concentració d'hemoglobina de la sang és molt baixa. El tabac disminueix la quantitat d'oxigen en sang i estimula, per tant, la producció d'hematies, per això els fumadors acostumen a tenir el nivell de glòbuls vermells per sobre els nivells de referència. Les persones amb insuficiència respiratòria també acostumen a tenir el nivell de glòbuls vermells per sobre del nivell normal.

La fórmula leucocitària expressa la proporció dels diferents tipus de leucòcits que intervenen en la defensa de l'organisme. L'alteració de la proporció normal de leucòcits pot assenyalar la presència d'infeccions.

3. La terapèutica: tipus de tractament

La part de la medicina que s'ocupa dels tractaments s'anomena **terapèutica.** Tradicionalment, els tractaments s'han agrupat en quatre tipus, segons els mètodes curatius utilitzats: la *terapèutica física*, la *terapèutica quirúrgica*, la *farmacologia* i la *psicoteràpia*.

Sabies que...?

En contra del que molta gent pensa, a l'edat mitjana no estaven prohibides les disseccions de cadàvers humans, que es practicaven habitualment a les facultats de medicina, però sempre seguint les indicacions dels llibre de Galè o d'Avicenna.

3.1. Fonts curatives naturals

L'ús de procediments físics com a remeis curatius de les malalties és tan antic com la mateixa medicina. Tradicionalment, s'han utilitzat les propietats físiques del medi ambient (llum del sol, calor, aigües medicinals, massatges, banys públics) per guarir o prevenir determinades malalties.

L'ús d'aquestes fonts curatives de caràcter natural va assolir l'expressió més recent al principi del segle XX amb la moda dels balnearis, les aigües termals i les mineromedicinals.

3.2. Psiquiatria, psicologia i psicoteràpia

La naturalització del concepte de *malaltia* en l'època clàssica va ser acompanyada, en el cas de la cultura occidental, per una visió marcadament somaticista, és a dir, que s'ocupava principalment del cos. Les emocions, l'estat d'ànim o les pertorbacions de la raó eren considerades conseqüència de l'alteració de l'equilibri corporal.

De fet, conceptes com els de *malenconia* (bilis negra), *hipocondria* o *histèria*, que fan referència, respectivament, a un excés humoral, a un problema abdominal i a una alteració uterina, donen a entendre que la visió de la salut i la malaltia de la medicina clàssica no deixava cap escletxa a la psicologia mèdica, ni molt menys a la psicopatologia.

Si al pes d'aquesta tradició li afegim el fet que durant l'edat mitjana el teocentrisme cultural existent entorn del cristianisme va difondre un retorn a la consideració religiosa, credencial i sobrenatural dels fenòmens psicològics, tot afavorint la superstició irracional, no és difícil comprendre les dificultats reals que existien per a l'elaboració d'un discurs psicològic sobre les malalties i, encara més, d'unes tècniques psicoterapèutiques. La persona que mostrava una conducta desviada era més aviat un pecador, un delinqüent o un posseït pel dimoni, que no pas un simple malalt. Per tant, el tractament no podia ser altre que la penitència, la foguera o la reclusió.

En la mesura que les societats modernes feien el camí cap a la secularització, en el si de la filosofia es va anar creant una psicologia amb caràcter diferenciat. Aquesta psicologia, encara sense un caràcter clínic o aplicat, tenia les arrels en el platonisme i en altres corrents intel·lectuals de l'època clàssica. Va ser a partir del segle XIX quan el naixement d'una psicologia mèdica, vinculada a l'esplendor de la fisiologia experimental, va posar les bases per al desenvolupament posterior d'una psicoteràpia clínica.

La **psicoteràpia** o tractament de les malalties mentals és una activitat mèdica relativament recent, encara que té els seus antecedents llunyans en el cant de salms de la medicina religiosa, on és molt important que el malalt cregui en el guariment, i antecedents més propers en l'anamnesi.

L'objectiu principal de la psicoteràpia des del seu origen no és altre que l'estudi dels mecanismes interns que constitueixen el lligam entre el cos i la psique, si és que tots dos es poden separar conceptualment.

El psicòleg és un professional que pot tractar malalties mentals únicament amb la paraula a través de l'anomenada psicoteràpia, que por ser de molts tipus (psicoanalítica, cognitiva, etc.). No pot receptar medicaments. El psiquiatre és un metge especialista en malalties mentals, que por fer psicoteràpia o tractament farmacològic. El neuròleg és un metge especialista en el sistema nerviós.

Més dades

Es pot considerar el metge psiquiatre vienès Sigmund Freud (Příbor, maig del 1856 - Londres, 23 de setembre del 1939) l'iniciador de la psicoteràpia. Freud elabora una doctrina anomenada *psicoanàlisi,* segons la qual les malalties mentals són degudes a vivències traumàtiques enterrades en el *subconscient.* La tècnica psicoanalítica consisteix a fer que el pacient recordi i aquestes vivències passin a la part conscient de l'individu. Actualment, hi ha altres tècniques psicoterapèutiques, a més de la psicoanàlisi, com ara la *gestalt,* o la teràpia *cognitivoconductual,* fonamentades en altres teories sobre el funcionament de la ment.

3.3. La cirurgia: del ritual a la pràctica mèdica

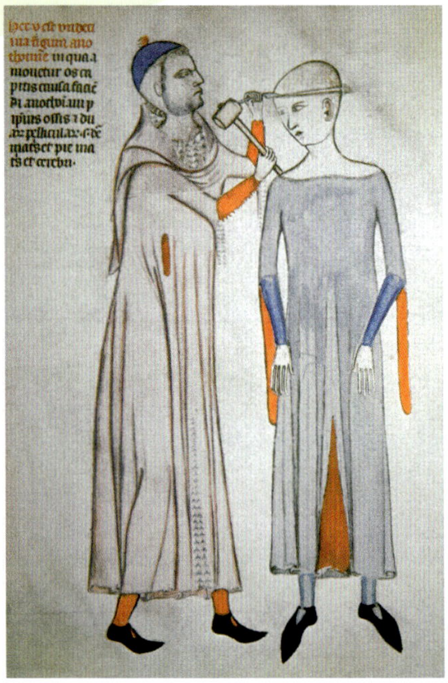

Fig. 4.12. Il·lustració extreta de l'*Anatomia* de Guido de Vigevano, 1345. Gravat acolorit del segle XIV que mostra un cirurgià fent una trepanació a un pacient. Aquesta tècnica consistia a practicar un forat al crani del malalt i s'utilitzava a l'edat mitjana per tractar diferents afeccions: mals de cap, migranyes, epilèpsia i malalties mentals.

Durant segles, la professió de metge i la de cirurgià han seguit camins diferents, amb una consideració social i uns mecanismes d'incorporació al grup professional ben diversos.

Mentre que l'exercici de la medicina es va regular en sorgir les primeres universitats, durant la baixa edat mitjana, la professió quirúrgica no va assolir el grau universitari fins a la Il·lustració. Fins aleshores un cirurgià era una mena d'artesà, amb una consideració social molt inferior a la del metge.

El fet que avui dia els títols oficials de metge siguin de «Llicenciats en medicina i cirurgia» és un vestigi de la separació que van patir aquestes professions durant molts anys.

Des de l'origen de la humanitat, a pràcticament totes les cultures, trobem alguna mena d'actuació empírica de caràcter quirúrgic, moltes vegades vinculada a concepcions màgiques de les malalties.

Xamans, homes medicina, curanderos i altres practicants de la medicina empírica i credencial, executaven pràctiques quirúrgiques encaminades a la reducció de fractures, curació de ferides i traumatismes i, fins i tot, actes de cirurgia menor, com trepanacions cranials, en què es perforaven els ossos del crani sense arribar a les meninges.

Aquestes últimes accions solien ser de tipus ritual, al marge de la pràctica mèdica.

Durant l'època grega els procediments quirúrgics no van experimentar avenços significatius, tret que les idees màgiques sobre la malaltia es van substituir per una concepció racional i natural.

Aquesta manca de desenvolupament de la tècnica quirúrgica es va perllongar fins al segle XVIII, a causa de l'absència d'una anatomia quirúrgica consolidada, la manca d'institucionalització professional dels cirurgians (associats als barbers), i la manca de recursos per superar les grans barreres que no permetien l'accés a les grans cavitats del cos.

La veritable revolució en el domini de la cirurgia no es va produir fins al final del segle XIX, gràcies a la superació de les tres barreres que havien estat els obstacles principals per a una cirurgia interna: el **dolor,** la **infecció** i l'**hemorràgia.**

Les primeres **substàncies amb propietats anestèsiques,** que s'ingerien per inhalació, daten del final del segle XVIII, com el diòxid de nitrogen, l'èter i, més tard, el cloroform. A mesura que es van anar estenent aquests sistemes d'anestèsia, el desenvolupament de la cirurgia va ser espectacular, ja que desapareixia la necessitat d'actuar amb rapidesa i la limitació d'accés només a les zones superficials del cos.

El problema de la infecció, que tantes vegades minvava les possibilitats d'èxit de les operacions quirúrgiques, es va començar a solucionar a partir del descobriment de l'origen microbià de les infeccions.

En aquest sentit és important la figura de Joseph Lister (1827-1912), que va ser el primer a desenvolupar el concepte d'**antisèpsia** —després completat pel d'**asèpsia**— i a fer evident la necessitat d'adoptar mesures de protecció contra les infeccions quirúrgiques.

El problema de l'hemorràgia es va poder controlar gràcies al descobriment de substàncies amb propietats hemoestàtiques, és a dir, substàncies capaces d'aturar-la.

El coneixement exhaustiu de l'anatomia humana, l'anestèsia, l'asèpsia per impedir les infeccions i les substàncies hemoestàtiques per evitar les pèrdues excessives de sang han estat les quatre condicions necessàries per al desenvolupament de la cirurgia moderna.

La superació d'aquestes barreres i l'aparició d'instruments de més precisió que el bisturí tradicional, com ara el bisturí elèctric o la cirurgia per làser ha fet desenvolupar la cirurgia toràcica, abdominal i neurològica. Avui en dia es realitzen trasplantaments d'un gran nombre d'òrgans, reimplantacions d'extremitats amputades o implantacions de pròtesis mòbils de braços, mans o cames que poden ser controlades pel propi sistema nerviós.

! Important

L'*antisèpsia* és la pràctica terapèutica que té per objecte combatre i prevenir les infeccions, especialment les infeccions causades per ferides.

L'*asèpsia* és un mètode preventiu de les infeccions amb el qual es tracta d'evitar l'accés de microorganismes patògens a llocs on s'efectuen treballs que en requereixen l'absència.

3.4. Donacions i trasplantaments

En un trasplantament o trasplantació s'implanta un òrgan (cor, ronyó, pulmons...) o un teixit (medul·la òssia, cèl·lules endocrines) del donant al receptor.

Sabies que...?

El primer trasplantament de cor el va realitzar el Dr. Christiaan Barnard, el 3 de desembre del 1967, a l'hospital Groote Schuur de Ciutat del Cap (Sud-àfrica). El pacient es deia Louis Washkansky, i va morir divuit dies més tard per una pneumònia.

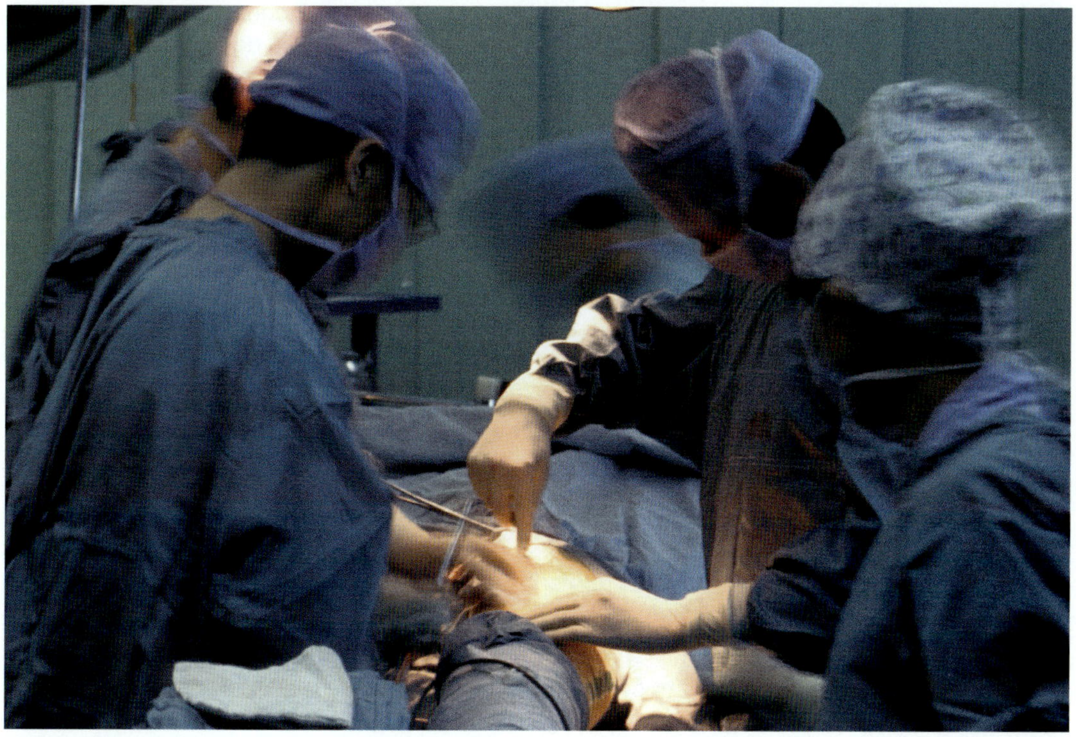

Fig. 4.13. Una sala d'operacions actual.

Òrgan	Funció de l'òrgan	Aplicació dels trasplantaments
Cor	Bomba sang a tot el cos.	Insuficiència cardíaca que no respon al tractament farmacològic.
Pulmó	Responsable de la respiració.	Fibrosi pulmonar, emfisema o insuficiència respiratòria que no responen al tractament mèdic.
Fetge	Regula l'energia, produeix proteïnes i elimina els detritus de la sang.	Cirrosi, infeccions víriques (hepatitis A, B o C), substàncies tòxiques que hagin malmès el fetge.
Pàncrees	Secreta enzims per a la digestió, i insulina per regular la glucosa a la sang.	Diabetis greus que no responen a altres tractaments.
Ronyó	Elimina els detritus de la sang i produeix hormones importants.	Insuficiència renal crònica.
Pell	Protegeix el cos de l'exterior.	Cremades severes.
Còrnia	Permet l'entrada de llum a l'ull.	Ceguesa.
Ossos	Sostenen el cos, protegeixen els òrgans vitals i possibiliten el moviment.	Reconstrucció facial, defectes de naixement i tractaments ortopèdics.
Medul·la òssia	Produeix els eritròcits i leucòcits de la sang.	Leucèmia o malalties que afecten la sang.

Taula 4.6. Òrgans que es poden trasplantar en deteriorar-se o quan la seva funció s'ha malmès.

Fig. 4.14. Quan l'òrgan trasplantat és d'un individu de la mateixa espècie en diem *al·lotrasplantament; autotrasplantament* si és del mateix pacient, i *heterotrasplantament* si és un animal d'espècie diferent.

A. Trasplantament d'òrgans

> **Important**
>
> La medul·la òssia és el teixit esponjós que omple les cavitats dels ossos. Allà es creen i es desenvolupen les anomenades cèl·lules mare a partir de les quals es generen les cèl·lules de la sang en el decurs de tota la vida de l'individu.
>
> Les cèl·lules mare es poden obtenir directament de la medul·la òssia, de la sang o bé de la sang del cordó umbilical.

En el trasplantament d'òrgans calen intervencions quirúrgiques complexes perquè s'han d'unir, entre d'altres, vasos sanguinis i conductes excretors. Un dels problemes principals dels trasplantaments és el control dels mecanismes de rebuig; per evitar que el cos rebutgi l'òrgan trasplantat s'estudia que la compatibilitat entre receptor i donant sigui màxima. El resultat d'un trasplantament al·logènic depèn en gran mesura del grau de compatibilitat entre donant i receptor. Aquesta compatibilitat s'estudia mitjançant l'anàlisi d'unes proteïnes anomenades **antígens leucocitaris humans** (HLA, en anglès), que es troben a la superfície de les cèl·lules de l'organisme.

Per a l'estudi de compatibilitat n'hi ha prou amb una mostra de sang del pacient i del possible donant. Tot individu hereta la meitat d'aquests antígens del seu pare i l'altra meitat de la seva mare. Per això, la probabilitat de trobar un donant compatible és més gran entre germans i familiars directes.

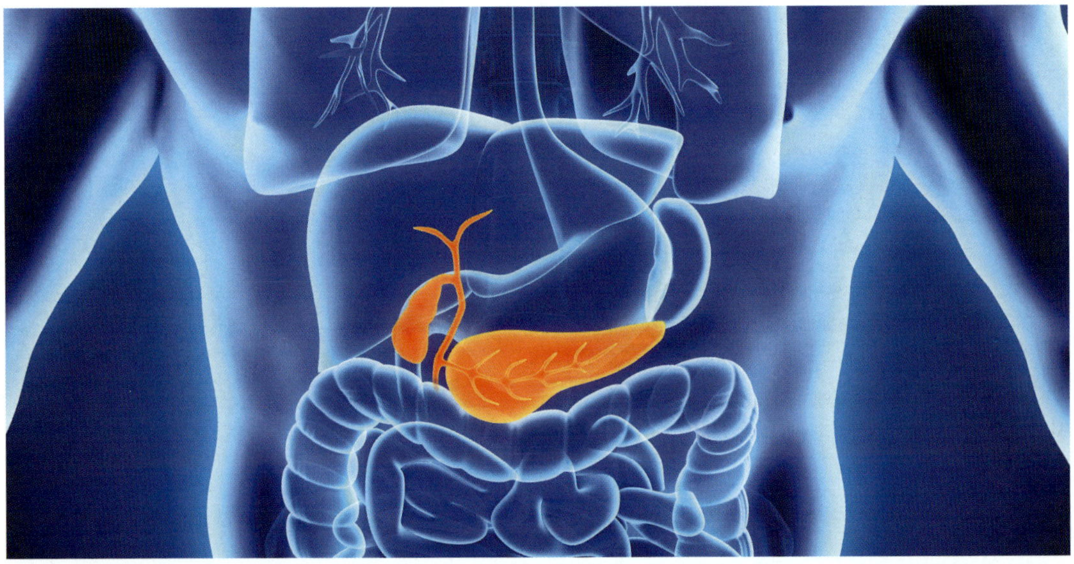

Fig. 4.15. El primer trasplantament hepàtic entre humans es va fer el 1964 i un any més tard el metge sud-africà Christiaan Barnard va portar a terme el primer trasplantament de cor a un ésser humà.

El primer trasplantament del qual tenim notícia va ser un trasplantament de ronyó que va fer un metge rus el 1933. Aquesta tècnica quirúrgica va anar millorant fins al 1954, quan va tenir lloc el primer trasplantament renal amb èxit. Avui dia, un ronyó trasplantat garanteix una vida completament normal al receptor. A l'Estat espanyol el primer trasplantament fet amb èxit va ser un trasplantament de ronyó des d'un cadàver el 1965, a Barcelona.

B. Trasplantament de teixits

> ***Sabies que...?***
>
> S'anomenen **xenotrasplantaments** quan l'òrgan donant procedeix d'un animal i no d'un esser humà. Normalment fracassen, ja que provoquen una reacció d'immunitat molt més forta i ràpida que quan el donant es humà. Actualment es treballa en la manipulació genètica d'animals (normalment porcs) per introduir a l'animal donant gens de proteïnes humanes que evitin la reacció immune.

En el cas de trasplantament de teixits el procediment és més senzill, les cèl·lules s'injecten i es deixa que s'implantin soles.

Per a la curació de determinades malalties de la sang (leucèmia, limfomes o talassèmia) cal eradicar totes les cèl·lules anòmales existents (canceroses o malfuncionants) mitjançant l'administració de dosis elevades de quimioteràpia, amb radioteràpia o sense. Aquest tractament, però, no sols elimina les cèl·lules anòmales, sinó també les cèl·lules mare sanes de la medul·la òssia, situació incompatible amb la vida de l'individu. Per restaurar la funció de la medul·la òssia després de la quimioteràpia s'administren al pacient cèl·lules mare capaces de regenerar una medul·la òssia sana. Aquest procediment rep el nom de *trasplantament de medul·la òssia* o de *progenitors hematopoètics*.

El trasplantament de medul·la òssia pot ser un autotrasplantament o un heterotrasplantament. En tots dos casos el procediment no és quirúrgic i és semblant a una transfusió sanguínia.

4. La farmacologia: els medicaments

Des de molt antic, la modalitat terapèutica tradicional més freqüent va ser la utilització de plantes curatives o medicinals, el coneixement de les quals constituïa la principal herència històrica que va rebre la medicina moderna en l'àmbit de la terapèutica. L'arsenal de plantes curatives que l'experiència acumulada durant segles havia anat ampliant tenia un lloc central en la pràctica clínica.

Al voltant de les antigues escoles de medicina, des del segle XVI, es va institucionalitzar la presència dels horts destinats al cultiu de plantes medicinals, on s'ensenyava la pràctica de l'assignatura d'*herbes*, obligatòria en els estudis de medicina. El conjunt de recursos naturals contra la malaltia procedents d'aquesta tradició empírica constitueix l'anomenada **matèria mèdica,** la qual va experimentar un creixement substancial com a conseqüència del moviment colonial europeu, que es va iniciar en el Renaixement i que va propiciar el contacte amb altres cultures, especialment les asiàtiques i americanes.

La **matèria mèdica** va ser el punt de partida de l'anàlisi experimental dels principis actius de les plantes i d'altres remeis naturals. Aquesta aplicació del mètode experimental a la terapèutica es va començar a utilitzar de forma generalitzada al llarg del segle XIX, i va donar lloc al naixement de la *farmacologia*.

La **farmacologia,** com a branca experimental de la terapèutica, té com a objectiu principal determinar els *principis actius* o substàncies que tenen efectes específics davant dels fenòmens de la malaltia, i conèixer els principis d'acció fisiològica d'aquests principis actius. Aquesta tasca d'anàlisi és fonamental quan s'utilitzen remeis naturals.

Algunes plantes tenen substàncies amb qualitats químiques que no són sempre desitjables. El desenvolupament de la farmacologia ha permès a la medicina disposar aïlladament d'aquestes substàncies químiques. El pas següent ha estat poder produir-les de manera sintètica al laboratori.

Al començament del segle XX, Paul Ehrlich (1854-1915) va donar un pas en davant en establir el principi de la **quimioteràpia.** Ehrlich va idear la teoria de les cadenes laterals, segons la qual existiria una afinitat o semblança química específica entre determinats medicaments o remeis curatius i determinades cèl·lules i teixits de l'organisme.

Aquesta interpretació permetia definir el concepte d'**especificitat medicamentosa,** i explicar els mecanismes de defensa cel·lular de l'organisme, és a dir, l'acció específica que fan els medicaments sobre determinades parts o teixits de l'organisme o contra determinats microorganismes patògens, sense afectar negativament les cèl·lules pròpies.

El descobriment posterior del primer **antibiòtic,** la penicil·lina, per Alexander Fleming l'any 1929 —i de totes les substàncies amb propietats antibiòtiques que vingueren després (*aureomicina, estreptomicina, penicil·lines sintètiques*)— va oferir noves oportunitats de lluitar contra les malalties infeccioses, sense precedents en la història de la medicina.

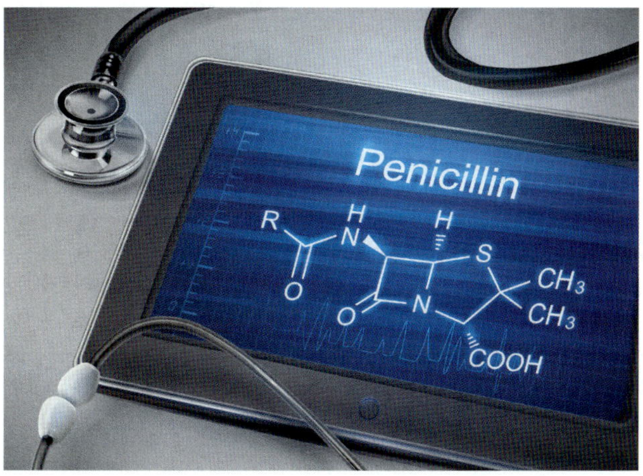

Fig. 4.16. La penicil·lina actua afeblint la paret bacteriana i facilitant la lisi osmòtica del bacteri durant el procés de multiplicació.

! Important

El llibre *De materia medica,* escrit pel metge grec Dioscòrides, va ser molt utilitzat a tota l'edat mitjana i imprès per primera vegada l'any 1499 en grec, i en llatí l'any 1518.

Sabies que...?

Es diu que Fleming va descobrir la penicil·lina per casualitat, per un fong que va caure sobre la placa de Petri on cultivava bacteris. Això no és veritat. Fleming feia molt de temps que investigava el fenomen de l'antibiosi. En les ciències no existeixen les casualitats. El fong de Fleming és com la poma de Newton: llegendes urbanes.

4.1. L'elaboració de medicaments

! Important

A Espanya el Ministeri de Sanitat i Consum autoritza la producció de medicaments als laboratoris farmacèutics i l'Agència Espanyola de Medicaments i Productes Sanitaris (AEMPS) els avalua i, si escau, n'autoritza l'ús.

Un medicament, doncs, és una substància d'origen mineral, animal o vegetal amb efectes medicinals. Existeixen els medicaments clàssics, les vacunes, els sèrums, les plantes medicinals i els medicaments homeopàtics.

En un medicament cal sempre distingir entre el **principi actiu** i l'**excipient.** El principi actiu és la molècula que té activitat farmacològica i terapèutica. L'excipient és la substància que acompanya el principi actiu, no té activitat farmacològica, però ajuda a assimilar el principi actiu.

Un medicament pot servir per a un *tractament radical* o *simptomàtic*. *Radical* vol dir que el seu efecte farmacològic ataca les causes de la malaltia (p. e. administrar antibiòtics contra una infecció bacteriana). *Simptomàtic* vol dir que el seu efecte actua només contra els símptomes. És el cas dels antitèrmics, que fan baixar la febre, però no guareixen la malaltia que provoca aquesta febre.

Fig. 4.17. L'opi és una planta medicinal que té tres principis actius: la morfina, amb propietats analgèsiques (calmants); la papaverina, amb propietats espasmolítiques, i la codeïna, que és un antitussigen i un analgèsic.

A vegades, també es parla de tractament *preventiu*, que no guareix una malaltia, però n'evita la complicació com quan s'administren antibiòtics en una infecció vírica: no la cura, però evita que es compliqui amb una infecció bacteriana.

L'elaboració d'un medicament, és a dir, el conjunt de processos que van des que es descobreix un principi actiu fins que el medicament que el conté està en el mercat, és un fenomen complex i multidisciplinari, que involucra **ciència** (descobriment del principi actiu i la seva manera d'actuar), **tecnologia** (capacitat de produir-lo massivament) i **societat** (demanda i cost del medicament, regulacions legals per a la seva producció i comercialització).

Actualment, la majoria dels medicaments són produïts i comercialitzats per grans multinacionals farmacèutiques. Les anomenades malalties rares, patides per molt poca gent, no solen ser objecte de la recerca d'aquestes grans corporacions perquè el «clients» potencials són pocs i el medicament no seria rentable.

+ *Més dades*

Una **especialitat farmacèutica genèrica** (EFG) és un medicament que té la mateixa composició, dosi i forma farmacèutica (comprimits, càpsules, xarops, etc.) que el medicament original, i que ha demostrat tenir la mateixa eficàcia i seguretat i és, per tant, bioequivalent al medicament original i està fabricat amb els mateixos controls que exigeixen les autoritats sanitàries.

4.2. Recerca mèdica i farmacèutica: condicionants sociopolítics i econòmics

Les empreses que es dediquen a la producció, comercialització i distribució de medicaments formen l'anomenada *indústria farmacèutica*. Aquesta indústria, per la seva especificitat i per la importància que els seus productes tenen per a la salut humana, està sotmesa a unes regulacions específiques per part de les autoritats sanitàries.

Activitats

1> Per fer-nos una idea de la complexitat del procés de producció, comercialització i distribució d'un medicament reproduïm a continuació un text d'una important indústria farmacèutica: Almirall Prodesfarma.

Investigación y desarrollo

La investigación y desarrollo (I+D) de Almirall cuenta con más de cuarenta años de historia, con el objetivo de proporcionar soluciones innovadoras para abordar necesidades médicas no cubiertas. La I+D de Almirall se centra en áreas que creemos que pueden hacer una aportación más significativa, con el objetivo de mejorar la salud y la calidad de vida de los pacientes. Gracias a nuestros dos centros especializados de investigación, conjuntamente con alianzas internacionales, contamos con productos en todas las fases de desarrollo. El incansable esfuerzo de nuestro equipo de I+D tiene el objetivo de ofrecer tratamientos para esta generación y las siguientes.

Enfermedades dermatológicas

La piel, con sus 2 m^2 de superficie, es el órgano más grande del cuerpo. Las enfermedades de la piel presentan una gran variedad de síntomas que necesitan tratamientos tópicos y sistémicos. Existen varias dermatosis que, a pesar de no constituir una amenaza para la vida, tienen un impacto significativo en la vida social y en la calidad de vida de los pacientes. Las enfermedades cutáneas más extendidas son la psoriasis, el eccema, el acné y las infecciones de la piel.

Espasticidad en la EM

Sativex® (CBD:THC), con licencia de GW Pharmaceuticals, ya está disponible como el primer tratamiento de su clase para la espasticidad y los síntomas asociados provocados por la esclerosis múltiple (EM).

Registro y resultados de los ensayos clínicos

Almirall publicará información sobre estudios clínicos de manera consecuente con las leyes nacionales vigentes y con las normas que rigen la privacidad de los datos de carácter personal y la protección de los derechos de propiedad intelectual. La información perteneciente a los estudios clínicos se divulgará a través de bases de datos públicas reconocidas, como Clinicaltrials.gov en los EE. UU. y EudraCT en la Unión Europea (UE).

Política de transparencia de Almirall

La Política de transparencia de Almirall sigue la política recomendada por la postura conjunta adoptada por la Federación Europea de Asociaciones e Industrias Farmacéuticas (European Federation of Pharmaceutical Industries and Associations, EFPIA) y la Investigación Farmacéutica y Fabricantes de América (Pharmaceutical Research and Manufacturers of America, PhRMA) sobre la divulgación de información de ensayos clínicos a través de los registros y bases de datos de ensayos clínicos y los principios para el intercambio responsable de datos de ensayos clínicos. Así, Almirall se ha comprometido a poner en marcha procesos y sistemas que atiendan cualquier solicitud de datos de estudios realizada por científicos o investigadores médicos cualificados desde enero de 2014 acerca de medicamentos e indicaciones aprobados en los EE. UU. y la UE en enero de 2014 o a partir de ese momento. Cualquier solicitud de datos clínicos deberá ir acompañada de una propuesta de protocolo de investigación e incluir un compromiso para la futura publicación de los resultados, garantizar el anonimato de los datos de los pacientes y respetar la información confidencial comercial de Almirall. El acuerdo sobre «Condiciones de uso» de Almirall debe firmarse antes de que pueda accederse a los datos clínicos.

Para facilitar el intercambio de datos de estudios clínicos conforme a la Política de transparencia de Almirall, los investigadores pueden presentar una solicitud.

Buenas prácticas

Almirall tiene el compromiso de realizar ensayos clínicos globales de manera eficaz en cuanto a tiempo y calidad, basándose en estándares científicos y éticos internacionalmente aceptados. Los ensayos clínicos se llevan a cabo de acuerdo con los requisitos de las autoridades locales en los países donde se realizan los ensayos y siguiendo las pautas y directivas europeas, como las Buenas Prácticas Clínicas de la Conferencia Internacional de Armonización (Good Clinical Practices of International Conference of Harmonisation) y las normativas de las Buenas Prácticas Clínicas de la FDA incluidas en el título 21 del Código de normativas federales, u otros requisitos internacionales.

http://www.almirall.es, 2016

a) Què significa I+D? Quin és el paper de l'I+D en una empresa com Almirall?

b) En quins productes està especialitzada Almirall?

c) Saps què és l'esclerosi múltiple? Quins serien els efectes del medicament que esmenta el web?

Lectura 2

Com llegir i interpretar els prospectes dels medicaments

Tothom, en algun moment, ha de llegir el prospecte d'un medicament. Algunes coses ens poden sorprendre o, fins i tot, espantar. Cal dominar alguns conceptes, com el de principi actiu, excipient, tractament simptomàtic, etc.

Aquí tenim el prospecte d'un medicament molt comú, el Gelocatil.

GELOCATIL 650 mg Comprimidos
Paracetamol

Lea todo el prospecto detenidamente porque contiene información importante para usted.

Este medicamento puede adquirirse sin receta. No obstante, para obtener los mejores resultados, debe utilizarse con cuidado.

- Conserve este prospecto ya que puede tener que volver a leerlo.
- Si necesita consejo o más información, consulte a su farmacéutico.
- Si los síntomas empeoran o si la fiebre persiste durante más de 3 días o el dolor durante más de 5 días, debe consultar al médico.
- Si considera que alguno de los efectos adversos que sufre es grave, o si aprecia cualquier efecto adverso no mencionado en este prospecto, informe a su médico o farmacéutico.

Contenido del prospecto:

1. **Qué es Gelocatil 650 mg Comprimidos y para qué se utiliza.**
2. **Antes de tomar Gelocatil 650 mg Comprimidos.**
3. **Cómo tomar Gelocatil 650 mg Comprimidos.**
4. **Posibles efectos adversos.**
5. **Conservación de Gelocatil 650 mg Comprimidos.**
6. **Información adicional.**

1. Qué es Gelocatil 650 mg Comprimidos y para qué se utiliza

El paracetamol es eficaz para reducir el dolor y la fiebre.

Está indicado para el alivio sintomático del dolor ocasional leve o moderado, como dolor de cabeza, dental, muscular (contracturas) o de espalda (lumbago) y en estados febriles.

Gelocatil está indicado en adultos y adolescentes mayores de 14 años.

2. Antes de tomar Gelocatil 650 mg Comprimidos

No tome Gelocatil si:

- es alérgico (hipersensible) al paracetamol o a cualquiera de los demás componentes de Gelocatil.

Tenga especial cuidado con Gelocatil:

- No tomar más cantidad de medicamento que la recomendada en el apartado 3. Cómo tomar Gelocatil 650 mg Comprimidos.
- Los alcohólicos crónicos, deberán tener la precaución de no tomar más de 2 gramos en 24 horas de paracetamol.
- Los pacientes con enfermedades del riñón, del hígado, del corazón o del pulmón y los pacientes con anemia, deberán consultar con el médico antes de tomar este medicamento.
- Cuando se está en tratamiento con algún medicamento para tratar la epilepsia debe consultar al médico antes de tomar este medicamento, debido a que cuando se usan al mismo tiempo, se disminuye la eficacia y se potencia la hepatotoxicidad del paracetamol, especialmente en tratamientos con dosis altas de paracetamol.
- Los pacientes asmáticos sensibles al ácido acetilsalicílico, deberán consultar con el médico antes de tomar este medicamento.

Uso de otros medicamentos:
Informe a su médico o farmacéutico si está utilizando o ha utilizado recientemente otros medicamentos, incluso los adquiridos sin receta.

En particular, si está utilizando algunos de los siguientes medicamentos, ya que puede ser necesario modificar la dosis de algunos de ellos o la interrupción del tratamiento:

- Medicamento para evitar coágulos en la sangre: anticoagulantes orales (acenocumarol, warfarina).
- Medicamentos para tratar la epilepsia: antiepilépticos (lamotrigina, fenitoina u otras hidantoínas, fenobarbital, metilfenobarbital, primidona, carbamacepina).
- Medicamentos para tratar la tuberculosis: isoniazida, rifampicina.
- Medicamentos para tratar la depresión y las convulsiones: barbitúricos (utilizados como hipnóticos, sedantes y anticonvulsivantes).
- Medicamentos para disminuir los niveles de colesterol en sangre: colestiramina.
- Medicamentos utilizados para aumentar la eliminación de orina (diuréticos del asa como los del grupo furosemida).
- Medicamentos utilizados para el tratamiento de la gota (probenecid y sulfinpirazona).
- Medicamentos utilizados para evitar náuseas y vómitos: metoclopramida y domperidona.
- Medicamentos utilizados en el tratamiento de la tensión arterial alta (hipertensión) y las alteraciones del ritmo del corazón (arritmias cardiacas): propranolol.

Interferencias con pruebas analíticas:

Si le van a hacer alguna prueba analítica (incluidos análisis de sangre, orina, etc…) comunique a su médico que está tomando/usando este medicamento, ya que puede alterar los resultados.

Toma de Gelocatil con alimentos y bebidas:

La toma de este medicamento con alimentos no afecta a la eficacia del mismo.

Uso en niños:

- No utilizar en adolescentes menores de 14 años.

Embarazo:
Consulte a su médico o farmacéutico antes de utilizar cualquier medicamento.

IMPORTANTE PARA LA MUJER
Si está usted embarazada o cree que pudiera estarlo, consulte a su médico antes de tomar este medicamento. El consumo de medicamentos durante el embarazo puede ser peligroso para el embrión o el feto, y debe ser vigilado por su médico.

Lactancia:
Consulte a su médico o farmacéutico antes de utilizar cualquier medicamento.
El paracetamol pasa a la leche materna, por lo que las mujeres en período de lactancia deben consultar a su médico o farmacéutico antes de tomar este medicamento.

Conducción y uso de máquinas:
La influencia del paracetamol sobre la capacidad para conducir y utilizar máquinas es nula o insignificante.

3. Cómo tomar Gelocatil 650 mg Comprimidos

Siga estas instrucciones a menos que su médico le haya dado otras indicaciones distintas. Consulte a su médico o farmacéutico si tiene dudas.

La dosis normal es:

Adultos: Tomar 1 comprimido cada 4-6 horas, según necesidad, hasta un máximo de 6 comprimidos al día.

Adolescentes mayores de 14 años (peso 64-65 kg): Tomar 1 comprimido cada 4-6 horas, según necesidad, hasta un máximo de 5 comprimidos al día.

(Continua)

Lectura 2 *(Continuació)*

<u>Pacientes con enfermedades del hígado:</u> antes de tomar este medicamento tienen que consultar a su médico. Deben tomar la cantidad de medicamento prescrita por su médico con un intervalo mínimo entre cada toma de 8 horas.

No deben tomar más de 3 comprimidos en 24 horas, repartidos en 3 tomas.

<u>Pacientes con enfermedades del riñón:</u> antes de tomar este medicamento tienen que consultar a su médico. Tomar como máximo 500 miligramos por toma.

Debido a la dosis, 650 miligramos de paracetamol, estos pacientes no deben tomar este medicamento.

Este medicamento se toma por vía oral.

Los comprimidos deben tragarse enteros o partidos por la mitad, con ayuda de un vaso de líquido, preferentemente agua.

Utilizar siempre la dosis menor que sea efectiva.

La administración de este medicamento está supeditada a la aparición del dolor o la fiebre. A medida que estos desaparezcan, se debe suspender el tratamiento.

Si el dolor se mantiene durante más de 5 días, la fiebre durante más de 3 días o bien el dolor o la fiebre empeoran o aparecen otros síntomas, debe interrumpir el tratamiento y consultar a su médico.

Si toma más Gelocatil del que debiera:

Debe consultar inmediatamente a su médico o a su farmacéutico.

Los síntomas de sobredosis pueden ser: mareos, vómitos, pérdida de apetito, coloración amarillenta de la piel y los ojos (ictericia) y dolor abdominal.

Si ha ingerido una sobredosis, debe acudir inmediatamente a un centro médico aunque no note los síntomas, ya que a menudo estos no se manifiestan hasta pasados 3 días desde la ingestión de la sobredosis, incluso en casos de intoxicación grave.

El tratamiento de la sobredosis es más eficaz si se inicia dentro de las 4 horas siguientes a la ingestión del medicamento.

Los pacientes en tratamiento con barbitúricos o los alcohólicos crónicos, pueden ser más susceptibles a la toxicidad de una sobredosis de paracetamol.

En caso de sobredosis o ingestión accidental, acudir inmediatamente a un centro médico o llamar al Servicio de Información Toxicológica (teléfono 91 562 04 20), indicando el medicamento y la cantidad ingerida.

4. Posibles efectos adversos

Al igual que todos los medicamentos, Gelocatil puede tener efectos adversos, aunque no todas las personas los sufran.

Efectos adversos raros que se pueden producir (entre 1 y 10 de cada 10.000 personas), son: malestar, bajada de la tensión (hipotensión), y aumento de los niveles de transaminasas en sangre.

Efectos adversos muy raros que se pueden producir (en menos de 1 de cada 10.000 personas) son: enfermedades del riñón, orina turbia, dermatitis alérgica (erupción cutánea), ictericia (coloración amarillenta de la piel), alteraciones sanguíneas (agranulocitosis, leucopenia, neutropenia, anemia hemolítica) e hipoglucemia (bajada de azúcar en sangre). Se han notificado muy raramente casos de reacciones graves en la piel.

El paracetamol puede dañar el hígado cuando se toma en dosis altas o en tratamientos prolongados.

Comunicación de efectos adversos

Si experimenta cualquier tipo de efecto adverso, consulte a su médico o farmacéutico, incluso si se trata de posibles efectos adversos que no aparecen en este prospecto. También puede comunicarlos directamente a través del Sistema Español de Farmacovigilancia de Medicamentos de Uso Humano: https://www.notificaram.es. Mediante la comunicación de efectos adversos usted puede contribuir a proporcionar más información sobre la seguridad de este medicamento.

5. Conservación de Gelocatil 650 mg Comprimidos

Mantener fuera del alcance y de la vista de los niños.

Este medicamento no precisa condiciones especiales de conservación.

No utilice este medicamento después de la fecha de caducidad que aparece en el envase después de CAD. La fecha de caducidad es el último día del mes que se indica.

Los medicamentos no se deben tirar por los desagües ni a la basura. Deposite los envases y los medicamentos que no necesita en el Punto SIGRE de la farmacia. En caso de duda pregunte a su farmacéutico cómo deshacerse de los envases y de los medicamentos que no necesita. De esta forma, ayudará a proteger el medio ambiente.

6. Contenido del envase e información adicional

Composición de Gelocatil:

Cada comprimido contiene 650 miligramos de paracetamol, como principio activo.

Los demás componentes (excipientes) son estearato magnésico, povidona, sílice coloidal anhidra, almidón glicolato sódico (Tipo A) (origen: patata) y almidón pregelatinizado (origen: maíz).

Aspecto del producto y contenido del envase:

Gelocatil se presenta en comprimidos para administración oral. Los comprimidos están ranurados lo que permite partirlos por la mitad. La ranura es solo para poder fraccionar y facilitar la toma del medicamento pero no para dividir en dosis iguales.

Las cajas son de 4 y 12 comprimidos.

Titular de la autorización de comercialización:
Ferrer Internacional, S.A. Gran Vía Carlos III, 94 08028 - Barcelona

Responsable de la fabricación:
Ferrer Internacional, S.A. Joan XXIII, 10
08950 – Esplugues de Llobregat (Barcelona)

o

Ferrer Internacional, S.A. Joan Buscallà, 1-9
08173 - Sant Cugat del Vallès (Barcelona)

Fecha de la última revisión de este prospecto: octubre 2015

La información detallada y actualizada de este medicamento está disponible en la página web de la Agencia Española de Medicamentos y Productos Sanitarios (AEMPS) *http://www.aemps.gob.es.*

Després de llegir-lo atentament, contesta les preguntes següents:

1. Quin és el principi actiu d'aquest medicament?
2. Està especificat, l'excipient? Quines substàncies el formen?
3. Quina diferència hi ha entre el nom del medicament i el del principi actiu?
4. Quines són les indicacions per aquest medicament?
5. Aquest medicament es presenta en forma de solució oral. Busca informació sobre si hi ha altres presentacions del mateix medicament.
6. Quina dosificació recomana el prospecte?
7. Quina és l'empresa que comercialitza aquest medicament?

(Continua)

Lectura 2 *(Continuació)*

A continuació, reproduïm part el prospecte de la Cetirizina Tarbis.

PROSPECTO: INFORMACIÓN PARA EL USUARIO

Cetirizina Tarbis 10 mg comprimidos recubiertos con película EFG

Lea todo el prospecto detenidamente antes de empezar a tomar el medicamento

- Conserve este prospecto, ya que puede tener que volver a leerlo.
- Si tiene alguna duda, consulte a su médico o farmacéutico.
- Este medicamento se le ha recetado a usted y no debe dárselo a otras personas, aunque tengan los mismos síntomas, ya que puede perjudicarles.
- Si considera que alguno de los efectos adversos que sufre es grave o si aprecia cualquier efecto adverso no mencionado en este prospecto, informe a su médico o farmacéutico.

Contenido del prospecto:

1. Qué es Cetirizina Tarbis y para qué se utiliza
2. Antes de tomar Cetirizina Tarbis
3. Cómo tomar Cetirizina Tarbis
4. Posibles efectos adversos
5. Conservación de Cetirizina Tarbis
6. Información adicional

1. QUÉ ES CETIRIZINA TARBIS Y PARA QUÉ SE UTILIZA

El principio activo de Cetirizina Tarbis es la cetirizina dihidrocloruro. Cetirizina Tarbis es un medicamento antialérgico.

Cetirizina Tarbis esta indicado en adultos y niños a partir de 6 años para:

- el alivio de los síntomas nasales y oculares de la rinitis alérgica estacional y perenne.
- el alivio de la urticaria crónica (urticaria crónica idiopática).

2. ANTES DE TOMAR CETIRIZINA TARBIS

No use Cetirizina Tarbis

- si tiene una enfermedad renal grave (insuficiencia renal grave con aclaramiento de creatinina por debajo de 10 ml/min);
- si sabe que es alérgico (hipersensible) al principio activo, a cualquiera de los excipientes (otros componentes) de Cetirizina Tarbis, a hidroxizina o a derivados de piperazina (principios activos estrechamente relacionados con otros fármacos);

No debe tomar tomar Cetirizina Tarbis 10 mg comprimidos recubiertos con película:

- si tiene problemas hereditarios de intolerancia a la galactosa, deficiencia de lactasa Lapp o malabsorción de glucosa-galactosa.

Tenga especial cuidado con Cetirizina Tarbis

Si es un paciente con insuficiencia renal, consulte a su médico; si es necesario, tomará una dosis más baja. Su médico determinará la nueva dosis.

Si es un paciente epiléptico o un paciente con riesgo de convulsiones, consulte a su médico.

No se han observado interacciones susceptibles de tener un impacto notable entre el alcohol (con un nivel en sangre de 0,5 por mil, correspondiente a un vaso de vino) y el uso de cetirizina a dosis normales. Sin embargo, como en el caso de todos los antihistamínicos, se recomienda evitar el consumo conjunto de alcohol durante el tratamiento.

4. POSIBLES EFECTOS ADVERSOS

Al igual que todos los medicamentos, Cetirizina Tarbis puede producir efectos adversos, aunque no todas las personas los sufran.

Se han notificado los siguientes efectos adversos en la experiencia post-comercialización. La frecuencia se define como sigue: (frecuente: que afecta entre 1 y 10 de cada 100 pacientes, poco frecuente: que afecta entre 1 y 10 de cada 1.000 pacientes, raro: que afecta entre 1 y 10 de cada 10.000 pacientes; muy raro: que afecta a menos de 1 paciente de cada 10.000).

Si desarrolla alguno de los efectos adversos descritos anteriormente, informe a su médico. A los primeros síntomas de hipersensibilidad, deje de tomar Cetiricina Tarbis.
Su médico evaluará la gravedad y decidirá las medidas que es necesario tomar.
Si considera que alguno de los efectos adversos que sufre es grave o si aprecia cualquier efecto adverso no mencionado en este prospecto, informe a su médico o farmacéutico.

5. CONSERVACIÓN DE CETIRIZINA TARBIS

Mantener fuera del alcance y de la vista de los niños.

No utilice Cetirizina Tarbis después de la fecha de caducidad que aparece en el envase y el blister después de CAD. La fecha de caducidad es el último día del mes que se indica.

No requiere condiciones especiales de conservación.

Los medicamentos no se deben tirar por los desagües ni a la basura. Pregunte a su farmacéutico cómo deshacerse de los envases y de los medicamentos que no necesita. De esta forma ayudará a proteger el medioambiente.

6. INFORMACIÓN ADICIONAL

Composición de Cetirizina Tarbis 10 mg comprimidos recubiertos con película

- El principio activo de Cetirizina Tarbis es cetirizina dihidrocloruro. Un comprimido recubierto contiene 10 mg de cetirizina dihidrocloruro.
- Los demás componentes (excipientes) son: lactosa monohidrato, celulosa microcristalina, sílice coloidal anhidra, almidón de maíz, talco, estearato de magnesio, hipromelosa (E-464), dióxido de titanio (E 171), macrogol 4000 y citrato de sodio (E-331).

Aspecto del producto y contenido del envase

Comprimidos recubiertos con película, blancos, biconvexos, circulares con una «A» grabada en una cara y una ranura en la otra. El comprimido se puede dividir en mitades iguales.

Envases con 20 o 500 comprimidos.

Titular de la autorización de comercialización y responsable de la fabricación

Titular de la Autorización de Comercialización
Laboratorios Tarbis Farma, S.L.
Gran Vía Carlos III, 94
08028 – BARCELONA

Responsable de la Fabricación
CHANELLE MEDICAL
Dublín Road, Loughrea. Co. Galway
Irlanda

Este prospecto ha sido aprobado en octubre 2010

Després de llegir-lo atentament, contesta les preguntes següents:

a) Quin és el principi actiu d'aquest medicament?

b) Compara el nom del medicament amb el del principi actiu. Quina diferència hi ha respecte del medicament anterior? Quin nom tenen aquests tipus de medicaments?

c) Quina és la composició de l'excipient?

d) Per a què està indicat aquest medicament?

e) Quines són les dosis recomanades?

f) Esmenta algun possible afecte advers. Per què creus que n'hi ha tants?

g) Quina és l'empresa fabricant i quina, la distribuïdora?

Observa i pensa

L'obra científica de Galè constitueix la culminació de la cultura mèdica clàssica, en la mesura que assumeix la tradició hipocràtica, la tradició alexandrina i la filosofia natural grega.

Va fer aportacions als sabers anatòmics: descripcions de músculs, ossos, vasos, nervis i vísceres.

Va ocupar-se del cervell, els ventricles i la medul·la, la qual considerava com una part integrant del cervell. També va distingir entre nervis motors i sensitius.

En el terreny de l'especulació, resulta especialment remarcable l'elaboració teòrica feta per Galè en relació amb el funcionament de la vida humana.

D'altra banda, la seva concepció de la malaltia era fidel a la tradició hipocràtica i, per tant, tenia un caràcter humoralista.

La malaltia era considerada per Galè, doncs, com una conseqüència de desequilibri, alteració o corrupció dels humors que flueixen per l'organisme i li atorguen les seues qualitats.

Tanmateix, en els aspectes terapèutics, Galè era més actiu i decidit que els hipocràtics i defensava una teràpia molt elemental, però metòdica, basada en el guariment per l'ús de remeis amb les qualitats contràries a les dels causants de la malaltia.

És a dir, si una malaltia és produïda per un excés de calor i de sequedat, el remei que caldrà aplicar-hi haurà de ser fred i humit.

Aquest punt de vista obeeix a l'aforisme *contraria curatis curantur* ('el contrari es cura amb el contrari') i buscava el restabliment de l'equilibri perdut.

Galè era partidari de l'acció decidida del metge i no de l'actitud expectant pròpia dels hipocràtics.

Font: JOSEP LLUÍS BARONA. *Introducció a la medicina.* Universitat de València, València.

a) Explica què significa «caràcter humoralista de la tradició hipocràtica».

b) Comenta l'aforisme *contraria curatis curantur.*

c) Quina és la diferència entre l'actitud terapèutica de Galè i la dels metges hipocràtics?

Els dos esquemes següents mostren el model actual de la circulació de la sang i el de Galè, que va estar vigent fins al segle XVII.

a) Comenta les diferències més importants.

b) Quin personatge de la història de la medicina va donar el pas fonamental per passar d'un model a l'altre?

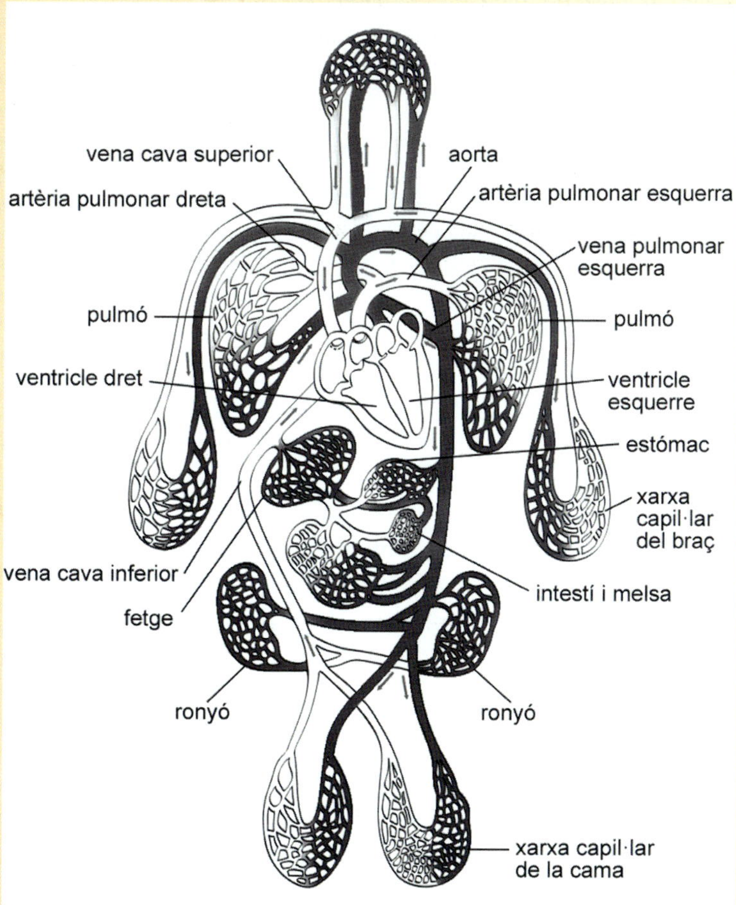

Fig. 4.18.

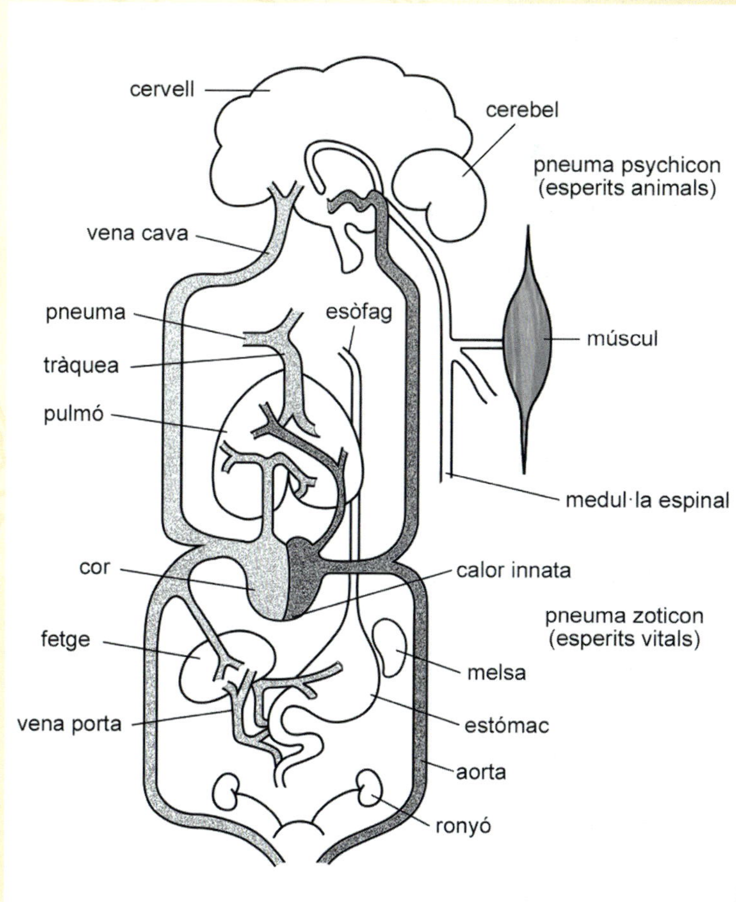

Fig. 4.19.

Activitats finals

1. Descriu la teoria dels quatre humors i explica com interpretava la salut i la malaltia.

2. Què vol dir que el model de funcionament del cos humà en el pensament de Galè era *tricentrat*?

3. Explica quan i com van sorgir els hospitals.

4. Explica les diferències entre l'escola anatomopatològica, la fisiopatològica i l'etiopatològica, i esmenta un representant de cadascuna.

5. Cerca informació (bibliogràfica o a Internet) sobre les especialitats mèdiques següents: radiologia, otorrinolaringologia, pediatria, oncologia. Fes una descripció de cadascuna d'aquestes especialitats.

6. Consulta el prospecte d'un medicament i identifica-hi:

a) El principi actiu.

b) Les indicacions.

c) Les incompatibilitats.

d) L'excipient.

e) Les dosis.

7. Cerca informació (bibliogràfica o a Internet) sobre una malaltia determinada i identifica'n:

a) L'etiologia.

b) Els òrgans i els sistemes afectats.

c) Els signes més freqüents.

d) El pronòstic més habitual.

e) El tractament.

8. A partir de les dades de l'activitat anterior, descriu com es desenvoluparia una visita mèdica a un pacient afectat per aquesta malaltia.

9. Escriu la història clínica de la visita mèdica de l'activitat anterior.

10. La depressió és una malaltia molt freqüent. Busca'n informació. A partir d'aquesta informació elabora un informe per escrit de la visita d'un malalt a un psiquiatre i a un psicòleg, i assenyala les semblances i les diferències entre les dues.

11. En què consisteix el rebuig en un trasplantament?

12. Espanya és líder mundial en nombre de donants d'òrgans. L'any 2008, la relació de donants per milió d'habitants va ser del 34,2 % enfront del 25,3 % de França o el 26,3 % dels EUA. Aquesta xifra de donants va permetre arribar a 3 947 trasplantaments.

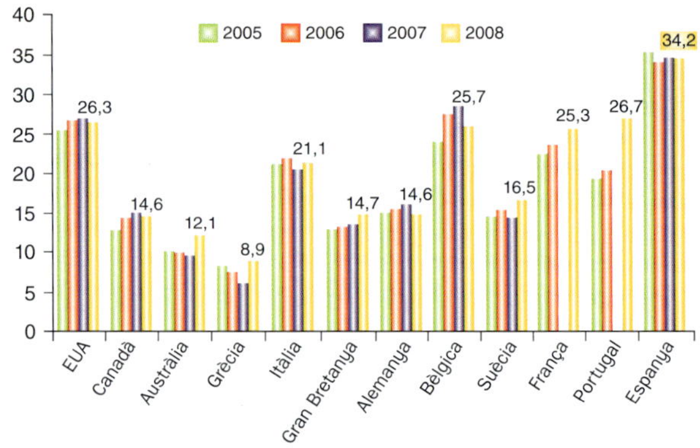

Fig. 4.20. Taxa anual per milió de població (pmp) de donants d'òrgans a Espanya i altres països, 2005-2008. Font: ONT.

a) Espanya és líder mundial en donació d'òrgans, però en els últims quatre anys el creixement s'ha estabilitzat. Quin és el país que ha tingut un creixement més important en aquests anys?

b) Quin és el principal segment de població donant a l'Estat espanyol?

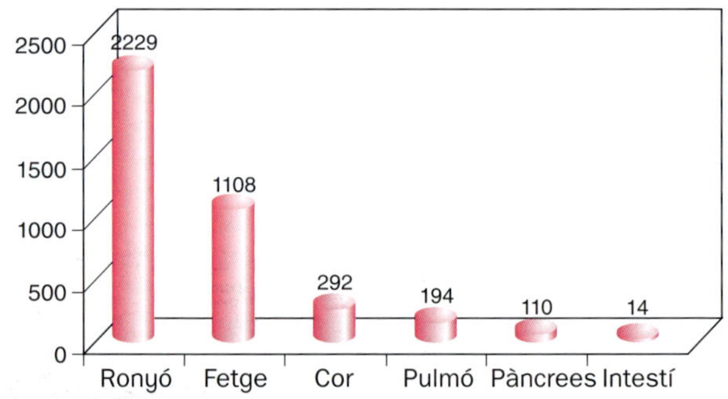

Fig. 4.21. Taxa anual (pmp) de donants d'òrgans a Espanya i altres països, 2005-2008. Font: ONT.

c) Quins són els factors que influeixen en l'augment del nombre de trasplantaments d'òrgans?

13. Descriu la trajectòria d'una gota de sang en el sistema tricentrat de Galè i el sistema de Harvey. Quina és la diferència principal entre els dos?

14. L'anatomia patològica i l'oncologia són dues especialitats mèdiques relacionades amb el càncer. Quin és el paper de l'anatomopatòleg i de l'oncòleg en el tractament del càncer?

15. Busca informació sobre dues multinacionals farmacèutiques i respon:

a) On estan ubicades?

b) Quins medicaments comercialitzen?

c) Quins altres productes posen en el mercat a més dels medicaments?

16. Creus que la medicina és una ciència? Raona la resposta.

Posa't a prova

1. Fes un quadre cronològic de la història de la medicina que posi de manifest els avenços principals de cada disciplina.

2. Contesta si són vertaderes o falses les afirmacions següents:

   a) És possible trasplantar qualsevol òrgan del cos humà.

   b) Es poden trasplantar òrgans d'animals en un ésser humà.

   c) Els òrgans trasplantats no provoquen la reacció del sistema immunitari.

3. Quina és la funció principal dels eritròcits de la sang?

   a) Transportar l'oxigen dels pulmons als teixits.

   b) Defensar l'organisme.

   c) Aturar i evitar hemorràgies.

4. Com es pot detectar una anèmia?

   a) La concentració d'hemoglobina a la sang és molt baixa.

   b) El nivell d'hematies és molt alt.

   c) Hi ha una alteració de la proporció de leucòcits.

5. Un heterotrasplantament és:

   a) Una trasplantació efectuada entre dos individus d'espècies diferents.

   b) Un procés quirúrgic de restauració de parts danyades, mutilades o que manquen d'un organisme per transferència de teixits obtinguts prèviament del mateix organisme.

   c) Una trasplantació entre dos individus de la mateixa espècie, però de dotació genètica diferent.

6. Quin és el mitjà més adequat per diagnosticar si un tumor és benigne o maligne?

   a) Radiografia.

   b) Ecografia.

   c) Biòpsia.

7. Quin òrgan es malmet quan es pateix una diabetis greu?

   a) Fetge.

   b) Ronyó.

   c) Pàncrees.

8. Què és la medul·la òssia?

   a) Una proteïna especialitzada en el transport de l'oxigen.

   b) Una substància tova que omple les cavitats dels ossos.

   c) Un component de la sang format per aigua i proteïnes.

9. Relaciona els tipus de medicaments de la columna de la dreta amb els efectes de la columna de l'esquerra.

fungicida	suprimeix el dolor
antiinflamatori	neutralitza l'acidesa
antiàcid	combat els fongs
antitèrmic o antipirètic	disminueix la mucositat
antitussigen	inhibeix el creixement de microorganismes o els elimina
mucolític	rebaixa la febre
antibiòtic	prevé o combat la inflamació
analgèsic	calma la tos

10. Considerem que la medicina occidental comença a:

    a) Babilònia.

    b) Egipte.

    c) Grècia.

11. Galè va néixer a:

    a) Egipte.

    b) Pèrgam.

    c) Roma.

12. William Harvey va estudiar a:

    a) París.

    b) Londres.

    c) Pàdua.

13. La patologia s'ocupa de:

    a) L'estructura del cos.

    b) Les causes de les malalties.

    c) El funcionament del cos.

14. Louis Pasteur era:

    a) Metge.

    b) Químic.

    c) Enginyer.

15. L'anamnesi és la part de l'acte mèdic en què el metge:

    a) Expèn una recepta.

    b) Demana proves.

    c) Parla amb el malalt i li pregunta què té.

16. L'ecografia és una prova que es fonamenta en:

    a) Radioactivitat.

    b) Raigs X.

    c) Ultrasons.

17. En una anàlisi de sang l'hemograma:

    a) Ens informa del funcionament del fetge.

    b) Ens dona la concentració de glucosa a la sang.

    c) Ens dona informació sobre les cèl·lules sanguínies.

Llegeix i reflexiona

«Una indagación sociológica en torno a la idea que de la medicina tienen hoy los médicos, nos revelaría muy seguramente la existencia dominante de dos grupos, acerca de cuya relativa proporción apenas puede juzgarse de antemano.

Hállese formado el primero por los que ven como primer plano de la actividad médica un negocio profesional y técnico. El diagnóstico y la curación del enfermo es para los tales un *trabajo* que el médico, como titular de ciertas técnicas diagnósticas y terapéuticas, ejecuta con personal exclusividad dentro de la comunidad social y en cuya virtud obtiene su propio sustento [...]

Al lado del grupo social de médicos para los cuales la actividad médica se agota en una cuestión profesional y técnica, está el de aquellos que convierten la medicina en pura ciencia. Más aún: en pura ciencia de la naturaleza. Aquí están la mayor parte de los investigadores del saber médico: fisiopatólogos, histopatólogos, farmacólogos, etc., y casi todos los clínicos científicos [...]

Entre líneas o expresamente, algo ha quedado ya indicado sobre la insuficiencia de dichos dos actitudes [...]. Quiero, escuetamente, expresar la más honda peculiaridad del médico, el cual solo alcanza a realmente serlo cuando ejercita su actividad específica, cuando realiza un tratamiento y en tanto lo realiza. Los nombres de las cosas no son nunca vanidad, y *tratar* significa, en su raíz más fina "manejar o palpar algo, gobernándolo hacia un fin". Esto es: actuar, hacer, conducir. Conducir ¿qué? Al *paciente* de esta acción, al hombre enfermo. Conducirle ¿hacia qué? Hacia una posibilidad de vida más idónea que la angustiosa e inválida en que la enfermedad le sume.»

Pedro Laín Entralgo, *Medicina e Historia*

En el moment actual, al final del segle xx, les activitats socialment organitzades en tot el context del món occidental per a la protecció de la salut i la lluita contra la malaltia han esdevingut un exemple paradigmàtic d'activitat professionalitzada. A diferència d'altres activitats socials menys regulades pel que fa a l'exercici i al seu procés d'aprenentatge, la dedicació a les activitats sanitàries comporta sempre necessàriament l'adquisició d'uns coneixements i unes habilitats clarament definides i regulades per la societat, les quals donen lloc a l'adquisició d'un títol de capacitació professional que n'habilita per l'exercici. Aquesta situació no és equiparable a altres esferes del món laboral, com és el cas de qui es dedica a l'escultura, qui fa el paper de gerent d'una empresa, qui exerceix el periodisme o la filosofia. Tots aquests ciutadans sovint tenen la possibilitat de desenvolupar la seua tasca, o al menys una part d'aquesta, sense haver necessàriament de passar un procés de socialització/aprenentatge tan rigorosament organitzat com és el cas dels professionals de la salut.

És per això que considerem les professions sanitàries com a activitats socials molt *professionalitzades,* és a dir, molt regulades socialment i amb un grup de professionals clarament identificat com a col·lectiu en la societat. A les característiques d'aquesta professionalitat m'hi referiré breument al llarg de les pàgines següents, tot intentant aportar-hi el punt de vista de les ciències socials i també algunes claus sobre l'origen històric de la situació actual, que tal vegada podran servir per comprendre el present i alhora debatre solucions de futur a la situació social de la medicina en el món actual.

Josep Lluís Barona, *Introducció a la medicina*

a) Enumera les diverses professions relacionades amb la salut.

b) Quins estudis calen per exercir cadascuna d'aquestes professions?

c) Com es regulen socialment?

Fig. 4.22. La dedicació a les activitats sanitàries comporta sempre necessàriament l'adquisició d'uns coneixements i unes habilitats clarament definides i regulades per la societat.

A fons

Cáncer de Mama

Fig. 4.23. Jennifer Hayden, autora de *La historia de mis tetas.*

El 19 de octubre se celebra el Día Mundial Contra el Cáncer de Mama, una enfermedad que sufrirán una de cada ocho mujeres a lo largo de su vida, según datos de la Asociación Española Contra el Cáncer.

La estadounidense Jennifer Hayden ha sido una de ellas. A los cuarenta y tres años le detectaron un tumor en el pecho que le obligó a someterse a una mastectomía doble, es decir, a perder sus dos tetas.

Justo en ese momento, su vida profesional había empezado a encaminarse hacia el dibujo así que decidió contar su experiencia en un cómic que se acabó convirtiendo en su primer trabajo largo (lo que actualmente se etiqueta como novela gráfica) titulado *La historia de mis tetas*, que acaba de publicarse en España. «El proceso fue muy orgánico. En realidad, no sabía cómo se hacía una novela gráfica, así que sin más, empecé por el principio y conté la historia. [...] Fue un proceso largo, en el que tuve que aprender mucho y a veces, muy abrumador emocionalmente. Tardé ocho años en terminarlo», explica Hayden a través de correo electrónico a *LaVanguardia.com.*

La autora huye del melodrama o la sensiblería fácil en su libro. Al contrario: el humor y la sinceridad son sus herramientas básicas para construir la historia. El título explica a la perfección lo que el lector o lectora se va a encontrar en las páginas: la relación de Hayden con sus pechos. Un vínculo que, de una u otra manera, todas las mujeres tienen con los suyos.

Tras la publicación del libro recibió muchas respuestas de otras afectadas por la enfermedad: «Para algunas resultó muy difícil de leer, aunque una me comentó que se lo había comprado sabiendo que en un año estaría lista para enfrentarse a él. Y un año más tarde me avisó de que lo había empezado».

Asimismo afirma que: «Un par de lectoras me dijeron que pensaban que iba a ser demasiado doloroso pero que les había sido muy útil y ese era mi objetivo. Una mujer tuiteó que acababa de someterse a una tumorectomía y que al llegar a casa había empezado mi libro y se había sentido mejor. Para mi es la mejor respuesta posible».

¿Qué pasa con las campañas?

La creadora del lazo rosa, símbolo de la lucha contra el cáncer de mama, fue Evelyn H. Lauder, la directora internacional de la compañía Estée Lauder. En 1992 fundó el Centro de Mama Evelyn H. Lauder en el Memorial Sloan Kettering Cancer Center.

Fue una de las primeras mujeres de negocios en impulsar y recaudar dinero para la investigación en busca de una cura para la enfermedad.

Con los años muchas organizaciones y compañías se han apuntado a «El día del lazo rosa» poniendo en marcha acciones o ventas de productos especiales cuyos beneficios irán destinados a la causa. Como ha ocurrido con otras fechas (el Día de la Mujer, por ejemplo) las voces críticas apuntan a su mercantilización, que lleva la atención hacia los nombres que emprenden las acciones y la desvía del verdadero objetivo.

Hayden menciona el tema en su libro. Al respecto, contesta que: «Estoy de acuerdo con muchas otras mujeres que la concienciación del cáncer de mama se ha comercializado. Sin embargo, también se beneficia del crecimiento de la atención. La detección temprana y el tratamiento han mejorado, y eso ha vuelto mucho más fácil hablar, llorar, reír sobre el tema».

Aun así, remarca que: «No necesitamos gastar dinero en tonterías para hacer esto. Podemos donar sabiamente a la causa y escuchar las historias de las mujeres y sus familias que se han visto afectadas por esta enfermedad». La autora sigue trabajando en el sector después de superar su enfermedad que, de alguna manera, le dio el impulso para introducirse en él. Actualmente está trabajando en un cómic de no ficción del que prefiere no desvelar el contenido y en otro que será «una historia de amor».

CARMEN LÓPEZ ÁLVAREZ, «Día Mundial contra el Cáncer de Mama: "La historia de mis tetas"» [en línia], *La Vanguardia* (19 octubre, 2016)

5

Les bases de la genètica. Biotecnologia i societat

- Una mica d'història
- La doble hèlix de l'ADN
- Els gens
- El codi genètic
- Les mutacions i els polimorfismes
- Biotecnologia i enginyeria genètica
- Els organismes modificats genèticament
- Cèl·lules mare
- Organismes clònics
- El Projecte Genoma Humà (PGH)

Des de l'antiguitat s'ha observat que certs trets —color dels cabells, nas gran o barbeta petita, per exemple— són comuns entre pares i fills. L'ADN és la molècula portadora de la informació genètica en els éssers vius, té estructura d'hèlix i és formada per nucleòtids, hem desxifrat la seqüència del genoma humà i en tenim la descripció completa. Els termes *enginyeria genètica, manipulació genètica, organismes modificats genèticament, aliments* o *animals transgènics,* i d'altres de similars tenen un tret o característica en comú: la modificació de la informació genètica de l'organisme. Però, són els aliments transgènics menys agressius amb el medi, més barats i més ecològics? Podem crear un clon d'un humà? Quines malalties pot guarir la teràpia gènica?

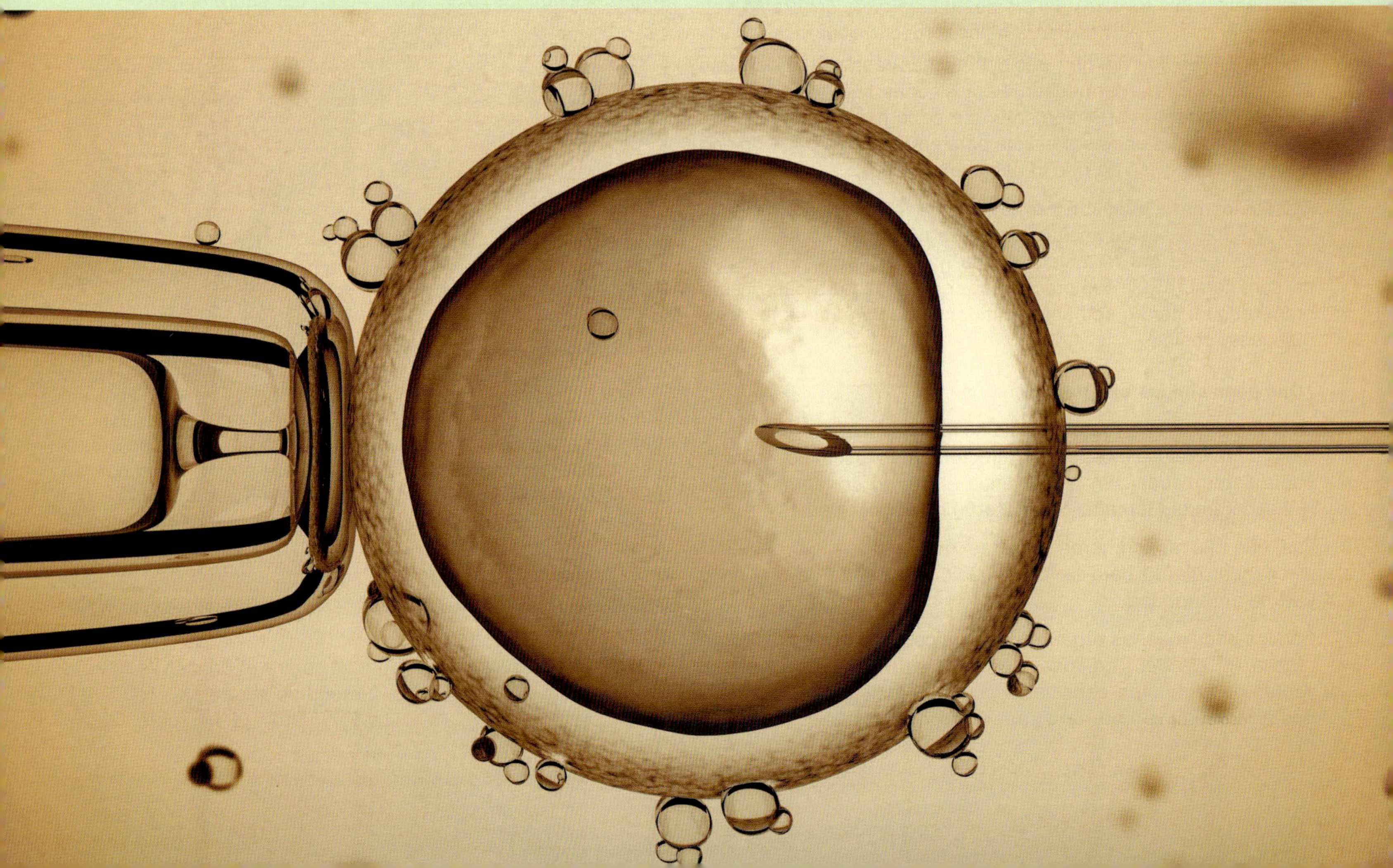

1. Una mica d'història

A mitjan segle XIX, **Gregor Mendel** (1821-1884) va establir les bases de la genètica moderna. La seva gran contribució va ser demostrar que les característiques heretades són transmeses per factors individuals que es distribueixen de maneres diferents —es redistribueixen— en cada generació. D'aquestes observacions en va sortir el concepte de **gen.** Van caldre, però, uns quants anys més per arribar a identificar de què estava compost el material hereditari i com s'organitzava.

Fig. 5.1. Monestir de Brno, on Gregor Mendel va establir les bases de la genètica. Foto: Laura Gort.

1.1. Els experiments de Mendel

L'any 1866, Gregor Mendel va publicar un estudi en què va exposar les observacions fetes durant anys en encreuar diverses menes de **pèsols** als jardins del monestir de Brno (República Txeca) on vivia (Fig. 5.1). En aquesta obra va recollir les lleis generals de l'herència que, més tard, s'han conegut com a **lleis de Mendel.** A grans trets, aquestes lleis continuen vigents encara avui dia.

Mendel va treballar amb diferents espècies de pesoleres. L'esquema mostra l'experiment que va fer amb una pesolera de **pèsols llisos** i una altra de **pèsols rugosos.**

Va partir de dues pesoleres que constituïen la *generació paterna*, i en va provocar la fecundació encreuada, o sigui que amb un pinzellet va fecundar una pesolera amb el pol·len de l'altra emulant la tasca que fan els insectes.

Això ho va repetir moltes vegades entre diferents plantes paternes, i va veure que les pesoleres «filles», o sigui la **primera generació,** totes eren de pèsols llisos i mai no en sortia cap de pèsols rugosos. El caràcter «llis» el va anomenar **dominant,** ja que sempre dominava sobre el «rugós», que mai no es manifestava. Aquest últim caràcter, el «rugós», el va anomenar **recessiu.**

Encreuant entre elles les pesoleres de la primera generació, totes de pèsols llisos, va observar que de les seves pesoleres «filles», **segona generació,** n'hi havia un 75 % de pèsols llisos i que el caràcter recessiu «rugós» es manifestava en un 25 %.

Primera generació: 100 % pèsols llisos
Segona generació: 75 % pèsols llisos
25 % pèsols rugosos

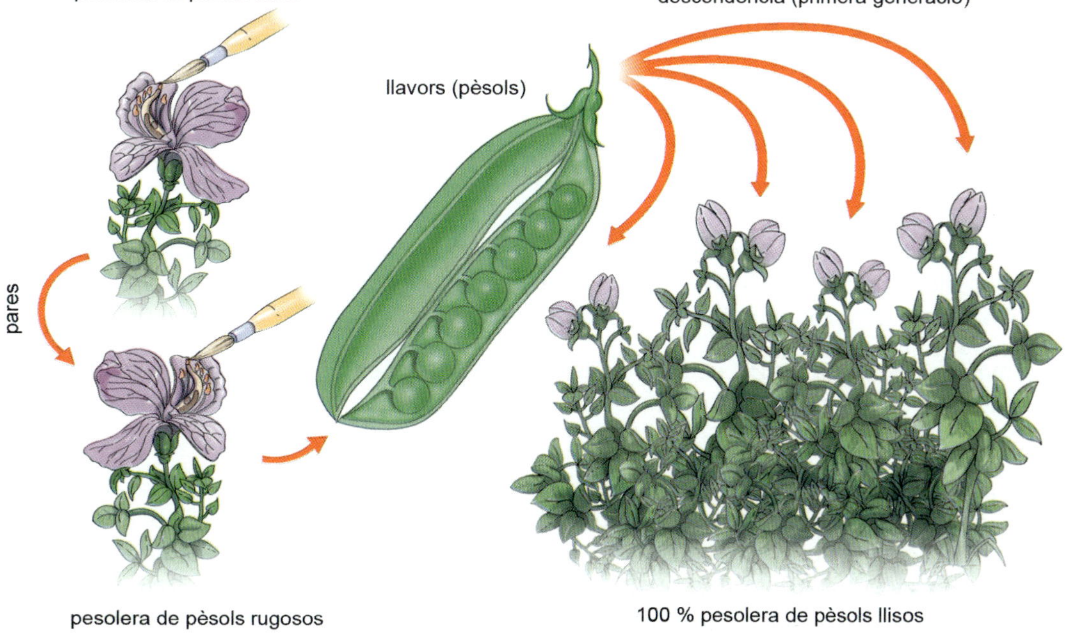

Fig. 5.2. Tècnica que utilitzava Mendel en els seus experiments.

Sabies que...?

Gregor Mendel va escollir els pèsols perquè eren fàcils d'adquirir i cultivar i eren la font d'aliment principal de l'època. A més, tenen caràcters diferencials (groc, verd, llis, rugós...) de dominància completa, les pesoleres presenten autofecundació, cosa que li permetia fecundar les plantes a voluntat, i tenen un cicle biològic relativament curt.

2. La doble hèlix de l'ADN

El material hereditari que es transmet de generació en generació i dona la informació són els **àcids nucleics.** En tots els éssers vius, excepte algun virus, el que porta la informació és l'àcid desoxiribonucleic, l'ADN.

L'ADN és una molècula formada per quatre unitats senzilles repetides moltes vegades i combinades de manera diferent. Aquestes unitats s'anomenen **nucleòtids.** Els nucleòtids estan formats per un grup fosfat, un sucre que té forma d'anell pentagonal (desoxiribosa) i una base nitrogenada. A l'ADN hi ha **quatre tipus** diferents de base nitrogenada: citosina, guanina, timina i adenina.

Com que el que diferencia un nucleòtid d'un altre és la base nitrogenada que conté, cada nucleòtid s'anomena C, G, T o A segons quina sigui la base que té associada.

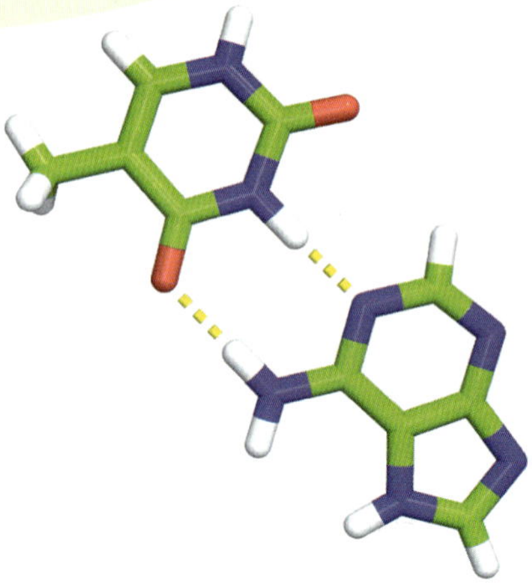

Fig. 5.3. L'adenina i la timina s'enllacen mitjançant dos ponts d'hidrogen.

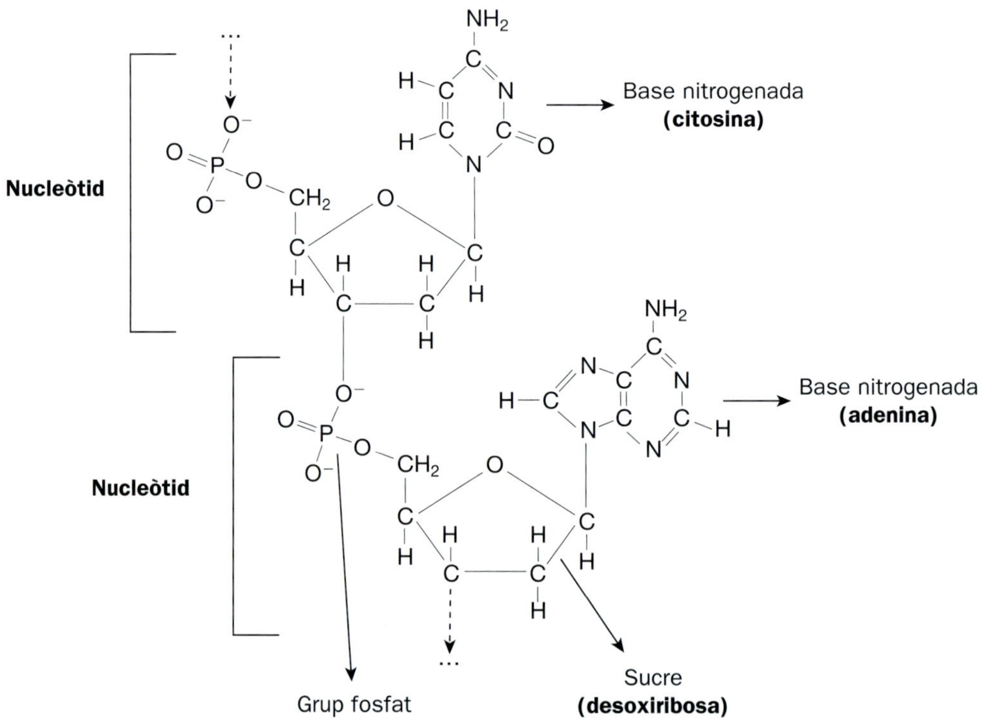

Fig. 5.4. Unió de nucleòtids formant la cadena d'ADN. Es forma un enllaç entre el grup fosfat d'un nucleòtid i el sucre del nucleòtid següent, de manera que s'inicia una cadena de la qual sobresurten les bases nitrogenades.

> **! Important**
>
> Les **bases nitrogenades**
>
> C → citosina
> G → guanina
> T → timina
> A → adenina

La unió dels diferents nucleòtids no és aleatòria ni a l'atzar, sinó que les quatre bases nitrogenades es combinen en un ordre concret per formar un codi, el **codi genètic,** que és el que conté tota la informació hereditària de cada espècie.

Una molècula sencera d'ADN està formada per dues cadenes de nucleòtids encarades i unides entre elles que formen una estructura com d'escala de caragol: una **doble hèlix** enrotllada cap a la dreta.

Els nucleòtids de les dues cadenes s'uneixen gràcies a unes forces febles anomenades **ponts d'hidrogen** entre les bases nitrogenades que permeten mantenir les dues cadenes unides. Els ponts d'hidrogen associen sempre la mateixa combinació de bases nitrogenades: l'adenina amb la timina per dos ponts (A = T) i la citosina amb la guanina per tres ponts (C ≡ G). Això vol dir que, si analitzem la seqüència (combinació) de nucleòtids d'una de les dues cadenes, automàticament podrem saber la seqüència de l'altra. Si en una cadena l'ordre o seqüència és ATGAC, per exemple, en l'altra cadena per força ha de ser TACTG.

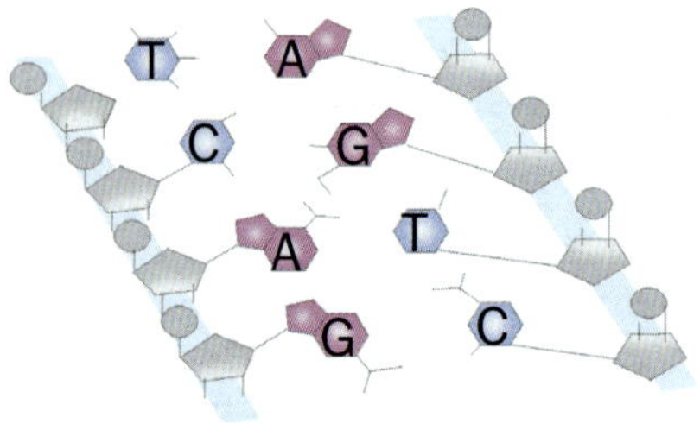

Fig. 5.5. Estructura de les dues cadenes complementàries de l'ADN. L'adenina sempre s'associa amb la timina i la citosina sempre ho fa amb la guanina.

Per poder encarar bé les dues cadenes d'ADN, aquestes estan posades en sentit oposat una de l'altra (sentit antiparal·lel), i es diu que una és **complementària** de l'altra. Les dues cadenes unides per ponts d'hidrogen, a causa de la seva composició química, tendeixen a enrotllar-se i és així com formen la **doble hèlix d'ADN.** Aquesta estructura va ser descoberta per James Watson i Francis Crick el 1953 i, per això, sovint se'n parla com la **doble hèlix de Watson i Crick.**

! Important

Les dues cadenes d'ADN són complementàries i en sentit antiparal·lel. Totes dues cadenes porten informació per codificar gens i com que es llegeixen en sentit contrari, poden codificar gens diferents l'una de l'altra.

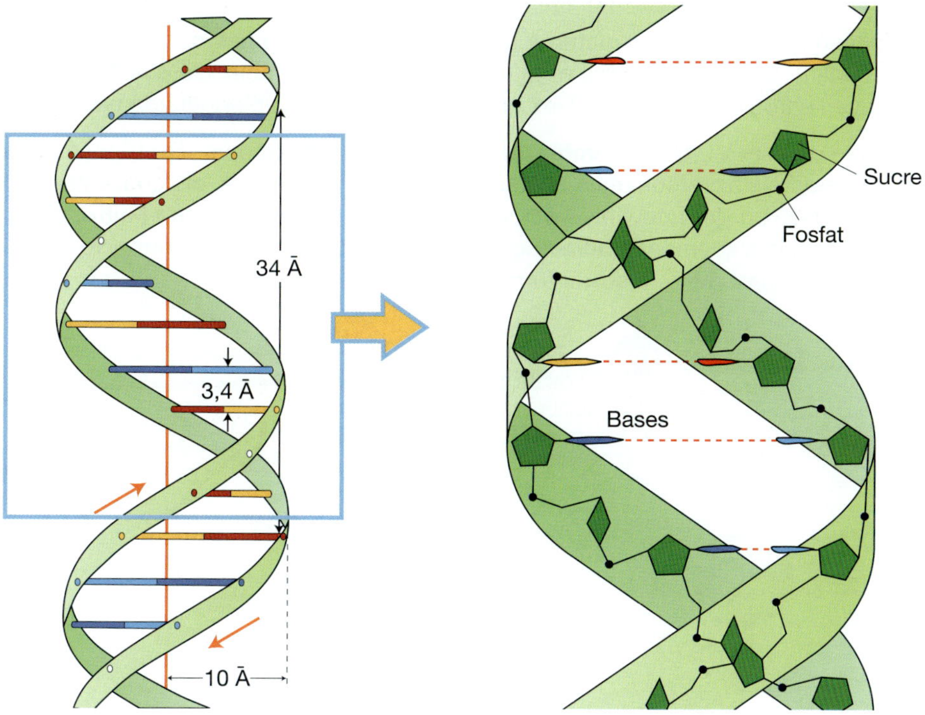

Fig. 5.6. Estructura de la doble hèlix d'ADN, amb les dues cadenes complementàries i les bases nitrogenades unides per ponts d'hidrogen al centre.

James Watson i Francis Crick, Maurice Wilkins i Rosalind Franklin van treballar i col·laborar en l'estudi de l'estructura de l'ADN i l'elaboració del model de la doble hèlix. Això va merèixer, l'any 1962, el premi Nobel en medicina i fisiologia per a Watson, Crick i Wilkins. Rosalind Franklin, tot i haver participat en la investigació, no va poder rebre el premi perquè havia mort quatre anys abans.

Fig. 5.7. James Watson (esquerra) i Francis Crick el 1953, amb un dels seus models de l'ADN.

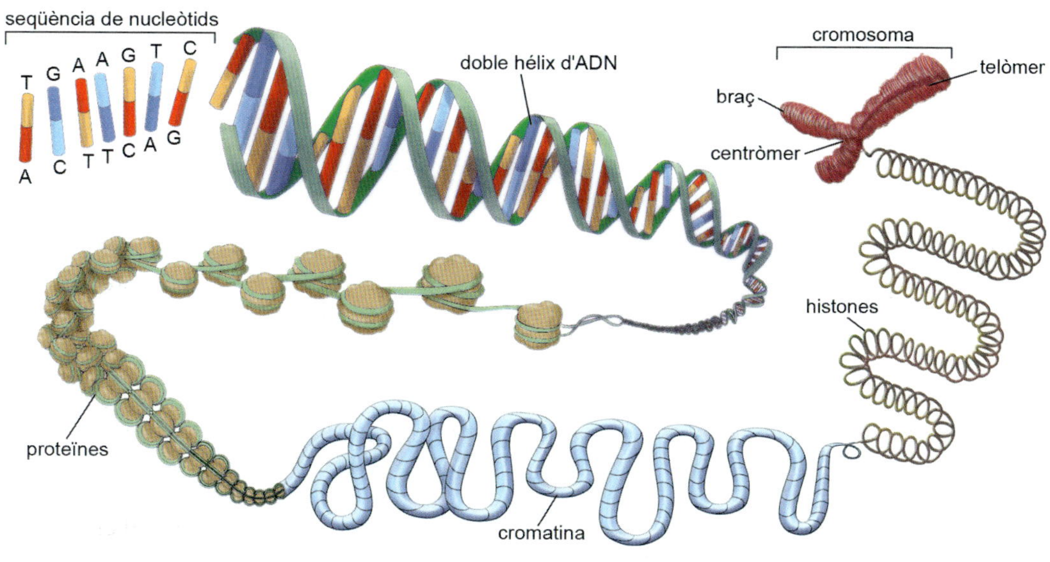

Fig. 5.8. Plegament de l'ADN en cromosomes.

2.1. Els cromosomes

> ***Sabies que...?***
>
> Els cromosomes es poden veure fàcilment amb l'ajut d'un microscopi mitjançant la tinció amb colorants específics.

Per al funcionament del cos humà, cada cèl·lula d'una persona conté ADN format per uns sis mil quatre-cents milions de nucleòtids. Si poséssim totes les dobles hèlix d'aquest ADN que hi ha dins el nucli de la cèl·lula l'una darrere l'altra, aconseguiríem un fil de **més de dos metres** de llarg! Com pot caber un «fil» tan llarg en el nucli de la cèl·lula si tot just fa sis mil·lèsimes parts d'un mil·límetre?

L'ADN s'empaqueta en unes estructures anomenades **cromosomes** que tenen forma de bastonet (com una I). Cada cromosoma està format per una sola molècula d'ADN unida a moltes proteïnes que l'enrotllen i la pleguen fins que arriba a la dimensió adequada per caber al nucli.

Cada espècie d'ésser viu té un **nombre determinat** de cromosomes. Els humans, per exemple, tenim quaranta-sis cromosomes en cada cèl·lula del nostre cos, els quals s'organitzen en vint-i-tres parelles. Un «joc» de vint-i-tres cromosomes prové de la mare i l'altre, del pare. Els cromosomes iguals s'anomenen **homòlegs** i porten el mateix tipus d'informació hereditària, o sigui que la major part de la nostra informació està duplicada.

> **! Important**
>
> El nombre de cromosomes varia segons l'espècie: per exemple, les mosques de la fruita en tenen vuit; les tomaqueres, vint-i-quatre; els cavalls, seixanta-quatre, i els ximpanzés, quaranta-vuit.

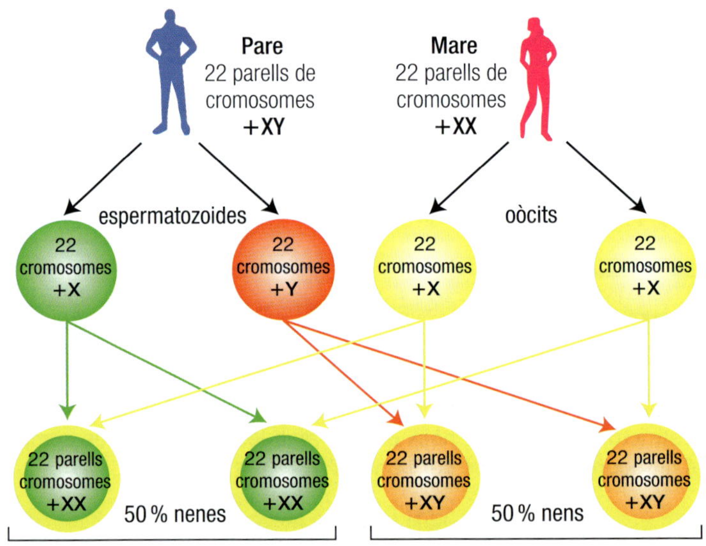

Fig. 5.9. Divisió cel·lular i formació de les cèl.lules reproductores.

> ***Vocabulari***
>
> Els *al·lels* són les diferents variacions que pot presentar un mateix gen.

El **cariotip** és el conjunt de cromosomes d'un organisme. El cariotip humà està format per quaranta-sis cromosomes, dels quals hi ha vint-i-dos parelles de cromosomes homòlegs, els **autosomes,** i una parella de **cromosomes sexuals.** Les dones tenen dos cromosomes sexuals iguals, anomenats X (XX). Els homes, en canvi, tenen dos cromosomes sexuals diferents, anomenats X i Y (XY). El cromosoma Y és molt més petit i la informació que conté és diferent de la del cromosoma X. Cada cromosoma conté un nombre de gens determinat.

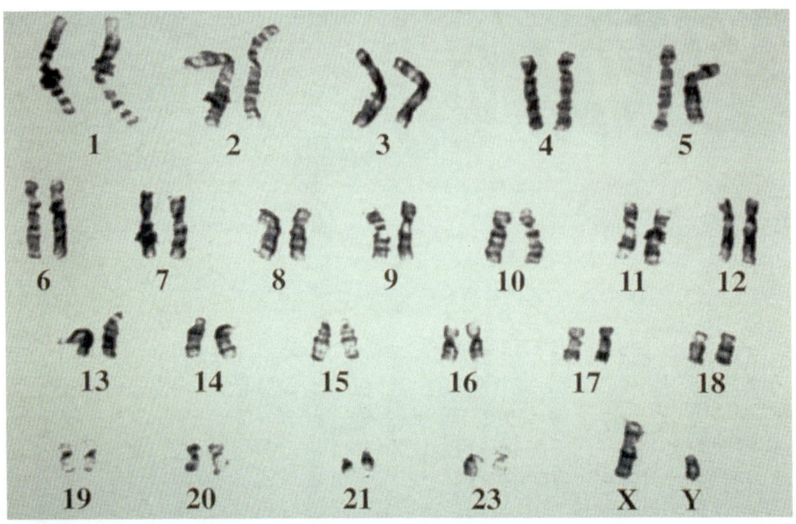

Fig. 5.10. Cariotip humà preparat per un laboratori genètic. Un cariotip és una imatge de tots el parells de cromosomes numerats, classificats i ordenats segons la forma i la grandària.

3. Els gens

La varietat d'informació que suposen les diferents **combinacions** de les quatre bases nitrogenades de l'ADN té per objectiu codificar les proteïnes que caracteritzen cada ésser viu i li permeten el funcionament i la vida.

Un **gen** és cada fragment d'ADN que codifica la síntesi d'una proteïna determinada. Un gen és la **unitat d'informació** genètica. De la mateixa manera que en una llengua una paraula és necessària per expressar una idea, cada gen és necessari per codificar cadascuna dels milers de proteïnes que necessita un ésser viu per funcionar. Cada gen és format per una seqüència concreta de nucleòtids diferent de la dels altres gens. És en aquesta seqüència, en l'ordre concret dels nucleòtids, on resideix la informació genètica.

El **genotip** és la constitució genètica d'un organisme respecte d'un caràcter concret; allò que codifiquen els dos gens, un de cada cromosoma homòleg, sobre un tret determinat.

El **fenotip,** en canvi, és la manifestació del genotip, els atributs que podem observar en un organisme a causa de la informació genètica.

3.1. Les proteïnes

Les proteïnes són molècules fonamentals per als éssers vius. Estan formades per la unió lineal d'uns elements bàsics, els **aminoàcids.** Hi ha vint aminoàcids diferents i, per tant, el nombre de proteïnes possibles combinant-los i repetint-los és infinit. Cada proteïna concreta es caracteritza per una **seqüència** d'aminoàcids que en determina la funció. Aquest ordre o seqüència li dona les **propietats específiques,** una conformació espacial determinada i les propietats fisicoquímiques i funcionals.

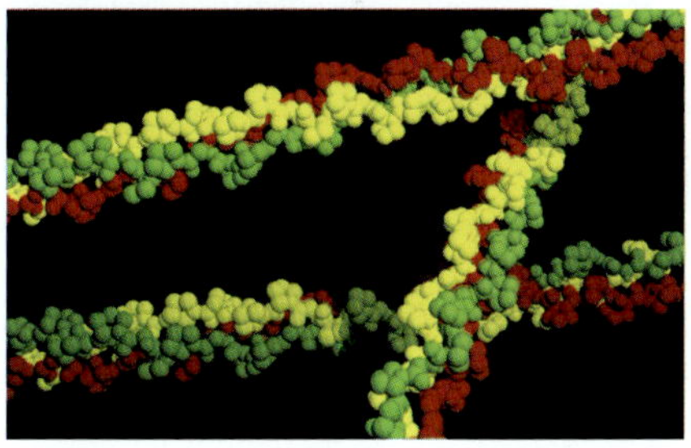

Fig. 5.11. Estructura del col·lagen.

En els éssers vius les proteïnes desenvolupen, entre d'altres, les funcions següents:

- Protegir i donar consistència i impermeabilitat, com en el cas del col·lagen i la queratina.
- Transportar substàncies, com fa l'hemoglobina.
- Activar mecanismes de defensa: és el cas de les immunoglobulines.
- Produir moviment, com fan l'actina i la miosina, responsables del moviment dels músculs.
- Empaquetar el material hereditari. És el que fan les histones.
- Rebre senyals, com fan els receptors cel·lulars.
- Afavorir o efectuar reaccions bioquímiques, com fan els enzims, el grup més gran de proteïnes.

Activitats

1> L'herència del grup sanguini

El grup sanguini A, AB, B o O és determinat per un sol gen que es pot presentar de tres maneres diferents (al·lels): A, B, O. Els al·lels A i B són dominants respecte de l'al·lel O, que és recessiu, mentre que l'un respecte de l'altre són codominants.

Així, una persona que és de grup sanguini A (fenotip A) ha de portar per força en un dels seus cromosomes el gen que codifica pel caràcter A i en el seu cromosoma homòleg hi pot portar A o O (genotip AA o bé AO), ja que en qualsevol dels dos casos s'expressa A. Passa el mateix en el cas del grup sanguini B (fenotip B), que pot ser causat pels genotips BB o BO. *(Continua a la pàgina següent).*

Sabies que...?

Els aminoàcids de les proteïnes de la nostra dieta els utilitzem per fer múscul i altres proteïnes que el nostre cos necessita. Una dieta variada en mongetes, llenties, grans i vegetals conté tots els aminoàcids essencials.

Activitats

En canvi, per ser del grup AB cal que en un dels cromosomes hi hagi el gen que codifica per A i en l'altre, per B (genotip AB), en aquest cas el genotip (allò que diuen els gens) i el fenotip (allò que observem) són iguals.

Al seu torn, del grup sanguini O només se'n pot ser si en tots dos cromosomes hi ha l'al·lel que codifica el grup O (genotip OO), ja que com que és recessiu, sempre que genotípicament vagi acompanyat d'alguna altra cosa, fenotípicament «guanyarà» aquesta última. Per això, de vegades sorprèn que, en una família en la qual tothom és del grup sanguini A, neixi un fill o una filla amb el grup sanguini O. Això s'explica pel caràcter recessiu del grup O.

L'esquema mostra dos exemples de com es pot heretar el caràcter «grup sanguini» en una família. El fet que en formar-se les cèl·lules reproductores un dels dos cromosomes per transmetre als fills s'esculli a l'atzar, permet totes les combinacions possibles de les formes del gen dels pares.

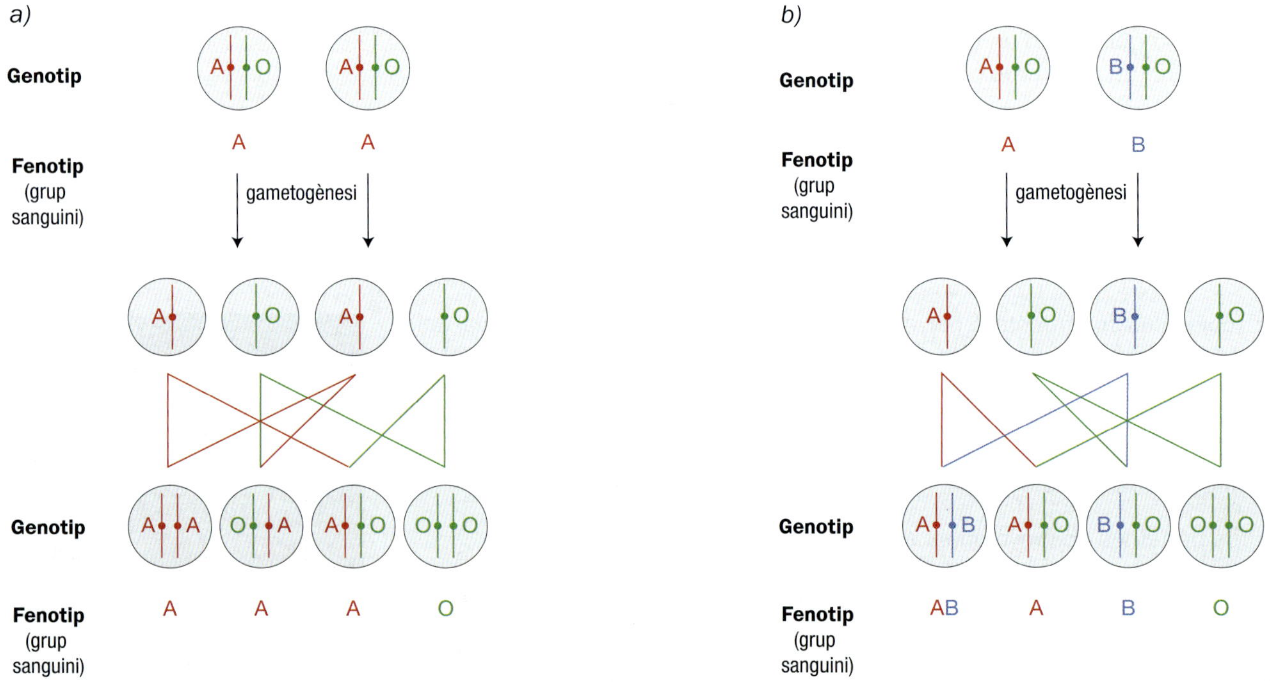

Fig. 5.12. Herència del caràcter «grup sanguini» en dues famíes: *a)* els pares són tots dos del grup A (família 1); *b)* els pares són un del grup A i l'altre del grup B (família 2).

a) Coneixent el fenotip dels membres d'aquesta família (els avis amb els seus fills i nets) representada en l'arbre genealògic, intenta deduir quin és el seu genotip. Tingues en compte que pot ser que en algun individu hi hagi més d'una possibilitat.

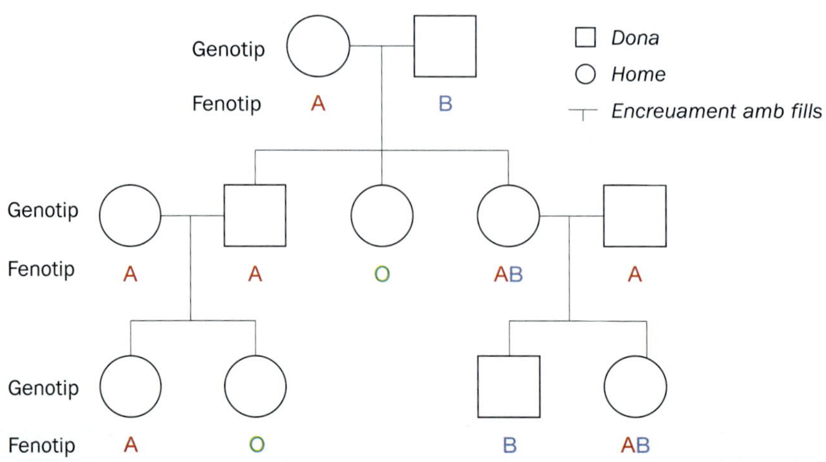

Fig. 5.13.

4. El codi genètic

Com es combinen les **quatre bases** (ACTG) de l'ADN per codificar una proteïna que pot ser la combinació de vint aminoàcids diferents?

Per tal que la informació es tradueixi i passi del gen a la proteïna, cal una relació entre la seqüència de nucleòtids del gen i la seqüència d'aminoàcids de la proteïna corresponent. Aquesta relació és el **codi genètic.** Aquest codi és **universal** per a tots els éssers vius del nostre planeta, des dels bacteris més senzills fins als vertebrats més complexos, inclosos els virus.

En aquest codi, cada combinació de tres nucleòtids **(triplet o codó)** es correspon amb un aminoàcid específic de la proteïna, sempre el mateix. Hi ha una correspondència directa entre l'ordre o seqüència de nucleòtids d'un gen i l'ordre o seqüència d'aminoàcids de la proteïna. Per tant, l'ordre dels nucleòtids d'un gen determina de manera única i definida l'ordre dels aminoàcids de la proteïna que codifica.

Posició del nucleòtid en el codó					
Primer	**Segon**				**Tercer**
	U	**C**	**A**	**G**	
U	UUU - Phe UUC - Phe UUA - Leu UUG - Leu	UCU - Ser UCC - Ser UCA - Ser UCG - Ser	UAU - Tyr UAC - Tyr UAA - X UAG - X	UGU - Cys UGC - Cys UGA - X UGG - Trp	**U** **C** **A** **G**
C	CUU - Leu CUC - Leu CUA - Leu CUG - Leu	CCU - Pro CCC - Pro CCA - Pro CCG - Pro	CAU - His CAC - His CAA - Gln CAG - Gln	CGU - Arg CGC - Arg CGA - Arg CGG - Arg	**U** **C** **A** **G**
A	AUU - Ile AUC - Ile AUA - Ile AUG - Met	ACU - Thr ACC - Thr ACA - Thr ACG - Thr	AAU - Asn AAC - Asn AAA - Lys AAG - Lys	AGU - Ser AGC - Ser AGA - Arg AGG - Arg	**U** **C** **A** **G**
G	GUU - Val GUC - Val GUA - Val GUG - Val	GCU - Ala GCC - Ala GCA - Ala GCG - Ala	GAU - Asp GAC - Asp GAA - Glu GAG - Glu	GGU - Gly GGC - Gly GGA - Gly GGG - Gly	**U** **C** **A** **G**

Taula 5.1. Codi genètic i correspondència amb els aminoàcids. En aquesta figura, cada codó correspon a la seqüència en l'ARNm (missatger) i no en l'ADN, per tant, en lloc de T (timina) hi ha U (uracil). Els codons en vermell són els que codifiquen per un acabament o fi de la proteïna, el que està en verd en determina l'inici.

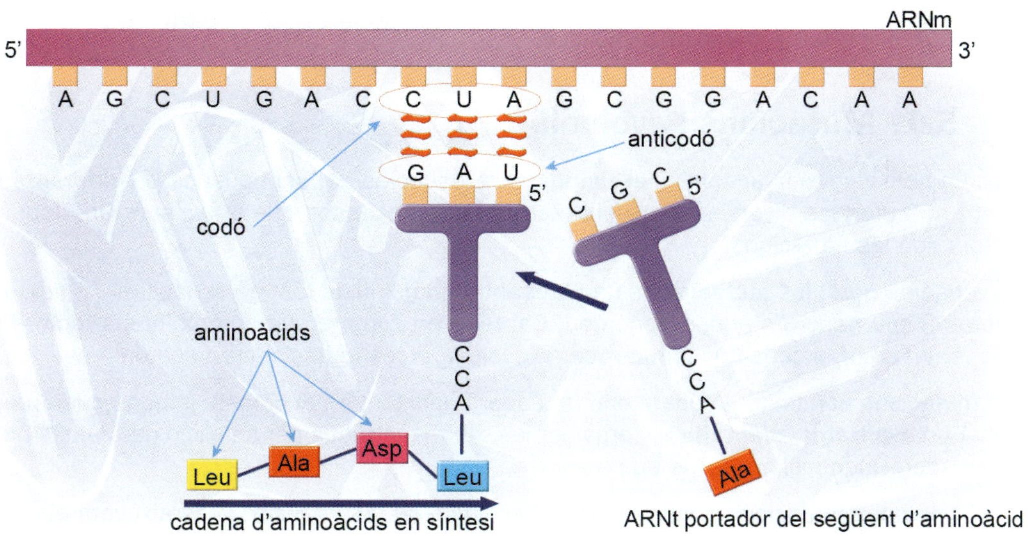

Fig. 5.14. Procés de síntesi de proteïnes. Els ARNt (de transferència) llegeixen els codons de l'ARN missatger i van aportant els aminoàcids corresponents segons el codi genètic. D'aquesta manera se sintetitza la proteïna amb l'ordre d'aminoàcids correcte.

Codi d'una lletra	Codi de tres lletres	Aminoàcid
A	Ala	alanina
C	Cys	cisteïna
D	Asp	àcid aspàrtic
E	Glu	àcid glutàmic
F	Phe	fenilalanina
G	Gly	glicina
H	His	histidina
I	Ile	isoleucina
K	Lys	lisina
L	Leu	leucina
M	Met	metionina
N	Asn	asparagina
P	Pro	prolina
Q	Gln	glutamina
R	Arg	arginina
S	Ser	serina
T	Thr	treonina
V	Val	valina
W	Trp	triptòfan
X	X	codó d'acabament
Y	Tyr	tirosina

Taula 5.2. Els aminoàcids i la seva correspondència amb el codi d'una i de tres lletres.

5. Les mutacions i els polimorfismes

! Important

De polimorfismes tots en portem, n'heretem i en traspassem als nostres fills, són característics de cada persona depenent de la seva ètnia i arbre genealògic, i per això s'utilitzen en medicina forense, proves policíaques o en proves de paternitat per identificar inequívocament els individus.

Una **mutació** és un canvi en la seqüència de nucleòtids de l'ADN. Tal com hem dit, en la seqüència de nucleòtids de l'ADN hi ha codificada tota la informació genètica d'una espècie; qualsevol canvi, encara que sigui d'un simple nucleòtid, pot portar problemes greus per al funcionament de l'organisme.

Segons quin sigui el paper i la importància de la proteïna afectada per la mutació en l'ADN, doncs, l'organisme pot tenir problemes seriosos per funcionar correctament. De les mutacions que provoquen canvis importants en les proteïnes i que poden provocar malalties en l'organisme en diem **mutacions patogèniques.**

De mutacions patogèniques n'hi ha de molts tipus, les més freqüents són:

- Canvis d'una sola base.
- Delecions (pèrdua).
- Insercions (guany) d'una fins a milers de bases.

D'altra banda, quan una mutació es dona en una zona de l'ADN que no codifica cap gen, o dins un gen, però no provoca cap canvi important en la proteïna, es diu que és un **polimorfisme.**

Fig. 5.15. El lleó blanc és degut a una mutació poc freqüent de color. Aquesta espècie es troba ocasionalment en les reserves naturals d'Àfrica del Sud.

5.1. Mutacions i evolució

+ *Més dades*

Els humans compartim entre nosaltres un 99,7 % de la informació genètica, la resta (un 0,3 %) són polimorfismes i variants que ens diferencien els uns dels altres.

Tal com hem vist en la unitat 2, l'**evolució** de les espècies pot ser causada per **diferents factors,** i hi ha teories diverses sobre els factors i els processos que la causen. Un d'aquests factors són les mutacions.

De vegades, però, les **mutacions** s'han presentat com l'única font de variabilitat i s'ha sobrevalorat el seu paper en aquest fenomen. Cal tenir en compte que són molts els factors que intervenen en un procés tan complex com l'evolució, i les mutacions en són un més.

Les mutacions han tingut i poden tenir un paper important en el procés, ja que poden proporcionar un **avantatge adaptatiu** als organismes, de manera que per selecció natural els que el tenen sobreviuen millor que els que no.

És així com les mutacions poden ajudar a l'evolució de les espècies, i és així com els evolucionistes clàssics consideren que les espècies han evolucionat i continuen fent-ho.

Tanmateix, cal insistir que hi ha una notable controvèrsia entre els investigadors sobre el paper de la **selecció natural** com a motor principal de l'evolució.

6. Biotecnologia i enginyeria genètica

La **biotecnologia** és un conjunt de tècniques que aprofiten **transformacions bioquímiques** produïdes per l'activitat metabòlica de determinats microorganismes en estat natural o modificats mitjançant l'enginyeria genètica, per:

- Millorar el rendiment de certs processos alimentaris.
- Crear substàncies amb activitat terapèutica.
- Resoldre alteracions del medi ambient.

Aquestes tècniques s'apliquen en:

- Agroindústria, per obtenir productes menys agressius amb el medi ambient o millor adaptats a les condicions climàtiques o geoquímiques de l'entorn.
- Indústria química.
- Producció i tractament de productes orgànics (derivats làctics, cervesa, vi...).
- Medicina farmacològica.
- Eliminació de residus i la salubritat ambiental.
- Indústria minera.
- Producció d'armament biològic.

Fig. 5.17. L'enginyeria genètica manipula els gens d'un organisme.

L'**enginyeria genètica**, al seu torn, és la tecnologia de la manipulació i transferència d'ADN d'uns organismes a uns altres que possibilita la creació de nous llinatges d'una espècie determinada. L'ADN transferit d'un organisme a un altre pot ser de la mateixa espècie o, més habitualment, d'espècies diferents. La manipulació genètica, doncs, implica que els individus resultants tindran un gen que abans no tenien, que s'expressarà i que, a més, serà heretat pels seus descendents.

Les tècniques de l'enginyeria genètica es fan servir en àmbits tan diversos com:

- El diagnòstic i la prevenció de malalties o la teràpia gènica.
- Medicina molecular.
- Bioarqueologia, per determinar les característiques antropomètriques i les condicions nutricionals, sanitàries, l'esperança de vida i les relacions genètiques de les poblacions antigues a partir de les restes òssies.
- Antropologia, per a l'estudi de l'evolució i les migracions humanes.
- Medicina forense, per la identificació de l'ADN...

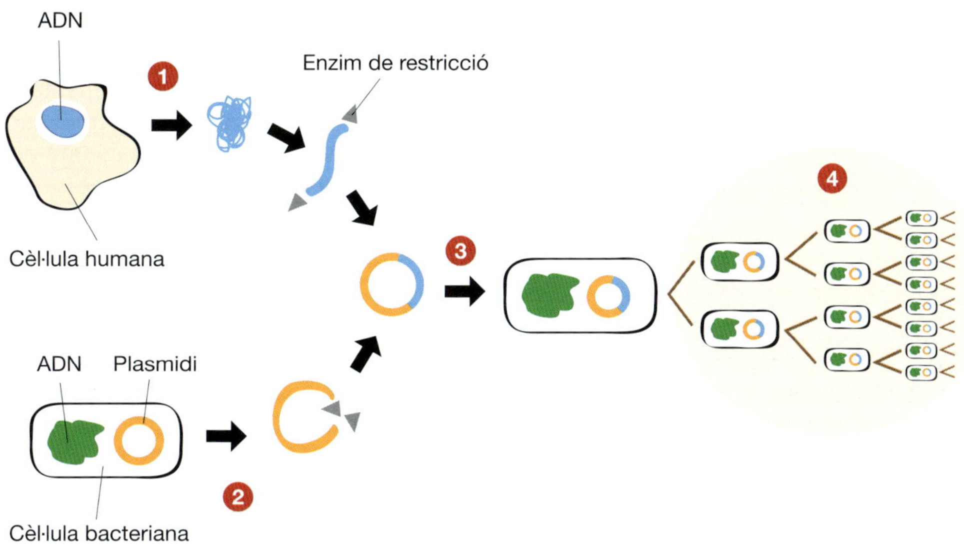

Fig. 5.16. Els procediments que segueix l'enginyeria genètica normalment passen per la clonació o la transferència genètica, i per això cal aïllar, manipular i reintroduir fragments de l'ADN dels organismes vius. Per clonar un fragment d'ADN humà en ADN bacterià: s'introdueix el fragment de l'ADN humà en l'ADN bacterià amb l'ajuda de diversos enzims; quan el bacteri es divideix, s'obtenen còpies del seu ADN i, per tant, del fragment d'ADN humà introduït en el bacteri.

! Important

Parc Juràssic

Sense l'existència de les tècniques d'enginyeria genètica, la reconstrucció del genoma d'animals ja extingits a partir de restes mínimes de la seva sang conservada en ambre no hauria estat creïble en l'argument de la novel·la *Parc Juràssic* de Michael Crichton, que va ser portada al cinema el 1993 sota la direcció de Steven Spielberg. Gràcies a les tècniques d'enginyeria genètica els protagonistes recuperaven l'ADN i l'amplificaven milions de vegades fins a aconseguir el genoma sencer d'aquests animals.

Fig. 5.18.

Important

Un vector és una mol·lècula d'ADN que s'utilitza per transmetre a una altra cèl·lula un gen determinat o una seqüència d'ADN determinada.

Activitat

2> Teràpia de substitució enzimàtica

La **malaltia de Gaucher** és causada per la deficiència de l'enzim glucocerebrosidasa (GBA). Aquest enzim s'encarrega de degradar la glucosilceramida de les cèl·lules en ceramida i glucosa. Si aquest enzim és defectuós a causa d'alguna mutació en el gen que el codifica, no és capaç de fer el pas de degradació i la glucosilceramida s'acumula a les cèl·lules i provoca la malaltia. Els pacients que la pateixen presenten el fetge i la melsa engruixits, deformitats esquelètiques i, en els casos greus, retard mental i mort prematura.

Des del final de la dècada del 1990 hi ha en el mercat un medicament anomenat Cerezyme®, obtingut per enginyeria genètica. Per aconseguir-lo, es va clonar el gen humà de la glucocerebrosidasa dins un vector, es va introduir, en aquest cas, dins de cèl·lules de mamífer (cèl·lules d'ovari d'hàmster xinès), i es va fer que aquestes l'expressessin per aconseguir grans quantitats de l'enzim actiu.

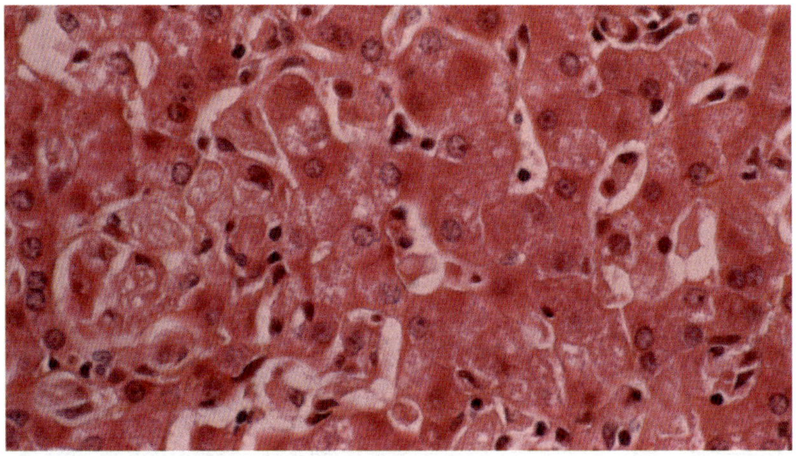

Fig. 5.19. Malaltia de Gaucher en un fetge humà.

Un cop obtingut l'enzim actiu, aquest es purifica i després es prepara per poder injectar-lo a pacients amb la malaltia de Gaucher. D'aquest tipus de tractament se'n diu **teràpia de substitució enzimàtica,** ja que el que es vol és introduir dins el cos l'enzim actiu que substitueixi l'enzim defectuós del pacient.

Aquesta teràpia, però, no és efectiva al cent per cent, s'ha observat alguna millora de les afectacions clíniques que presenten els pacients, però no totes. El retard mental és un dels símptomes que no es veu alleugerit. Tot i això, és una teràpia que actualment, malgrat ser econòmicament molt costosa, s'està utilitzant, sobretot en pacients amb les formes lleus de la malaltia, ja que són els que més milloren els símptomes.

Algunes de les malalties per a les quals ja hi ha medicaments de teràpia de substitució enzimàtica són les malalties de Pompe, de Fabry, o la mucopolisacaridosi tipus I. Totes formen part de les anomenades *malalties rares,* ja que són poc freqüents.

a) Busca més informació sobre aquest tipus de teràpia.

b) Aquest tractament és molt car, pot costar uns sis mil euros per dosi i pacient. Per això, abans de prescriure'l al malalt, un comitè avalua el cost i en valora els possibles beneficis, i de vegades el denega. Ho trobes just? Què en penses?

c) Busca informació sobre les malalties de Pompe, de Fabry i la mucopolisacaridosi tipus I.

d) Esbrina què s'entén per *malaltia rara* i afegeix-ne alguna més a la llista.

e) El dia 29 de febrer és el Dia Europeu de les Malalties Rares. Per què creus que es va escollir aquest dia?

Més dades

Els medicaments orfes són medicaments desenvolupats per al diagnòstic i el tractament de malalties poc freqüents, encara que poden millorar la salut de milions de persones, solen ser molt cars per al pacient i per als sistemes sanitaris. El cost de posar en el mercat un medicament és d'uns quants centenars de milions d'euros. Per tant, si no ha de ser possible recuperar la inversió, la indústria es dedica a altres malalties que afecten més persones i sol haver-hi poques farmacèutiques interessades en aquest tipus de medicaments.

7. Els organismes modificats genèticament

Un **organisme modificat genèticament** és aquell el material hereditari del qual ha estat modificat, introduint-hi un gen forà o bé suprimint-ne un de propi.

Per aconseguir organismes modificats genèticament, primerament cal **introduir el gen aliè** a la cèl·lula mit-jançant un vector, i un cop dins la cèl·lula hoste l'ADN s'integra en el material hereditari de la cèl·lula utilitzant metodologies diverses. Si això ho fem en una cèl·lula ou, quan l'organisme es desenvolupi, totes les seves cèl·lules portaran l'ADN recombinat en qüestió. Si introduïm un gen nou a l'organisme, aquest sintetitzarà una proteïna que abans no tenia. Per contra, si **eliminem un gen,** l'organisme deixarà de sintetitzar la proteïna que codificava aquest gen.

Fig. 5.21. Tomàquet modificat genèticament. Cal distingir entre transgènic i organisme modificat genèticament: mentre que el primer per força ha d'haver rebut un gen que no li és propi, el segon inclou qualsevol modificació genètica, inclosa la supressió d'un gen.

7.1. Plantes modificades genèticament

En les **plantes modificades genèticament,** el fet d'incorporar-hi un gen forà o d'anul·lar-n'hi un de propi pot suposar per a la planta una **qualitat o avantatge selectiu** que abans no tenia. Així se'ls sol introduir o anul·lar gens que els confereixin algun avantatge que presenti un interès econòmic, per exemple que els doni resistència a herbicides, així els agricultors poden tractar els camps amb pesticides per matar les plantes no desitjades sense malmetre les plantes conreades; o que els doni resistència a determinades plagues, a malalties pròpies de l'espècie, o els canviï el procés de maduració perquè durin més temps en bon estat..

Fig. 5.20. Cultius d'arròs modificat genèticament.

Activitats

3> Plantes resistents a plagues

Els cultius estan exposats a l'aparició de plagues d'insectes. Algunes multinacionals biotecnològiques estan ultimant cultius d'organismes transgènics que produeixin insecticida en cadascuna de les seves cèl·lules.

La majoria d'aquests cultius resistents tenen un gen procedent d'un bacteri que es troba de forma natural al sòl, el *Bacillus thuringiensis,* que produeix una proteïna anomenada *Prototoxins Bt.* Quan els insectes consumeixen aquest tòxic, els seus propis sucs digestius l'activen, i destrueixen el tracte intestinal de l'insecte, cosa que li provoca la mort.

La toxina transgènica ha estat alterada de tal manera que s'activa immediatament quan la planta la segrega, i així pot atacar un espectre més ampli d'insectes i organismes del sòl. A més, segueix activa el triple de temps que la seva anàloga natural.

a) Quins avantatges trobes en aquest tipus de cultiu transgènic? Quins en poden ser els inconvenients?

b) Pot afectar l'ús d'aquest cultiu la biodiversitat? De quina manera?

7.2. Animals transgènics

Fig. 5.22. El gat brilla en la foscor quan s'exposa a la llum ultraviolada perquè porta la proteïna RFP.

Per aconseguir **animals transgènics** la tècnica és una mica més complicada que la de bacteris o plantes. La més utilitzada és l'anomenada **microinjecció.** Consisteix a obtenir l'òvul fecundat de l'animal, abans que es divideixi, i injectar-li ADN (que contingui el gen) amb una injecció minúscula. Si es treballa amb mamífers, l'òvul s'implanta a l'úter de la femella. L'**ADN injectat s'integra** en el genoma de l'hoste. L'òvul fecundat comença a dividir-se i l'embrió es desenvolupa de manera habitual, però totes les seves cèl·lules reben una copia del transgèn (és a dir, del gen «trasplantat»).

A la pràctica, però, el procés **no sempre té èxit.** En els mamífers només entre un 1 % i un 2 % dels òvuls implantats arriben a desenvolupar-se amb èxit, sigui perquè els òvuls no sobreviuen a la microinjecció, sigui perquè fracassa la implantació.

Els animals transgènics s'empren majoritàriament per obtenir **models animals** de malalties humanes, amb l'objectiu d'analitzar-los per trobar-ne tractaments més efectius. Un dels models més utilitzats actualment al laboratori són els **ratolins,** ja que són relativament fàcils d'obtenir. Algunes de les malalties humanes que s'estan analitzant mitjançant l'estudi d'aquests animals són la distròfia muscular, el càncer, l'hepatitis neonatal, la hipotensió crònica, la hipertensió, la malaltia d'Alzheimer i un llarg etcètera.

Lectura 1

Aliments transgènics: en contra i a favor

La Unión Europea rechaza el cultivo de los alimentos transgénicos

¿Son los alimentos transgénicos dañinos para la salud? No hay una respuesta definitiva con respecto a esto. Lo que sí hay es una posición clara desde la Comisión Europea, la cual ha fallado el rechazo a los cultivos transgénicos en la UE bajo la nueva legislación comunitaria.

En el resto del mundo, las superficies plantadas con transgénicos se sitúan principalmente en Estados Unidos (63 %), Argentina (21 %), Canadá (6 %), China (4 %), Brasil (4 %) y Sudáfrica (1 %).

Los alimentos transgénicos, aquellos modificados genéticamente, que más priman en Europa son el maíz y la soja. Según la Organización para la Agricultura y la Alimentación (FAO), «en los países en los que se han introducido cultivos transgénicos en los campos no han observado daños notables para la salud o el medio ambiente. [...] Sin embargo, que no se hayan observado efectos negativos no significa que no puedan suceder».

El amplio consenso es que los efectos medioambientales de las plantas transgénicas deberían ser evaluados a través de procedimientos de evaluación de base científica, analizando cada cultivo individualmente a través de una comparación con sus homólogos convencionales.

Esta incertidumbre sobre los beneficios o peligros de los alimentos transgénicos se extienden a la salud humana. Hay quienes apuntan a que estos alimentos pueden mejorar la calidad nutricional, pero no hay estudios definitivos. De hecho, hasta el momento, once países de la UE (Austria, Croacia, Francia, Grecia, Hungría, Letonia, Lituania, los Países Bajos, Polonia, Alemania y Chipre) y cuatro administraciones regionales (Valonia, en Bélgica, y Escocia, Gales e Irlanda del Norte, en el Reino Unido) han notificado formalmente a la Comisión su intención de prohibir los cultivos transgénicos bajo las nuevas normas de la UE.

Según Greenpeace, España es el único Estado miembro que permite el cultivo de transgénicos a una escala importante (unas 132000 ha en 2014 según las estimaciones del MAGRAMA y unas 83000 ha según la información de las CCAA) lo que lo aleja cada vez más de la tendencia dominante en la UE en esta materia. Sin embargo, comunidades autónomas como el País Vasco, Asturias, Islas Canarias, Islas Baleares y Galicia aprobaron en el pasado resoluciones para prohibir el cultivo de transgénicos y otras, como Cantabria y Castilla y León (la primera productora de maíz de España), siguen sin sembrar este tipo de maíz.

Greenpeace aboga por la prohibición de cultivos transgénicos en España pero aún no se habla de la llegada de estos productos del extranjero. «De cara a las próximas elecciones generales, animamos también a que los partidos políticos incluyan la prohibición de cultivos transgénicos y una apuesta decidida por la agricultura ecológica en sus programas electorales», ha declarado Luís Ferreirim, responsable de agricultura de Greenpeace España.

Mundiario.com (3 d'octubre, 2015)

a) Fes una llista dels arguments a favor i en contra dels transgènics.

b) Creus que els aliments transgènics poden ser una via per fer desaparèixer la fam al món o alleugerir-la?

c) Creus que els aliments transgènics són beneficiosos o perjudicials?

d) Quin paper creus que tenen els interessos econòmics de certes empreses i certs països en la producció de transgènics?

8. Cèl·lules mare

Les **cèl·lules mare** són unes cèl·lules embrionàries sorprenents, el destí de les quals no està encara «decidit». Per això, s'anomenen **cèl·lules totipotents:** poden convertir-se en qualsevol de les cèl·lules que hi ha en un organisme mitjançant un procés anomenat **diferenciació.**

En les primeres etapes del desenvolupament humà, les cèl·lules mare, a l'embrió, es van diferenciant en **tots els tipus de cèl·lules** dels teixits del cos (cervell, ossos, cor, músculs, pell...) fins a formar l'organisme humà.

Els científics estan fascinats davant la possibilitat d'aprofitar l'espectacular força natural d'aquestes cèl·lules mare embrionàries per curar moltes malalties. La malaltia de Parkinson i la d'Alzheimer, per exemple, sorgeixen arran del deteriorament de determinats grups de cèl·lules del cervell. Els científics esperen poder substituir el teixit del cervell que s'hagi perdut, trasplantant cèl·lules mare d'un embrió a la part danyada del cervell.

En un futur proper, la recerca amb **cèl·lules mare podria revolucionar** la manera com els metges tracten moltes altres «malalties mortals» com un vessament cerebral, la diabetis, les malalties del cor i, fins i tot, la paràlisi.

Molts països, però, no tenen encara **lleis explícites** que regulin la recerca amb cèl·lules mare humanes. Com que utilitzar embrions humans és un **tema controvertit èticament,** els científics de tot el món estan buscant altres fonts de cèl·lules mare. Una possibilitat és un tipus de cèl·lula mare trobat a la **medul·la òssia** dels adults. Aquestes cèl·lules tenen la possibilitat de diferenciar-se en diferents cèl·lules sanguínies al llarg de la vida. En el futur, els científics esperen manipular aquestes cèl·lules mare adultes de manera que, en lloc de produir només cèl·lules sanguínies, puguin produir cèl·lules del cervell, del fetge, del cor i del teixit nerviós.

Sabies que...?

Les sargantanes regeneren la seva cua gràcies a les cèl·lules mare. Els cocodrils i taurons regeneren les seves dents desenes de vegades, i es coneixen peixos capaços de regenerar el seu sistema nerviós.

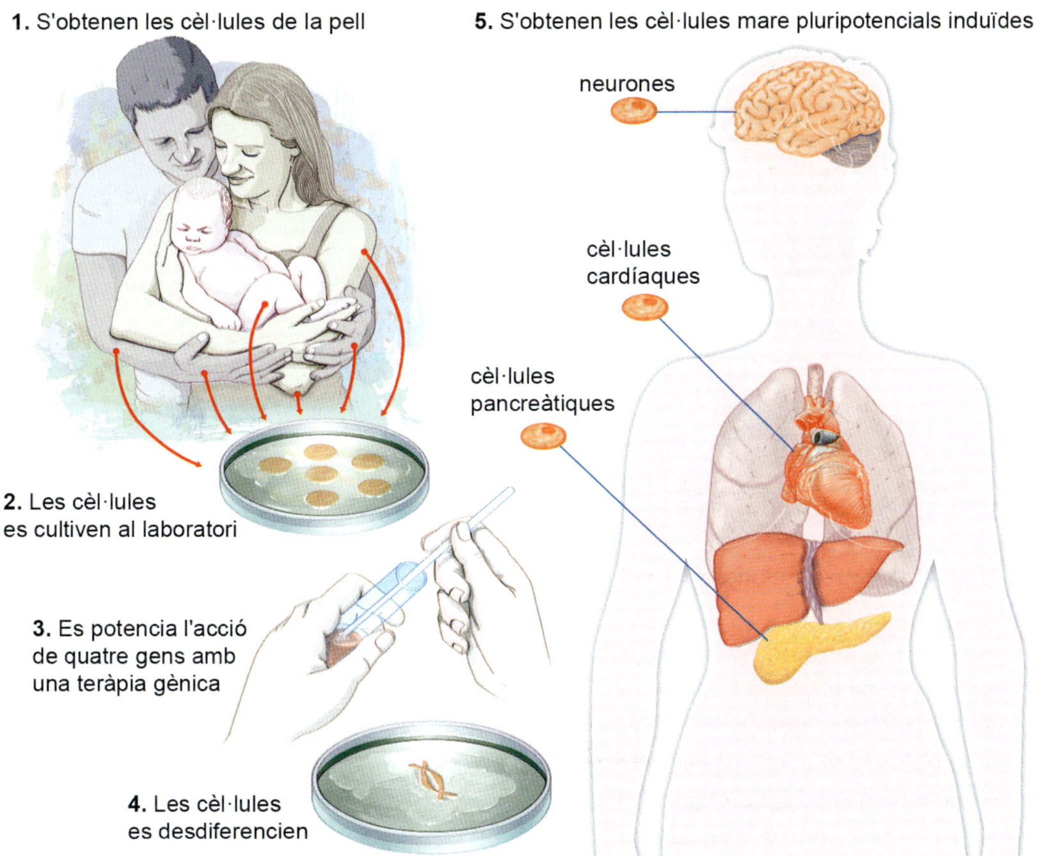

Fig. 5.23. Obtenció de cèl·lules mare a partir de cèl·lules de la pell.

Més dades

Una única cèl·lula mare pot crear un cos humà. No totes les cèl·lules mare són tan poderoses, però algunes sí, com les cèl·lules mare embrionàries, que són totipotents. Els bessons univitel·lins provenen de la divisió d'un zigot en dos grups de cèl·lules mare embrionàries. Perquè això ocorri, n'hi ha prou amb què una de les primeres cèl·lules de l'embrió es desprengui i comenci les seves divisions.

Fig. 5.25. Els organismes clònics són aquells que tenen un material genètic completament idèntic.

9. Organismes clònics

Es pot clonar l'espècie humana? De fet, hi ha molts **problemes en la tècnica de clonació,** és molt poc eficaç. S'ha calculat que si perquè nasqués l'ovella Dolly van caldre 277 òvuls, en l'home en caldrien uns mil dos-cents per aconseguir un nadó clònic. Aquesta quantitat és molt superior als òvuls que produeix una dona al llarg de tota la seva vida i caldrien entre cent i dues-centes dones donadores d'òvuls per arribar a aquest nombre.

A més a més, el nombre de **malformacions** que presenten els individus clònics és molt elevat, cosa que fa que molts morin abans de néixer o poc després. Finalment, un altre problema que han d'afrontar els individus clònics és **l'envelliment prematur,** ja que el nucli emprat en la clonació ja ha començat el seu procés d'envelliment i, per tant, l'edat genètica del clònic serà la de l'individu adult del qual es va extreure el nucli, i podria patir prematurament malalties pròpies d'edats avançades. Qui es voldria clonar en aquestes condicions? A més a més, qui podria tenir interès a clonar humans?

Activitats

Fig. 5.26. La Dolly va ser l'única ovella resultant de 277 fusions d'òvuls sense nucli amb nuclis de cèl·lules mamàries. El 1999 se li van detectar símptomes d'artritis, probablement a causa d'un envelliment prematur, que es van confirmar el 2003. La Dolly va ser el primer mamífer clonat, poc després es van clonar altres ovelles, mones i vedelles.

4> L'ovella Dolly

El 1997 es va aconseguir el primer mamífer clònic, la famosa ovella Dolly, genèticament idèntica a un altre organisme adult. En aquest experiment, els científics van obtenir un nucli d'una cèl·lula de glàndula mamària d'una ovella adulta, el van introduir dins un òvul d'una altra ovella i el van transferir a l'úter d'una tercera ovella, que li va fer de «mare de lloguer».

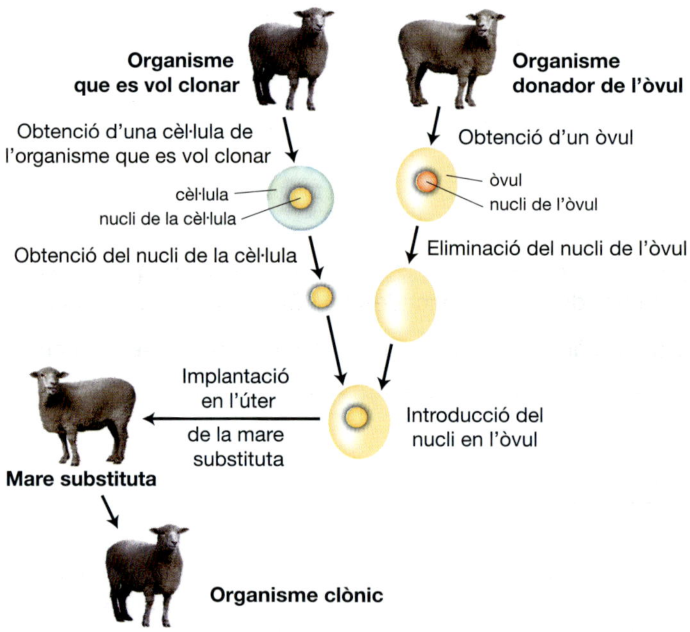

Fig. 5.24. L'ovella Dolly.

a) T'agradaria que et clonessin? Per què?

b) Si et clonessin i ara mateix nasqués el nadó amb el material genètic exacte al teu i, igualment que de tu, se'n fes càrrec la teva família, creus que, tot i ser genèticament iguals, d'aquí a quinze o setze anys aquest clon teu pensaria i actuaria igual que tu ara? Què creus que el podria influir?

c) Pràcticament tots els països prohibeixen la clonació reproductiva en humans. Quins són els motius d'aquesta prohibició?

d) Quina utilitat pot tenir la clonació reproductiva de mamífers?

10. El Projecte Genoma Humà (PGH)

El **Projecte Genoma Humà** va ser un projecte internacional que tenia per objectiu desxifrar la seqüència de tot el genoma humà i obtenir-ne una descripció completa.

El PGH va néixer arran d'una reunió de genetistes celebrada a Santa Fe, Nou Mèxic, el 1986, en la qual es van avaluar les possibilitats i utilitats de **seqüenciar tot el genoma humà.** Els participants van concloure que era possible dur a terme un projecte d'aquestes dimensions i que la seqüenciació de tot el genoma humà era un **objectiu dels més importants** a aconseguir en el camp de la biologia.

Inicialment, els objectius eren tres:

- Elaborar mapes detallats dels cromosomes humans per facilitar l'estudi dels gens.
- Desenvolupar noves tècniques per accelerar i abaratir el cost del projecte.
- Desenvolupar eines informàtiques per poder emmagatzemar i analitzar totes les dades obtingudes.

Van ser **molts els països** que van col·laborar en aquest projecte i a mesura que avançava s'hi afegien altres objectius com el de discutir els temes ètics, socials i legals que sorgien a propòsit del projecte.

El projecte va representar **molta dedicació i esforç** per part de molts investigadors i genetistes, i **l'any 2000** ja es tenia un esborrany del genoma humà, però el projecte va fer un tomb radical quan la companyia privada Celera Genomics va anunciar, per sorpresa, que havia acabat amb èxit la seqüenciació de tot el genoma humà. La presentació de la seqüència del genoma es va publicar de manera simultània en les **revistes científiques *Science* i *Nature*.** Tot i això, aquest només era el primer pas; ara que es coneix tota la seqüència del genoma, cal, però, ordenar-la, agrupar-la per cromosomes i, sobretot, interpretar-ne el missatge, identificar els gens i concretar per a què serveixen.

! Important

La paraula *genoma* és un acrònim de *gen* i *cromosoma* i va ser encunyada per Hans Winkler, professor de botànica de la Universitat d'Hamburg el 1920.

+ Més dades

El genoma en xifres

- El genoma humà té 6 400 milions de parells de bases (A, C, T, G).
- La seqüència del genoma coincideix en un 99,7 % en tots els humans.
- Desconeixem encara la funció del 50 % dels gens descoberts.
- Un 2 % del genoma codifica instruccions per sintetitzar proteïnes.
- Un 50 % del genoma humà són seqüències repetides que no tenen una funció determinada.

10.1. Problemes ètics i jurídics entorn del PGH

El PGH ha posat sobre la taula diverses **qüestions ètiques i jurídiques,** sobre les quals hi ha un fort debat:

1. La protecció de la **intimitat genètica:** la difusió de dades genètiques a terceres persones o entitats pot condicionar decisions delicades en l'àmbit familiar, educatiu, etc.
2. Els **sondejos genètics** en àmbits laborals i de contractació d'assegurances.
   - Les proves genètiques, especialment les que detecten **propensió a determinades malalties,** poden «marcar» les persones.
   - Les indústries poden **seleccionar el personal** tenint en compte la seva «salut genètica», alhora que descuiden aspectes de la higiene ambiental o la seguretat. La malaltia genètica coneguda com a G-6-PD, per exemple, fa que els individus portadors desenvolupin anèmia si estan exposats a la naftalina. Aquesta malaltia apareix en treballadors de plantes químiques. A més, la seva freqüència és més gran entre africans, xinesos, jueus orientals i alguns mediterranis: això pot portar també a la **discriminació ètnica.**
   - Les companyies d'assegurances poden utilitzar les dades genètiques per al seu profit, i causar l'aparició del concepte de *malalt potencial.*
   - Hi ha malalties genètiques que afecten majoritàriament determinades ètnies, fet que porta a l'aparició del *malalt col·lectiu.* Aquest és el cas de l'anèmia falciforme, que afecta majoritàriament la població negra dels EUA.
3. **Sondejos en àmbits clínics.**
   - El diagnòstic de malalties genètiques contra les quals encara no es disposa de teràpies és problemàtic. Què guanyem dient a una persona sana de vint anys que abans dels cinquanta desenvoluparà una malaltia mortal? Això ha generat un nou concepte: **el dret a no saber.**

Fig. 5.27. Portada de la revista *Nature* en la qual s'anuncia la presentació del genoma humà.

Lectura 2

Neix el primer nadó del món amb ADN de tres persones diferents

UN NADÓ AMB ADN DE TRES PARES

Els pares, d'origen jordà, havien patit la mort de dos nadons per una malaltia congènita de la mare que ara s'ha evitat. El procediment el va dur a terme un equip nord-americà en una clínica mexicana, on no hi ha regles que ho impedeixin

Revolució mèdica mundial, aquest cop amb una forta càrrega ètica al darrere. La revista científica britànica *News Scientist* ha informat aquest dimarts del primer naixement al món d'un nadó amb ADN de tres persones diferents. El petit, que ja té cinc mesos i es diu Abrahim Hassan, ha nascut gràcies a un mètode en el qual s'ha fet servir un espermatozou del pare, a més dels òvuls de la mare i també d'una altra donant anònima.

La tècnica com a tal només ha estat aprovada legalment al Regne Unit, on va legislar-se l'any 2015 després d'un intens debat, i només quan l'objectiu fos evitar la transmissió de mutacions genètiques greus als fills. Aquest és el cas de l'Abrahim, tot i que l'aplicació no s'ha dut a terme a la Gran Bretanya. Un equip del New Hope Fertility Center de Nova York, liderat pel doctor John Zhang, ha estat l'encarregat de dur a terme aquesta revolució mèdica, tot i que ho ha fet a Mèxic, perquè als Estats Units aquesta tècnica no és legal i, en canvi, al país centreamericà no hi ha normes que ho regulin.

Segons els experts en embriologia que cita *News Scientist,* aquest naixement hauria d'impulsar la nova tècnica a escala mundial, tot i que el petit està seguint un estricte control mèdic per garantir que no acabi desenvolupant la malaltia hereditària de la seva mare en un futur. En qualsevol cas, el nen va néixer el 6 d'abril passat i encara no ha mostrat símptomes de la malaltia.

La mare del nadó, Ibtisam Shaban, era portadora dels gens de la síndrome de Leigh, un desordre mortal que afecta el sistema nerviós en desenvolupament. Ella i el seu marit, tots dos nascuts a Jordània, havien intentat tenir descendència des de fa gairebé dues dècades. En aquest temps la dona va patir quatre avortaments involuntaris, a més de la mort d'un nen quan només tenia vuit mesos i d'una nena quan tenia vuit anys. Va ser la mort d'aquesta nena la que va permetre descobrir la causa dels seus problemes de fertilitat: una mutació genètica en els mitocondris de la mare que provocaven la síndrome. Aquesta malaltia rara afecta el cervell, els músculs i els nervis dels nadons en desenvolupament.

Segons l'article de la revista científica, i que també cita l'agència Efe, la mare de l'Abrahim és una persona sana, però prop d'una quarta part del seu ADN mitocondrial portava la mutació que causa la malaltia. Tot i que en principi hi ha diferents maneres de combinar aquest material genètic de tres persones diferents, el mètode autoritzat al Regne Unit, i batejat com a *transferència pronuclear,* implica la fertilització de l'òvul de la mare i també de la donant, i utilitza per a això l'esperma del pare. Un cop els òvuls han estat fertilitzats i comencen a dividir-se en embrions és quan es retiren els nuclis i, a continuació, es descarta el de la donant per poder reemplaçar-lo pel de la mare.

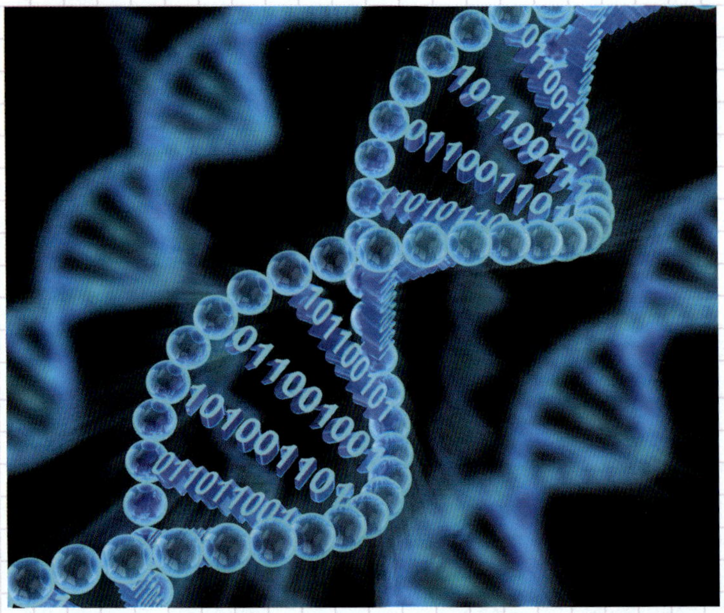

Fig. 5.28. Molècules d'ADN amb codi binari.

Ara bé, atès que els pares són de confessió musulmana, es va considerar que aquesta tècnica no era la més adequada per motius religiosos. Per això l'equip de Zhang va optar per un enfocament diferent. Va retirar d'entrada el nucli d'un dels òvuls de la mare i el va inserir en l'òvul de la donant, del qual ja s'havia retirat prèviament el nucli. L'òvul resultant tenia l'ADN del nucli de la mare i l'ADN mitocondrial de la donant, que posteriorment es va fertilitzar amb l'espermatozou del pare.

La previsió ara és que l'equip mèdic de Nova York presenti el seu treball en un congrés mèdic sobre medicina reproductiva que se celebrarà el proper mes a Salt Lake City. Segons han afirmat, però, han tingut una cura ètica extrema per garantir la seguretat del procés i que la malaltia no es repliqués en un futur. L'última vegada que es va intentar fer alguna cosa similar va ser a la dècada dels noranta, amb una tècnica que va ocasionar problemes i que va ser prohibida.

Ara.cat (Setembre, 2016)

a) Busca més informació de les malalties mitocondrials.

b) A quins dels tres progenitors creus que s'assemblarà el nadó?

c) Què opines d'aquesta manipulació genètica?

Observa i pensa

Mesures extraordinàries

Sinopsi

John Crowley (Brendan Fraser) és un home d'orígens humils que ha aconseguit arribar al cim de l'èxit empresarial. Casat amb Aileen (Keri Russell) i pare de tres fills, la seva vida s'enfonsa quan a dos d'ells se'ls diagnostica la malaltia de Pompe. Per tal de salvar la vida dels petits, el matrimoni decideix confiar en un científic poc respectat, el doctor Robert Stonehill (Harrison Ford), que busca provar-se a si mateix i les seves teories científiques respecte de la malaltia dels nens. Lluitant contra el sistema mèdic i empresarial, la relació entre John i Robert entra en crisi en les fases finals del projecte, amb la qual cosa queda en suspens la possibilitat de guarir els seus fills.

Dirigida per Tom Vaughan, la pel·lícula *Mesures extraordinàries* (*Extraordinary Measures,* EUA, 2010) està inspirada en la història real de John Crowley, un home que va desafiar el saber convencional i que va arriscar el futur de la seva família per aconseguir que guarissin dos dels seus fills afectats de la malaltia de Pompe.

Fig. 5.29. Cartell de la pel·lícula *Mesures extraordinàries* (EUA, 2010).

La malaltia de Pompe

La malaltia de Pompe o glucogenosi tipus II és una malaltia hereditària deguda a la deficiència de l'enzim alfa-glucosidasa. Aquest enzim és l'encarregat de degradar el glucogen en les seves subunitats de glucosa quan l'organisme necessita energia. Precisament per això, un dels teixits més afectats en aquesta malaltia és el múscul, ja que és on s'hi emmagatzema glucogen i on cal que l'alfa-glucosidasa actuï quan es fa exercici. El fet que l'enzim no sigui capaç de degradar el glucogen, fa que aquest s'acumuli paulatinament a les seves cèl·lules i en causi el mal funcionament, la qual cosa porta a la paralització gradual dels músculs de tot el cos, inclòs el cardíac.

Es tracta d'una malaltia hereditària, en la qual el pacient hereta de cada un dels seus progenitors el gen de l'alfa-glucosidasa mutat o inactiu. Els pacients neixen ja amb la malaltia, però comencen a mostrar-ne els primers símptomes depenent de la velocitat en la qual se'ls acumuli el glucogen als músculs. L'aparició de la malaltia pot donar-se des dels primers mesos de vida fins a l'edat adulta i condueix a la mort prematura de l'afectat.

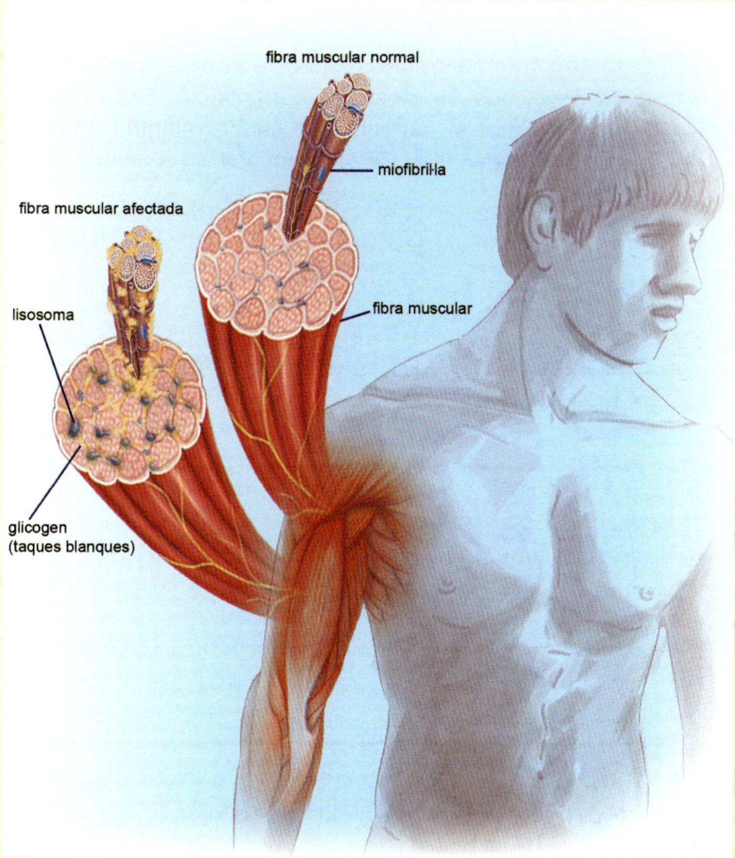

Fig. 5.30. La malaltia de Pompe és hereditària.

a) Creus justificada la lluita del pare d'aquests nens?

b) Trobes ètica l'actitud del científic?

c) Reflexiona i comenta el paper dels diners en la investigació.

Activitats finals

1. Les seqüències d'ADN de les figures 5.31 i 5.32 són com les obtingudes per un genetista per intentar buscar la mutació responsable d'una malaltia. Fes de genetista: escriu i intenta trobar la mutació comparant la seqüència d'una persona control sana i la del pacient.

2. *a)* La seqüència escrita que es correspon al fragment del gen IDUA, que codifica els aminoàcids del 392 al 411 de la proteïna alfa-iduronidasa, és la següent:

392 CTGCTGGCGCTG 396 CTGGATGAGGAG 400 CAGCTCTGGGCC

404 GAAGTGTCGCAG 408 GCCGGGACCGTC

Utilitza el codi genètic per escriure la successió d'aminoàcids que codifiquen aquest fragment de la mateixa manera que ho farien els ribosomes.

Fixa't que hi ha els codons marcats de colors alternats. Pots utilitzar el codi d'una o de tres lletres per identificar l'aminoàcid. Tingues en compte que la timina (T) equival a l'uracil (U) en el codi genètic.

b) El mateix fragment corresponent a la seqüència d'un pacient és el que es mostra a continuació. Fes el mateix i intenta trobar la mutació que causa malaltia en el pacient i quin canvi d'aminoàcid provoca.

392 CTGCTGGCGCTG 396 CTGGATGAGGAG 400 CAGCTCTGGGCC

404 GAAGTGTCGCAG 408 GCCGGGACCGTC

c) Què creus que passarà en el cas de la mutació? Què deu provocar?

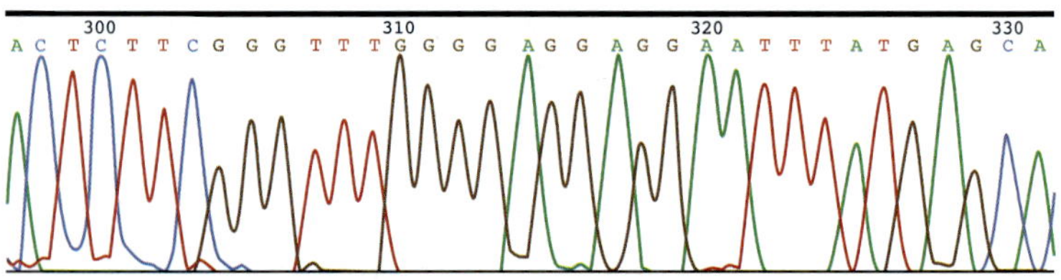

Fig. 5.31. Seqüència control.

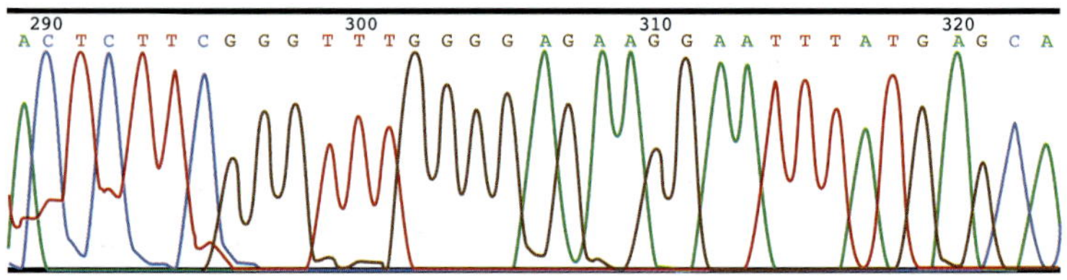

Fig. 5.32. Seqüència pacient.

3. Has sentit a parlar mai dels medicaments «orfes»? En anglès són les *orphan drugs.* Busca què són i posa algun exemple de malaltia on es puguin aplicar. Per què creus que s'anomenen «orfes»?

4. Fes d'investigador i inventa algun tipus de planta transgènica. Tria el tipus de planta, fes una llista de les seves qualitats i escull una nova qualitat. De quin altre organisme podries extreure el gen per a aquesta nova qualitat?

5. Descriu què són els models animals. Explica quins tipus d'animals són els més útils i per a quina finalitat s'utilitzen.

6. Avui dia, qualsevol aliment que contingui algun producte procedent d'un organisme transgènic ho ha de fer constar en l'etiquetatge.

Això és resultat d'una llarga lluita, liderada per Greenpeace.

Què opines d'aquesta obligació?

7. El Tractat Transatlàntic de Comerç i Inversions (TTIP per les sigles en anglès, Transatlantic Trade and Investment Partnership) és un tractat de lliure comerç que està essent negociat entre la Unió Europea i els EUA des de juny del 2013. L'acord busca baixar els aranzels, encara que ja són baixos de per si, liberalitzar nous mercats i harmonitzar la legislació entre ambdues potències.

Tenint en compte que actualment les lleis sobre aliments transgènics no són les mateixes en els dos llocs, creus que el TTIP és favorable per igual a totes dues bandes?

Com pot afectar l'enginyeria genètica sobre productes alimentaris el comerç internacional?

8. Suposant que es pogués clonar els éssers humans, t'agradaria tenir un, dos o més clons teus? Fes una valoració dels avantatges i inconvenients que això tindria.

Suposant que tots els clons pensessin com tu, quina organització creus que haurieu d'adoptar per conviure? O creus que cada clon faria la seva vida? Imagina't com seria el teu món amb diversos clons teus.

9. Trobes just que les companyies asseguradores ajustin el preu d'una assegurança de vida segons el teu perfil genètic i la predisposició que tinguis a certes malalties?

Creus que poden exigir aquesta informació o que hauria de ser confidencial i personal?

10. Suposant que tinguessis una malaltia genètica sense tractament que fes que cap als cinquanta anys estiguessis molt limitat i et portés a la mort abans dels seixanta, voldries que t'ho diguessin ja des d'ara?

O preferiries saber-ho quan en sorgissin els símptomes?

Estàs d'acord amb el dret a no saber?

11. A mesura que s'avança en la manipulació genètica, cada cop sembla més propera l'opció dels «nens a la carta», escollir un fill que tingui les característiques físiques i mentals que hom desitgi, seguint uns estereotips socials o a voluntat. Escollir el color dels cabells, dels ulls, de la pell, ja no sembla tan lluny. Què opines d'aquesta possibilitat?

Si quan vulguis ser pare/mare se t'oferís la possibilitat d'escollir alguns d'aquests trets, creus que l'acceptaries?

Posa't a prova

1. L'ADN és compost per una cadena de:

a) Aminoàcids.

b) Nucleòtids.

c) ARN.

2. Les quatre bases nitrogenades que hi ha en l'ADN són:

a) Timina, guanina, adenina i uracil.

b) Citosina, guanina, adenina i uracil.

c) Timina, guanina, adenina i citosina.

3. Les dues cadenes d'ADN complementàries s'uneixen entre elles i formen una estructura amb forma:

a) Lineal unida per ponts d'hidrogen.

b) Doble hèlix unida per ponts d'hidrogen.

c) Doble hèlix unida per ponts sulfur.

4. Quants cromosomes té l'espècie humana en les seves cèl·lules?

a) Seixanta-quatre.

b) Quaranta-sis.

c) Quaranta-vuit.

5. Què és un gen?

a) Un fragment d'ARN que codifica una proteïna determinada.

b) Un fragment d'ADN que dona informació sobre els cromosomes.

c) Un fragment d'ADN que codifica una proteïna determinada.

6. Mendel era un monjo que va establir les primeres lleis de la genètica estudiant l'encreuament entre:

a) Mosques del vinagre.

b) Pesoleres.

c) Mongeteres.

7. Les proteïnes:

a) Estan formades per aminoàcids i tenen funcions molt variades.

b) Estan formades per nucleòtids i transmeten informació.

c) Estan formades per aminoàcids i transmeten informació.

8. Una mutació patogènica és:

a) Un canvi en l'ADN que provoca una malaltia.

b) Un canvi en l'ADN que no causa cap problema.

c) Un canvi en l'ARNm que no causa cap problema.

9. Què és l'enginyeria genètica?

a) Una carrera universitària.

b) La tecnologia de la manipulació i transferència d'ADN d'uns organismes a uns altres.

c) La tecnologia de la manipulació i transferència d'ARN i proteïnes d'uns organismes a uns altres.

10. És efectiva sempre la teràpia de substitució enzimàtica?

a) No.

b) Sí.

c) Només és efectiva en certs teixits i casos.

11. Què és un organisme transgènic?

a) Un organisme que ha deixat tots els seus gens a un altre.

b) Un organisme que transforma els seus gens en els d'una altra espècie.

c) Un organisme en el material hereditari del qual s'ha introduït un gen forà.

12. Greenpeace considera que els cultius transgènics són:

a) Perillosos per al medi ambient i l'agricultura, i que augmenten els problemes alimentaris.

b) Beneficiosos per al medi ambient i l'agricultura, i que solucionen la fam i la desnutrició.

c) Perillosos per al medi ambient i l'agricultura, però solucionen la fam i la desnutrició.

13. Què són les cèl·lules mare?

a) Són cèl·lules embrionàries totipotents.

b) Són cèl·lules amb un gran instint maternal.

c) Són cèl·lules que cada sis mesos es repliquen i es converteixen en quatre cèl·lules filles.

14. Per què va destacar l'ovella Dolly?

a) Per estar modificada genèticament i fer la llana més calenta obtinguda fins aleshores.

b) Per ser el primer mamífer clònic, genèticament idèntic a un altre organisme adult.

c) Per haver tingut trenta-tres cries en poc temps gràcies a una transferència gènica.

15. Què vol dir PGH?

a) Projecte Gran Humanització.

b) Projecte Genotipació Humanitzada.

c) Projecte Genoma Humà.

16. El PGH pretén:

a) Identificar les diferents ètnies humanes.

b) Fer un estudi detallat dels cromosomes humans, obtenir-ne tota la seqüència i estudiar-ne tots els gens.

c) Fer un estudi detallat de les cèl·lules humanes, estudiar-ne tots els tipus i les proteïnes que hi actuen.

17. Un polimorfisme és:

a) Un canvi que no afecta la proteïna.

b) Un gen que té moltes formes diferents.

c) Un canvi que només porten algunes persones.

Llegeix i reflexiona

Seqüenciar el genoma d'un fill

¿LE GUSTARÍA SECUENCIAR EL GENOMA DE SU HIJO?

Dos hospitales de Boston secuenciarán el genoma de doscientos cuarenta bebés como parte de un estudio para determinar las consecuencias de disponer de esta información desde el nacimiento

De manera rutinaria, cada vez que un bebé nace en España se le somete a una batería de pruebas médicas para determinar su estado de salud. Ahora bien, imagine que acaba de tener un hijo y que su médico le ofrece la posibilidad de secuenciar el genoma del recién nacido. La secuenciación supondría realizar un mapa genético que revelaría la presencia de enfermedades infantiles hereditarias difíciles de detectar, pero también la propensión del bebé a padecer otras enfermedades de origen genético en el futuro. ¿Querría usted tener esa información? ¿Cómo cree que el conocer esos datos afectaría la vida de su hijo? ¿Sería usted más proclive a sobreprotegerle ante ciertos riesgos? ¿Revelaría el contenido de este informe a su hijo en el futuro?

A estas y muchas otras preguntas se enfrentarán los padres de doscientos cuarenta bebés nacidos en dos hospitales de Boston quienes se han ofrecido como voluntarios para recibir este mapa genético de sus bebés como parte de un estudio llamado BabySeq Project. Tanto los padres como los pediatras recibirán un informe que analizará la presencia de mil setecientas enfermedades infantiles con causas genéticas. Algunas de estas enfermedades son curables o, al menos, tratables, y otras, no. Para el estudio, no se facilitará información sobre enfermedades que se desarrollan en la madurez, como el alzhéimer o el cáncer de mama.

Sin embargo, hay que tener en cuenta que el verdadero objetivo del estudio no es el de detectar y tratar enfermedades en los recién nacidos. Es más, podría ocurrir que ninguno de los bebés tuviera ningún tipo de patología importante dado lo reducido de la muestra y lo poco frecuentes que son las enfermedades infantiles con causas genéticas. Realmente lo que se pretende comprobar es cómo va a influir el hecho de tener su información genética disponible desde el momento de su nacimiento en la vida de estos bebés, tanto en su salud como en sus relaciones familiares y otros aspectos psicosociales. También permitirá sacar conclusiones en cuestiones más prácticas como, por ejemplo, si hay riesgo de que las aseguradoras privadas discriminen a ciertas personas basándose en su condición genética o si los médicos serán más propensos a realizar tratamientos basándose en esta información y si estos realmente mejorarán su salud.

Actualmente, tanto en Estados Unidos como en España, se acepta con normalidad que a todos los recién nacidos se les practiquen pruebas clínicas tales como la prueba del talón, que sirve para detectar precozmente enfermedades metabólicas congénitas. Esta es realizada a todos los niños, incluso a los aparentemente sanos, puesto que algunas enfermedades no presentan ningún síntoma aparente tras el nacimiento pero pueden causar serios problemas de salud en los primeros meses de vida.

Sin embargo, la secuenciación genética de los recién nacidos se presenta mucho más controvertida. Según Caroline Weipert, gestora del BabySeq Project y consejera genética en el Hospital Brigham and Women's de Boston, «la secuenciación genómica puede proveer a los médicos de información sobre un rango mucho más amplio de enfermedades infantiles que otras pruebas disponibles actualmente». Sin embargo, reconoce, «puede que algunas de las enfermedades no sean prevenibles ni tratables y en algunos casos los médicos ni si quiera las entienden por completo. Actualmente apenas existen estudios centrados en cómo reaccionan los médicos a la secuenciación genética de los recién nacidos. Nosotros pretendemos explorar los impactos potenciales —positivos y negativos— de facilitar la información genómica de recién nacidos a las familias y a sus médicos».

El estudio incluirá a ciento veinte bebés sanos nacidos en el Hospital Brigham and Women's y a otros ciento veinte de la unidad pediátrica del Boston Children´s Hospital. Además, se seguirá el desarrollo de otros doscientos cuarenta niños de ambos hospitales a los que no se les realizará la secuenciación y que actuarán como grupo de control. Los participantes serán sometidos a una serie de cuestionarios, realizados antes de llevar a cabo la secuenciación, justo después de recibir el informe de la misma y a los diez meses de haberlo recibido. Posteriormente, los investigadores harán un seguimiento anual a los bebés hasta que lleguen a la adolescencia. Los pediatras también serán evaluados para conocer sus actitudes y percepción acerca de la utilidad de la secuenciación genética en el nacimiento, así como para determinar la influencia que haya tenido en sus decisiones médicas el disponer de dicha información. Finalmente, se estudiarán los historiales médicos de todos los niños para determinar si el grupo ha salido beneficiado o perjudicado con el experimento.

Si bien aún falta bastante tiempo para que la secuenciación genética de los recién nacidos sea algo común, los responsables de BabySeq prevén un aumento significativo de este tipo de estudios en un futuro próximo. Según Weipert, «aún es difícil saber cuál será el futuro de la secuenciación genómica de los recién nacidos, pero esperamos que comience a ser mucho más común en la población general». De cara a un futuro en el que todo ser humano tenga su mapa genético disponible desde el nacimiento, sus expectativas son positivas, aunque con ciertas reservas: «Esperamos que la secuenciación en recién nacidos permita un modelo sanitario mucho más personalizado y preventivo. Sin embargo, tenemos claro que es necesaria una investigación cuidadosa para determinar las consecuencias a nivel médico y económico de un modelo de salud pediátrica basado en la secuenciación genómica antes de pensar en implementarlo de manera más ampliat,», concluye.

JAVIER BARBUZANO. *El País.* Boston (22 d'agost 2015)

a) T'agradaria que seqüenciessin el teu genoma?

b) Voldries seqüenciar el genoma d'un fill teu?

c) Quins avantatges hi veus? I quins inconvenients?

A fons

La teràpia gènica

En les malalties genètiques, en les quals el causant és un gen defectuós, científics i metges recorren a la teràpia gènica. Aquesta consisteix a corregir el problema de soca-rel: si un gen no funciona, s'insereix el mateix gen sa en el material hereditari del pacient i problema solucionat. Si després de la intervenció, les cèl·lules funcionen bé, no caldran tractaments continuats de per vida.

L'aparent senzillesa d'aquest procés, però, no és real: el pas de la teoria a la pràctica està resultant més difícil del que inicialment tothom es pensava, bàsicament per problemes tècnics, de seguretat dels pacients i problemes ètics i socials. Tot i que s'ha aplicat aquesta teràpia en pacients concrets i en determinades malalties, no està generalitzada ni s'utilitza de manera sistemàtica per guarir cap malaltia. El camí de la teràpia gènica com a mètode curatiu és encara molt llarg.

La situació ideal seria que, en detectar un defecte congènit en un embrió, se li pogués transferir directament el gen sa perquè totes les cèl·lules provinents de les divisions consecutives ja el tinguessin integrat i, per tant, tot el cos expressaria la proteïna sana i no estaria malalt. A la pràctica, però, això és impossible en humans perquè no sols s'actuaria sobre la persona afectada, sinó també sobre tota la seva descendència, ja que la modificació introduïda en l'embrió l'heretarien tots els descendents.

De moment, la teràpia gènica en humans només s'ha fet en cèl·lules somàtiques, és a dir, en cèl·lules no germinals d'un individu. Una malaltia causada per un gen defectuós sol afectar més uns teixits que uns altres, segons el lloc on la proteïna és més imprescindible. L'objectiu de la teràpia gènica és implantar el gen sa en els teixits més afectats perquè puguin funcionar millor i millorar l'afectació clínica del pacient.

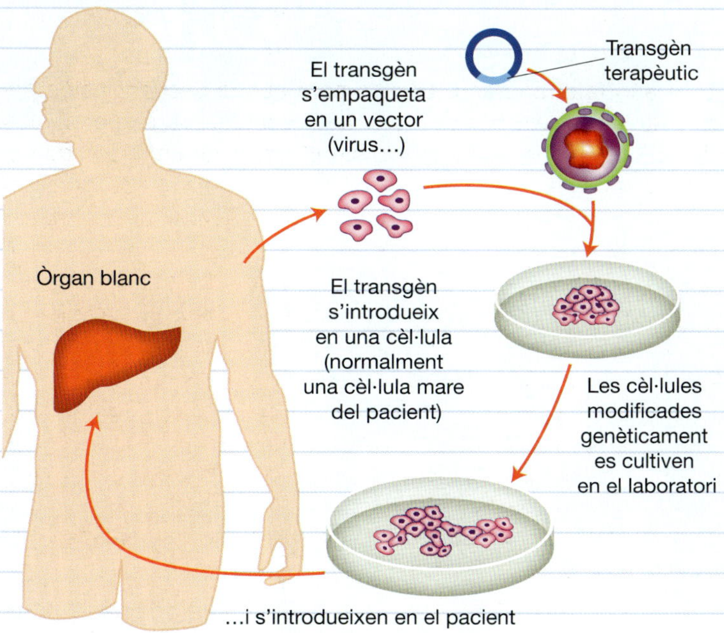

Fig. 5.33. Procés de la teràpia gènica.

Els centres que efectuen tractaments amb teràpia gènica tenen regulacions molt ben establertes que inclouen els requisits següents:

1. El gen defectuós ha de poder ser transfectat.
2. Hi ha d'haver un vector efectiu.
3. Els teixits que han de rebre el gen sa han de ser fàcilment accessibles.
4. Només es pot aplicar aquesta teràpia si no n'hi ha cap altra de disponible i no perjudica el pacient.

El primer cas de teràpia gènica aplicada es va dur a terme el 1990. Es va fer per curar una nena de quatre anys afectada de la deficiència de l'enzim adenosina deaminasa (ADA). Els pacients afectats d'aquesta malaltia són els anomenats *nens bombolla*, ja que han d'estar aïllats de tot l'entorn dins una bombolla completament estèril perquè no tenen limfòcits B ni T funcionals; aquests limfòcits formen part del sistema immunitari que, com que és defectuós, no es pot defensar contra les malalties infeccioses i els malalts podrien morir d'un simple refredat.

El tractament va consistir a aïllar de la pacient limfòcits T no funcionals, introduir-los una còpia del gen ADA funcional i fer-los créixer al laboratori en grans quantitats, finalment es van injectar uns mil milions de limfòcits T genèticament modificats en el seu sistema sanguini. Entre el 2001 i el 2002, quatre *nens bombolla* britànics van ser tractats amb teràpia gènica i, actualment, fan una vida normal.

La teràpia gènica també s'ha aplicat amb èxit en alguns tipus de càncer, però també ha fracassat en altres casos.

En qualsevol cas, doncs, no és una teràpia generalitzada ni totalment efectiva, encara ha de superar molts esculls tècnics, socials, ètics i legals per ser aplicada i accessible a les malalties amb components genètics.

Actualment, hi ha engegats programes de recerca i investigació per aplicar teràpia gènica a malalties com la fibrosi quística, la fenilcetonúria, la distròfia muscular de Duchenne, l'hemofília A i B, la talassèmia, i algunes malalties lisosòmiques, entre d'altres.

a) Quines avantatges veus en aquesta teràpia?

b) I quins inconvenients?

c) Què opines d'aplicar teràpia gènica directament en l'embrió?

6

Civilització i crisis ambientals

- El medi ambient, un sistema complex
- Un planeta habitable molt singular
- Els sistemes ambientals
- El planeta blau: la hidrosfera
- La relació entre l'home i la biosfera
- Civilització i crisis ambientals
- La consciència dels límits

«Al món hi ha prou recursos per satisfer les necessitats de la humanitat, però no la seva cobdícia».

Mahatma Gandhi

1. El medi ambient, un sistema complex

En els darrers anys s'ha avançat molt en el camí d'esbrinar la complexa trama d'elements i fenòmens entrelligats que ens ajuda a interpretar i comprendre millor el funcionament de la natura. Al mateix temps, la ciència està fent un gran esforç per aportar evidències sobre la influència de la nostra espècie en els sistemes naturals a escala planetària.

Fig. 6.1. Aquesta imatge és una de les poques en la qual s'observa des de l'espai l'impacte de la civilització sobre l'atmosfera. En aquest cas, es tracta d'un núvol de boira fotoquímica procedent de la contaminació urbana i industrial instal·lat sobre el NE de la Xina. Font: Projecte SeaWiFS, NASA/ Goddard Space Flight Center i ORBIMAGE.

La **teoria de sistemes** utilitza el coneixement aportat per diverses disciplines científiques per comprendre i interpretar les causes, els efectes i els mecanismes de regulació de processos complexos —el funcionament del clima, l'estructura del cosmos o els sistemes fractals— amb el suport de noves tecnologies: superordinadors, programes de simulació, etc. De la mateixa manera que el microscopi ens atansa als objectes més petits i el telescopi als llocs més llunyans, la teoria de sistemes i els seus mètodes d'anàlisi constitueixen una espècie de «macroscopi» que ens permetrà aproximar-nos a **relacions complexes** fins ara inabastables.

La concurrència de ciències diverses en l'estudi d'entitats complexes, com ara els sistemes naturals obliga a considerar un marc teòric útil comú per descobrir els factors que controlen cada procés, interpretar observacions i realitzar prediccions. D'això se n'ocupa la teoria de sistemes, que, entre d'altres coses, ens descobreix que el comportament dels sistemes està regit per procediments de **control tipus *feed-back* o** de **retroalimentació:** quan alguna variable física o la concentració d'algun producte assoleix un límit, fa que algun procés s'aturi o s'activi.

Estudiar un sistema significa conéixer quins són els seus elements, quines relacions s'estableixen entre aquests elements i quines **propietats emergents** —que no presentaria la mera agregació dels elements— apareixen com a conseqüència de les interaccions entre les diferents parts del sistema. En el cas del **medi ambient,** l'esforç per entrelligar el major nombre possible de variables està ocupant milers de científics de tot el món.

Comprendre com funcionen els sistemes naturals i esbrinar quines relacions s'estableixen entre aquests i el sistema social és una tasca que ajudarà a resoldre els problemes sorgits en la difícil relació entre l'home i la natura.

! Important

Un exemple de sistema complex: el Niño

El Niño i La Niña són, respectivament, les fases càlides i fredes d'un **patró climàtic recurrent** observat al sud de l'oceà Pacífic. Des de molt abans que el fenomen fos tingut en compte pels científics, els pescadors peruans havien observat que alguns anys, cap a Nadal —per això el nom d'El Niño—, l'aigua de l'oceà Pacífic s'escalfava de manera anormal, la qual cosa minvava les captures de pesca. Però es va descobrir que aquest fenomen tenia repercussions de caràcter climàtic a escala planetària. Per exemple, l'aparició d'El Niño al final del 2015 ha provocat durant tot l'any 2016 una sèrie d'anomalies encadenades a llocs molt allunyats: sequeres extraordinàries a Etiòpia, Lesotho, l'Índia i Austràlia, inundacions als Estats Units i a la Xina, ciclons a l'àrea del Carib, etc. Milers de científics treballen actualment per tal d'explicar les connexions entre aquests esdeveniments, per tal de poder realitzar prediccions i anticipar-se, en la mesura de les possibilitats, a les catàstrofes.

Fig. 6.2. Anomalies durant l'episodi d'El Niño del 2015 en relació amb la temperatura mitjana. El grau de vermell representa l'increment anormal de temperatura. Font: NOAA.

Més dades

Un exemple senzill d'un procés *feed-back* és el funcionament del termòstat d'una estufa. L'estufa cedeix calor i fa augmentar la temperatura fins a un límit programat, la qual cosa desconnecta l'estufa. Aquesta analogia es pot aplicar a processos metabòlics, sistemes econòmics, sistemes ambientals, etc.

2. Un planeta habitable molt singular

Fig. 6.4. En la llarga història de la construcció de la biosfera terrestre mai no havia aparegut una espècie tan ostentosa que es pogués veure des de l'espai exterior. El més sorprenent és que aquesta notorietat és molt recent, producte de l'acceleració del creixement que ha experimentat l'espècie humana en les darreres dècades. Aquesta imatge, processada per la NASA a partir de dades obtingudes pels satèl·lits, ens proporciona una evidència de la imposició de la civilització tecnològica sobre els sistemes naturals.

Probablement, la Terra no sigui l'únic astre habitat. També és possible que la vida hagi evolucionat en algun altre lloc cap a sistemes complexos. De fet, hi podria haver milers de biosferes perdudes en el mar còsmic. No obstant això, no hauríem d'esperar trobar cap semblança entre biosferes diferents. Cada astre viu hauria seguit la seva pròpia **història evolutiva.** L'home és producte de la història particular de l'evolució de les espècies en el nostre planeta. No hi ha humans en altres planetes —ni elefants, ni avets, ni papallones— perquè el nombre d'històries possibles és immens i només una s'acaba duent a terme.

A més, la nostra espècie, l'*Homo sapiens,* ha experimentat un tipus d'evolució molt singular, basada en el desenvolupament de la ment i la cultura, que ens ha permès crear la ciència i la tecnologia necessàries per adaptar la natura a les nostres necessitats. Gràcies a l'ús d'eines i màquines i a la possibilitat d'extreure energia de fonts externes al nostre organisme, hem adquirit una capacitat immensa de transformar la natura, molt per sobre de la que ens correspondria com a membres de l'escala biològica. En certa manera, els humans hem arribat a reemplaçar l'evolució biològica per l'**evolució cultural** i aquesta ha estat la causa del gran èxit adaptatiu de la nostra espècie respecte de les altres.

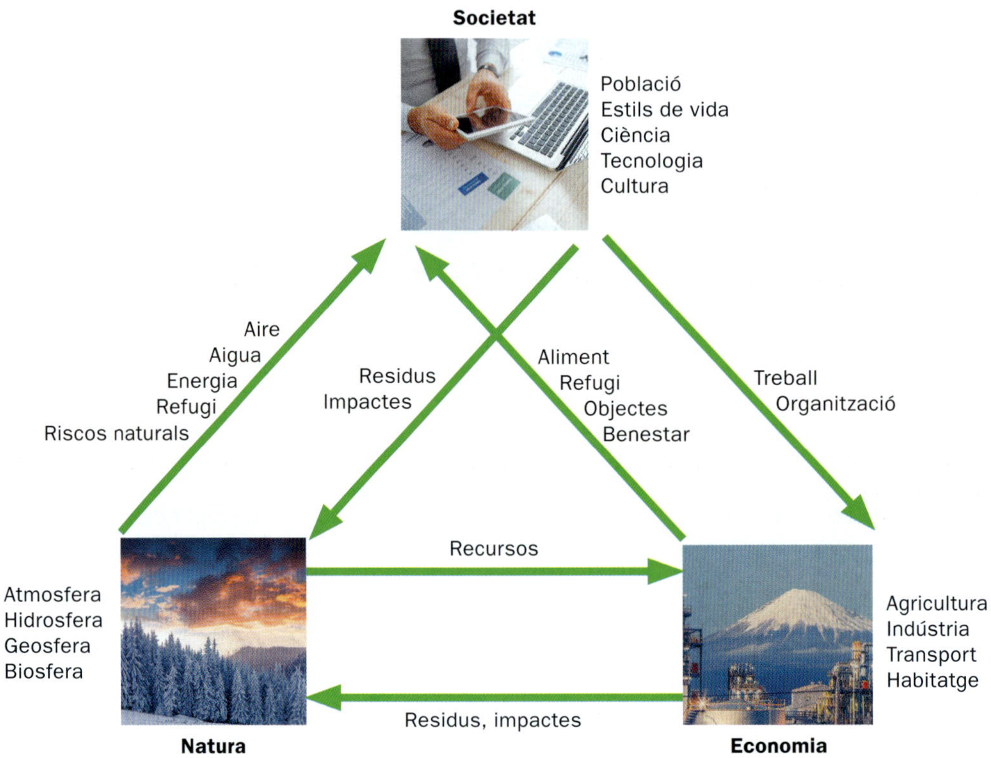

Fig. 6.3. Esquema de funcionament de l'ecosistema humà.

Sabies que...?

En els darrers anys alguns científics afirmen que l'acció global de l'home sobre el planeta mereix que es declari l'inici d'un nou període geològic: de l'holocè (període actual) a l'**antropocè** (del grec *ánthropos,* 'home'). Altres argumenten que, a escala geològica, el temps transcorregut des de l'inici de l'era industrial és massa curt.

Però la civilització humana, d'ençà que va començar a dominar el foc fa aproximadament un milió d'anys, s'ha edificat a costa de consumir quantitats creixents d'energia, d'explotar amb desmesura recursos naturals escassos i de degradar amb els seus residus la qualitat de l'aire, l'aigua i els sòls.

Aquesta estratègia de creixement és l'origen dels problemes ambientals que pateix el nostre planeta. L'home ha irromput en la biosfera amb una potència de destrucció i transformació desconeguda fins ara en la llarga història de l'evolució de les espècies. De fet, som l'única espècie capaç de provocar conscientment la seva pròpia extinció. Tanmateix, l'adquisició de la **consciència dels límits** ha portat durant els darrers anys al disseny d'estratègies de desenvolupament i d'estils de vida que permetin preservar la civilització sense destruir o malversar els recursos naturals.

3. Els sistemes ambientals

L'estudi de la relació entre la civilització i la natura requereix, sota una **perspectiva global** o planetària, la consideració de diverses unitats ambientals: atmosfera, hidrosfera, geosfera i biosfera. Aquestes unitats no són compartiments aïllats, sinó sistemes amb interaccions governades per processos naturals, a les quals cal agregar els impactes notoris de la presència humana.

Sistema	Impacte
Atmosfera	Escalfament global.
	Reducció de la capa d'ozó a l'estratosfera.
	Contaminació industrial, pluja àcida...
	Contaminació urbana: ozó troposfèric.
Hidrosfera	Alteració de la circulació oceànica.
	Reducció de les glaceres.
	Sequeres.
	Contaminació d'aqüífers.
Geosfera	Esgotament de recursos.
	Dispersió d'elements tòxics.
	Acumulació de residus.
	Erosió, pèrdua de sòls.
Biosfera	Pèrdua de diversitat / simplificació dels ecosistemes.
	Introducció d'espècies exòtiques.
	Desforestació.
	Esgotament de recursos pesquers.

Taula 6.1. Sistemes ambientals i impactes de l'acció humana.

Fig. 6.6. Gaia, o Gea, és la deessa grega de la Terra. La **hipòtesi Gaia,** que alguns només consideren una bella metàfora científica, però no una veritable teoria, va ser formulada per primer cop el 1969 per James Lovelock, que interpreta la natura com una interrelació complexa entre els sistemes ambientals (atmosfera, hidrosfera, geosfera, biosfera...) fins a formar una espècie de **superorganisme autoregulat.** L'escalfament global o l'alteració de la circulació dels oceans serien reaccions adaptatives del planeta sencer, com a resposta a les tensions ambientals.

3.1. L'atmosfera i el balanç tèrmic de la Terra

L'atmosfera és una gran **màquina tèrmica.** L'energia que incideix sobre la Terra consisteix sobretot en radiació lluminosa, responsable de diversos fenòmens, com ara la percepció de colors o l'activitat fotosintètica de les algues i les plantes. L'energia que reflecteix la superfície terrestre, o irradiació, retorna cap a l'atmosfera en forma de **radiació infraroja,** que es dispersa en forma de calor, i escalfa l'atmosfera per damunt del que seria normal sense aquesta dispersió.

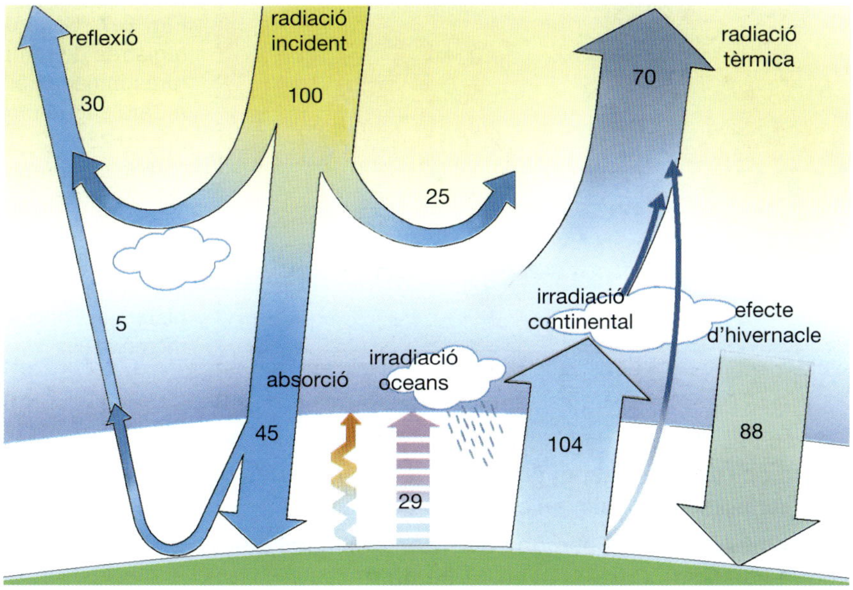

Fig. 6.5. Balanç tèrmic a l'atmosfera (xifres percentuals). Cal que ens fixem detingudament en aquesta figura per observar que la quantitat d'energia que arriba a la Terra ha de ser tornada a l'espai íntegrament. Altrament, la Terra s'estaria escalfant indefinidament. Dit d'una altra manera, el balanç tèrmic entre el planeta i l'espai exterior ha de ser zero.

Sabies que...?

El fet que diferents regions rebin diferents quantitats de radiació solar provoca **moviments verticals** de l'aire (l'aire escalfat ascendeix i el fred descendeix). Aquests moviments verticals provoquen diferències de pressió atmosfèrica que són les que originen els **moviments horitzontals** (vents). La circulació atmosfèrica i la circulació oceànica tendeixen a disminuir les diferències de temperatura entre les diverses zones de la Terra.

Tant en l'entrada com en el retorn hi ha elements i mecanismes que intercepten el camí de la radiació: núvols, partícules sòlides en suspensió, petites gotes de diverses substàncies suspeses en l'aire (aerosols) i **gasos d'hivernacle.** Segons quina sigui la situació i el tipus de partícules, es produeixen augments i disminucions de la temperatura, així com alguns fenòmens tan interessants com la dispersió de la llum en forma de colors. Normalment, veiem un cel de color blau, però en absència d'atmosfera només veuríem el Sol com un disc blanc sobre fons negre.

Gas	Concentració
Nitrogen (N_2)	78,08 %
Oxigen (O_2)	20,95 %
Argó (Ar)	0,93 %
Diòxid de carboni (CO_2)	400 ppm
Metà (CH_4)	2 ppm
Monòxid de dinitrogen (N_2O)	328 ppb
Aigua (H_2O)	variable
Aerosols (sulfats, nitrats...)	
Partícules sòlides (cendres, plom...)	
Ozó troposfèric (O_3)	

ppm: parts per milió en volum; ppb: parts per bilió (en l'accepció anglosaxona, 1 bilió = 10^9)

Taula 6.2. Gasos principals en l'atmosfera actual.

Activitats

1> Tres científics parlen sobre el canvi climàtic en una taula rodona. En el moment d'interpretar el gràfic adjunt, els tres presenten opinions contraposades. De les interpretacions següents, quina et sembla més correcta? Quins arguments utilitzaries per convèncer els altres?

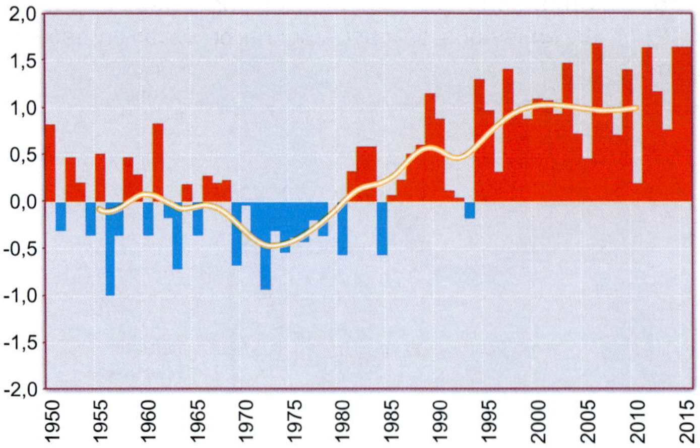

Fig. 6.7. Sèrie de registres de temperatures mitjanes anuals a Catalunya entre els anys 1950 i 2015. L'eix d'abscisses representa les anomalies tèrmiques o desviacions respecte de la mitjana global obtinguda als registres històrics. Font: *www.meteo.cat.*

a) Alguns anys són més càlids i d'altres, més freds. No és possible deduir res sobre el clima de l'observació del gràfic. Necessitem sèries de dades més completes si volem parlar de l'evolució del clima a Catalunya.

b) Estem embarcats a tot el món en un canvi climàtic que ha arribat a un punt sense retorn. El gràfic de Catalunya ho confirma.

c) Cal contrastar aquestes dades amb les que aporten els experts a escala planetària, veure si es confirma la tendència observada al gràfic i valorar si es tracta d'un fenomen cíclic o una evidència clara d'un procés de canvi de més abast.

! Important

Què és un aerosol?

Els aerosols són líquids que es mantenen dins l'aire pel fet d'estar dividits en gotes minúscules. Alguns gasos contaminants com els sulfats i els nitrats es troben a l'atmosfera en forma d'aerosol. Ens en farem una idea si pensem en un esprai, que expulsa el producte en forma de **microgotes.** De fet, aquesta és la forma en la qual es troba l'aigua als núvols.

L'efecte d'hivernacle

L'efecte d'hivernacle és el sobreescalfament que experimenta l'atmosfera a causa de la presència en l'aire de diversos gasos, anomenats **gasos d'efecte d'hivernacle,** els quals dispersen la radiació en forma de calor.

El gasos d'hivernacle principals són el vapor d'aigua, el diòxid de carboni, el metà i el monòxid de dinitrogen, presents a la composició normal de l'atmosfera i integrats en els cicles biogeoquímics dels sistemes naturals. Tot i ser escassos amb relació a les proporcions de nitrogen i oxigen, els gasos d'hivernacle tenen una alta efectivitat en la **dispersió de la radiació** en forma de calor, i provoquen, així, un augment de temperatura.

	Any 1750	Any 2016	Causes de l'augment
Diòxid de carboni (CO_2)	278 ppm	400 ppm	Combustibles fòssils.
Metà (CH_4)	730 ppb	2 ppm	Fuites de gas natural. Agricultura i ramaderia.
Monòxid de dinitrogen (N_2O)	270 ppb	328 ppb	Descomposició als sòls, combustió de biomassa.
Ozó troposfèric (O_3)	25 ppb	34 ppb	Contaminació urbana.
Tetraclorur de carboni (CCl_4)	0	93 ppt	Fabricació de pesticides.
Metilcloroform (CH_3CCl_3)	0	22 ppt	Fabricació de dissolvents.
CFC	0	0,5-1 ppb	Refrigeració (en desús).

ppm: parts per milió en volum; ppb: parts per bilió (en l'accepció anglosaxona, 1 bilió = 10^9);
ppt: parts per trilió.

Taula 6.3. Gasos d'hivernacle presents a l'atmosfera en l'etapa preindustrial i en l'actualitat.

Gràcies a l'efecte d'hivernacle, el planeta gaudeix d'una temperatura mitjana adequada per allotjar-hi éssers vius. Altrament, si la temperatura només depengués de la intensitat de la radiació solar, viuríem en un planeta completament glaçat.

Si actualment la temperatura mitjana de l'atmosfera és de 15,5 °C, s'ha calculat que sense l'efecte d'hivernacle aquesta temperatura seria 33 °C més baixa. Tanmateix, el reforçament de l'efecte d'hivernacle causat per les emissions de gasos podria provocar un escalfament global més intens en els pròxims anys.

Fig. 6.8. Per què s'escalfa tant l'interior d'un cotxe deixat al sol? La resposta està en l'efecte d'hivernacle, que s'anomena així per l'analogia que es pot establir entre l'atmosfera i un hivernacle de vidre o de plàstic, que deixa penetrar la llum, però no deixa sortir la calor. Aquest efecte el podem percebre amb tota intensitat quan entrem en un cotxe que ha estat molta estona al sol.

Fixa-t'hi

L'**efecte d'hivernacle** no és un defecte ambiental ni un fenomen indesitjable del nostre planeta, ja que, entre altres coses, permet la temperatura adequada perquè la nostra espècie hi pugui viure. Però els humans accentuem aquest efecte quan injectem a l'atmosfera gasos com el CO_2.

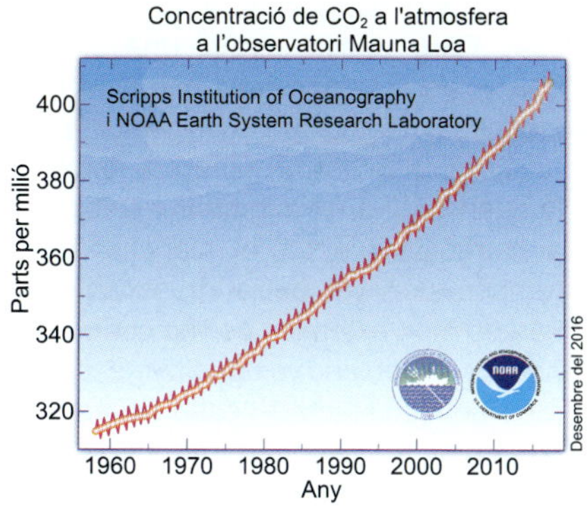

Fig. 6.9. A partir de les dades obtingudes a l'observatori Mauna Loa (Hawaii), l'Organització Meteoròlógica Mundial va advertir el 2016 que la **concentració de CO_2** havia superat la barrera de les 400 parts per milió per primera vegada. La concentració d'aquest gas a l'atmosfera abans de la revolució industrial era de 278 ppm.

! Important

L'efecte albedo

L'albedo (del llatí *albedo,* 'blancor') es defineix com la fracció de radiació, mesurada en tant per cent, que reflecteix una superfície. Les superfícies clares tenen un albedo superior a les superfícies fosques.

Hi ha molts fenòmens ben coneguts relacionats amb l'albedo: per exemple, l'extrema diferència de temperatures entre el dia i la nit al desert, o el fet que els habitatges es pintin amb colors negres o foscos als països nòrdics i blancs als meridionals.

Potser no tan conegut és l'esdeveniment ocorregut el 1816 a tot el món. Aquell any va passar a la història com **l'any sense estiu.** Una sèrie d'explosions volcàniques produïdes a Indonèsia un any abans havien projectat gran quantitat de pols i aerosols, la qual cosa va fer augmentar l'albedo a l'atmosfera a tot el planeta. Les temperatures van baixar dràsticament i àrees molt extenses es van cobrir de neu. El color blanc va aguditzar encara més aquest efecte i l'estiu no es va presentar a les latituds temperades, no hi va haver collites i molta gent va morir de gana.

Activitats

2> L'efecte albedo: com afecta la temperatura de l'atmosfera el color de les superfícies?

Material

Cartolina negra i blanca, tisores, font d'il·luminació, cronòmetre, dos termòmetres (si en tenim, és millor utilitzar sensors de temperatura), regle, paper quadriculat.

Procediment

Retallem una peça rectangular (aprox. 8 x 4 cm) de cartolina negra, la dobleguem per la meitat i, amb la grapadora, construïm un sobre o butxaca on col·locarem el bulb del termòmetre (Fig. 6.10). Fem el mateix amb la cartolina blanca.

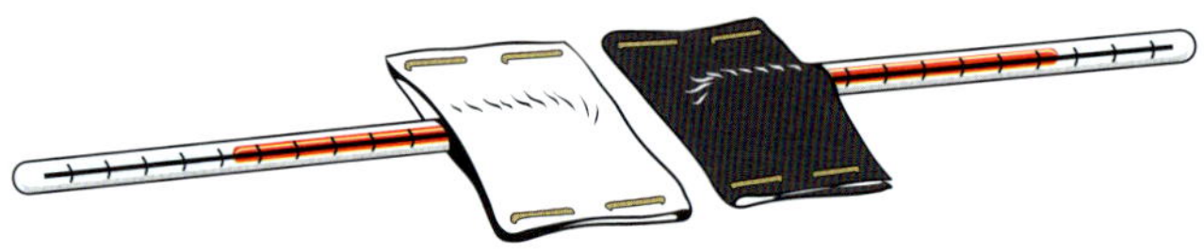

Fig. 6.10.

Anotem la temperatura inicial dels termòmetres.

Encenem el llum i col·loquem els termòmetres a sota (Fig. 6.11). Amb una bombeta de 60 W, cal col·locar el llum a uns 20 cm per sobre de la taula (podem perfeccionar l'experiment variant aquesta distància en proves successives).

Llegim la temperatura dels termòmetres cada dos minuts, fins a obtenir-ne almenys cinc lectures. Mentre transcorre l'experiment podem fer algunes prediccions: quin termòmetre s'escalfarà més? Quant marcarà cada termòmetre en la pròxima lectura? Etc.

Temps (min)	0	2	4	6	8	10
Blanc						
Negre						

Taula 6.4.

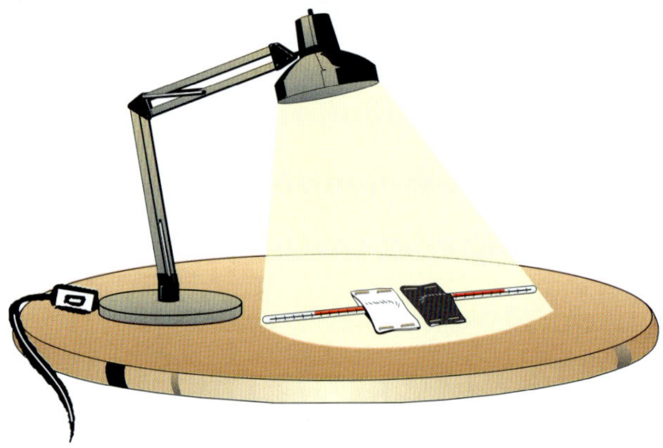

Fig. 6.11.

a) Com interpretem els resultats? Quina relació hi ha entre el color de les superfícies i el que succeeix amb la radiació lluminosa que els arriba?

b) Es pot fer alguna analogia entre aquest experiment i les variacions que experimenta la temperatura de l'atmosfera amb relació al color de la superfície on incideix la radiació solar (efecte albedo)?

3.2. El clima: un sistema complex en canvi permanent

El sistema climàtic comprèn interaccions entre l'atmosfera, la biosfera i la hidrosfera, a més d'un nombre extens de components que fan molt difícil d'elaborar-ne un model científic. Aquesta complexitat és la raó per la qual no es poden fer prediccions segures sobre el clima. Només tenim una certesa: **el clima sempre ha canviat** i continuarà canviant. Si no ho apreciem així és perquè els canvis són lents en comparació de la duració de la vida humana. Una altra qüestió és que la humanitat possiblement estigui forçant, accelerant o amplificant algunes tendències de canvi.

! Important

El **clima** és el patró de les condicions meteorològiques (temperatura, precipitacions, humitat, característiques dels vents, etc.) en una àrea extensa al llarg dels anys.

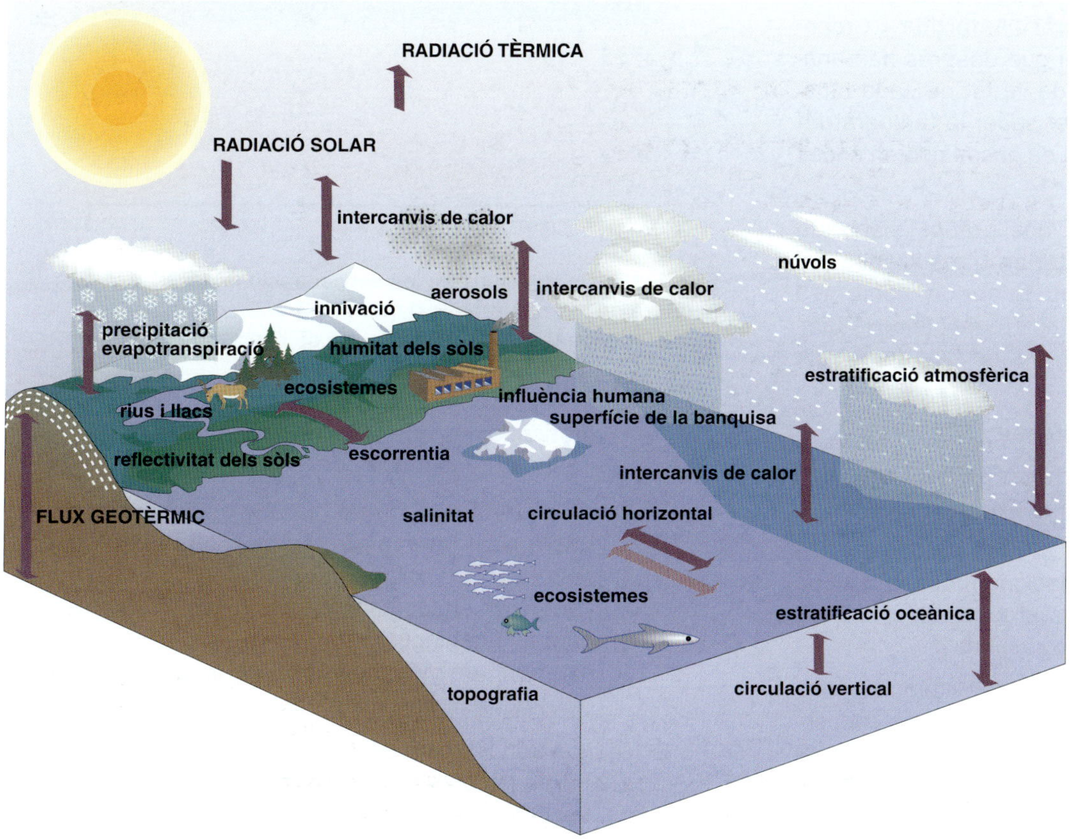

Fig. 6.12. Components i interaccions del clima.

Causes sobtades (instantànies i imprevisibles)
Erupcions volcàniques. Impactes de meteorits o cometes.
A curt termini (desenes d'anys)
Fenomen d'El Niño. Taques solars. Activitat biològica.
A mitjà termini (milers d'anys)
Causes astronòmiques com els canvis en la geometria de l'òrbita; el major/menor apropament al Sol o les oscil·lacions de l'eix terrestre.
A llarg termini (milions d'anys)
Moviments tectònics. Canvis en la latitud dels continents. Canvis en la proporció de terres emergides. Canvis en la circulació oceànica.

Taula 6.5. Causes naturals del canvi climàtic.

La humanitat pot modificar el clima?

La contribució principal de la humanitat a un possible canvi climàtic és l'addició de diòxid de carboni i de metà a l'atmosfera, cosa que fa augmentar la proporció natural d'aquests gasos. Aquest efecte no es deu a la intensitat de les emissions, que és baixa comparada amb les emissions naturals, sinó a l'acumulació constant d'un excés.

Els indicis sobre la influència humana en el clima són diversos. En primer lloc, les concentracions atmosfèriques de CO_2 han augmentat gairebé un 40 % des dels temps preindustrials fins a l'actualitat: de 278 ppm a 400 ppm, tot coindint amb l'era dels combustibles fòssils (carbó, petroli i gas natural). La meitat d'aquest increment s'ha produït en els darrers cinquanta anys, i això coincideix amb l'augment espectacular de la població i del consum energètic. Com indiquen les anàlisis de les bombolles d'aire atrapades al gel antàrtic, un augment com aquest no s'havia produït mai abans de la Revolució Industrial (en 800 000 anys!).

En aquests moments hi ha un ample consens científic sobre la responsabilitat de la civilització en l'augment de la concentració dels gasos d'hivernacle a l'atmosfera, però molts dubtes sobre la capacitat de resposta dels sistemes naturals davant de les noves condicions ambientals. No hi ha una predicció clara sobre el clima en el futur, sinó diversos escenaris o hipòtesis. En tot cas, sense esperar verificacions, el que la ciència del clima recomana és aplicar el principi de precaució, és a dir, actuar abans que sigui massa tard.

Addició de gasos a l'atmosfera
Diòxid de carboni. Monòxid de dinitrogen. Metà. Aerosols.
Destrucció/modificació del paisatge
Desforestació/Incendis. Modificació de l'albedo. Urbanització.

Taula 6.6. Causes antròpiques del canvi climàtic.

Activitats

3> Les bombolles d'aire atrapades al gel ens informen sobre els climes en el passat

A l'Antàrtida i a Groenlàndia, l'acumulació de diferents capes de neu al llarg de milers anys ha fet que es formi una massa compacta de gel de més de 3 km de profunditat. Dins d'aquest gel s'han conservat multitud de **bombolles d'aire,** l'anàlisi del qual ens proporciona informació sobre la composició química de l'atmosfera de diferents èpoques. Els científics han perforat l'Antàrtida i Groenlàndia per extreure cilindres de gel que després han analitzat al laboratori. Un cop coneguda l'edat de cada mostra, l'anàlisi de l'aire atrapat permet saber la temperatura mitjana de l'atmosfera i la proporció de gasos que en aquell moment contenia.

En aquesta secció et presentem dos gràfics elaborats a partir de les **mostres de gel** extretes i analitzades pel British Antarctic Survey, que ens informen sobre les oscil·lacions de la temperatura de l'aire respecte de la temperatura actual i de les concentracions de CO_2 durant els darrers 800 000 anys.

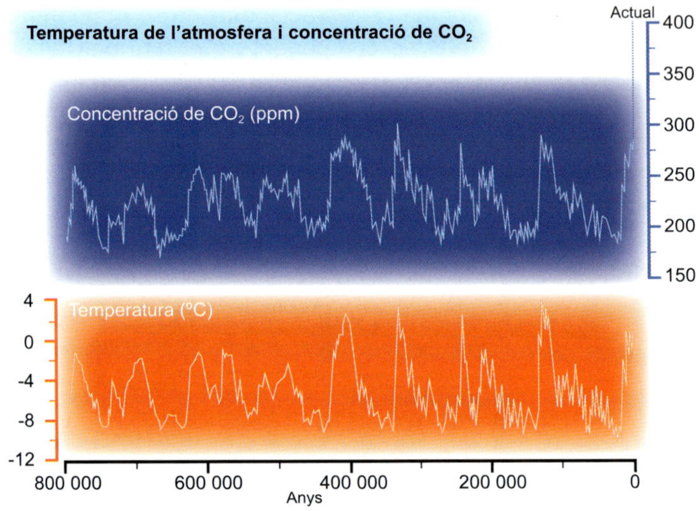

Fig. 6.13. Oscil·lacions en les concentracions de CO_2 i la temperatura de l'atmosfera els darrers 800 000 anys a partir de les dades obtingudes en mostres de gel de l'Antàrtida.

3.1. Observa tots dos gràfics i contesta:

a) El gràfic mostra que els darrers 800 000 anys han alternat períodes freds o glacials i períodes càlids o interglacials.

Creus que aquestes oscil·lacions presenten algun tipus de patró rítmic, o es produeixen a l'atzar? A què es deuen aquestes variacions?

b) Aquestes dades són una de les evidències científiques principals de la relació entre les concentracions de CO_2 i la temperatura de l'atmosfera (efecte d'hivernacle). Observant atentament els gràfics, diries que l'efecte d'hivernacle és un fenomen natural o induït per l'home?

c) A la dreta del gràfic, fora d'escala ja que es tracta d'un interval de temps molt curt respecte dels 800 000 anys enregistrats, s'ha representat l'augment en les concentracions de CO_2 corresponent a l'edat industrial. ¿Per què creus que aquest augment, de més d'un 40 %, no es correspon amb un increment equivalent de les temperatures?

3.2. Quines són les causes conegudes d'aquest augment sobtat en la concentració de CO_2?

Important

Dues classes d'ozó?

L'ozó (O_3), situat a l'estratosfera, entre 20 km i 50 km d'altura, ens deslliura, als éssers vius, de les perilloses radiacions ultraviolades procedents del Sol. Aquest filtre, o *capa d'ozó,* permet que només penetri una fracció molt petita d'aquesta radiació, la responsable de la síntesi de la vitamina D a la pell i la que permet adquirir un color torrat als que prenen el sol.

Però quan l'ozó es troba a l'atmosfera inferior (troposfera), l'efecte és el de reduir la visibilitat i produir irritacions a les mucoses. No en va, l'ozó s'utilitza com a desinfectant de l'aire de les sales d'operacions o per substituir el clor en el procés de potabilització de les aigües. Ara bé, no hi ha dues classes d'ozó, sinó diferents efectes segons on es concentri aquest gas.

Les atmosferes urbanes

A banda del fet que la composició global de l'atmosfera no ha canviat substancialment per la presència de la civilització humana, cal considerar que, a escala local, la **contaminació atmosfèrica** és un problema ben perceptible. Algunes zones industrials i urbanes apareixen sovint envoltades d'una bombolla d'aire més dens i calent que el de l'atmosfera que l'envolta.

L'aire de les ciutats és escalfat per les superfícies asfaltades, els vehicles i els edificis. La presència de partícules sòlides i líquides (aerosols) en suspensió fa que aquest aire calent sigui més dens i resti atrapat. Així, després d'uns quants dies sense vent o pluges que dispersin la contaminació, les grans ciutats poden esdevenir **illes tèrmiques** carregades d'aire contaminat.

Actualment, juntament amb l'activitat industrial, la causa principal de la contaminació a les ciutats modernes és el trànsit automobilístic. Les combustions a alta temperatura produïdes als motors provoquen l'emissió d'**òxids de nitrogen** (NO_x) per oxidació del nitrogen de l'aire. A més a més, les atmosferes urbanes estan carregades de **compostos orgànics volàtils** (COV), procedents, a més de fonts naturals, de l'evaporació de les gasolines, dissolvents, pintures, laques, etc. L'acció combinada dels NO_x i els COV sota la llum solar provoca la producció d'**ozó** (O_3). A altes concentracions, l'ozó, un gas tòxic i irritant, redueix la visibilitat a les atmosferes urbanes i es forma el **boirum** o boira fotoquímica, que en alguns casos pot arribar a ser persistent i perillosa per a la salut de les persones.

A Catalunya podem saber diàriament la qualitat de l'aire de l'atmosfera de diverses localitats en temps real consultant el lloc web següent: *http://dtes.gencat.cat/icqa.*

L'índex català de qualitat de l'aire (ICQA) es calcula a partir de mesures preses a diverses estacions automàtiques de cinc agents contaminants: ozó troposfèric, partícules en suspensió, monòxid de carboni, diòxid de sofre i diòxid de nitrogen.

Un valor negatiu de l'ICQA indica que almenys un dels cinc contaminants ha superat el llindar de perillositat.

ICQA	100 a 50	49 a 0	−1 a −50	−51 a −100
O_3 1 h ($\mu g/m^3$)	0-110	111-180	181-240	>243
PM10 24 h ($\mu g/m^3$)	0-35	36-50	51-75	>76
CO10 8 h ($\mu g/m^3$)	0-5	6-10	11-15	>16
SO_2 1 h ($\mu g/m^3$)	0-200	201-350	351-500	>501
NO_2 1 h ($\mu g/m^3$)	0-90	91-200	201-400	>401

QUALITAT DE L'AIRE	BONA	REGULAR	POBRE
ICQA	≥50	0-49	<0

(Darrera actualització: juny 2015)

Taula 6.7. L'índex català de qualitat de l'aire.

Lectura 1

Un problema ambiental clàssic: la boira de Londres

«La bellesa és lletja i la lletjor és bella, totes dues naveguen a través de la boira i l'aire fastigós».

Així cantaven les bruixes de *Macbeth* fa quatre-cents anys. El món literari de Shakespeare ja era ple d'aquella boira espessa que els londinencs anomenen *smog* (*smog* és una contracció de les paraules *smoke* —'fum'— i *fog* —'boira'—).

Fins al segle XII tots els habitants de Londres i els de pràcticament tot Europa s'escalfaven o cuinaven cremant fusta. Però la fusta es va tornar escassa i, per tant, cara. Els enormes dipòsits de carbó que afloraven per tot Anglaterra eren una alternativa per als que no podien permetre's d'encendre un foc amb llenya. Aleshores la gent va començar a utilitzar aquest combustible, per més que havien de mantenir les finestres obertes per no enverinar-se.

Aviat Londres va esdevenir un bosc de xemeneies fumejants que produïen, especialment a l'hivern, una espessa i molesta boira formada pels òxids de sofre procedents de la combustió del carbó i la humitat natural de l'atmosfera que atrapava aquests gasos en forma de gotes tòxiques. Tant era així que, el 1272, el rei Eduard I va prohibir el comerç i l'ús del carbó sota pena de mort. Però ni Eduard I ni altres monarques que ho van intentar després van poder evitar que el poble utilitzés l'únic combustible disponible.

Cap al 1800 més d'un milió d'habitants de Londres s'escalfaven i cuinaven amb carbó. La boira espessa i persistent (el 1879 va durar de novembre a març) es va associar a Londres per sempre, ajudada pels relats literaris de Dickens i d'altres autors:

«Li vaig preguntar si hi havia algun gran incendi en alguna part, perquè els carrers estaven tan plens d'aquell fum marronós que escassament podíem veure alguna cosa.

—Oh!, no, estimada senyora —em va respondre—, aquesta és una particularitat de Londres.

—Jo mai havia sentit parlar de cap cosa semblant.

—La boira, senyora —va dir el gentilhome».

CHARLES DICKENS. *La casa deserta,* 1852

Durant anys, Londres va ser una ciutat malsana, on les malalties respiratòries eren freqüents, fins i tot mortals en molts casos. Però al final del segle XIX, el carbó feia, a més, una funció molt important: alimentava la Revolució Industrial. En aquella època, estar en contra de la combustió del carbó era estar en contra del progrés.

Va caldre arribar al 1952, quan en tan sols quatre dies d'espessa boira van morir a Londres més de quatre mil persones. Aquesta catàstrofe, atribuïda a la pol·lució atmosfèrica, va dur el Parlament anglès a aprovar la primera llei ambiental que es coneix a Europa, la Clean Air Act del 1956, que limitava l'ús del carbó a zones urbanes.

Avui, Londres és una de les metròpolis amb l'atmosfera més neta. D'aquell *smog,* ni rastre.

ANTONIO LÓPEZ. Gener del 2017.

La lectura anterior ens suggereix que la contaminació a les ciutats és un problema antic. Llegeix atentament el text anterior i tracta d'esbrinar les semblances i diferències entre aquest tipus de contaminació i la que es produeix actualment a les ciutats, i contesta les preguntes següents:

a) Quins eren els components contaminants que es trobaven a l'atmosfera de Londres en el passat i quins efectes causaven?

b) Quines són les substàncies principals que pol·lueixen l'atmosfera de les ciutats modernes? Quines són les causes i els efectes de la presència d'aquestes substàncies a les atmosferes urbanes?

c) Cerca al diccionari de català el terme *boirum*. Què significa?

4. El planeta blau: la hidrosfera

> **! Important**
>
> En els darrers anys s'ha comprovat un increment en el ritme de fusió del gel dels casquets polars continentals (Antàrtida i Groenlàndia) i marins (Àrtic). Si la tendència es confirma, tot i que la conseqüència més coneguda sigui la de l'augment del nivell del mar, possiblement sigui més greu la possible alteració dels sistemes de **circulació horitzontal** a l'atmosfera i als oceans, un dels factors més importants en la regulació dels climes.

La Terra, el planeta blau, és un astre aquàtic. La superfície del oceans ocupa les tres quartes parts del planeta. Una part important de les roques dels continents es troben, com si fossin esponges, amarades d'aigua. Àrees tan extenses com l'Antàrtida i Groenlàndia estan permanentment ocultes sota enormes cobertes de gel. A més, hi ha l'aigua dels llacs, els rius, l'atmosfera i la que contenen els éssers vius a les cèl·lules, als espais intercel·lulars i als líquids biològics. Es pot dir, doncs, que els organismes som literalment bosses d'aigua.

Si tota aquesta aigua s'estengués de manera uniforme per la superfície de la Terra formaria una capa d'aproximadament dos mil set-cents metres d'altura. Aquesta capa, que no és uniforme ni contínua, rep el nom d'**hidrosfera.**

4.1. La distribució de l'aigua a la hidrosfera i l'activitat humana

	Volum (milions de km³)	%	Temps de residència
Oceans	1348	97,25	3000 anys
Casquets polars i glacials	27,82	2,05	Indefinit
Aigües subterrànies	8,062	0,68	300 anys
Llacs	0,229	0,01	1-100 anys
Rius	0,0012	0,0001	12-20 dies
Atmosfera	0,013	0,001	9-10 dies

Taula 6.8. Volum d'aigua en els diferents compartiments de la hidrosfera.

Si poguéssim posar tota l'aigua del planeta en un bidó de cent litres, l'aigua dolça disponible per al nostre consum —sumant aigües subterrànies, rius i llacs d'aigua dolça— no arribaria a omplir una ampolla d'un litre. L'aigua que contenen tots els llacs i els rius no ompliria ni una petita copa de licor. Tot i això, l'aigua del llac Baikal, a Sibèria —el llac que conté més aigua dolça del món: uns vint-i-cinc mil quilòmetres cúbics— bastaria per proveir tota la nostra societat malbaratadora durant cinquanta anys. A escala planetària, doncs, no manca aigua. Però dir això, des del punt de vista de l'explotació de l'aigua com a recurs, és enganyós.

> **abc Vocabulari**
>
> En hidrologia, el **temps de residència** és el temps mitjà que una quantitat d'aigua determinada roman en un compartiment de la hidrosfera (oceà, riu, atmosfera, etc.).
>
> No s'ha de confondre aquest concepte amb el seu invers, la **taxa de renovació,** o nombre de vegades que un compartiment determinat es renova en un any. Un riu, per exemple, amb un temps de residència de 10 dies es renova completament 36,5 vegades l'any (365 dies/10 dies).

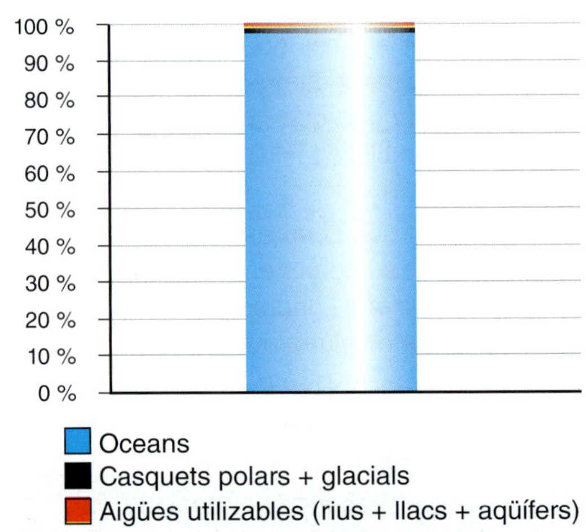

Fig. 6.14. Els recursos hídrics utilitzables no arriben a representar un 1 % del volum de la hidrosfera.

En primer lloc, no tota l'aigua és aigua utilitzable o disponible. L'aigua dels oceans només es pot usar després d'un procés de dessalinització, amb un cost energètic i monetari molt alt; i la dels casquets polars, per més que no manquen projectes visionaris de transport d'icebergs fins a les zones poblades, té un paper en la regulació del clima global al qual no podem renunciar sense conseqüències catastròfiques.

En segon lloc, cal considerar el **temps de residència:** una molècula d'aigua pot romandre atrapada milions d'anys en un casquet polar, milers en un oceà i centenars en un aqüífer subterrani. En canvi, només restarà uns dies en un riu o en l'atmosfera. Aquestes dades ens indiquen com hem de gestionar els recursos hídrics. Sobreexplotar o contaminar les aigües subterrànies, per exemple, és molt més greu que fer-ho en un riu, ja que un aqüífer pot trigar centenars d'anys a recuperar les condicions inicials, mentre que la qualitat de l'aigua d'un riu es restableix poc temps després que les tensions hagin cessat.

Els humans sempre hem intentat viure a les proximitats dels grans rius o dels llacs d'aigua dolça, o en llocs on les aigües subterrànies són abundants i fàcils d'extreure, com els aqüífers litorals. En aquests llocs es van edificar les primeres ciutats. Però són les pluges les que, al cap i a la fi, alimenten els rius i omplen els aqüífers. L'atmosfera tot just conté uns tretze mil quilòmetres cúbics d'aigua —més o menys la meitat de l'aigua que hi ha al llac Baikal—, que es descarreguen d'una manera desigual i, sovint, impredictible. Les sequeres han estat i són un dels flagells principals de la humanitat, agreujades ara per la superpoblació i el mal ús dels recursos hídrics.

! Important

Sequeres i civilitzacions

La cultura maia clàssica es va desenvolupar fa 2000 anys a l'actual Mèxic i Amèrica Central. Els maies van construir una societat agrària complexa, amb sistemes d'irrigació avançats. Quan van arribar els conqueridors espanyols la cultura maia, que havia edificat piràmides, grans temples i ciutats molt organitzades, ja havia desaparegut. Es creu que una sequera molt intensa i perllongada, esdevinguda poc abans de l'any 1000, va ser la causa de l'acabament d'aquesta civilització.

4.2. Interaccions atmosfera-hidrosfera-biosfera

L'atmosfera pot considerar-se com una espècie d'oceà gasós que cobreix tota la superfície de la Terra. Perquè l'aigua circuli dels oceans als continents necessàriament ha de passar abans per l'atmosfera. No hi ha una altra manera. A més a més, la circulació oceànica (corrents marins) i la circulació atmosfèrica estan acoblades: formen part d'un mateix **sistema convectiu global** que transporta calor de la zona intertropical als pols.

La biosfera també intervé en aquests circuits de transport. Probablement hem sentit dir que la presència de boscos fa que les pluges siguin més freqüents.

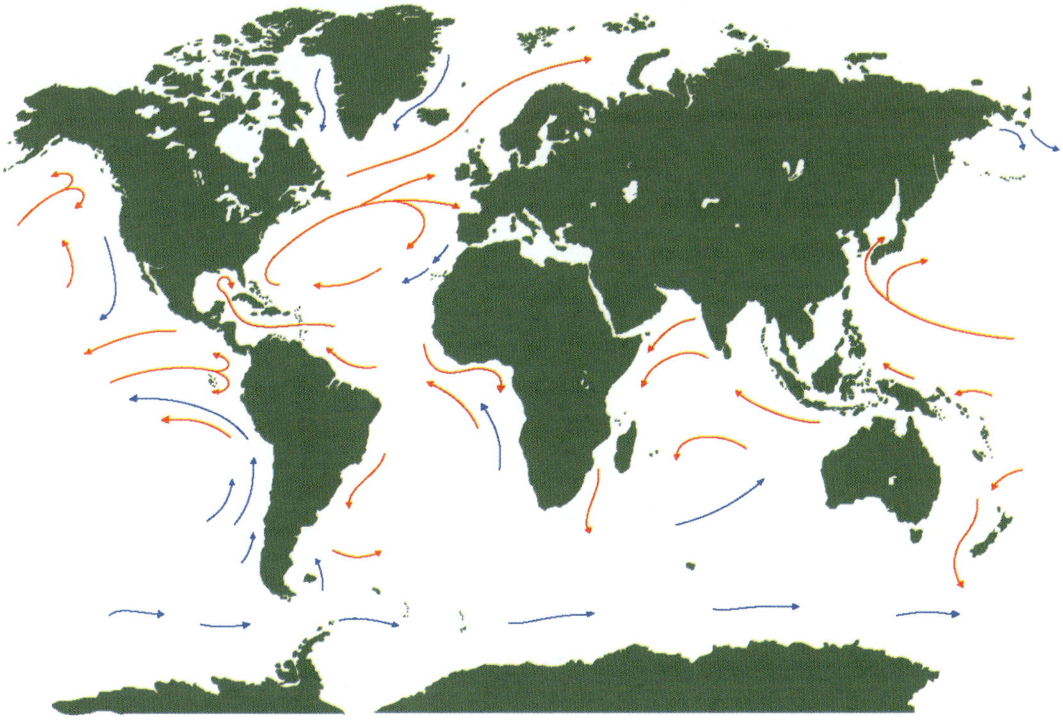

Fig. 6.15. Model global de circulació oceànica.

+ *Més dades*

Economia de l'aigua

Es pot viure sense aigua? En absolut, l'aigua està inseparablement lligada als processos vitals, però hi ha organismes que arriben a adaptar-se a formes extremes d'economia d'aigua. Al desert de Namíbia, al sud de l'Àfrica, per exemple, hi ha animals que només beuen l'aigua que la boira matinal condensa sobre els seus cossos. En aquest mateix lloc, gairebé tots els mamífers —des dels ratolins petits a les guineus del desert— tenen unes orelles enormes per les quals evaporen aigua per refrigerar la sang. D'aquesta manera, redueixen el panteix, el sistema habitual de refrigeració de la majoria dels mamífers, que els suposaria una gran pèrdua d'aigua per evaporació. En les plantes trobem exemples semblants: els cactus i algunes eufòrbies del desert redueixen les fulles a simples espines per reduir al màxim la pèrdua d'aigua, emmagatzemada en grans vacúols en les cèl·lules de la tija.

Errors freqüents

Segurament hem sentit o llegit alguna vegada que els núvols estan formats per vapor d'aigua. No és cert: els núvols es formen quan el vapor d'aigua de l'atmosfera es condensa en forma de microgotes líquides (aerosol) o en petits cristalls de gel.

! Important

Una altra evidència del forçament del canvi climàtic pot ser la reduccció de la superfície dels casquets polars. Aquesta animació de la NASA ens mostra l'evolució de la superfície de la banquisa àrtica entre el 1984 i el 2016: *goo.gl/nVyTNY.*

!! D'interès

Per què si el mar està rebent contínuament aigua no s'omple cada vegada més i es buiden els continents? Durant molt de temps, es va creure equivocadament que l'aigua fluïa des del fons del mar fins a l'interior de les muntanyes, i s'elevava després gràcies als volcans. L'existència de guèisers i fonts termals confirmava aquesta teoria. A més a més, es creia que part de l'aigua absorbida pels continents quedava emmagatzemada en grans cavernes d'on sorgia a poc a poc a través de fonts. A l'aigua de pluja, però, se li donava poca importància, o bé es creia que els déus decidien regar els camps de tant en tant.

En realitat, això només és cert si ho plantegem a l'inrevés: són els boscos els que creixen a les zones on plou. La veritat és que el bosc no fa ploure i els fronts de núvols descarreguen sense «saber» si a sota hi ha un bosc o no. Hi ha, però, una excepció notable: als boscos tropicals l'evapotranspiració de les plantes crea un ambient humit que satura l'atmosfera d'aigua i provoca que la precipitació sigui pràcticament constant. A més, els boscos retenen aigua al sòl i a les plantes, i retarden així la tornada als oceans. Si retiréssim els arbres, el sistema es col·lapsaria: tota l'aigua que caigués es perdria en direcció als rius i oceans, arrossegant els materials del sòl, amb la qual cosa difícilment tornaria a créixer un bosc. El règim de pluges de la zona s'alteraria, tant per la manca d'evapotranspiració com pels canvis en la reflectivitat del sòl (albedo) provocats pels canvis de color. Al final, l'alteració del procés es traslladaria als **models globals de circulació atmosfèrica.** Aquesta és una de les raons principals per les quals cal protegir grans masses forestals com la selva amazònica.

4.3. El cicle de l'aigua

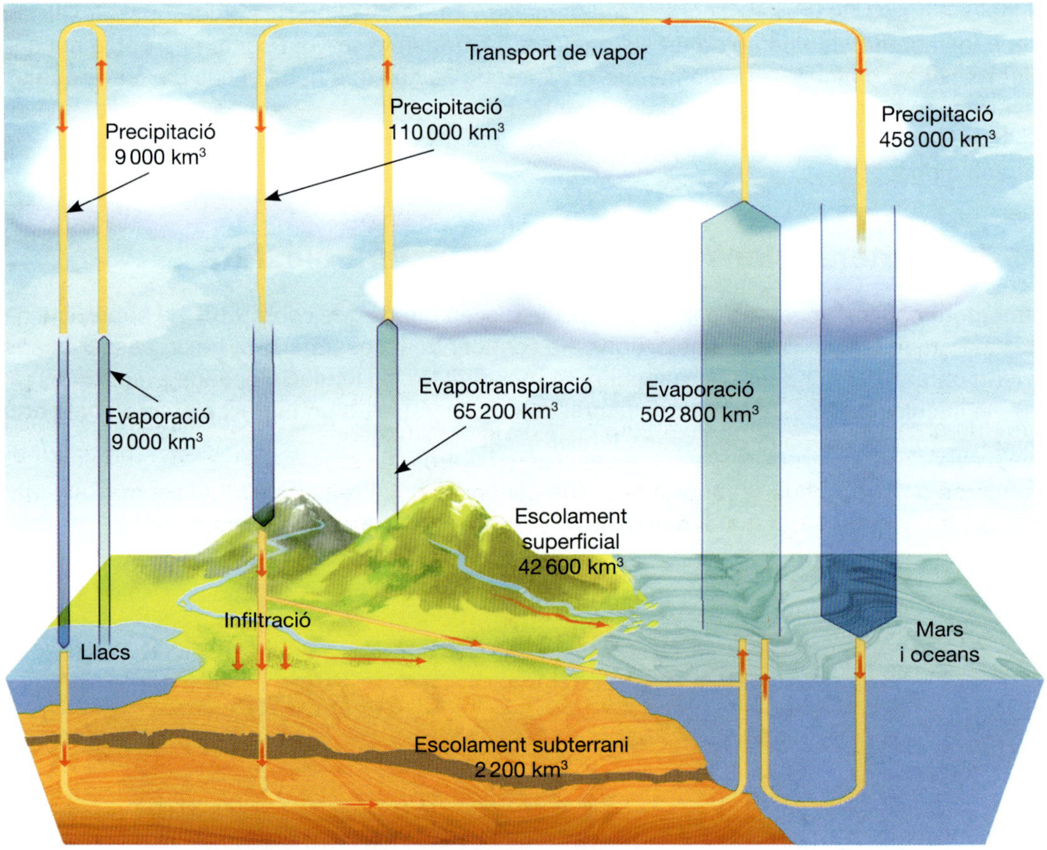

Fig. 6.16. El cicle hidrològic.

El cicle hidrològic és el conjunt de processos de transport pels quals uns 40 000 km^3 d'aigua es mobilitzen anualment entre els oceans i els continents. L'única via de sortida dels oceans és l'evaporació. L'energia solar, per tant, mobilitza l'aigua cap a l'atmosfera fins que aquesta precipita. El vapor es concentra en els núvols i forma gotes tan minúscules que poden surar en l'atmosfera.

	Extensió (milions de m^2)	Precipitació (milers de km^3)	Evaporació (milers de km^3)	Diferència (milers de km^3)
Oceans	361,1	385	425	−40
Continents	148,9	111	71	+40
Total	510,0	496	496	0

Taula 6.9. Balanç hídric entre oceans i continents. Font: Ramon Margalef. *Limnologia,* Ed. Omega, Barcelona, 1983.

Els núvols poden descarregar sobre els oceans o viatjar impulsats pel vent fins a arribar als continents, i allí descarregar-se en forma de pluja, neu o calamarsa. La pluja, la neu i la calamarsa cauen en quantitats suficients per omplir els rius i els espais buits que hi ha entre les roques del subsòl.

Al cap de l'any **les precipitacions globals s'equilibren amb l'evaporació.** Els rius s'encarreguen de compensar el dèficit hídric que produeix el fet que l'evaporació superi la precipitació als oceans.

Lectura 2

La intervenció humana sobre la hidrosfera: el cas de la mar d'Aral

La mar d'Aral està situada a l'Àsia Central, entre el Kazakhstan i l'Uzbekistan. Durant els darrers seixanta anys s'ha evaporat fins al punt que no resta sinó la meitat de la superfície i la quarta part del volum original, i ha deixat al descobert una zona salinitzada de 50 000 km^2, avui anomenada el desert d'Aralkum.

El nivell de l'aigua ha descendit 23 m des del 1960, això ha fet que la mar d'Aral es divideixi en dues cubetes gairebé aïllades entre elles: una al sud en forma de ferradura i l'altra al nord, més petita i incomunicada amb l'anterior. Aquesta petita àrea és el focus dels esforços internacionals de preservació, però la cubeta més gran es considera insalvable (la seva baixa profunditat es pot apreciar en la imatge satèl·lit). Se suposa que s'haurà assecat completament abans del 2020.

La secció nord del llac encara es pot salvar. El 2005 es va construir un gran dic per aïllar-la completament de la secció principal i evitar així la pèrdua d'aigua i la salinització. Però aquests esforços són superflus perquè el descens continuat del nivell de les aigües farà que el canal que encara uneix les dues seccions s'assequi aviat. Al mateix temps, els investigadors estudien el desert salat d'Aralkum per facilitar el creixement de plantes i estabilitzar el seu llit salí i polsegós.

La mar d'Aral era el 1960 la quarta superfície aquàtica del món, i ocupava una superfície equivalent a dues vegades la de Catalunya. La reducció de la seva superfície ha significat un dels desastres ecològics i humans més grans de la història i és atribuïble exclusivament a una gestió deficient dels recursos naturals per part de la civilització.

ANTONIO LÓPEZ. Gener del 2017.

a) Col·loca al cercador de l'Earth Observatory de la NASA la paraula *Aral*. Observa les imatges satèl·lit sobre l'evolució de la superfície de la mar. Investiga a la Xarxa quin tipus d'intervenció sobre la natura ha provocat la reducció de la mar d'Aral.

b) Quines conseqüències ecològiques, econòmiques, sanitàries, etc., ha tingut aquesta modificació?

c) S'ha adoptat alguna mena de solució? Quina? Ha donat resultats?

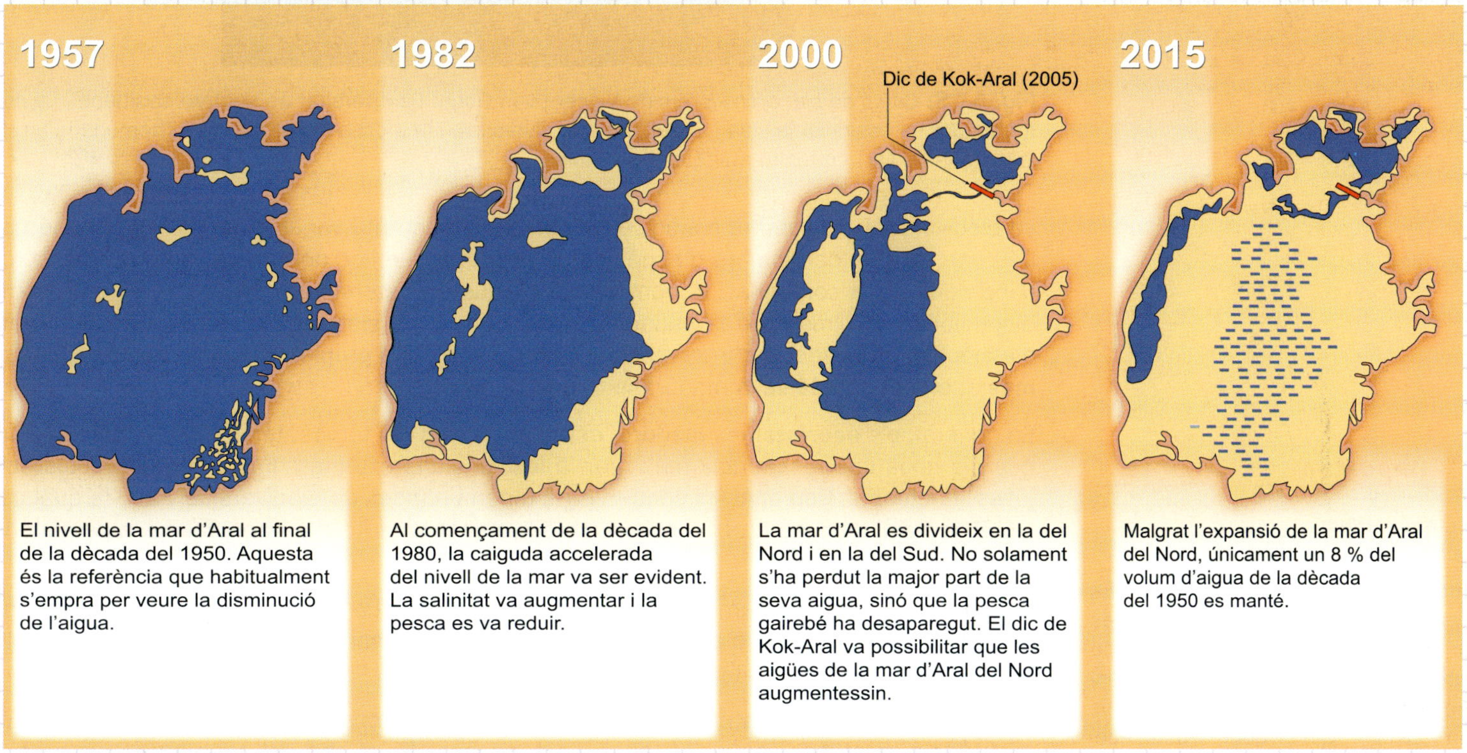

Fig. 6.17. Imatges satèl·lit de la mar d'Aral. Font: USGS.

5. La relació entre l'home i la biosfera

Edat de la Terra (fa ... milions d'anys)	Innovacions
4000	Origen de la vida
2000	Cèl·lules eucariotes
700	Organismes complexos, multicel·lulars
600	Colonització dels continents
300	Amfibis i rèptils
150	Mamífers i aus
4	Aparició dels homínids
0,01	Primers agricultors

Taula 6.10. Les grans innovacions en l'evolució de la biosfera.

En la història geològica de la Terra, la biosfera, la part de la Terra on hi ha éssers vius organitzats en **ecosistemes,** ha passat per situacions molt complicades. Diverses vegades la vida sobre el planeta ha estat a punt d'extingir-se. El procés de l'evolució no ha estat lineal, sinó ple de fracassos, carrerons sense sortida i, també, algun èxit, com el que ha donat lloc a l'explosió de formes i colors que constitueix la biosfera actual.

Però reflexionem sobre el fet que, per més que apreciem l'enorme varietat dels organismes, actualment només existeix un 1 % de totes les espècies que han aparegut al llarg de l'evolució. La nostra presència mateixa és molt recent en comparació de l'edat de la Terra i no sabem si tan efímera com la de les altres espècies extingides.

5.1. La biodiversitat

Vivim en un planeta on el primer que salta a la vista és la varietat que ens envolta: res no és monòton, mai no es repeteix un paisatge, no hi ha dos boscos iguals, ni dos arbres idèntics. Hi ha també una gran diversitat d'adaptacions i de comportaments dels organismes davant les particularitats de l'entorn on viuen. La biodiversitat és el que proporciona aquesta percepció d'un planeta ric i alhora adaptable als canvis.

Fig. 6.18. *Camp de blat amb xiprers* de Vincent van Gogh. La diversitat és sempre desitjable. La nostra cultura ha assimilat la vida i la bellesa a la diversitat, i la mort a la monotonia i l'homogeneïtat. En la història de l'art en tenim multitud d'exemples.

La biodiversitat o diversitat biològica reflecteix la quantitat i variabilitat dels organismes vius i és una mesura del nombre d'espècies que viuen en un lloc determinat amb relació al total d'individus de la comunitat. El nombre d'individus és determinat per factors externs com la disponibilitat d'aliments o la capacitat de càrrega dels sistemes naturals, però el nombre d'espècies, en absència d'intervencions externes, és una **propietat intrínseca dels ecosistemes** que depèn de la seva maduresa o grau d'evolució.

En general, els **ecosistemes madurs,** estables al llarg del temps, tenen una alta biodiversitat que els dona una resistència més gran a les tensions externes. En canvi, els **ecosistemes joves,** fluctuants, degradats o contaminats tenen un índex de biodiversitat baix, la qual cosa significa fragilitat davant els canvis. La biodiversitat garanteix la bona salut i la persistència dels sistemes naturals.

L'existència de diferents ambients i recursos ha facilitat que el procés d'evolució hagi generat moltes classes diferents d'organismes. Amb el pas del temps, idealment, cada espècie tendeix a especialitzar-se en l'explotació d'un recurs diferent.

Per això, els ecosistemes més antics, on hi ha hagut temps suficient perquè les poblacions evolucionin, contenen tanta diversitat d'organismes. És el cas del bosc amazònic o de les mars càlides. En canvi, els ecosistemes joves o sotmesos a tensions externes són pobres en espècies.

! Important

***De què parlem, quan diem* biodiversitat?**

Tot depèn del **context científic.** Es parla de diversitat dels organismes o diversitat genètica dintre d'una espècie, de diversitat d'espècies dintre d'un ecosistema, com ara dins un bosc, o de diversitat dels ecosistemes quan ens referim a tota la biosfera.

5.2. Quantes espècies hi ha?

Les estimacions oscil·len entre tres i cinquanta milions d'espècies! La dificultat dels naturalistes per comptar les espècies deriva de l'enorme diversitat d'alguns hàbitats. Només cal pensar que en un sol arbre de l'Amazònia hi poden arribar a residir més espècies d'insectes que a tot Europa. El més probable és que mai no s'arribin a comptar i anomenar totes les espècies del planeta.

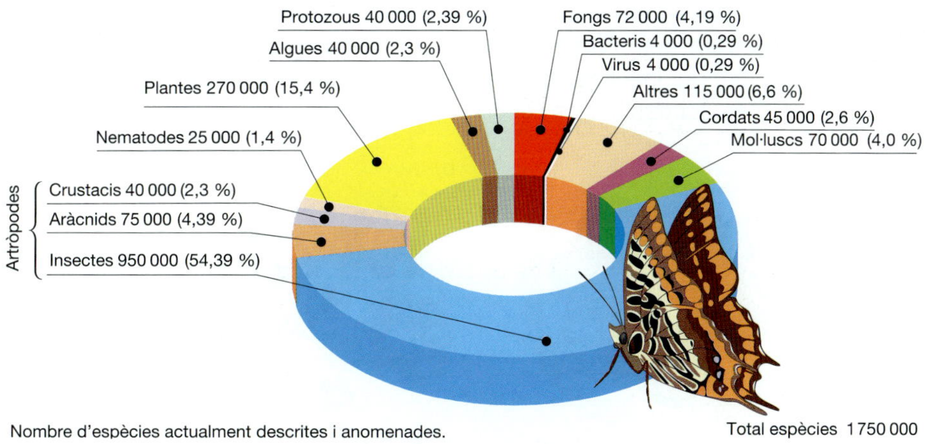

Fig. 6.19. Nombre d'espècies identificades i anomenades en l'actualitat.

> **Col·labora!**
>
> Tots els projectes sobre estudi i conservació de la diversitat biològica necessiten, juntament amb el treball dels científics, la col·laboració de la població, que pot aportar avistaments, observacions, denúncies de situacions anòmales o, fins i tot, treball voluntari.
>
> En la secció Ciència Ciutadana, del lloc web dels **Parcs Naturals de Catalunya** veuràs quines són les opcions: *https://goo.gl/JST5Yf.*

Probablement, moltes espècies desapareixeran abans que els puguem donar un nom científic, però és un fet que en el passat van existir espècies completament diferents de les actuals que es van extingir després de donar lloc a d'altres. Així, doncs, cal que interpretem que estem vivint només un instant de l'evolució.

Res no fa pensar que les espècies actuals durin eternament. El procés de l'evolució no s'atura, encara que ara estigui interferit per l'acció de l'home, una espècie nova que ha basat la seva diversificació en la simplificació dels ecosistemes.

5.3. La influència de l'ésser humà en la biodiversitat

No sabem en quin moment l'home va començar a influir significativament sobre la diversitat biològica, però la història ambiental ens remet a uns quants mil·lennis enrere, quan els caçadors del paleolític superior van perfeccionar la tecnologia de caça i van esdevenir uns predadors molt eficaços. De fet, la història de la civilització s'ha construït a costa de l'ocupació constant de nous territoris i de l'accés a nous recursos. A mesura que la humanitat ha colonitzat el planeta, la natura s'ha fet més simple, menys diversa. És a dir, més vulnerable als canvis.

Anys	Extinció	Causa
Fa 10 000	Desaparició de grans mamífers de l'Amèrica del Nord.	Entrada de fauna depredadora i de grups humans de caçadors per l'estret de Bering.
1681	Mort del darrer dodo de l'illa Maurici, dos-cents anys després del seu descobriment.	Caça, introducció de gossos.
1952	Albirament de la darrera foca tropical a Jamaica.	Pesca, pèrdua d'hàbitat.
2000	Mor l'última cabra pirinenca.	Caça, aïllament genètic.
2005	Extinció del rinoceront negre a l'Àfrica occidental.	Caça, pèrdua d'hàbitat.
2006	El dofí d'aigua dolça del Iang-Tsé es declara extingit.	Contaminació, pèrdua d'hàbitat.

Taula 6.11. Algunes extincions induïdes per l'home.

A. Una amenaça seriosa per a la biodiversitat: la fragmentació dels boscos originals

Una de les conseqüències més importants de l'acció humana sobre els ecosistemes és la fragmentació, en particular la dels boscos tropicals. La fragmentació es produeix com a conseqüència de l'explotació forestal mal planificada, la conversió del bosc en àrees de pastura, la construcció de carreteres, la urbanització, etc.

La fragmentació és un primer pas cap a la degradació dels ecosistemes, ja que n'augmenta el **perímetre de la frontera** amb l'exterior. La bona salut d'un ecosistema depèn del fet que una part important romangui inaccessible a les agressions de l'exterior, i com més gran és el perímetre fronterer, més accessible és l'ecosistema.

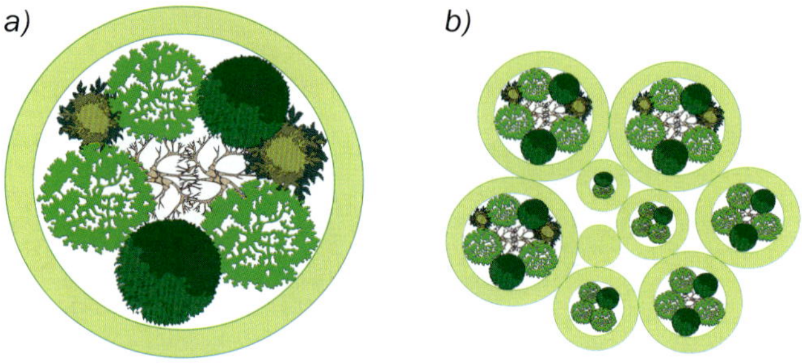

Fig. 6.20. Un exemple de **l'efecte frontera.** *a)* Una franja perimètrica ampla, la «frontera», protegeix el bosc dels impactes externs. En un moment determinat, uns ramaders comencen a fer cremes controlades de bosc amb la finalitat d'obtenir pastures. *b)* Al cap d'un temps, la superfície forestal s'ha convertit en un mosaic en què cada taca de bosc és envoltada per la seva pròpia frontera. Hi ha menys bosc però més frontera. Les clapes restants es fan més vulnerables i algunes resten aïllades de la resta.

Això és especialment visible als boscos tropicals, que han evolucionat des de les enormes masses verdes originals a una estructura en forma de **mosaic,** en què s'alternen àrees desforestades amb taques de bosc original, cada cop més petites.

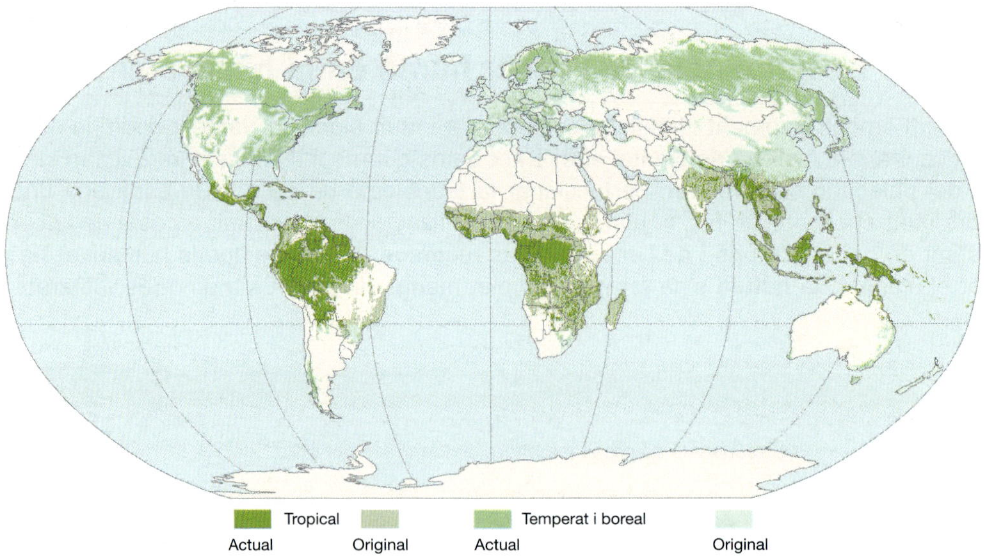

Fig. 6.21. En aquesta imatge satèl·lit del NE de Brasil podem apreciar la importància de la fragmentació de l'ecosistema en un mosaic en què les clapes originals cada cop són més petites i estan més aïllades.

B. La introducció de noves espècies

Un dels impactes més importants de la nostra civilització en els sistemes naturals és la substitució d'espècies **autòctones** per espècies foranes **oportunistes** introduïdes per l'espècie humana.

> **! Important**
>
> ***Causes i remeis de la pèrdua de biodiversitat***
>
> Alguns dels processos que condueixen a una pèrdua de biodiversitat són:
>
> - Excés de caça.
> - Destrucció o fragmentació dels hàbitats.
> - Introducció d'espècies noves.
> - Erosió genètica o pèrdua de variabilitat.
> - Contaminació.
> - Canvi climàtic.
>
> El Programa de les Nacions Unides per al Medi Ambient (PNUMA) gestiona el tractat CITES (Convenció sobre el Comerç Internacional d'Espècies Amenaçades de Fauna i Flora Silvestres), aprovat el 1973, al qual s'havien adherit cent vuitanta-sis països l'any 2016. Aquest tractat prohibeix el comerç de més de trenta-cinc mil espècies, entre les quals figuren tots els grans felins africans, els simis o les aus de presa. La Unió Internacional per a la Conservació de la Natura i els Recursos Naturals (UICN) manté al dia la «llista vermella» de les espècies amenaçades, la qual pot ser consultada a *https://goo.gl/Y7rGAQ.*

Lectura 3

Un cas cèlebre: *Caulerpa taxifolia contra Posidonia oceanica*

Els primers exemplars de *Caulerpa,* una alga tropical molt comuna a mars càlides, van aparèixer a la Mediterrània el 1984, possiblement a partir d'un vessament accidental d'aigua procedent de l'aquari de Mònaco. L'espècie aviat es va adaptar a les aigües més fresques de la Mediterrània i es va estendre per les costes franceses i italianes. Fins i tot s'ha arribat a detectar a les illes Balears. El problema generat és molt més important que el de la introducció accidental d'una espècie estranya: *Caulerpa taxifolia* constitueix una amenaça seriosa per a la fauna i la flora marina autòctona.

Posidonia oceanica és una planta aquàtica (una planta fanerògama, no una alga, encara que molts la confonguin) que colonitza el fons sorrenc de les costes mediterrànies i que proporciona hàbitat i refugi a multitud d'espècies de mol·luscs, crustacis, peixos, etc. Tothom que s'hagi submergit a la Mediterrània reconeix aquesta planta que forma grans prats mòbils de fulles planes i allargades. Qui vagi a la platja trobarà unes boles piloses de la mida d'una pilota de golf: són els fruits de *Posidonia.*

Les algues autòctones tendeixen a fixar-se a les roques, *Caulerpa,* però, és una alga que pot viure perfectament en colònies immenses al mateix fons arenós que utilitza *Posidonia,* amb l'avantatge que creix molt més ràpidament, es propaga molt fàcilment a partir d'un sol fragment enganxat, per exemple, en el buc d'una embarcació, i a la Mediterrània no té enemics naturals que en controlin la població.

ANTONIO LÓPEZ. Gener del 2017.

El text anterior il·lustra un problema important per a la preservació dels ecosistemes actuals, convida a reflexionar sobre el fet que petites intervencions sobre la natura, a vegades simples accidents, o d'altres fetes amb la voluntat de voler resoldre algun problema, poden comportar conseqüències d'ampli abast.

Fig. 6.22. *Posidonia oceanica.*

Fig. 6.23. *Caulerpa taxifolia.*

Al nostre país hi ha desenes d'exemples que podem investigar. Consulta el catàleg EXOCAT a *https://goo.gl/J1JSSE* i elabora una llista que contingui almenys deu espècies de les que envaeixen espais propers al lloc on vius, i assenyala a quin grup pertanyen, la seva procedència i l'efecte que causen sobre els ecosistemes. Pots consultar també el cercador de la UICN: *https://goo.gl/cdyjQT.*

Nom	Grup	Efecte
Caulerpa taxifolia	Alga	Desplaça la *Posidonia oceanica* de les praderies del fons marí.
Azolla filiculoides	Pteridòfits (falgueres)	Forma làmines a l'aigua i provoca així l'esgotament de l'oxigen.
Eichhornia crassipes (jacint d'aigua)	Planta fanerògama aquàtica	Envaeix els ecosistemes d'aigua dolça.
Dreissena polymorpha (musclo zebra)	Mol·lusc	Colonitza massivament tot el substrat que ocupa a les aigües dolces, fins i tot les sortides de les turbines hidroelèctriques.
Procambarus clarkii (cranc americà)	Crustaci	Ha desplaçat el cranc de riu autòcton. Pot afectar tot l'ecosistema.
Gambusia holbroockii (gambúsia)	Peix	Introduït per combatre el mosquit als arrossars, ha alterat tots els ecosistemes on s'ha instal·lat.
Pomacea insularum (cargol poma)	Mol·lusc	Causa greus pèrdues als arrossars.

Taula 6.12. Exemples d'invasions biològiques a la península Ibèrica.

6. Civilització i crisis ambientals

! Important

El mite de la mare Terra

El creixement sense mesura i desordenat de la civilització ha desembocat en una situació en la qual molta gent percep que el planeta té els dies comptats. Per això, podem sentir frases de l'estil «Salvem la Terra» o «Cuidem el planeta». En realitat, no hi ha cap raó per pensar que, com a conseqüència de les accions humanes, sobrevindrà alguna mena de catàstrofe còsmica. En tot cas, el que la humanitat fa perillar és el benestar social i, en últim extrem, la supervivència de la nostra espècie.

La percepció social dels problemes ambientals pot semblar nova, com si de sobte ens adonéssim que hem traspassat els límits per primera vegada. Però una revisió acurada de les restes arqueològiques de les antigues civilitzacions ha permès documentar diverses crisis ambientals, que en el seu temps van fer desaparèixer cultures pròsperes i ben establertes. Gairebé totes les catàstrofes es produeixen per causes naturals, però, en algun cas, aquestes crisis van ser provocades pels mateixos grups humans, que no van saber adoptar a temps les estratègies de desenvolupament adequades.

En general, es pot observar, especialment a Europa, que les civilitzacions alternen períodes estables en què hi ha menjar suficient per a tots i durant els quals la població creix ràpidament, amb crisis de subsistència que posen al límit la capacitat d'adaptació humana.

Període	Esdeveniment	Conseqüències
2000 aC	Sequeres, salinització dels sòls a l'Orient Mitjà.	Col·lapse de la civilització sumèria.
1900 aC	Diverses hipòtesis (inundacions, sequeres, epidèmies...).	Desaparició de la civilització de l'Indus.
1650 aC	Terratrèmols, erupcions volcàniques a l'Egeu.	Col·lapse de la civilització minoica a Creta.
100 dC-400 dC	Creixement desordenat a Roma. Ús alimentari del plom. Migracions.	Crisi de l'Imperi Romà.
800 dC	Superpoblació i crisis de producció.	Extinció de la civilització maia al Yucatán i Guatemala.
1315-1317	Freds intensos.	Milions de persones moren de gana a Europa.
1348-1351	Epidèmia.	La pesta bubònica mata més d'un terç de la població europea.
s. XV-XVI	Els espanyols exporten malalties a Amèrica.	Contribució al col·lapse de les civilitzacions asteca i inca.
1845-1847	Crisi de producció de la patata.	A Irlanda moren de gana o emigren més de tres milions de persones.

Taula 6.13. Algunes crisis ambientals viscudes per l'espècie humana.

Fig. 6.24. Nombroses pel·lícules han utilitzat el canvi climàtic catastrofista com a eix dels seus arguments.

6.1. La superpoblació

La superpoblació és per a molts el primer problema ambiental del planeta. El 1798, l'economista anglès **Thomas R. Malthus** va publicar *Assaig sobre la població,* obra en la qual assenyalava que la quantitat d'habitants estava augmentant a un ritme molt superior al de la producció d'aliments. Cal fer notar que a l'època de Malthus, la població mundial era tot just de mil milions d'habitants. Però Malthus no feia sinó descriure les condicions de l'Anglaterra del final del segle XVIII, en plena Revolució Industrial, amb ciutats superpoblades per masses explotades i empobrides.

Més tard hi ha hagut diverses vegades en les quals s'ha arribat a debatre si la població era o no excessiva respecte de la disponibilitat de recursos. Actualment hi ha teories dites *neomalthusianistes* que propugnen l'adopció per part dels governs de polítiques de reducció o limitació de la població, especialment als països pobres, mentre d'altres sustenten que la ciència i la tecnologia, juntament amb una bona administració dels recursos naturals, possibilitarà que la població mundial pugui créixer encara més.

6.2. L'explosió demogràfica

El 1810 ja s'havia duplicat la població del 1670. La humanitat arribava així al miler de milions. La duplicació següent hagué d'esperar fins al 1930. En aquells moments, Europa, protagonista de la primera gran expansió, començava a perdre pes demogràfic a favor dels altres continents.

Any	Població mundial (hab.)	Esdeveniment sociocultural associat
Fa 10000 anys	5000000	Invenció de l'agricultura.
1670	500000000	Introducció de nous cultius a Europa.
1810	1000000000	Revolució Industrial.
1930	2000000000	Revolució dels transports i les comunicacions.
1975	4000000000	Generalització en l'ús de productes agroquímics.
1992	5000000000	Ús comercial d'Internet.
2008	6700000000	Consolidació de la societat de la informació.
2016	7500000000	Acords internacionals de sostenibilitat ambiental.

Taula 6.14. Evolució de la població mundial al llarg de la història.

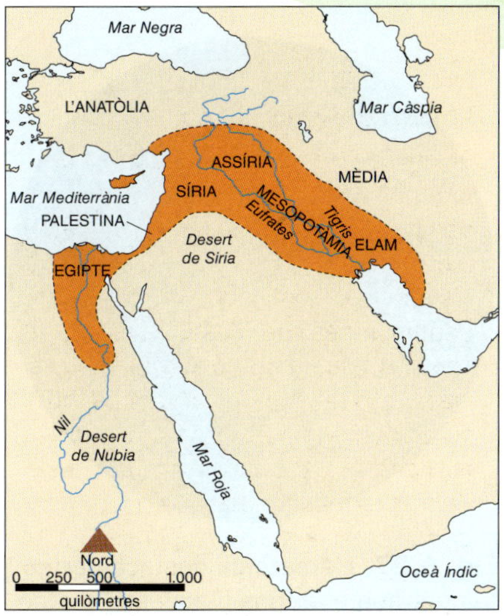

Fig. 6.26. Els primers agricultors del neolític es van instal·lar al voltant del **Creixent Fèrtil,** un arc format pels territoris que avui ocupen la vall del Nil, Israel, Síria i l'Iraq, i van donar lloc a alguns assentaments estables que després esdevindrien ciutats.

El 1975 s'assoliren els quatre mil milions d'habitants. Aquesta vegada, el centre del creixement demogràfic era als països en desenvolupament. A partir de la dècada del 1960, l'ús de productes agroquímics —pesticides, adobs, etc.— va endegar l'anomenada *revolució verda,* que va possibilitar més producció d'aliments i, per tant, més població. Mentrestant, els països rics esdevenien societats de serveis i s'estabilitzaven o, fins i tot, començaven a reduir població.

Actualment, el creixement de la població mundial ja presenta **símptomes de moderació** com a conseqüència de les polítiques de natalitat aplicades en alguns grans països, com la Xina i l'Índia, i de les crisis humanitàries a l'Àfrica (sida, guerres, migracions, etc.). Es creu que a partir del 2030 la població pot començar a estabilitzar-se, fins a arribar a uns deu mil milions d'habitants quan acabi el segle XXI. Tanmateix, les projeccions són sempre incertes.

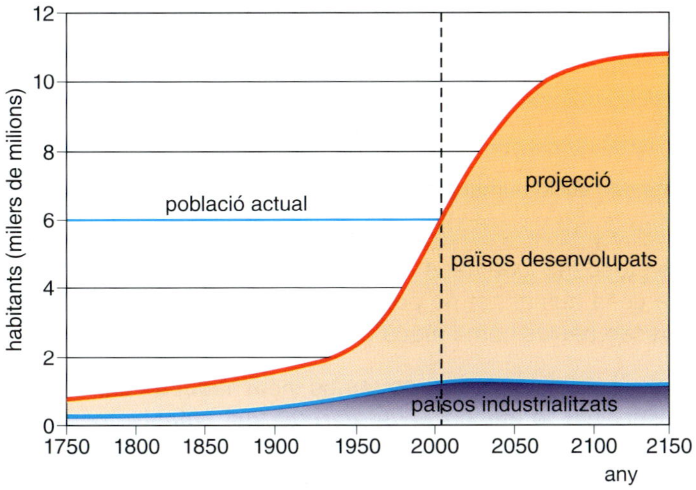

Fig. 6.25. L'augment de la població mundial no s'ha d'interpretar globalment, atès que els països industrialitzats ja han estabilitzat aquest creixement.

! Important

Societats de serveis

Una societat de serveis és aquella on la majoria de la població activa està ocupada en sectors com la sanitat, l'educació, la restauració, la neteja, la seguretat, etc. Aquest tipus de societat només s'assoleix quan es tecnifica la producció agrícola i industrial de manera que ocupa poca mà d'obra, o quan els sectors productius se situen en altres països.

7. La consciència dels límits

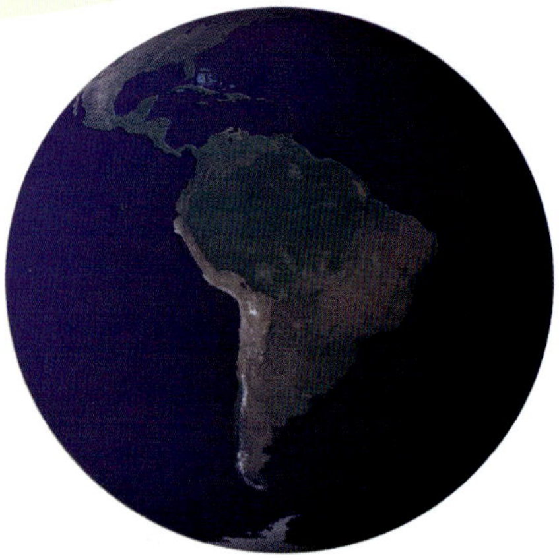

Fig. 6.27. L'Amazònia destaca perfectament sobre el fons d'aquesta imatge de la Terra obtinguda des de l'espai. Imatges com aquesta ens han ajudat a entendre el planeta sota una perspectiva global.

«No som passatgers de la nau Terra, en som la tripulació», va dir l'astronauta Rusty Schweickart. Segurament, la visió de les primeres imatges de la Terra captades per les naus espacials va ajudar a fer emergir entre el públic la percepció de pertànyer a una comunitat global amb un futur comú.

La idea de **comunitat global,** però, és completament nova en la nostra cultura. Fins ben avançat el segle xx el que prevalia en l'espècie humana era la territorialitat i l'orgull de pertànyer a un grup ètnic o nacional. Aquesta idea, que encara forma part del **paradigma dominant** a les societats actuals, ha provocat i provoca nombroses guerres i conflictes.

Des de la Revolució Industrial fins al present, el progrés científic, les innovacions tecnològiques i el creixement econòmic han transformat el món de manera molt profunda, tot assumint que la natura està al servei de l'home, amb l'única limitació dels drets de propietat. L'explotació sense mesura dels recursos naturals va ser considerada pels nostres avantpassats un signe de progrés, mentre que la preservació de la natura significava incapacitat i endarreriment. Aquesta visió, que defineix el model cultural d'Occident dels segles XIX i XX, legitimava l'apropiació dels recursos de països llunyans i diferents, i provocava xocs de cultures com el que es va produir entre Anglaterra i l'Índia o la Xina, civilitzacions mil·lenàries i complexes que els europeus no comprenien i confonien amb societats poc desenvolupades que calia dominar.

El desenvolupament econòmic ha aportat grans beneficis, però també nous problemes, derivats dels **efectes col·laterals** o inesperats de més de dos segles de pressió incontrolada sobre els sistemes naturals. Els recursos naturals amenacen esgotament, i la seva extracció és cada cop més difícil i costosa. A més a més, els problemes associats al medi ambient han adquirit una dimensió planetària i posen en perill la continuïtat del mateix sistema econòmic.

Modificacions intencionades	Efectes col·laterals o no volguts
Extracció de recursos naturals. Modificació de les característiques dels sòls. Escurçament de les cadenes alimentàries. Ús d'herbicides i pesticides. Homogeneïtzació dels hàbitats i del paisatge. Modificació dels cicles hidrològics i dels règims de turbulència. Mobilitat global de la població, els béns i els serveis.	Esgotament de recursos naturals. Pèrdua d'hàbitats i espècies. Reducció de la diversitat. Simplificació de xarxes tròfiques. Introducció d'espècies invasives. Proliferació de resistències a les malalties. Noves infeccions. Eutrofització. Pol·lució, ecotoxicitat. Erosió dels sòls. Modificació de l'albedo. Canvis globals en la composició de l'atmosfera.

Taula 6.15. Resultats de l'acció humana sobre el medi ambient.

Finalment, els bons propòsits igualitaris i les utopies de consens universal han fracassat: resulta que la majoria de la humanitat no pot tenir accés, no ja a la societat del benestar, sinó ni tan sols a serveis tan bàsics com l'aigua potable, la salut i l'educació.

A conseqüència d'aquests fets, en molt poc temps, hem hagut d'aprendre que vivim sotmesos a certs límits imposats per la **capacitat de càrrega del planeta,** però també per la pròpia organització de la societat. L'adquisició de la consciència dels límits és possiblement un dels salts més importants experimentats en l'evolució cultural de l'espècie humana. Possiblement, estem assistint a un canvi de paradigma, el **paradigma ambiental,** que podríem definir a través d'uns quants principis que influiran en la construcció de la societat del futur.

! Important

Què és un paradigma?

Thomas Kuhn, en l'obra *L'estructura de les revolucions científiques,* va introduir el concepte de paradigma com el context de compromisos, principis, pràctiques... que defineixen una disciplina científica i al qual s'adscriuen tots els científics en un moment determinat. Quan es produeix un canvi de paradigma, som davant d'una revolució científica.

També s'aplica aquest terme al conjunt de valors, concepcions i creences al voltant de les quals s'organitzen els membres d'una societat en un temps determinat. L'adhesió dels individus al paradigma dominant no és necessàriament conscient ni ritual, ja que s'efectua pel sol fet de pertànyer a una comunitat o grup social on es conviu d'acord amb uns principis que, en general, no requereixen ser formulats.

7.1. El desenvolupament sostenible i els acords internacionals

El desenvolupament sostenible és el conjunt d'estratègies que tenen com a objectiu guiar el creixement econòmic del futur de manera que s'ajusti a les necessitats de la societat i als requeriments del medi ambient.

La primera definició de **desenvolupament sostenible** la va donar el 1987 la Comissió Brundtland de les Nacions Unides, en l'informe «El nostre futur comú»:

«Desenvolupament sostenible és aquell que respon a les necessitats del present sense comprometre la capacitat de les generacions futures per respondre a les seves necessitats».

Després d'una fase en la qual la defensa del medi ambient era una qüestió de moviments alternatius i marginals, els organismes internacionals, els governs i les empreses no sols han reconegut la influència de les qüestions ambientals en la viabilitat de la humanitat, sinó que han adoptat una nova perspectiva, per la qual es reconeix que la societat, l'economia i el medi ambient s'han d'entrellaçar de manera global en un marc de desenvolupament sostenible.

Des de la celebració de la **Conferència de les Nacions Unides per al Desenvolupament i el Medi Ambient,** celebrada a Rio de Janeiro el 1992, el desenvolupament sostenible guia tots els àmbits ambientals i és recollit per pràcticament tots els documents i acords internacionals, però no sempre amb el mateix significat: uns entenen la sostenibilitat en termes de solidaritat entre pobles i generacions, d'altres en termes de continuïtat del sistema econòmic i la societat del benestar. Sovint aquests dos conceptes, **solidaritat** i continuïtat, entren en conflicte.

Entre les diverses reunions internacionals que posteriorment han tractat d'implementar els acords de Rio de Janeiro cal destacar la III Conferència de les Parts del Conveni Marc sobre el Canvi Climàtic, que va agrupar representants de cent vint-i-cinc estats a Kyoto entre els dies 2 i 11 de desembre del 1997. El document elaborat, conegut com a **Protocol de Kyoto,** comprometia els països signants a reduir les emissions dels gasos d'hivernacle fins al 2012 en un 5 % respecte dels nivells del 1990. Els acords no preveien el creixement desmesurat d'algunes economies emergents ni el fet que els Estats Units no signessin l'acord, per la qual cosa el 2012 no sols no s'havia assolit l'objectiu sinó que les emissions havien augmentat més d'un 2 %. Després de successives reunions internacionals promogudes per les Nacions Unides, el protocol està prorrogat fins al 2020 (tot i que els països europeus ja van assolir els objectius el 2016). El compromís de la majoria dels estats per treballar conjuntament més enllà del 2020 per evitar un augment desmesurat de les temperatures durant els segle XXI s'ha reforçat amb els acords de les cimeres de **París** el 2015 i **Marràqueix** el 2016, aquest cop amb el compromís dels països amb més responsabilitat en les emissions de gasos d'hivernacle: la Xina i els Estats Units.

El Acords de París, adoptats el desembre del 2015 per cent noranta-vuit països, són una fita en la cerca de solucions als problemes ambientals globals *(https://goo.gl/DW3nja).*

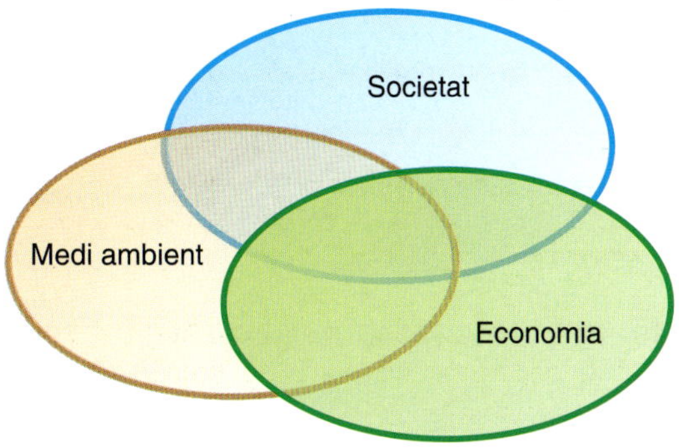

Fig. 6.28. Les estratègies de desenvolupament sostenible han de considerar la interacció entre els aspectes socials, econòmics, científics, tecnològics i ambientals que defineixen cada problema.

! Important

Idees associades al paradigma ambiental

- L'escassetat de recursos naturals o la pèrdua de qualitat del medi ambient afecta el desenvolupament econòmic.
- Invertir en el medi ambient és rendible.
- Totes les activitats humanes han de ser sostenibles.
- La manca d'equitat no sols genera conflictes socials, sinó també ambientals.
- Quan usem un recurs hem de calcular-ne el cost ambiental.
- La protecció ambiental requereix la participació i el compromís de tots els ciutadans.
- Els problemes ambientals principals són de caràcter global i s'han de resoldre en un marc consensuat per tots els governs.

Vocabulari

Desenvolupament i creixement

El terme *desenvolupament* és utilitzat pels economistes per fer referència a la millora general de les condicions de vida de la població d'un territori. Aquest concepte es confon sovint amb el de creixement, perquè es creu que el sistema econòmic actual només es pot mantenir si creix constantment, altrament es considera que està en crisi. Atès que vivim en un planeta de dimensions finites, és físicament impossible que hi hagi alguna cosa que pugui créixer indefinidament. Aquesta és la gran contradicció del sistema econòmic, que ha d'afrontar el repte de possibilitar un tipus de desenvolupament no hipotecat per la necessitat de créixer a qualsevol preu.

7.2. Energia i sostenibilitat

! Important

Error freqüent

Sovint s'afirma que l'electricitat o l'hidrogen, aplicats al transport, són energies «netes». En principi, això només és veritat si aquestes energies s'obtenen a partir de la transformació d'energies primàries no contaminants. L'interès d'aquestes energies rau en el fet que es redueix la pol·lució atmosfèrica de les ciutats —a canvi de concentrar-la als llocs de producció— i en la possibilitat de substituir els derivats del petroli.

Per mantenir-se viva, una persona necessita un subministrament diari d'uns 100-150 watts (equivalents a 2000-3000 quilocalories diàries). Aquesta energia és energia **endosomàtica** (del grec *soma:* 'cos', *endosomàtica:* 'dins del cos') i només la podem obtenir de l'alimentació. En això no ens diferenciem de les altres espècies. Tampoc no hi ha grans distàncies entre els grups humans: entre morir malnodrits o d'obesitat mòrbida no hi ha més de 100 watts de diferència.

Dispositiu	Potència (watts)
Sol	10^{27}
Radiació solar interceptada per la Terra	10^{17}
Radiació solar consumida en fotosíntesi	10^{14}
Consum energètic mundial	10^{13}
Una central nuclear	10^{9}
Cotxe a 70 km/h	10^{5}
La teulada de la casa amb plaques solars	10^{4}
Estufa elèctrica	10^{3}
Bombeta elèctrica	10^{2}
Consum metabòlic d'una persona (alimentació)	10^{2}

Taula 6.16. Ordre de magnitud energètica de la humanitat dins del planeta.

Les grans desigualtats es produeixen en l'energia **exosomàtica,** que és la que ens dona serveis no estrictament relacionats amb la supervivència, des de l'energia que utilitzem per cuinar fins a la que mou els coets espacials.

Mentre que l'energia exosomàtica que usa un membre d'una tribu primitiva s'obtindria subministrant-li 100 watts de potència (justament la que necessita per encendre una foguera on cuinar els aliments), a un habitant d'una ciutat europea o nord-americana li cal una provisió mínima continuada de 5000 a 20000 watts, depenent dels seus hàbits de consum, bàsicament en forma d'electricitat i combustibles.

Concepte	Watts	Factor	Origen	Serveis que rendeix
Nutrició humana	$7{,}5 \cdot 10^{11}$	1	Aliments	Supervivència
Altres activitats humanes	$15 \cdot 10^{12}$	23	Combustibles Energia nuclear Energies renovables	Confort domèstic, transport, indústria, agricultura, etc.
Producció primària de la biosfera	$114 \cdot 10^{12}$	175	Plantes, algues, bacteris	Síntesi matèria orgànica
Energia solar disponible	$178 \cdot 10^{15}$	273846	Radiació solar	Llum, dinàmica atmosfèrica i oceànica, radiació tèrmica, producció primària, etc.

Taula 6.17. Ordre de magnitud energètica de la humanitat dins del planeta. Es pren com a unitat (factor 1) la potència de tota la humanitat en concepte de consum d'aliments (energia endosomàtica).

Energies renovables i no renovables

Quan utilitzem l'energia interna del planeta no reduïm la quantitat d'energia, sinó que produïm uns canvis en les fonts d'energia disponibles que provoquen un augment de l'**entropia** del sistema, amb la qual cosa cada vegada és més costós obtenir prestacions energètiques en forma de treball.

Atès que mai no podrem tornar a tenir l'energia en l'estat inicial, quan consumim les reserves energètiques de la Terra, amb l'excepció de l'energia geotèrmica, parlem d'**energia no renovable.**

La Terra, però, no és un sistema tancat, ja que rep aportacions externes en forma d'energia solar, que es manifesta en forma de llum, calor, vent, etc. Igualment convertim aquestes energies útils en d'altres menys útils o degradades, però no esgotem la font pel fet de fer-la servir. El subministrament constant i extern d'energia ens garanteix que continuarem gaudint d'aquest recurs. Per això, parlem **d'energies renovables.**

L'opció per les energies renovables de cara a un futur sostenible sembla fora de discussió, però no tenim encara els dispositius tecnològics que permetin obtenir energia en quantitat suficient amb un impacte ambiental reduït. Possiblement, aquest és el gran repte tecnològic del segle XXI.

Cal fer una menció especial a l'energia nuclear de fusió, que és la que s'allibera quan dos nuclis atòmics lleugers s'uneixen per formar-ne un de més pesant. El nou nucli pesa una mica menys que la suma dels nuclis que l'han constituït, la qual cosa resulta en un sobrant de massa molt densa que s'emet en forma d'energia (fenomen explicat per la fórmula d'Einstein $E = m \cdot c^2$). Aquest és el tipus d'energia que emeten les estrelles. Si s'aconsegueix reproduir el procés a la Terra, podríem gaudir d'una font segura i pràcticament inesgotable d'energia. Però la dificultat radica en com fer colisionar nuclis atòmics de la mateixa càrrega, sense fer més despesa energètica de l'energia obtinguda. L'ITER, en aquests moments el major projecte científic internacional del món, és un enorme instrument experimental en construcció, situat al sud de França que confinarà matèria en estat de plasma a una temperatura de cent cinquanta milions de graus centígrads. Pel 2035 estarà en plena operació. Només a partir dels resultats obtinguts es podrà considerar el disseny de reactors de fusió destinats a la producció.

	Energia primària	Limitacions
No renovables	Petroli	Producció de CO_2. Esgotament del recurs. Inestabilitat dels preus. Dependència d'altres països. Conflictes geopolítics.
	Carbó	
	Gas natural	
	Nuclear de fissió	Residus, rebuig de l'opinió pública.
	Nuclear de fusió	En fase d'investigació.
Renovables	Hidroelèctrica	Impacte paisatgístic i ecològic dels pantans. Alteració de la dinàmica fluvial.
	Mareomotriu	Només a zones de gran amplitud de marea. Poc desenvolupada.
	Biocombustibles/ residus	Impactes locals per emissions de residus. Necessitat de grans superfícies de conreu.
	Geotèrmica	Només a zones d'activitat volcànica o geotermal, en altres llocs té un cost mot alt.
	Solar tèrmica	Poc desenvolupada comercialment en la producció d'electricitat.
	Solar fotovoltaica	Elevat cost, baix rendiment/unitat de superfície. Impacte ambiental en la producció de silici.
	Eòlica	Impacte paisatgístic, mort d'aus, inestabilitat en la producció.
	Oceanotèrmica	Dificultat per ancorar els dispositius i transportar l'energia a la costa.

Taula 6.18. Limitacions de les energies renovables i no renovables.

! Important

Energies renovables i entropia

La quantitat d'energia que flueix dins d'un sistema tancat no varia, però va perdent qualitat a mesura que produeix treball. Per descriure aquesta situació els físics parlen d'un augment de l'entropia. La segona llei de la termodinàmica ens explica que tot sistema tancat en què es produeixin intercanvis d'energia, amb el temps, augmenta la seva entropia. Si atenem aquest principi, cap energia es renova. Quan parlem d'energies renovables, doncs, ens referim a aquelles la utilització de les quals no afecta la disponibilitat futura del recurs.

Sabies que...?

Fets sobre l'energia en el segle XXI

- Els **combustibles fòssils** representen encara el 85 % del consum d'energia primària i el seu consum continua augmentant mundialment.
- Es calcula que resta petroli per a quaranta anys; gas, per a setanta, i carbó, per a dos-cents, però aquestes dades canvien a mesura que evoluciona la demanda i es descobreixen o s'exploten jaciments nous.
- No hi ha cap tipus d'energia la utilització de la qual no produeixi un impacte ambiental.
- Un terç de la població mundial encara no té accés a **energies comercials.**

Lectura 4

COP 22: líders de tot el món donen suport a l'Acord de París a Marràqueix

Pocs dies després de l'entrada en vigor de l'Acord de París sobre canvi climàtic, líders de tot el món han mostrat avui un fort suport a la seva implementació. Així ho va destacar el secretari general de l'ONU a l'obertura de la Conferència sobre Canvi Climàtic (COP 22) que se celebra a Marràqueix fins al 18 de novembre.

Ban Ki-moon va assenyalar que els països han donat suport fermament al Pacte perquè s'han adonat que els seus propis interessos nacionals estan millor assegurats quan persegueixen el bé comú.

L'Acord de París va entrar en vigor el 4 de novembre passat. El secretari general ha destacat que el Pacte va aconseguir cent nou ratificacions que comptabilitzen el 75 % de les emissions de gasos d'efecte d'hivernacle, la qual cosa sobrepassa el llindar mínim requerit perquè es faci efectiu.

«Les ciutats, els seus ciutadans i els executius d'empreses han estat crucials per mobilitzar suport polític per a l'Acord de París. També es troben entre els més visionaris i ambiciosos per construir economies baixes en carboni i resilients que prosperaran en un món canviat pel clima», va dir el titular de l'ONU.

Ban va cridar el sector empresarial a aprofitar les oportunitats que s'han generat en energies renovables i innovacions amigables amb el medi ambient. Al seu torn, va animar associacions entre el sector públic i privat per transformar àrees clau de les economies que inclouen des de l'ús del sòl agrícola fins al transport sostenible.

Alhora, ha demanat a la societat civil continuar amb els seus esforços per fer rendir comptes als governs de manera que compleixin amb les seves promeses en aquest camp.

El secretari general va oferir a més una conferència de premsa en la qual va subratllar que l'entrada en vigor de l'Acord de París demostra que el canvi climàtic és real i que cap país, per més poderós que sigui, és immune als impactes d'aquest fenomen.

Fig. 6.29. Conferència de les Nacions Unides sobre el Canvi Climàtic 2016.

També va assenyalar que les nacions s'han adonat que és del seu propi interès actuar ara.

En ser preguntat sobre les declaracions del president electe dels Estats Units, Donald Trump, en relació amb les seves intencions de retirar-se del pacte, Ban Ki-moon va considerar que Trump entén que hi ha forces de mercat compromeses en aquest camp i que tots necessitem aprofitar aquestes tendències pel bé del planeta i de les espècies.

Al seu torn, ha remarcat que «la unitat global al voltant del canvi climàtic que abans semblava impensable ara s'ha tornat imparable».

Centre de Notícies de l'ONU, 15 Novembre del 2016.

La Cimera del Marroc fa cas omís de la urgència del canvi climàtic.

La COP 22 conclou al Marroc sense consens ni avenços útils per a la posada en marxa de l'Acord de París.

El finançament dels fons per afrontar el canvi climàtic segueix pendent de definició i les mesures urgents s'ajornen més enllà del 2018.

Les organitzacions socials i ecologistes reclamen justícia climàtica.

La decisió final de la Cimera de Marràqueix, aprovada en l'últim plenari, confirma que els governs estan dilatant l'acció climàtica i ajornant el disseny de les eines necessàries per passar a l'acció.

Després de l'aprovació de l'Acord de París, en aquesta cimera els països havien d'augmentar la seva ambició per presentar el 2018 nous compromisos que s'ajustessin a limitar l'augment de la temperatura global per sota dels 2°.

Però la incapacitat d'arribar a un consens en la COP 22 confirma que això passarà com a molt d'hora el 2020.

Extractat d'Ecologistes en Acció, 18 Novembre del 2016.

El comunicat de l'ONU es refereix a les conferències sobre el canvi climàtic (Conference of the Parties o COP), celebrades a París el 2015 i a Marràqueix el 2016. També et presentem una síntesi de l'apreciació d'Ecologistes en Acció sobre les decisions preses.

a) Quin ha estat el motiu o motius principals de l'adopció dels acords de París i Marràqueix.

b) Per què creus que són importants aquestes reunions?

c) Creus que hi ha consens científic respecte de la realitat del canvi climàtic? Argumenta la teva resposta.

d) Quins països s'oposen en l'actualitat a implementar mesures contra el canvi climàtic? Quines raons hi addueixen?

e) Al text surt el terme *resilient*. Què significa?

Observa i pensa

Home: tot s'accelera!

Observa el documental ***Home,*** d'Arthus-Bertrand (93 minuts). Recomanem la versió castellana narrada per Salma Hayek, que podràs trobar a l'enllaç següent: *https://goo.gl/EHCrdX.*

Fig. 6.30. Imatge del documental ***Home,*** de Yann Arthus-Bertrand.

Es tracta d'un documental molt ben produït, gràcies al fet que hi van col·laborar diverses empreses, amb unes imatges aèries excel·lents d'ecosistemes de tot el món. La seva funció principal és denunciar situacions abusives respecte de l'ús que l'home ha fet i fa dels sistemes naturals.

1. Amb quina de les afirmacions següents estàs més d'acord:

a) El vídeo és realista, es basa en dades científiques i presenta els problemes ambientals tal com són, sense amagar res.

b) Es tracta d'un documental catastrofista. Sembla que vulgui generar por exagerant alguns problemes sobre els quals no hi ha evidències científiques.

2. Quina percepció tens ara de les accions humanes sobre els sistemes naturals després d'haver visionat el documental.

a) Encara que el documental està molt ben fet i té molt bones imatges, no m'ha aportat res de nou al que ja sabia.

b) He après moltes coses que no sabia i crec que m'ha ajudat a adquirir més sensibilització.

3. Esmenta cinc grans qüestions o problemes ambientals tractats pel documental.

4. El documental denuncia problemes molt greus i n'esmenta les causes.

a) No proposa solucions, dona una visió pessimista, com si no s'hi pogués fer res.

b) Proposa solucions i propugna portar-les a terme abans que sigui massa tard.

5. «Tot s'accelera». Aquesta és una frase molt repetida al documental. Quin missatge vol transmetre aquesta sentència?

6. A quin país situa principalment la narradora el problema de la construcció accelerada de ciutat? Creus que això té influència a escala global?

7. L'atmosfera primitiva presentava concentracions de diòxid de carboni molt més altes que ara. Com es van reduir? On es troba ara tot aquest carboni?

8. El documental menciona els hivernacles d'Almeria. Amb quin motiu?

9. Un dels missatges del documental va relacionat amb la producció i el consum de carn. Quin tipus de problema denuncia?

10. Perquè apareix repetidament un país tan petit com Dubai?

11. El documental denuncia la desaparició gairebé total dels boscos equatorials de Borneo. Quina és la causa d'aquesta destrucció?

12. Quina és la raó per la qual la desaparició de la banquisa àrtica pot provocar que la radiació solar produeixi més escalfament de les superfícies?

13. A banda de la fusió dels gels continentals hi ha un altre fenomen que podria provocar a curt termini l'ascens del nivell de la mar, de què es tracta?

14. Quins països presenten més situació de risc amb relació amb la manca d'aigua?

15. El documental parla del problema de la fusió del pergelisòl o permagel (*permafrost*)? En què consisteix aquest problema?

16. A què atribueix el documental l'extinció dels habitants aborígens de l'Illa de Pasqua?

17. Quin tipus de fonts energètiques proposa abandonar i com serien reemplaçades?

18. El documental menciona experiències exemplars de preservació ambiental desenvolupades a diversos llocs. Esmenta aquelles que recordis i explica en què consisteixen.

Activitats finals

Producció i demanda energètica a Europa

Els gràfics següents representen la fracció (en %) de participació de cada font d'energia primària en la producció total d'energia a la Unió Europea entre els anys 2004 i 2014.

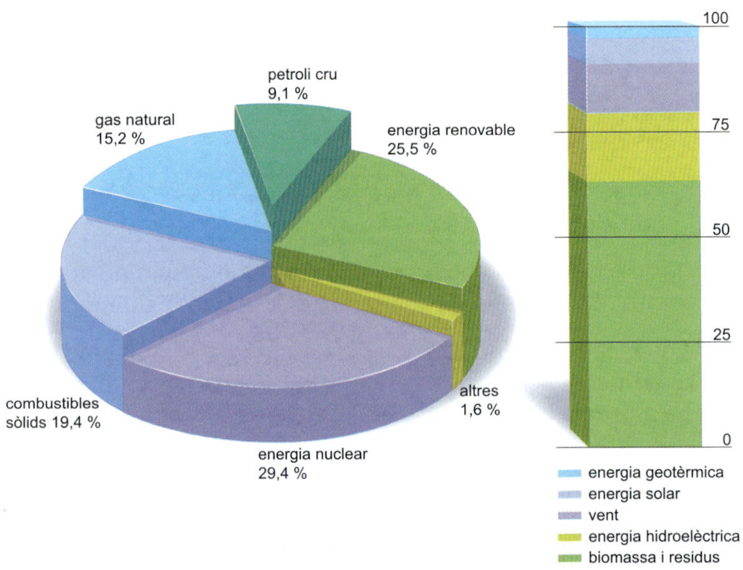

Fig. 6.31. Producció d'energia a la Unió Europea (2004-2014). Font: Eurostat.

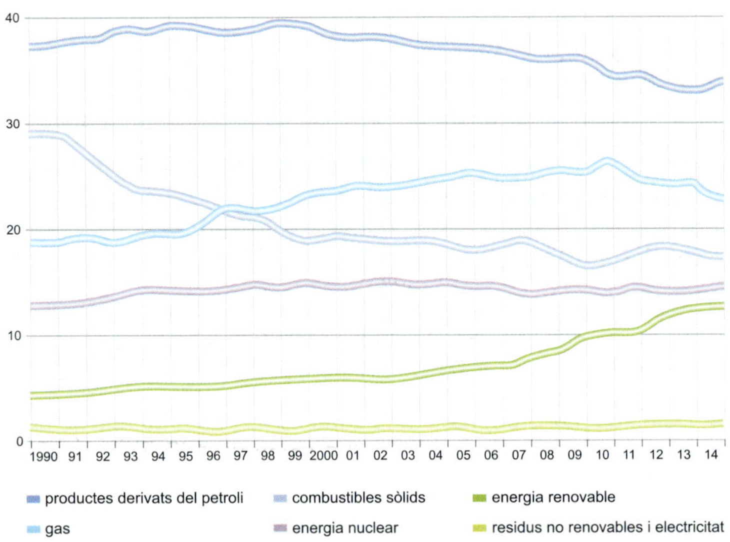

Fig. 6.32. Consum d'energia a la Unió Europea (2004-2014). Font: Eurostat.

1. Quines conclusions pots extreure de la comparació entre tots dos gràfics?
2. Quant a la participació de les energies renovables en el consum d'energia europeu, quines tendències hi ha en aquest moment?
3. Quin tipus d'energies renovables s'utilitzen més a Europa?
4. Investiga a la Xarxa quina és la situació a Espanya respecte de les energies renovables. Tracta d'elaborar un gràfic en el qual es representi aquesta situació.

Superpoblació

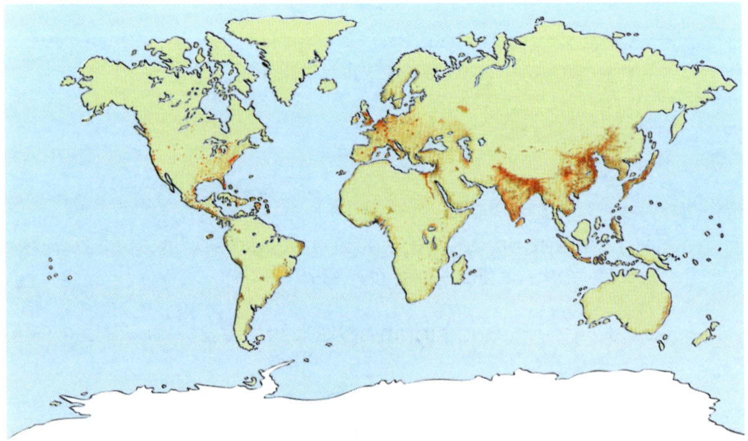

Fig. 6.33. Distribució de la població mundial.

Imaginem que fem un experiment molt absurd d'enginyeria social.

Volem concentrar tota la població del món en un sol territori i deixar deshabitada la resta del planeta. Donarem a cada habitant un espai vital de 50 m^2.

> Superfície dels continents: $135 \cdot 10^6$ km^2
> Població mundial el 2016: $7,5 \cdot 10^9$ hab.
> Superfície disponible per habitant: 50 m^2/hab.
> Superfície d'Espanya: 504 000 km^2

1. Partint de les dades anteriors, calcula la superfície que necessitem per a encabir tota la població en les esmentades condicions. Et suggerim que utilitzis factors de conversió.
2. Cabrien a Espanya tots els habitants del món amb la distribució esmentada?
3. «El planeta és ple de gent, no n'hi cabem més». Tots hem sentit alguna vegada aquesta afirmació. Creus que això es podria argumentar a partir del càlcul que acabem de fer o de l'observació del mapa adjunt?
4. Reflexiona sobre cadascuna de les afirmacions següents i expressa, utilitzant arguments, si hi estàs o no d'acord.
   a) La gent ocupa la major part del territori.
   b) Els territoris productius estan tots ocupats.
   c) La Terra té més habitants dels que poden sostenir els sistemes naturals i la producció agrícola i ramadera.
   d) Els hàbits de consum de l'espècie humana fan que no hi hagi suficients recursos per mantenir més població de la que hi ha ara.
5. Creus que una solució a la superpoblació podria ser, amb la tecnologia adequada, colonitzar un altre planeta? Per què?

Posa't a prova

1. El balanç tèrmic entre l'energia que arriba a la Terra des de l'espai i la que retorna...

a) És nul, ja que tota l'energia que entra torna a l'espai.

b) És positiu: per això la Terra s'escalfa cada cop més.

c) És negatiu: sempre surt més energia de la que hi arriba, de tal manera que es produeix un dèficit.

2. L'efecte d'hivernacle...

a) Està causat per les activitats humanes i cal evitar-lo.

b) Està causat per la presència de gasos a l'atmosfera que dispersen la radiació en forma de calor.

c) Fa que els hiverns siguin cada cop més freds i els estius més calorosos.

3. El fenomen d'El Niño es produeix cada cert nombre d'anys i és conegut per desencadenar una sèrie d'anomalies catastròfiques a tot el planeta. Tanmateix, El Niño no té res a veure amb...

a) Els ciclons.

b) Els terratrèmols.

c) Les sequeres.

4. Quina de les afirmacions següents és falsa?

a) En el passat, hi va haver també crisis de superpoblació per manca de recursos.

b) Les crisis ambientals esdevingudes repetidament al llarg de la història han fet desaparèixer algunes civilitzacions antigues.

c) L'aparició dels pesticides va reduir la producció agrícola i va provocar la mort de molta gent.

5. Quin és el gas més abundant a l'atmosfera i quin paper té en el canvi climàtic?

a) L'oxigen: ajuda a evitar el canvi climàtic.

b) El nitrogen: no té relació amb el canvi climàtic.

c) El diòxid de carboni: provoca el sobreescalfament de l'atmosfera.

6. Quin és l'agent químic responsable de la manca de visibilitat a l'atmosfera de les ciutats?

a) El fum de les calefaccions.

b) El diòxid de carboni.

c) L'ozó.

7. La teoria de sistemes és una manera adequada d'abordar l'estudi...

a) Dels processos complexos.

b) Dels processos sistemàtics.

c) Dels sistemes de mitigació de l'escalfament global.

8. La gambúsia és un peix que ha envaït els ecosistemes propers als arrossars, i n'ha desplaçat la fauna autòctona. Per què es va introduir aquesta espècie?

a) Per combatre els mosquits eliminant-ne les larves.

b) Per eliminar les carpes, que es menjaven l'arròs.

c) No es va introduir voluntàriament, hi va arribar sola.

9. Quina de les formes d'energia següents és una energia primària?

a) L'electricitat obtinguda d'una central tèrmica.

b) La que proporciona la combustió de la gasolina.

c) La calor procedent de l'interior de la Terra.

10. Quin d'aquests compartiments aquàtics es recupera abans després d'una contaminació?

a) Un riu.

b) Un aqüífer subterrani.

c) Un llac.

11. Per quina de les raons següents hi ha més diversitat al bosc amazònic que als boscos europeus?

a) Perquè el sistema amazònic és molt més antic i ha tingut més temps per a produir diversificació.

b) Perquè el clima és més estable i no hi ha estacions.

c) Perquè ha estat menys intervingut per l'home.

12. La major part de l'aigua dolça existent a la hidrosfera es troba...

a) Als rius tropicals.

b) A les aigües subterrànies.

c) Als casquets polars.

13. Quan diem que un estil de vida no és sostenible?

a) Quan la petjada ecològica és menor que la biocapacitat.

b) Quan la petjada ecològica és major que la biocapacitat.

c) Quan es produeixen més residus dels que la natura pot reciclar.

Llegeix i reflexiona

Dues visions controvertides sobre el problema de la superpoblació

Jesse Ausubel, i Paul i Anne Ehrlich, científics i experts en biologia de poblacions, obren un debat sobre el problema de la superpoblació

Jesse Ausubel

Al llarg de la història, la innovació tecnològica ens ha salvat de ser desbordats per la superpoblació. Crec que la humanitat és enginyosa i emprenedora. Amb el pas del temps la gent troba, inventa i aplica solucions per als problemes ambientals. Nombrosos experts dels anys cinquanta, seixanta i setanta pensaven que la humanitat no arribaria als anys presents sense un col·lapse demogràfic. Tot això no ha passat.

Els agricultors han elevat els rendiments per augmentar la producció sense usar més terres. Els enginyers han millorat l'eficiència de les turbines per tal que l'energia primària necessària per servir les necessitat de la població sigui molt menor que si utilitzéssim encara les turbines dels anys seixanta. El problema és la degradació ambiental, però en general els humans estan estalviant recursos al mateix temps que procuren que el deute amb la natura no sigui massa desastrós.

La tecnologia ha alliberat els humans del medi ambient. Podem viure igual de bé en zones polars, tropicals, àrides o humides. El nou repte és utilitzar la tecnologia per alliberar el medi ambient dels humans. Llibres electrònics que estalvien boscos, agricultura que usa pocs recursos i dona alts rendiments, trens de levitació magnètica subterranis, turbines de cinc gigawatts que funcionen amb gas natural, leds que il·luminen de manera molt més eficient que les bombetes incandescents, reducció del consum de carn, etc., formen part de la solució. Si el rendiment de les nostres activitats augmenta un 2 % anual i la població, un 1 %, podem duplicar la població en setanta-cinc anys reduint a la meitat els recursos necessaris.

Podem apostar que tots aquests rics preocupats per la plaga humana en el planeta, quan parlen de poblacions oneroses que causen congestió, amuntegament, pèrdues d'espais verds... no parlen ni d'ells mateixos, ni dels amics, ni dels veïns.

Paul i Anne Ehrlich

El creixement global de la població s'ha desaccelerat significativament, però no s'ha aturat. El 2050 hi pot haver un 35 % més d'habitants al planeta. Ja estem veient com en molts llocs sense suficients aliments, aigua i altres recursos creix el nombre de persones afamades.

Avui comprenem que el problema real està en la pressió destructiva de les activitats humanes sobre els sistemes naturals, una amenaça creixent a la sostenibilitat de la civilització. No es tracta del quants som sinó de quant consumim. Per això, els Estats Units, amb tres-cents milions d'habitants, haurien de ser vistos com la nació més superpoblada de la Terra. A banda d'això, l'emergència de «nous consumidors» constitueix un assalt addicional als sistemes naturals.

Prometem al països en vies de desenvolupament que si adopten bones polítiques ambientals ells també podran ser capaços d'assolir l'estil de vida del Primer Món. Aquesta promesa és impossible, una cruel estafa, perquè tot just podem mantenir els mil milions de persones que actualment han arribat a aquest nivell.

La degradació del medi ambient resulta del fet que cada cop més gent consumeix més recursos, i que la gran majoria de l'increment demogràfic s'està produint als països pobres, on les taxes de natalitat arruïnen tots els esforços que es fan per millorar la sanitat, l'educació o les infraestructures. Reduir el creixement de la població s'hauria de tractar com un assumpte de drets humans.

La via per reduir la natalitat és ben coneguda. Implica un canvi cultural en l'educació i l'estatus de les dones, planificació familiar i avortaments en condicions segures. És a dir, moure'ns cap a un món on cada nen sigui un nen desitjat. Podem posar l'exemple de l'experiència de Grameen Bank a Bangla Desh, que ofereix crèdit als pobres, especialment a les dones, la qual cosa ha contribuït a reduir la natalitat simplement estimulant el desenvolupament econòmic sostenible a escala local.

Extractat de *New Scientist: Population Enough of Us i Population: Technology will save us* (Setembre del 2009)

a) Quina és la qüestió principal en la qual no estan d'acord els científics citats?

b) Hi ha un punt en el qual coincideixen les seves apreciacions. Quin?

c) Quins són els arguments principals que ambdós autors sostenen per defensar les seves opinions?

d) Quines solucions proposen al problema de la superpoblació? Creus que aquestes solucions són compatibles?

e) De quin fenomen demogràfic ens informa el gràfic? Es menciona en algun passatge de la lectura?

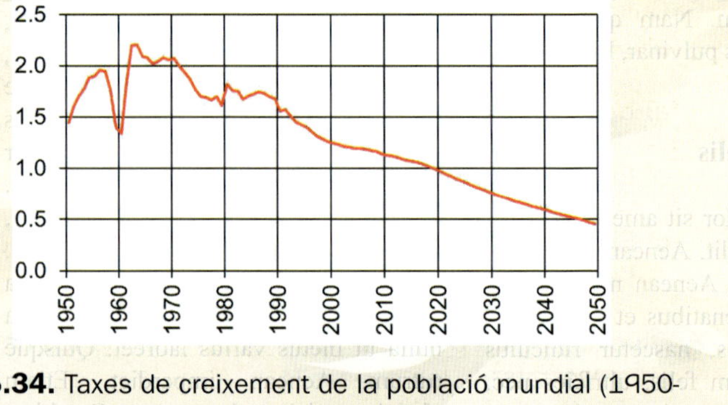

Fig. 6.34. Taxes de creixement de la població mundial (1950-2050). Actualització: agost del 2016. Font: U.S. Census Bureau.

f) Informa't sobre les accions del Grameen Bank. Per què creus que concedir crèdits a dones pobres pot reduir en un país la natalitat?

A fons

La petjada ecològica

Molt s'ha parlat de l'impacte negatiu dels nostres estils de vida sobre la natura, i cada cop estem més convençuts d'haver superat els límits de sostenibilitat. Tanmateix, l'única manera de dissenyar i aplicar correccions seria obtenir evidències científiques d'aquest fet. Cal poder calcular la quantitat de recursos naturals (terra, aire, aigua, energia) que consumeixen les activitats humanes i comparar-la amb la quantitat de recursos disponibles. Per això la ciència ha proposat la mesura de dos paràmetres: la petjada ecològica i la capacitat de càrrega.

La petjada ecològica és l'àrea de territori ecològicament productiu (conreus, pastures, boscos, ecosistemes aquàtics) que requereix una població determinada per generar els recursos que utilitza i abocar-hi els residus que produeix. S'expressa en ha/habitant/any.

La capacitat de càrrega o biocapacitat és el nombre de ha/habitant/any disponibles per a realitzar les activitats humanes.

Atès que no tots els territoris presenten la mateixa capacitat de càrrega, i per poder realitzar comparacions, s'ha introduït el concepte d'hectàrees globals (GHA) o superfície mitjana disponible per habitant i any a tot el planeta. D'aquesta manera s'ha calculat que la petjada ecològica de tots els habitants del planeta era el 2016 equivalent a 2,8 GHA, mentre que la capacitat de càrrega era d'1,7 GHA.

Si fem la relació entre ambdues quantitats veurem que no podem continuar amb els nostres estils de vida actuals, necessitaríem 1,65 planetes!

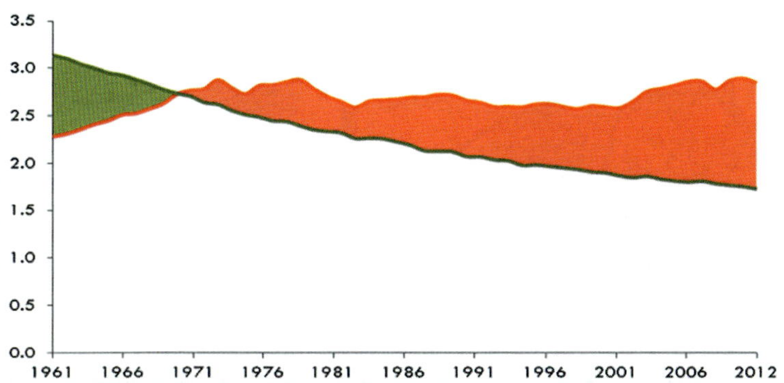

Fig. 6.35. Petjada ecològica i biocapacitat a escala planetària. Font: Global Footprint Network.

L'assumpte es complica quan veiem la situació a cada país. Per exemple, si tots els habitants del planeta volguessin assolir el nivell de consum dels nord-americans necessitaríem gairebé cinc planetes. En l'altre extrem, el planeta podria albergar el doble de població si acceptéssim viure amb l'estil de vida d'Afganistan.

La majoria dels països es troben en dèficit ecològic. Això no significa que no disposin de recursos, sinó que els extreuen d'altres llocs. Dins d'una economia globalitzada com la nostra, és aquí on radica essencialment l'escletxa social entre els països pobres i els països rics.

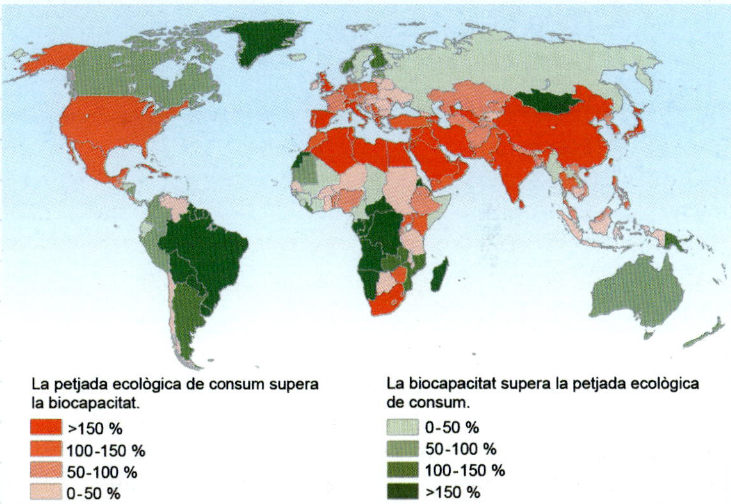

Fig. 6.36. Comparació entre petjada ecològica i biocapacitat. Font: Global Footprint Network.

1. Entra al lloc web *https://goo.gl/P3IN5K* (hi ha versió en castellà). Amb les dades que obtinguis elabora una taula on s'expressi la petjada ecològica i la biocapacitat dels Estats Units, el Canadà, Finlàndia, França, Espanya, la Xina, el Brasil, Austràlia, Algèria i Moçambic.
2. Per què països com els Estats Units, el Canadà i Austràlia, amb estils de vida similars, presenten diferències en el dèficit ecològic? Creus que una solució seria que cada país visqués exclusivament dels recursos que produeix el seu territori? Argumenta la teva resposta.
3. Diuen que la «petjada del carboni» és la contribució principal a la nostra demanda de recursos. Què vol dir això?
4. El 8 d'agost del 2016 la humanitat ja havia consumit tots els recursos disponibles per a tot l'any. Com interpretes aquesta notícia?
5. Pots mesurar la teva petjada ecològica amb «calculadores» que trobaràs a diversos llocs web com el següent: *https://goo.gl/bwe9ZZ.*
6. Quines accions promouries per reduir la petjada ecològica del teu país?

7

Materials, objectes i tecnologies

- La humanització: el domini del foc i la construcció d'eines
- Dos invents relacionats: la ceràmica i la roda
- Els metalls
- L'edat dels plàstics
- Nanotecnologia, realitat o ficció?
- Els residus

La història de la humanitat és la història dels materials que ha utilitzat. Des del domini del foc i les primeres eines de pedra fins als biopolímers i als nanomaterials, el progrés de l'espècie humana ha estat vinculat al coneixement dels materials terrestres i a la creació de noves aplicacions tecnològiques.

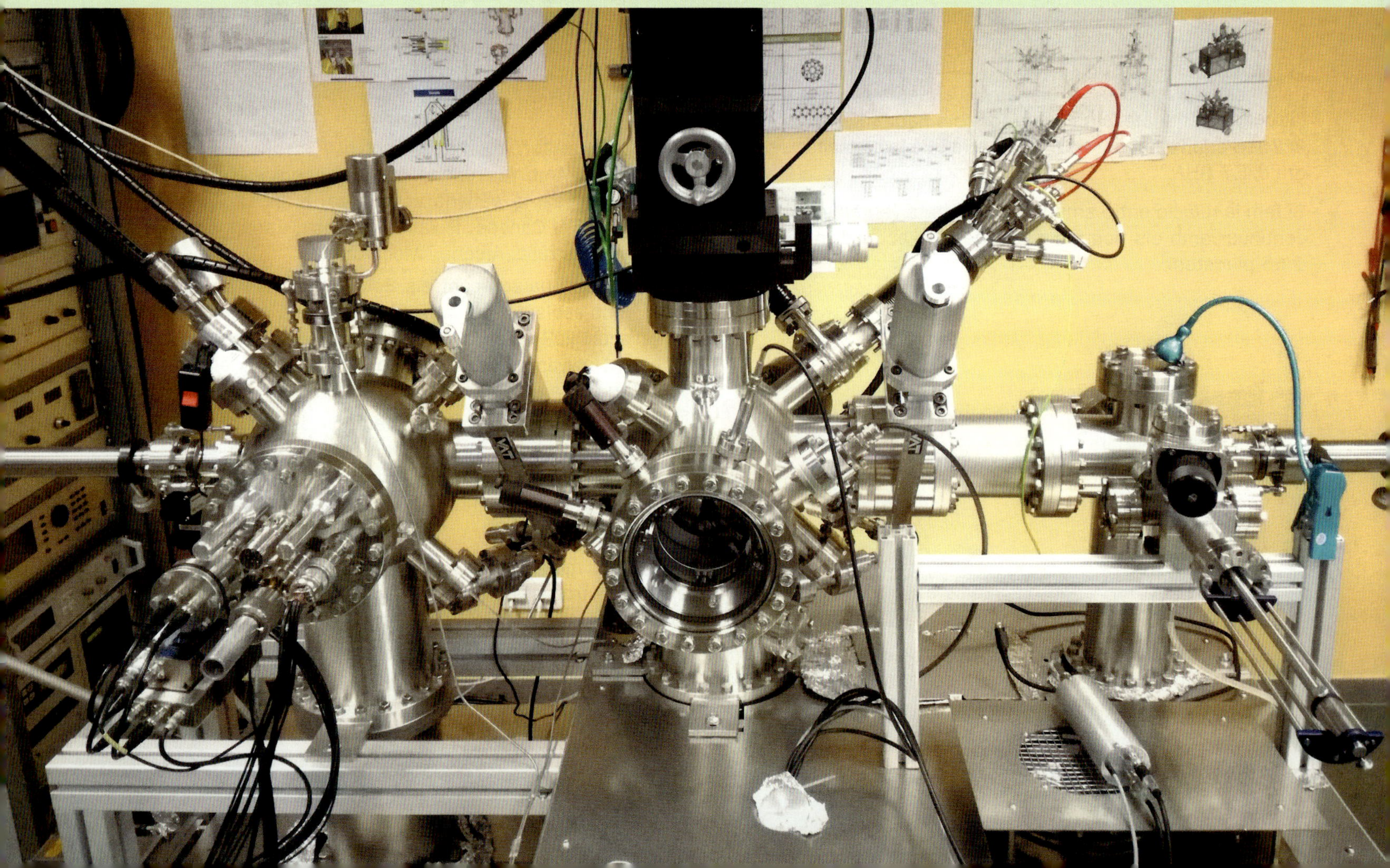

1. La humanització: el domini del foc i la construcció d'eines

Els primers humans, que vivien a les zones volcàniques de l'est i el centre d'Àfrica, ja estaven, sens dubte, familiaritzats amb el **foc** i les seves conseqüències. Fins i tot els grups que van emigrar cap a regions sense volcans van continuar considerant el foc com un ingredient de la seva vida diària. No és difícil imaginar que alguns grups humans trobessin en el foc un aliat en la lluita contra els depredadors o en la protecció contra el fred. O potser descobrissin casualment la barbacoa després d'algun incendi.

Sens dubte, sigui per la facilitat d'obtenir aliments més digeribles i suculents o per la necessitat de protecció en algun moment, els primers homínids van cercar la manera de posseir el foc. Dominar el foc va ser potser la millor idea que mai hagin tingut els humans, encara que al principi les dificultats fossin immenses. Com evitem que el vent o la pluja apaguin la foguera? Com traslladem el foc d'un lloc a un altre durant les migracions? I si perdem el tresor, com podem recuperar-lo? Els nostres ancestres prehistòrics es feien aquestes preguntes al mateix temps que començaven a fabricar **eines.** Estaven posant les **bases remotes de la ciència i la tecnologia.**

En jaciments de fòssils d'*Homo erectus,* s'han trobat pedres calcinades, restes de fogueres que cremaven fa prop de mig milió d'anys. L'ús del foc i la construcció d'eines van significar, sens dubte, un gran salt per a l'evolució dels éssers humans cap a una **espècie cultural.**

! Important

Es pot fer foc fent xocar dos fragments de sílex?

Rotundament, no: encara que ens ho mostrin així algunes pel·lícules. Una altra cosa seria que tinguéssim un fragment de sílex i un altre de pirita (pirita ve de *pyros,* 'foc' en grec) o marcassita, que contenen sulfur de ferro. Aquesta substància desprèn petits **fragments incandescents** que poden ser utilitzats per iniciar un foc. Només cal apropar les guspires a un material inflamable molt sec: es creu que els humans primitius utilitzaven bolets o herba. Durant el neolític es van desenvolupar tècniques més sofisticades, basades principalment en el fregament de fustes de diferent duresa. Fins al segle XIX no van aparèixer els llumins.

1.1. Les primeres eines

Una **eina** és qualsevol artefacte capaç de multiplicar la intensitat o l'eficiència de l'energia del braç. Una pedra o un palet serien exemples d'eines simples, usades fins i tot per goril·les i ximpanzés. Hi ha proves de l'ús d'eines sense treballar a jaciments de fòssils humans trobats a Olduvai (Tanzània), pertanyents a individus que van viure fa dos milions d'anys. Són només fragments de pedra de cantells tallants que els humans d'aquella època trobaven i guardaven. Algunes d'aquestes pedres presenten evidències d'haver estat colpejades amb el propòsit clar d'obtenir perfils més tallants.

En efecte, si cal triar un episodi de l'evolució a partir del qual l'espècie humana comença a desenvolupar **activitat creadora,** potser hauríem de fixar-nos en el moment en què algú va dissenyar intencionadament la primera eina.

L'època de la pedra tallada (anomenada *paleolític,* o època de la 'pedra vella') va començar poc després de l'aparició de l'*Homo habilis,* fa dos milions d'anys, i es va prolongar amb l'*Homo erectus,* que va fer un nou descobriment: la pedra tallada per dues cares **(destrals bifaces).** Els individus d'aquesta darrera espècie, amb el doble de capacitat cranial que els primitius *Australopithecus,* van perfeccionar la tècnica del tallat de la pedra fins a obtenir instruments grans de cantells molt esmolats, probablement proveïts d'un mànec de fusta.

Sabies que...?

Beneficis del domini del foc

- Defensa contra els depredadors.
- Possibilitat de colonització de territoris freds.
- Millora de la digestibilitat dels aliments i accés a nous aliments: gra, tubercles, arrels, etc.
- Perfeccionament de les eines.
- Augment de la capacitat de sociabilitat i comunicació, i enriquiment del llenguatge.

Habilis *Erectus* *Neanderthalensis* *Sapiens*

Fig. 7.1. Durant el paleolític la indústria lítica va evolucionar des de les eines *chopper* de l'*Homo habilis,* tallades per un sol costat, fins als sofisticats instruments simètrics de l'*Homo sapiens,* passant per les destrals bifaces construïdes per l'*Homo erectus* i l'*Homo neanderthalensis.*

Més dades

La construcció d'eines i el desenvolupament del cervell

Per construir eines cal tenir unes mans hàbils i un cervell desenvolupat. Hi ha antropòlegs que consideren que no va ser l'augment del volum del cervell el que va donar als humans la capacitat de crear instruments, sinó a l'inrevés: la destresa de les mans, lligada al bipedisme, hauria estimulat l'evolució del cervell.

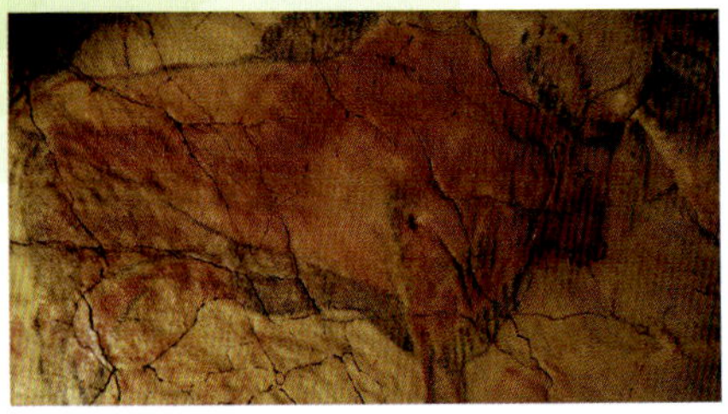

Fig. 7.2. L'existència de pintures rupestres, a més d'un alt grau de sofisticació cultural, denota un bon coneixement dels materials de l'entorn, principalment els minerals dels quals s'obtenien els pigments més usuals.

L'existència d'espècies humanes que comencen a dominar el foc i l'art del tallat de la pedra assenyala l'època del **paleolític inferior,** que es tanca fa uns 250 000 anys amb l'aparició de l'home de Neandertal. Finalment, l'*Homo sapiens* va iniciar una revolució en la història de la construcció d'eines, que els científics situen en l'època del **paleolític superior.** El domini dels materials es va perfeccionar molt més i es van obtenir instruments de totes les grandàries i amb vores més tallants: agulles, punxons, arpons, rascadors, estris d'os i una infinitat d'objectes tallats en fusta, ambre i altres materials. Les civilitzacions del paleolític superior van ser també les primeres que ens van deixar **representacions artístiques** a les coves, generalment escenes de caça.

Lectura 1

ÖTZI, l'home de gel, es vestia amb cinc tipus de pells

El 19 de setembre del 1991 dos alpinistes alemanys als Alps d'Ötztal —frontera italoaustríaca— van trobar el seu misteriós cadàver a 3 200 metres d'altitud. Al principi, es va pensar que era un alpinista modern, però en realitat era una mòmia natural amb una antiguitat de 5 300 anys, molt ben preservada pel gel, que ha ofert una visió sense precedents dels europeus del calcolític. Durant més de dues dècades, les seves restes han estat sotmeses a tota mena d'anàlisis. I els resultats han proporcionat coneixements sobre la seva ascendència, dieta, eines, estil de vida, salut... i ara sobre l'origen de la seva vestimenta.

Les pells d'animals salvatges eren clau per a la seva indumentària. Tenia el barret de pell d'os bru i el carcaix per a les fletxes de pell de cabirol. El seu gust pels materials de qualitat el va portar també a caçar animals salvatges. Mentre que estudis anteriors havien associat la mòmia amb una activitat agropastoril, els científics creuen que el barret i la funda proporcionen evidència de la caça i captura d'animals salvatges.

Com a peça íntima (una espècie de tanga), Ötzi preferia la pell d'ovella mentre que per a cordons de la sabata recorria a la pell de vaca. El seu abric i les seves polaines combinen cuir de cabra i d'ovella. Però no s'acontentava amb un exemplar de cada espècie. Almenys, quatre ovelles i dues cabres van ser utilitzades per confeccionar aquestes dues peces clau del seu vestuari. L'ús de diverses espècies mostra que Ötzi era capaç de triar el material d'acord amb l'ús específic que en volia fer, a fi d'afavorir la flexibilitat o l'aïllament.

El 2012, ja es va determinar que Ötzi tenia ulls marrons, cabells negres, i que descendia de poblacions que van arribar a Europa amb avantpassats a Sardenya i el Caucas. Si hagués viscut avui, duria sabates del número 38. Amb 1,60 metres i 50 quilos de pes, tenia la mida mitjana del seu temps. Va morir cap als quaranta-cinc anys, assassinat, ja que se li va trobar un fragment de punta de fletxa a l'esquena.

La Vanguardia (Extractat) (19 d'agost del 2016)

a) La cronologia de les primeres etapes de la humanitat s'ha establert seguint com a criteri principal el tipus de materials utilitzats, tècniques emprades i innovacions. Copia la taula següent en un full a part i omple-la amb dades referides a Europa. Cada cel·la ha de contenir la informació més rellevant per a identificar el període.

	Període					
	Paleolític	**Mesolític**	**Neolític**	**Calcolític**	**Bronze**	**Ferro**
Materials	Pedra			Coure		
Objectes, eines		Arpó	Pots		Espasa	
Innovacions	Foc			Roda		
Estils de vida	Nòmades					Sedentaris

b) Aquesta cronologia, seria vàlida igualment per a Àsia o Amèrica. Per què?

c) Per què creus que és important per la ciència la troballa d'Ötzi?

d) D'acord amb les dades de la lectura la teva taula, quins materials feia servir el grup al qual pertanyia Ötzi?

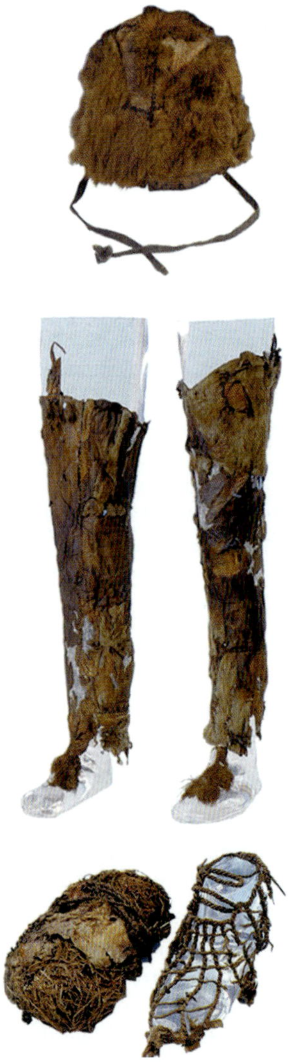

Fig. 7.3. Les pells d'animals salvatges eren clau per a la indumentària d'Ötzi. El barret era de pell d'os bru i els cordons de la sabata eren de pell de vaca.

2. Dos invents relacionats: la ceràmica i la roda

Les societats d'agricultors primitives que vivien a les **planes al·luvials** del Creixent Fèrtil —formades exclusivament per grans fins de sorra, llim i argila— només van poder construir les seves primeres cabanes amb branques, palla i fang. El descobriment de la rajola i la totxana va ser, per tant, un gran avenç tecnològic per a una civilització que no coneixia els **materials durs.** A més d'habitatges més sòlids, aviat es van construir muralles, palaus i torres. La mateixa tècnica, els va servir per fabricar **recipients,** que permetien transportar, desar i acumular líquids i cereals.

Lectura 2

Per què es va trigar tant a inventar la roda?

La roda es considera l'arquetip del tipus de tecnologia simple desenvolupada per l'home primitiu. Però sorprèn que no sorgeixi fins a l'any 3500 aC —ja en l'edat del bronze—. En aquesta època els humans ja havien descobert aliatges metàl·lics, excavaven canals, navegaven amb vela i construïen instruments musicals.

Sembla que la dificultat no va raure a concebre un cilindre que rodi sobre un eix. Cal que aquest eix sigui perfectament llis i rodó, així com també els forats on ha d'encaixar a la roda. A més, aquest encaix no pot ser massa perfecte, ja que aleshores no podria rodar! Després, l'èxit de l'estructura també depèn de la mida de l'eix. Si és prim hi haurà menys fricció, però serà més fràgil. Si és massa gruixut, la fricció no el deixarà rodar. Al començament el problema es va resoldre amb eixos prims en carros de caixa molt estreta.

Per obtenir peces sòlides per fer rodes calia trobar arbres ben gruixuts. I per tallar les rodes i els eixos i els forats, calien eines metàl·liques. Però fins al 4000 aC no va haver-hi gúbies i cisells de coure.

Altres invents han estat concebuts per fases, amb perfeccionaments successius. La primera roda, no. Si estava mal feta, no funcionava. Era tot o res. Tant és així que es pensa que la invenció de la roda com a instrument de transport és tan complexa que només va esdevenir un cop, i es va expandir ràpidament per Euràsia, sense que es pugui determinar on es va inventar exactament.

NATALIE WOLCHOVER, «Life's Little Mysteries», *Scientific America* (6 de març del 2012)

Les primeres rodes d'Amèrica estaven instal·lades a joguines!

Tendim a pensar que l'invent de la roda és la fita més gran dels humans. Però hi ha invents que es van avançar a la roda milers d'anys: les agulles de cosir, les cordes, els cistells, els vaixells o fins i tot la flauta. Hi ha evidències de la seva utilització com a torns de terrisser a Mesopotàmia el 3500 aC, tres-cents anys abans que ningú pensés a fer-les servir per moure vehicles.

En els anys quaranta del segle XX els arqueòlegs van desenterrar en jaciments precolombins, en capes de sediments maies de Veracruz, Mèxic, figures petites de gossos i altres animals fetes de ceràmica, amb rodes en comptes de potes. Es pensa que eren joguines. Tanmateix, els pobles indígenes d'Amèrica no van utilitzar rodes com a mitjà de transport abans de l'arribada dels colons europeus.

Smithsonian Magazine. (17 de juny del 2009)

a) Sabem que les civilitzacions precolombines no utilitzaven rodes, tot i haver construït grans edificacions fetes de blocs enormes. Com resolien el problema del transport?

b) Com expliques el fet que els maies tinguessin objectes cerimonials circulars i joguines amb rodes, però mai no apliquessin la roda al moviment de vehicles?

c) Quins inconvenients tenien les primeres rodes i carros de transport? Com es van solucionar? Fes una llista de les millores de disseny esdevingudes des de la roda primitiva a les rodes actuals.

! Important

La roda més antiga del món?

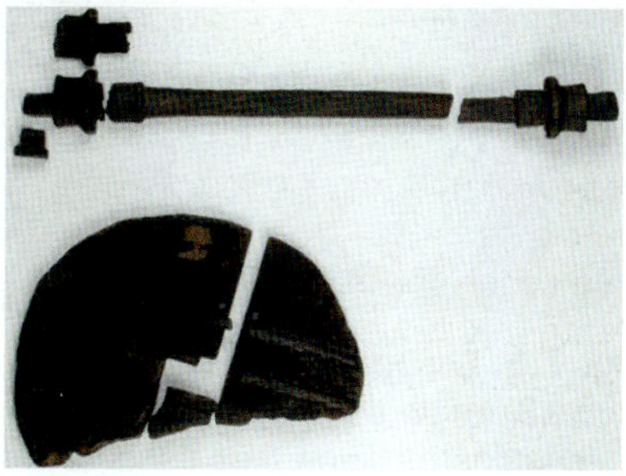

Fig. 7.4. El Museu de Ljubljana (Eslovènia) exhibeix des del 2014 les restes més antigues conegudes d'una roda, amb l'eix pràcticament sencer. Es calcula que aquesta roda va ser construïda cap a l'any 3200 aC.

Fig. 7.5. Les muralles de Babilònia, amb 18 km de perímetre, eren una de les construccions més espectaculars de l'antiguitat. Estaven fetes amb maons, en alguns llocs esmaltats i formant relleus, com és el cas de la porta d'Ištar, conservada al Museu Pergamon de Berlín.

La **invenció de la ceràmica** va ser, sens dubte, un dels avenços més importants de la història de la humanitat. No sols va permetre la construcció de les primeres ciutats de l'antiguitat i l'emmagatzematge d'aliments, sinó que l'ús de recipients va possibilitar la **cocció del gra en un medi líquid** (llegums i cereals principalment), i va obrir pas a una nova font d'alimentació i, com a conseqüència, a l'increment de la població.

A Anatòlia i Mesopotàmia s'han trobat restes de ceràmica de més de vuit mil anys d'edat. Des d'aquells territoris, l'ús de recipients, inseparable de les **economies agrícoles i ramaderes,** es va propagar ràpidament cap a Egipte i, poc més tard, per tota la regió mediterrània. Mentrestant, els pobladors de llocs tan allunyats com Amèrica i la Xina, també van fer independentment el mateix descobriment i van desenvolupar tècniques pròpies.

La indústria ceràmica va requerir un artefacte que va fer simple el treball del modelatge de l'argila: el **torn.** Un torn primitiu és una peça circular de fusta que gira sobre un eix vertical. El terrissaire només ha de posar les mans sobre un tros de fang situat al centre de la taula, mentre una altra persona la fa girar (el torn a pedal no apareix fins al segle XVI). Els primers terrissaires probablement no coneixien la transcendència d'aquest nou artefacte, però la veritat és que havien inventat ni més ni menys que la roda!

L'ús de la **roda** en el transport va reduir al mínim l'esforç necessari per arrossegar objectes. L'any 3000 aC ja corrien els primers carros per Mesopotàmia, formats per rodes massisses i gruixudes. L'invent dels **radis,** uns mil anys més tard, va permetre fer les rodes més primes i vehicles més lleugers i ràpids, que, estirats per persones o animals, podien portar mercaderies a grans distàncies i a qualsevol lloc (fins llavors gairebé tot el transport es feia en embarcacions, seguint el curs dels rius). Així, va sorgir la necessitat de disposar de camins. Les **xarxes de camins** van augmentar enormement les possibilitats de comunicació i d'intercanvi cultural entre ciutats llunyanes, encara que també van servir per dominar militarment amplis territoris.

Vocabulari

La **ceràmica** és un material cristal·lí o parcialment cristal·lí format per l'acció de la calor sobre una barreja de components essencialment inorgànics que formen part de l'**argila.** Hi ha molts tipus d'argila, formats per cristalls microscòpics de diferents minerals d'un grup anomenat fil·losilicats, que donen lloc a diferents varietats de ceràmica, com la terracota, la porcellana, el gres o la pisa.

Any aproximat	Invenció
24000 aC	Figures de ceràmica cerimonials.
14000 aC	Primers maons (Mesopotàmia, l'Índia).
10000 aC	Primers objectes de terrissa.
1500 aC	Primers objectes de vidre.
1550	Forns refractaris.
1850	Ús de la porcellana com a aïllant elèctric.
1920	Vidres per als automòbils.
1940	Imants de ferrita.
1960	Aplicació dels carburs i nitrurs a la fabricació de ceràmiques d'alta resistència.
1970	Introducció de les ceràmiques cel·lulars en filtres, implantaments ossis, etc.
1980	Dispositius electrònics i superconductors.
1990	Generalització dels biomaterials de ceràmica.
2010	Nanocompostos de matriu ceràmica.

Taula 7.1. Evolució de la ceràmica.

! Important

Materials nous, objectes nous

La ciència dels materials està creant també fibres refractàries d'altes prestacions, utilitzades en revestiments de forns, transbordadors espacials i roba d'alts requeriments tècnics, com ara la dels bombers.

Les aplicacions de la ceràmica no acaben aquí: hi ha catalitzadors per a la combustió a altes temperatures, per exemple a les turbines de gas, components mecànics més resistents a la fatiga i a la corrosió que els metalls, superfícies totalment hidròfobes, etc. Comença així a ser possible dissenyar qualsevol tipus d'objecte amb **components ceràmics.**

2.1. Aplicacions de la ceràmica

Els aparells electrònics no existirien sense la ceràmica. Els aïlladors, els semiconductors, els dispositius piezoelèctrics, les antenes o els imants són productes ceràmics que formen elements imprescindibles de telèfons mòbils, localitzadors GPS, televisors i ordinadors.

Aplicant tècniques desenvolupades a l'espai, actualment es fabriquen **biomaterials** de ceràmica, adequats per a implants dentals i ossis.

3. Els metalls

Fa dotze mil anys, diverses civilitzacions ja havien descobert separadament que en fondre algunes pedres a la foguera en podien obtenir un líquid que, refredat en motlles de pedra, proporcionava belles figures decoratives. Així, es van obtenir els **primers metalls:** coure, estany, argent, etc. No obstant això, aquests objectes es doblegaven o trencaven amb facilitat, per la qual cosa al principi no van tenir gaire importància en la construcció d'eines, per més que van estimular la imaginació dels artistes.

Cap a l'any 3000 aC van aparèixer a Anatòlia els primers objectes de **bronze,** un metall dur que s'obté mesclant **coure** i **estany** fosos. El descobriment del bronze es va traduir principalment en armes, cuirasses, recipients i objectes decoratius. Però els centres d'extracció de coure i estany estaven molt allunyats. Això va estimular el transport terrestre i la navegació.

Cap a l'any 2000 aC els hittites van començar a usar **ferro** per elaborar armes. Els minerals necessaris per fabricar ferro eren abundants i el producte resultant era molt més dur i resistent que el bronze, encara que per fondre'l era necessari aconseguir temperatures molt més altes. Mil anys abans de l'era cristiana, l'ús d'aquest nou metall ja s'havia estès per tot Europa: es fabricaven espases, fletxes i llances, però també arades i claus. A més, mesclant ferro fos amb una mica de carbó vegetal, s'obtenia un producte flexible i resistent: **l'acer.**

El descobriment de la **metal·lúrgia** del bronze i del ferro, i especialment l'art de la **forja,** va donar pas a una nova societat molt més complexa i especialitzada —probablement, una de les primeres professions va ser la de ferrer. L'aparició dels monuments megalítics, formats per grans pedres (dòlmens, menhirs, etc.) amb les quals es construïen des de monuments funeraris fins a observatoris astronòmics, coincideix arreu amb l'inici de les **edats del bronze i el ferro.** La conversió d'algunes ciutats de l'antiguitat en grans imperis (Babilònia, Tebes, Atenes, Roma) també està molt relacionada amb l'ús que els exèrcits feien dels metalls. Posteriorment, hi va haver molts avenços tecnològics, consistents principalment en aplicacions d'aquests materials a innovacions mecàniques i en la introducció de les tècniques de **siderúrgia** que van portar a construir les màquines que van alimentar la **Revolució Industrial** a partir del segle XVIII. Però fins a l'aparició de l'**alumini,** ja gairebé entrat el segle XX, no hi va haver cap material nou amb tanta capacitat per transformar la societat com ho havia estat el ferro.

! Important

Per què és millor l'alumini que altres materials?

Propietats

- Lleuger, però dur i resistent.
- Bona conductivitat tèrmica i elèctrica.
- Bona reflectància de la radiació lluminosa.
- Resistent a la corrosió, fins i tot en aigua de mar.
- Dúctil: es pot deformar i modelar.
- No magnètic.

Aplicacions

- Transport: aviació, coets, vaixells, automòbils.
- Revestiments: miralls dels telescopis (en comptes de plata).
- Combustible sòlid dels coets, component dels explosius.
- Embalatges: paper d'alumini, brics, llaunes.
- Construcció: fusteria metàl·lica (finestres, portes, perfils).
- Conductors d'alta tensió.
- Caldereria: tancs de cervesa, transport de líquids, recipients criogènics.

3.1. L'alumini

L'alumini és el **tercer element més abundant** de l'escorça terrestre, però la seva existència no va ser coneguda fins al 1808, quan el químic britànic Humphry Davy, fent experiments d'electròlisi, el va descobrir i li va donar nom. L'any 1821, el geòleg francès Pierre Berthier va descobrir a la localitat de Les Baux (França) un mineral vermellós —més endavant anomenat **bauxita—** que conté més d'un 50 % d'alumini.

El 1845 s'inicia la producció comercial d'alumini. La seva lleugeresa donava a aquest nou material un futur prometedor, però el preu, semblant al de l'or, el feia prohibitiu per a qualsevol aplicació industrial. El 1855 es va exhibir un lingot d'alumini a l'exposició de París. A poc a poc, es va abaratir el procés de producció d'aquest metall, fins que el 1886 Paul Louis Toussaint Héroult, a França, i Charles Martin Hall, als EUA, van inventar un **procediment d'electròlisi** que sumergia l'òxid d'alumini (alúmina) extret de la bauxita en un bany de criolita fosa. L'alumini es dipositava a les parets (càtode) d'un tanc electrolític i sedimentava al fons per gravetat. Aquest procediment, amb lleugeres variacions, es continua utilitzant avui dia.

L'alumini va esdevenir aviat el metall més emprat després de l'acer. Tou i fràgil, es pot **aliar** amb altres metalls com el coure, el manganès, el silici i el magnesi, que li donen duresa i tenacitat, i en conserven la lleugeresa. També aliatges especials com el **duralumini** (format per alumini, coure, magnesi, manganès i silici) és un material tan resistent i dur com l'acer, però amb la lleugeresa de l'alumini, que s'empra en estris que han d'estar sotmesos a un fort desgast mecànic a altes temperatures. La indústria aeroespacial i automobilística són les principals beneficiàries d'aquest material.

Finalment, els **òxids d'alumini** (alúmina en pols) s'utilitzen com a catalitzadors, abrasius i en la fabricació de ceràmiques i vidres.

Any	Producció (t)
1885	15
1900	8000
1913	65000
1920	128000
1938	537000
1946	681000
2000	31000000
2016	55000000

Taula 7.2. Dades històriques de producció d'alumini. Font: Institut Internacional de l'Alumini.

+ *Més dades*

Informació sobre l'alumini a: *https://goo.gl/ag29zo.*

Més dades

Aliatges

Nou parts de coure i una d'estany fan el bronze; una mica de carbó afegida al ferro, l'acer; el nicrom de les resistències elèctriques, el cuproníquel de les monedes, són altres exemples d'aliatges comuns; hi ha també desenes d'aliatges d'alumini amb propietats molt diferents. L'enginyeria dels materials continua produint aliatges a la cerca de noves aplicacions. Els aliatges més moderns —els superaliatges— estan dissenyats per a suportar enormes friccions i temperatures.

Sabies que...?

Dones científiques

Hi ha hagut moltes dones que, sobreposant-se al rebuig social i a la marginació, han realitzat contribucions molt rellevants a la ciència, sovint a costa d'esforços extraordinaris. Citarem només tres dones els treballs de les quals han estat decisius en l'avenç de la ciència dels materials:

Marie Curie, primera a utilitzar el terme *radioactivitat* i descobridora del poloni i el radi; **Lise Meitner,** descobridora, juntament amb el premi Nobel Otto Hahn, de la fusió nuclear; i **Rosalind Franklin,** que va obtenir, per difracció per raigs X, les primeres imatges d'ADN i va obrir pas als descobriments posteriors de Watson i Crick, també mereixedors d'un Nobel. Entre aquestes, només Marie Curie va arribar a ser guardonada —en dues ocasions—amb aquest premi. Els treballs de Lise Meitner i Rosalind Franklin, en canvi, van ser completament ignorats en el seu moment. A hores d'ara tothom reconeix que la suposada diferència entre homes i dones pel que fa a la capacitat i l'interès per la investigació científica no tenia cap base neurològica: era una fal·làcia. El gran nombre de dones científiques que avui trobem a universitats i institucions de recerca de primera línia així ho confirma.

Activitats

1> Escassetat elemental

La majoria dels metalls dels quals depèn la tecnologia moderna no tenen substituts.

Fa mig segle n'hi havia prou amb un grapat de materials (la fusta, el ferro o l'argila, per citar-ne alguns) per fabricar els productes d'ús comú, fossin industrials o de consum. Avui, un sol xip d'ordinador conté més de seixanta elements químics, del tungstè a l'iterbi.

La dependència de tal varietat de recursos ha suscitat l'interès de Thomas Graedel, científic ambiental de Yale. A la vista de la creixent demanda d'alguns elements, ¿hi haurà amb què reemplaçar-los si escassegen? En la major part dels casos, la resposta és negativa. Després d'un estudi exhaustiu de les propietats de diversos elements, els seus cicles de vida i les seves aplicacions, Graedel i els seus col·laboradors van trobar que no hi ha substituts eficients per a tots els usos de cap dels seixanta-dos metalls o metal·loides analitzats. I, pel que fa als usos principals, una dotzena de metalls no té alternativa o aquestes resulten inadequades, en el sentit que implicarien un pitjor rendiment.

Els resultats van aparèixer publicats fa uns mesos a la revista *Proceedings of the National Academy of Sciences.* Per a Graedel, però, pot ser que hi hagi alguna cosa bona en les escassetats conjunturals: haurien d'empènyer els enginyers a dissenyar materials completament nous i transformadors.

JENNIFER HACKETT, *Investigación y Ciencia* (febrer del 2016)

H																	He
Li 41	Be 63											B 41	C	N	O	F	Ne
Na	Mg 94											Al 44	Si	P	S	Cl	Ar
K	Ca	Sc 65	Ti 63	V 63	Cr 76	Mn 96	Fe 57	Co 54	Ni 62	Cu 70	Zn 38	Ga 38	Ge 44	As 38	Se 47	Br	Kr
Rb	Sr 78	Y 95	Zr 66	Nb 42	Mo 70	Tc	Ru 63	Rh 96	Pd 39	Ag 44	Cd 38	In 60	Sn 36	Sb 57	Te 38	I	Xe
Cs	Ba 63	*	Hf 38	Ta 41	W 53	Re 90	Os 38	Ir 69	Pt 66	Au 40	Hg 45	Tl 100	Pb 100	Bi 46	Po	At	Rn
Fr	Ra	**	Rf	Db	Sg	Bh	Hs	Mt	Ds	Rg	Cn	Uut	Fl	Uup	Lv	Uus	Uuo

* Lantànids	La 75	Ce 60	Pr 41	Nd 41	Pm	Sm 38	Eu 100	Gd 63	Tb 63	Dy 100	Ho 63	Er 63	Tm 88	Yb 88	Lu 63
** Actínids	Ac	Th 35	Pa	U 63	Np	Pu	Am	Cm	Bk	Cf	Es	Fm	Md	No	Lr

Rendiment del substitut

Excel·lent — Pobre

0 10 20 30 40 50 60 70 80 90 100

Taula 7.3.

Llegeix l'article anterior i observa atentament aquesta taula periòdica. A continuació, contesta les qüestions següents?

a) Quins són els metalls que en l'actualitat corren el risc d'esgotament sense que hagin trobat un substitut adequat?

b) Quins sectors industrials o àmbits d'aplicació utilitzen els metalls més escassos? Elabora una taula.

c) Quines solucions tecnològiques existeixen?

d) Què signifiquen els quadres amb fons blanc a la taula periòdica.

e) Si l'alumini és el tercer element més abundant a l'escorça terrestre, per què creus que apareix a la taula com un dels materials escasos?

4. L'edat dels plàstics

Vivim en un món de plàstics. Ens vestim amb plàstics, ens asseiem i dormim sobre plàstics, rodem sobre plàstics, treballem i juguem amb objectes fets amb plàstics. La irrupció dels plàstics a la nostra vida quotidiana ha tingut lloc en menys d'un segle, però ha canviat el món de tal manera que la majoria de la gent ja no podria concebre una existència sense plàstics. Si els antropòlegs van definir l'edat de pedra, l'edat del bronze i l'edat del ferro per assenyalar **períodes tecnològics,** és pertinent dir que aquesta és l'edat dels plàstics.

Però aquesta vegada, la revolució no ha vingut de la troballa casual ni del geni dels artesans. L'entrada dels plàstics en la societat és el resultat de l'esforç de milers de científics i enginyers, aplicats en la substitució dels vells materials i a la satisfacció de noves necessitats.

Com sempre, però, darrere dels indubtables beneficis de la nova tecnologia hi ha els efectes no desitjats. D'una banda, la producció de plàstics està lligada a la disponibilitat de petroli. De l'altra, la gestió dels residus fins fa ben poc ha estat molt deficient, fins al punt d'edificar una mala imatge d'aquests materials entre l'opinió pública.

Vocabulari

La paraula *plàstic* procedeix del grec *plastikos,* que significa 'plegable'.

En llenguatge comú, s'aplica aquesta denominació a tot tipus de material natural o sintètic que pugui canviar de forma.

4.1. Els polímers

Químicament, un plàstic és un **polímer sintètic.** Un polímer es defineix com una molècula de gran longitud formada per la unió d'unitats elementals anomenades **monòmers.**

Generalment, els monòmers dels plàstics són **molècules orgàniques.** Per tant, contenen fonamentalment àtoms de carboni i hidrogen i, sovint, oxigen, nitrogen, fòsfor, sofre, clor, fluor, etc. Les propietats del polímer són determinades principalment per l'estructura, és a dir, per la forma de disposar-se els monòmers (en línia, en un pla, en xarxa tridimensional, etc.).

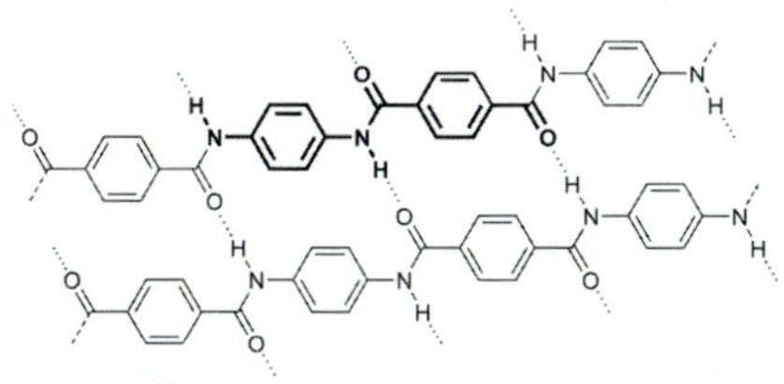

Fig. 7.6. Exemple de polímer: estructura química del Kevlar®, una poliamida utilitzada per fabricar armilles antibala i rodes de bicicleta.

Midó	Forma part de llavors i tubercles i és la substància de reserva energètica dels vegetals. S'usa com a ingredient i additiu alimentari.
Cel·lulosa	És el component principal de la paret de les cèl·lules vegetals que forma l'armadura estructural de les plantes. Les fibres de cel·lulosa són la base de la pasta de paper.
Laca	La produeixen els insectes sobre plantes conreades. S'utilitza en l'envernissada d'objectes i mobles de luxe.
Resines	S'usen per produir vernissos, aplicacions medicinals (trementina), joieria (ambre), etc.
Seda	Produïda per l'eruga de la papallona *Bombyx mori.* S'utilitza per fabricar teixits. Usada a la Xina fa uns cinc mil anys.
Closques de tortuga	S'utilitzen per fabricar muntures d'ulleres, pintes, objectes ornamentals.
Banyes	S'utilitzen per fer mànecs de ganivet, recipients i, en el cas del marfil, boles de billar i objectes de luxe.
Caseïna	Proteïna de la llet, utilitzada per fabricar botons, pintes, adhesius.
Cautxú	Sense vulcanitzar, s'usa per fabricar pilotes, hules i gomes elàstiques.
Gutaperxa	S'usava en el revestiment de fils elèctrics, fins a l'arribada dels plàstics.

Taula 7.4. Alguns polímers naturals i usos tradicionals.

! Important

Excepció

La silicona (SiO_2) és un **polímer inorgànic** format per cadenes d'àtoms de silici i oxigen, en una proporció 1:2, mentre que els plàstics són polímers orgànics.

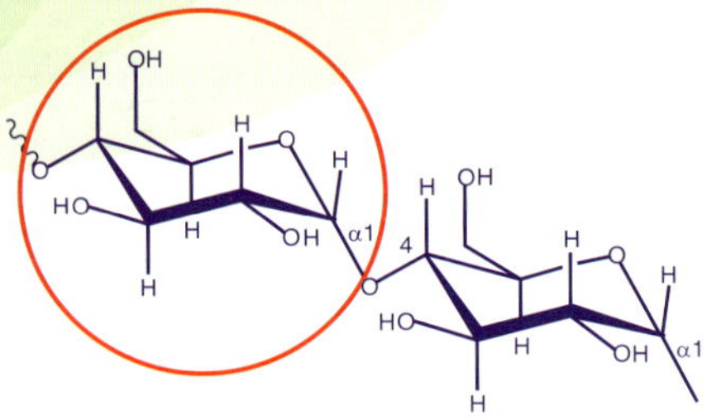

Fig. 7.7. Un exemple de procés natural de polimerització: els monòmers de glucosa s'uneixen i formen midó.

Entre els polímers hem de distingir-ne tres classes: naturals, artificials i sintètics.

- **Polímers naturals** són produïts per processos biològics: la **queratina,** que forma estructures com el pèl, les ungles i les banyes; la **quitina,** que forma el tegument dels artròpodes; les **ceres** impermeabilitzants de les abelles; la resina dels arbres, etc.
- **Polímers artificials** són aquells que han estat sotmesos a processos de transformació. La vulcanització del **cautxú,** per exemple, significa la modificació de les propietats d'un polímer natural.
- **Polímers sintètics** són aquells que han estat dissenyats i fabricats industrialment. Aquests darrers són els que identifiquem com a **plàstics.**

Hi ha tres grups diferents de plàstics: termoplàstics, termoestables i elastòmers. Els **termoplàstics,** un cop escalfats, es poden modelar diverses vegades. Això els fa adequats per construir tot tipus d'objectes i per al reciclatge de residus. Els polímers **termoestables,** un cop adquirida la forma, no poden ser remodelats. Els primers plàstics, com la **baquelita,** són d'aquesta categoria. Els **elastòmers** tenen les propietats dels termoplàstics, però les perden amb la vulcanització.

! Important

La **vulcanització** és una transformació que resulta de barrejar en calent el cautxú amb certa quantitat de sofre. Les macromolècules lineals del cautxú s'uneixen per ponts transversals formats per cadenes d'àtoms de sofre, de manera que en resulta un producte dur i resistent.

4.2. Dels polímers naturals als primers plàstics

Abans de la conquesta d'Amèrica, els indis nadius de la selva brasilera extreien el làtex d'un arbre anomenat *Hevea brasilensis* amb què feien pilotes per jugar a una espècie de versió primigènia del futbol i fabricaven teixits impermeables (hules). Malgrat que aquests objectes aviat s'esquerdaven i es podrien, els colons europeus van apreciar les propietats elàstiques i impermeabilitzants d'aquest material desconegut. Fins i tot li van donar un nou ús: els bocins de cautxú servien com a gomes d'esborrar.

El 1839, Charles Goodyear, en escalfar cautxú amb sofre va obtenir un producte nou: la vulcanita o **ebonita.** La vulcanita és un material dur i elàstic més resistent i durador que el cautxú, que es pot tallar i polir, i en resulta un acabat similar a la fusta d'eben, per això s'usa la denominació d'ebonita. Anys després, aquest material es va aplicar a la construcció de pneumàtics i altres objectes.

Curiositat

L'any 1870, John Wesley Hyatt va guanyar un concurs per trobar un material que reemplacés el marfil en la fabricació de boles de billar. Així va néixer la **primera aplicació del cel·luloide.** Les boles de billar van baixar de preu dràsticament. Però a vegades, quan xocaven produïen una explosió.

A mitjan segle XIX alguns polímers naturals utilitzats des de feia mil·lennis, com el **marfil,** les **cuirasses** de tortuga o la **seda,** havien esdevingut escassos i cars. Alexander Parkes va obtenir un producte sintètic semblant al marfil tot tractant cel·lulosa —un polímer natural— amb àcid nítric. Així, va néixer la **parkesina,** un nou polímer que podia adoptar qualsevol forma, ja que es podia modelar en calent. Uns anys més tard, John W. Hyatt en va comprar la patent i en va millorar la fórmula, utilitzant càmfora com a dissolvent. El 1863 el va patentar amb el nom de **cel·luloide.**

El cel·luloide va ser el primer polímer artificial que va esdevenir popular: boles de billar, pilotes de ping-pong, motlles de dentadures, tires elàstiques que donaven forma a les cotilles i les camises, pintes, diademes, joguines i plomes estilogràfiques estaven entre els objectes quotidians que es feien de cel·luloide.

Abans del 1950 la **indústria del cinema** utilitzava pel·lícules fotogràfiques de cel·luloide, fabricat amb **nitrocel·lulosa,** una substància utilitzada també per a elaborar explosius i propulsors de coets. Aquest material és molt inflamable, de manera que els accidents als estudis de rodatge i a les sales de projecció eren molt freqüents. A poc a poc el cel·luloide va ser reemplaçat per acetats de cel·lulosa i materials plàstics.

Sabies que...?

Aplicacions actuals dels antics plàstics

Les boles de *bowling,* els broquets de les pipes de fumar i els becs d'alguns instruments musicals encara es fan d'ebonita. Les pilotes de ping-pong no han trobat encara millor material que el cel·luloide. Els bons mànecs de paella i les nanses de cassola són de baquelita.

La cel·lulosa va ser també el component base de la primera fibra artificial: el **raió** o «seda artificial», produït a partir del 1905. El mateix producte, conformat com una fina pel·lícula, va donar lloc a la **cel·lofana,** el primer embolcall transparent.

El 1907 va arribar la **baquelita,** el primer plàstic completament sintètic, que s'obté fent reaccionar fenol i formaldehid. El resultat va ser un producte que es podia modelar amb la calor i produïa objectes rígids, durs i resistents. Molts objectes de fusta i metall van passar a ser de baquelita: telèfons, mànecs de paella, interruptors i bases elèctriques, carcasses de ràdio, fins i tot objectes decoratius.

Any	Plàstic	Any	Plàstic
1859	Parkesina	1938	Poliamida (PA)
1869	Cel·luloide	1939	Polietilè de baixa densitat (LDPE)
1884	Raió	1940	Poliuretà (PUR)
1907	Baquelita	1941	Polièster (UP)
1912	Cel·lofana	1955	Polietilè d'alta densitat (HDPE)
1930	Poliestirè (PS)	1956	Policarbonat (PC)
1930	Metacrilat (PMMA)	1957	Polipropilè (PP)
1938	Policlorur de vinil (PVC)	1976	Tereftalat de polietilè (PET)

Taula 7.5. Cronologia de la introducció en el mercat dels plàstics més comuns.

Fig. 7.9. Entre els anys 1920 i 1940, la baquelita i el cel·luloide van ser materials de moda. Alguns d'aquests objectes són avui preuats pels col·leccionistes d'art *déco.*

4.3. Els plàstics actuals

Els plàstics, però, no es van imposar a la vida quotidiana fins després de la Segona Guerra Mundial, quan es van començar a produir industrialment i a comercialitzar els polímers sintètics. Avui dia, hi ha en el mercat uns **set-cents plàstics diferents,** dividits en trenta espècies químiques, les més comunes de les quals són el policlorur de vinil (PVC), el polietilè d'alta densitat (HDPE), el polietilè de baixa densitat (LDPE), el polipropilè (PP), el poliestirè (PS) i el tereftalat de polietilè (PET).

La matèria primera dels plàstics són els **monòmers orgànics,** que s'obtenen a partir de les **naftes** sortides de les torres de destil·lació del petroli. La producció dels plàstics consta d'una **fase química,** o de polimerització, i d'una **fase tèrmica i mecànica** durant la qual s'escalfen fins a obtenir-ne una pasta que, sotmesa a extrusió, injecció o compressió, esdevé un objecte amb una forma determinada.

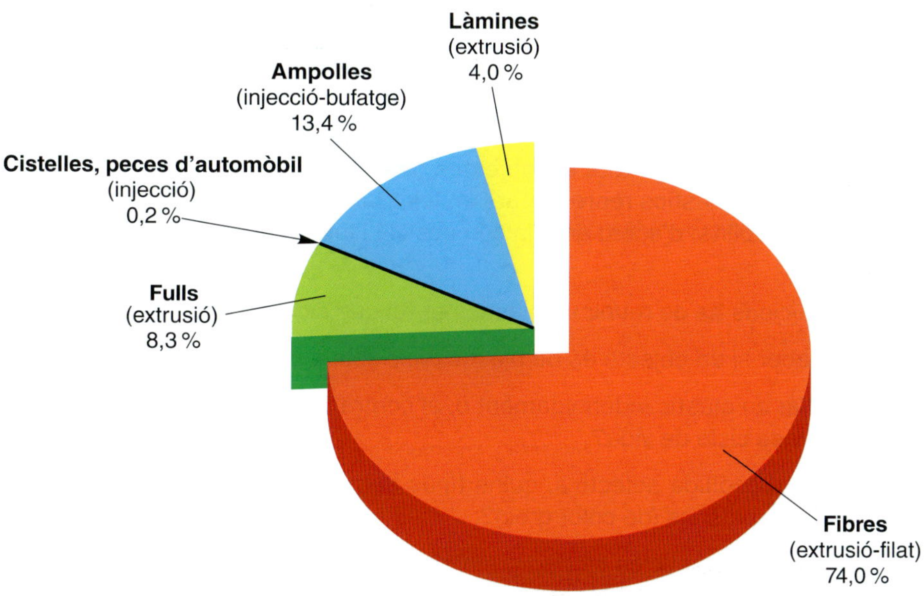

Fig. 7.8. Segons el mètode de conformació, es poden obtenir objectes molt diversos a partir del mateix plàstic.

! Important

Curiositat

Un automòbil conté unes cinc mil peces, un terç de les quals són de plàstic. En els automòbils més moderns la proporció supera el 50 %.

+ *Més dades*

Reciclatge de plàstics

Per la seva mal·leabilitat només es poden reciclar els termoplàstics. Els objectes fets amb termoplàstics porten un símbol imprès que els identifica.

Activitats

2> Classifiquem els plàstics.

Nom	Tereftalat de polietilè	Polietilè d'alta densitat	Policlorur de vinil	Polietilè de baixa densitat	Polipropilè
Símbol	PET ♳ 1	HDPE ♴ 2	PVC ♵ 3	LDPE ♶ 4	PP ♶ 4
Utilització	Ampolles flexibles 	Ampolles rígides 	Canonades 	Bosses de plàstic 	Pinces 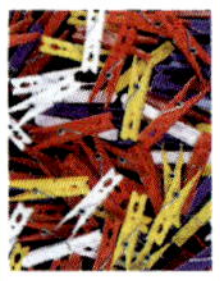

Nom	Poliestirè	Poliestirè expandit	Policarbonat	Poliamida	Metacrilat
Símbol	PS ♸ 6	EPS ♸ 6	PC ♹ 7	PA ♹ 7	PMMA ♹ 7
Utilització	Gots 	Escumes aïllants 	Objectes rígids 	Fibres 	Làmines rígides 

Taula 7.6. Classes principals de termoplàstics i ús quotidià.

Nom	Resines epoxi	Baquelita	Melamines	Resina de polièster
Símbol	EP	PF	UF	UP
Utilització	Imprimació 	Telèfons antics 	Plats 	Teulades 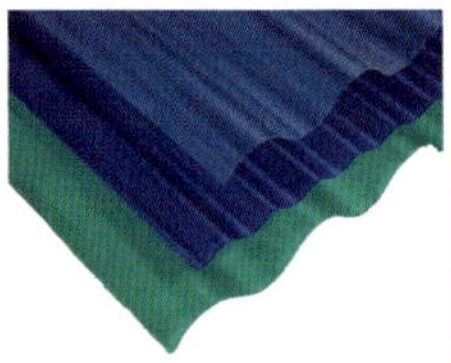

Taula 7.7. Plàstics termoestables.

Nom	Cautxú	Poliuretà	Neoprè	Silicona
Símbol	CA	PUR	PCP	SI
Utilització	Pilotes 	Esponges 	Vestits de submarinisme 	Barrets de bany 

Taula 7.8. Plàstics termoestables.

a) Recull amb els companys tots els objectes possibles de plàstic, procurant incloure tota la gamma de plàstics representats en les taules adjuntes. Feu una classificació dels plàstics recollits, d'acord amb la composició i les propietats diferents. Podeu fer una exposició.

b) Quines condicions ha de reunir un plàstic per tal que sigui reciclable?

c) Com pots saber si un objecte és de plàstic reciclable a partir de l'etiquetatge?

d) Es pot reciclar un plàstic indefinidament o, al contrari, com passa amb el paper, perd qualitat en cada cicle de vida?

e) Pensant en la recollida selectiva, quins tipus de plàstics no s'haurien de llençar al contenidor dels plàstics (de color groc)?

f) Què vol dir que un plàstic és biodegradable?

g) Què vol dir «economia circular»? Es podria aplicar aquest concepte a la indústria dels plàstics?

5. Nanotecnologia, realitat o ficció?

La nanotecnologia s'ocupa del disseny i la fabricació d'objectes d'**escala nanomètrica,** dimensions que són dins del domini dels àtoms i les molècules.

La nanotecnologia és una espècie d'enginyeria de la matèria que inclou moltes àrees de recerca amb l'únic tret comú de treballar a escala molecular i atòmica. L'objectiu final és manipular àtoms individualment per tal de situar-los en el lloc que correspongui fins a fabricar un material o un objecte.

En principi, sembla que podríem fabricar qualsevol cosa si coneixem quines peces —àtoms i molècules— necessitem i com estan unides aquestes peces fins a formar objectes. Per exemple, per què no podem construir un ull artificial exactament igual que l'ull humà? I qui diu un ull, diu un cor, un fetge, un bistec o un bacteri que es nodreixi de substàncies tòxiques. Aparentment, n'hi hauria prou que apiléssim àtoms d'un a un —no cal patir, això ho podria fer una nanomàquina— fins a obtenir una còpia exacta de l'objecte original. Oi que és fàcil?

És evident que si poguéssim fer tot això hauríem trobat una pedra filosofal molt més útil que la que cercaven els científics medievals. Lamentablement, el problema resideix en el fet que no sabem encara manipular coses tan petites com àtoms i molècules fins al punt de construir objectes útils. Les **nanomàquines** que faran tot això no estan encara inventades.

No sols estem davant d'un camp tecnològic nou, que requereix el concurs de nous instruments, com ara els **microscopis d'efecte túnel** (STM) o de **força atòmica** (AFM), sinó que fins i tot la ciència dels materials que coneixem ha de ser modificada, ja que, per sota de 100 nanòmetres, les **forces quàntiques** governen el comportament individual d'àtoms i molècules, de manera que poden presentar propietats diferents de les que presenten a escala macroscòpica.

Que la física de Newton o **física clàssica,** que fem servir per interpretar els fenomens quotidians, no s'apliqui en el domini quàntic és un dels descobriments més trascendentals de la ciència moderna. Però, en tot cas, amb l'instrumental adequat, que és molt costós, i la dedicació de milers de científics de tot el món, la nanotecnologia està obrint-se a poc a poc pas tant en la fabricació com en la caracterització de materials nous.

! Important

1 **nanòmetre** és la milmilionèsima part del metre (1 nm = 10^{-9} m).

En un nanòmetre tot just podríem col·locar 10 àtoms en línia. Un àtom és 10 000 vegades més petit que un bacteri. Un bacteri és 10 000 vegades més petit que un cigró.

Fig. 7.10. L'any 1990, investigadors d'IBM van demostrar que era possible manipular àtoms individuals. Van aconseguir, usant un microscopi d'efecte túnel, situar trenta-cinc àtoms de xenó sobre un cristall de níquel amb una disposició que dibuixa la sigla de l'empresa.

Lectura 3

Cucs de seda produeixen una seda súper resistent després d'una dieta de grafè i nanotubs de carboni

Els cucs de seda són larves de papallona que s'alimenten de fulles de morera i produeixen els seus fils a partir d'una solució de proteïna de seda produïda en les seves glàndules salivals. La seda és un teixit molt fort, però investigadors de la Xina diuen haver inventat una enginyosa forma de fer encara més resistents aquests fils: alimentant els cucs de seda amb grafè o nanotubs de carboni. La seda reforçada produïda pels cucs de seda podria ser utilitzada en aplicacions com teixits protectors més durables, implants mèdics biodegradables i productes electrònics portàtils respectuosos amb el medi ambient. Les sedes millorades amb carboni són dues vegades més resistents i poden aguantar almenys un 50 % més d'estrès abans de trencar-se. A més, les sedes modificades són conductores de l'electricitat a diferència de la seda regular. La conductivitat elèctrica de la seda reforçada amb carboni podria convertir-la en un material apropiat per a l'ús de sensors incorporats en teixits intel·ligents, capaços de coses com llegir els senyals nerviosos.

Prachi Patel, *Scientific American* (Adaptat) (22 de desembre del 2016)

a) Els últims anys no deixen d'aparèixer aplicacions de la nanotecnologia fins fa poc inimaginables. Fes un recull, cercant a la Xarxa, d'aplicacions nanotecnològiques aparegudes els darrers anys, tot indicant-ne les utilitats actuals o futures.

b) Quina diferència hi ha entre nanociència i nanotecnologia?

c) Quins inconvenients troben aquests camps per implantar-se?

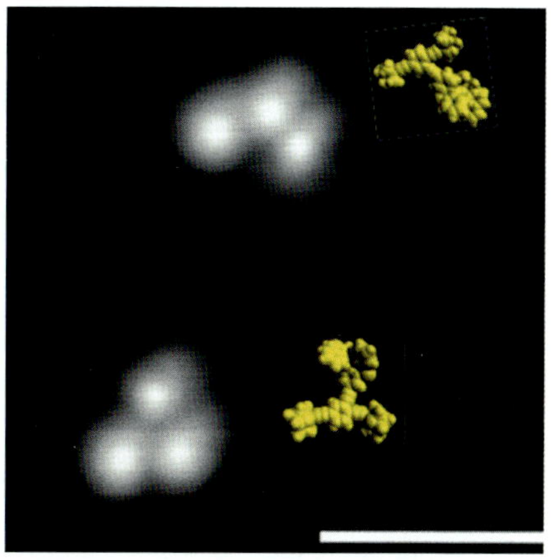

Fig. 7.11. Per primer cop, tenim imatges reals d'àtoms i estructures cristal·lines i moleculars que fins ara només es representaven a través de models. Font: Alex Saywell / Leonhard Grill.

5.1. Els nanomaterials

> **! Important**
>
> ***Les cèl·lules, nanomàquines naturals***
>
> Les cèl·lules, dotades d'instruccions genètiques que dirigeixen processos metabòlics, fabriquen substàncies a la microescala somiada per la nanotecnologia des de fa almenys 3800 milions d'anys. El problema és que són tan complexes que ni tan sols és plantejable poder construir-ne una en un laboratori.

Fins a la darrera dècada del segle XX, el diamant i el grafit eren les dues úniques formes conegudes en les quals es presenta en la natura el **carboni pur.** Harold Kroto, Robert Curl i Richard Smalley van ser guardonats amb el premi Nobel de Química l'any 1996 per haver descobert els *ful·lerens,* una espècie de pilotes formades exclusivament per àtoms de carboni.

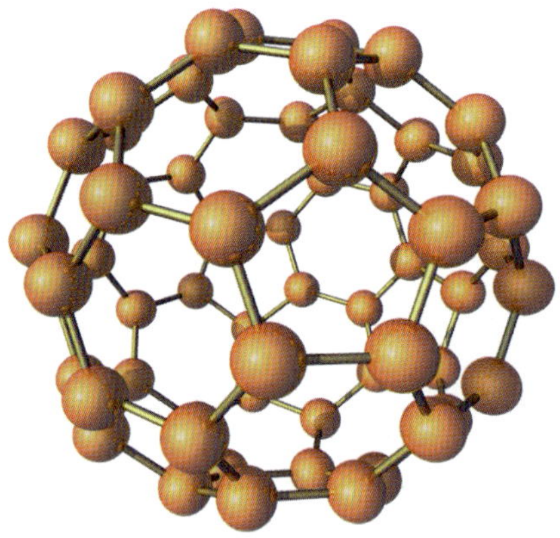

Fig. 7.12. L'estructura molecular dels primers **ful·lerens** descoberts recorda una pilota de futbol construïda amb peces hexagonals i pentagonals, amb els vèrtexs ocupats per àtoms de carboni. El nom *ful·lerè* honora l'arquitecte Richard Buckminster Fuller, autor de la cúpula geodèsica de l'Exposició de Mont-real del 1967.

El 2004, André Geim, de la Universitat de Manchester (Anglaterra), juntament amb el seu col·lega rus Konstantin Novoselov, va crear una nova forma de nanoestructura carbònica que consistia en capes de carboni de només un àtom de gruix i la va anomenar **grafè.** El grafè va resultar ser un material resistent i bon conductor de la calor i l'electricitat, molt prometedor per a la fabricació dels fuselatges dels avions del futur, nanotransistors, etc. L'any 2006 es va trobar un mètode per produir grans quantitats de grafè. Aquest va ser un avenç tecnològic de gran rellevància.

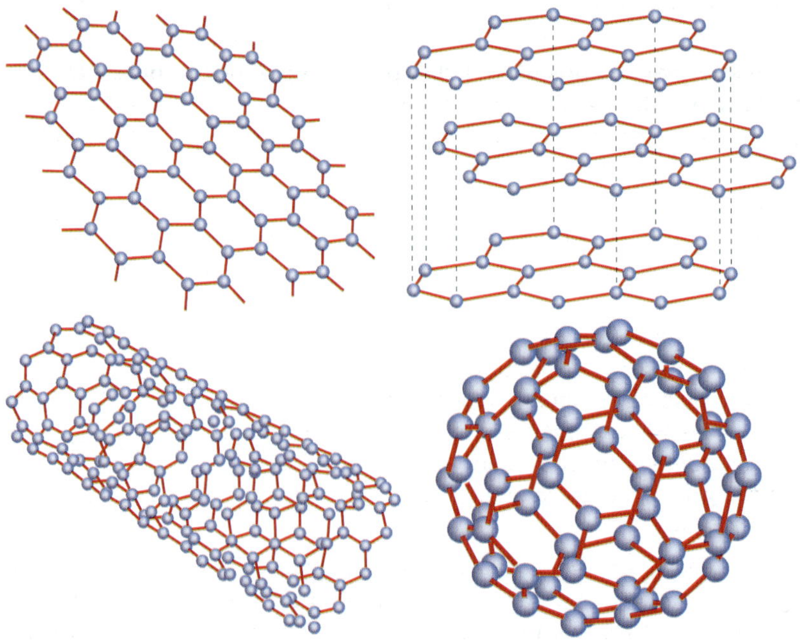

Fig. 7.13. En les **nanoestructures de carboni,** cada àtom està unit a tres més (un enllaç doble i dos de simples). En les estructures planes (grafè), queden enllaços lliures que permeten la conducció d'electricitat. El grafit és un paquet de capes de grafè; els nanotubs de carboni són capes de grafè enrotllades en forma de cilindre, i els ful·lerens son molècules amb forma d'esferes, el·lipsoides, tubs o anells, formades exclusivament per entre vint i seixanta àtoms de carboni.

> **+ Més dades**
>
> ***Camps que es poden beneficiar de la nanotecnologia***
>
> - Construcció de fibres.
> - Producció d'aliments.
> - Nova generació d'ordinadors.
> - Nanorobots capaços de circular per la sang i reparar lesions internes.
> - Fabricació de substàncies sense deixar residus.
> - Destrucció de substàncies contaminants.
> - Producció d'energia a partir de microorganismes.
> - Conducció de l'electricitat sense pèrdues.
> - Dessalinització de l'aigua de mar.
> - Construcció de material amb aïllament tèrmic o acústic perfecte.

5.2. Què es pot fer en nanotecnologia?

En aquests moments, la major part dels esforços que es fan en el camp de la nanotecnologia se situen en l'àmbit de la **recerca científica i industrial,** però s'hi estan incorporant camps tan diversos com la medicina, el medi ambient, la indústria automobilística o la construcció.

Ciència-ficció? De fet, actualment ja hi ha en el mercat alguns objectes «nanotecnològics». Per exemple, ja es fabriquen uns vidres amb un recobriment transparent de només uns quants nanòmetres de gruix que deixa passar la llum però no la calor. L'ús en automòbils, oficines i domicilis estalviaria molta energia en aire condicionat. De moment, l'inconvenient és l'alt preu de producció d'aquest material.

Més dades

La invenció de nanomàquines o màquines moleculars va ser el motiu del **premi Nobel de Química del 2016,** compartit per Jean-Pierre Sauvage, James Fraser Stoddart i Bernard Lucas Feringa.

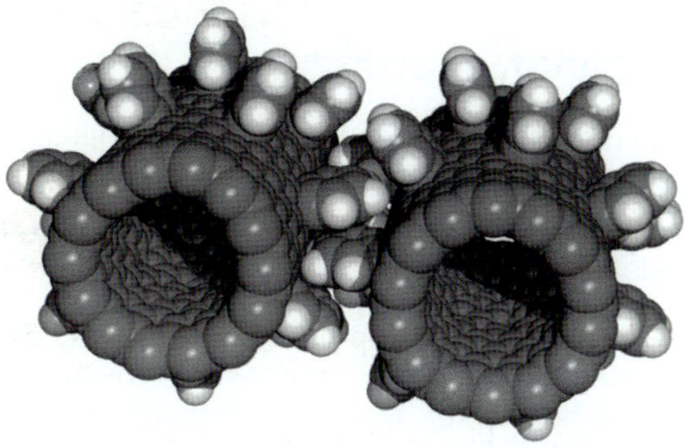

Fig. 7.14. Simulació elaborada per la NASA d'un model senzill de nanomàquina del futur: els nanoengranatges. En un procés de producció a escala d'objectes manipulables participarien trilions de nanomàquines —de les quals, igual que en un eixam d'abelles, una fracció seria destinada a la replicació i la resta, a la producció.

Lectura 4

El nou món de la nanotecnologia

La ciència a nanoescala està aixecant molta expectació. Materials nous, la magnitud dels quals és una dècima part de la cèl·lula humana, construïts àtom per àtom, han promès revolucionar-ho tot, de la producció d'energia a la medicina.

Hem vist moltes prediccions extravagants al voltant d'aquest nou món anomenat nanotecnologia. Es diu, per exemple, que un exigu cable conductor fet de nanopartícules podria transportar tota la demanda energètica mundial o que es dessalarà l'aigua de la mar amb nanoporus i que s'atraparan bacteris amb nanogàbies. Com en el cas d'altres tecnologies miraculoses que hem conegut en el passat, hi ha molta especulació sobre la manera com la nanotecnologia pot transformar el món i les economies nacionals.

Els governs i els inversors gasten molts diners en projectes que porten al davant el prefix *nano*. Això ens obliga a fer algunes preguntes. Què es la nanotecnologia realment? És una nova ciència fonamental o només una extensió de les ja existents? Poden les noves propietats que fan de les nanopartícules una cosa tan prometedora afectar la salut i el medi ambient d'una manera diferent de com ho fan les partícules grans?

Ja hem passat abans per això [...]. Per exemple, abans del 1929, els gasos tòxics amoni, clorur de metil i diòxid de sofre eren utilitzats com a refrigerants. Les pèrdues accidentals d'aquests productes tenien conseqüències fatals. Llavors, es va inventar una nova família de productes químics no tòxics, els CFC, que es va convertir en l'estàndard per als refrigerants. Només dècades més tard hem sabut que les emissions de CFC destrueixen la capa d'ozó. Hi ha molts exemples similars —el DDT o la gasolina amb plom— que ens mostren que hem sabut massa tard les conseqüències no buscades de tecnologies inicialment prometedores.

Una anàlisi preventiva i oberta sobre els riscos potencials d'un producte o tecnologia no és sols de sentit comú, és també una bona estratègia de negocis. Hauríem d'estar segurs que aquesta valoració es durà a terme abans de l'arribada de la nanotecnologia. Amb una mixtura adequada d'empreses que comandin voluntàriament el procés, recerca coordinada i normativa ben informada, podrem aprofitar els beneficis d'aquesta prometedora tecnologia mentre reduïm la probabilitat de patir conseqüències no desitjades.

Extracte de l'article de FRED KRUPP i CHAD HOLLIDAY, «Let's Get Nanotech Right», *Wall Street Journal* (14 de juny del 2005)

a) En aquest text, quin dels quatre qualificatius que s'assenyalen reflecteix millor l'actitud de l'autor vers les possibilitats futures de la nanotecnologia: positiva, negativa, escèptica o crítica? Argumenta la teva resposta.

b) Quin tipus de mesures reclama davant dels possibles riscos de la nanotecnologia?

c) Contrasta l'opinió de l'autor d'aquest text, escrit la passada dècada, amb les dades que aporta la presentació de *Nanoyou* «Nanotecnologías, beneficios y riesgos» (*https://goo.gl/fqRJdb*). Creus que els temors que expressa el text estan justificats en aquest moments?

6. Els residus

«...Era la mateixa història a cada illa de les que vam explorar durant l'expedició. Per més que ens trobéssim a milers de quilòmetres del lloc civilitzat més proper, el paisatge apareixia igualment empastifat de deixalles: encenedors, pilotes de golf, vidre, cautxú, raspalls de dents, agulles, la llista és interminable i descoratjadora. Em recordo del títol del llibre d'Hannah Arendt: *La banalitat del mal.* De nosaltres, no trobaran les ruïnes d'una edat d'or, sinó les restes d'una cultura de distracció i malbaratament, mundanes, trivials i innecessàriament fatals.»

JEAN-MICHEL COUSTEAU. *Un passeig entre les ruïnes*

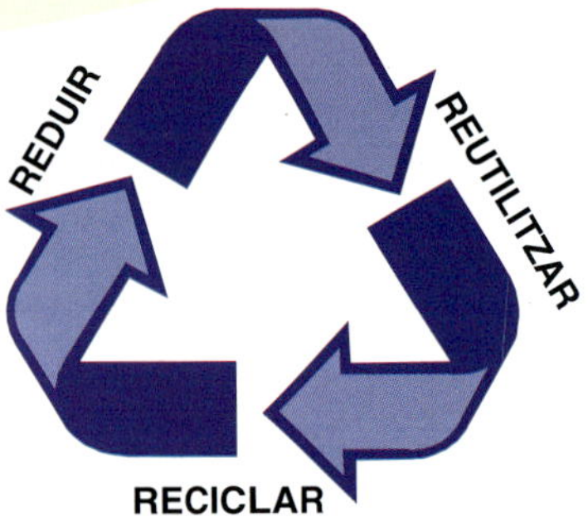

Fig. 7.15. L'estratègia de les tres erres ha esdevingut un principi universalment acceptat en la gestió de residus.

6.1. Reduir, reciclar, reutilitzar

Entre els problemes que ha d'afrontar la societat moderna, l'eliminació dels residus és un del més greus i, també, dels més complexos. Els residus malmeten la qualitat de l'aire, de les aigües i del paisatge, la composició dels sòls, la biodiversitat, la disponibilitat de recursos naturals..., en suma: la qualitat de vida.

- **Reduir.** A l'hora de cercar solucions, per damunt de solucions tècniques, s'ha dit que el millor residu és el que no es genera. Aquest enunciat tan trivial, però, mereix un aclariment: de la mateixa manera que hem après que no és possible utilitzar energia sense generar calor, entendrem que no podem aspirar a transformar i utilitzar els materials que extraiem de la natura sense produir residus. Així, doncs, haurem d'aprendre a prescindir del que és superflu o del que no necessitem. Reduir la quantitat de residus en circulació, i prescindir d'allò que és prescindible, és una missió col·lectiva, que afecta tant el consumidor com la gran indústria.
- **Reciclar.** Està relacionat amb la bona gestió de la recollida selectiva als municipis i les comarques, però necessita igualment la col·laboració ciutadana en la separació de residus.
- **Reutilitzar.** Convé no oblidar que res no es recicla fins que algú no adquireix el producte que s'ha elaborat amb el material reciclat.

Fig. 7.16. L'hàbit de separar els residus s'ha generalitzat a tot arreu.

En el últims anys, la necessitat d'aplicar criteris de sostenibilitat ambiental a tots els nivells fa que s'estiguin implantant estratègies d'**economia circular,** que tracten d'eliminar totalment o reduir al mínim possible els residus, no exclusivament a través de la reducció i reciclatge de materials, productes i objectes, sinó allargant tot el possible la vida útil d'aquests, generant nous procediments industrials i comercials de recuperació i reconstrucció que donin una segona vida als objectes. En definitiva, es tracta de **convertir els residus en recursos.**

! Important

Què podem fer per generar menys residus?

- Reutilitzar els envasos de vidre i cartó.
- Rebutjar productes amb embolcalls innecessaris.
- Anar a comprar amb bosses o carretó d'anar a comprar.
- No adquirir productes envasats si es poden obtenir frescos o al detall.
- Separar els residus correctament a casa i llençar-los al contenidor adequat.
- No abandonar residus voluminosos al carrer (cada ajuntament ha de tenir previst un servei de recollida).

6.2. El cicle de vida dels objectes

Cada material, cada objecte, cada servei té una història, des que neix fins que esdevé un residu. Aquesta història, que anomenem **cicle de vida,** pot ser dividida en fases: extracció de matèries primeres, fabricació, distribució, ús, etc. En cada fase hi ha entrades o ***inputs,*** en forma de recursos consumits —matèria, energia, coneixement— i sortides o ***outputs,*** en forma de residus i impactes ambientals i socials.

Fins fa poc, en el preu d'un objecte o servei no es consideraven les sortides. La possessió d'un cotxe, per exemple, significava només el pagament dels costos interns —essencialment producció, distribució i manteniment—, però no els costos externs —producció de gasos d'hivernacle, contaminació atmosfèrica, producció de soroll, ocupació d'espai públic, rebuig de la ferralla, etc. Actualment, l'aplicació de criteris de desenvolupament sostenible obliga a assumir també els costos externs d'un producte, especialment els **costos ambientals.**

! Important

Internalització de costos

Qui contamina, paga: en economia s'utilitza sovint el terme *internalització* per fer referència a la necessitat de sumar, al preu d'un objecte o servei, una quantitat en concepte de l'impacte ambiental o social que comportarà la seva utilització.

L'anàlisi del cicle de vida

L'anàlisi del cicle de vida (ACV) és un mètode que examina tots els aspectes ambientals que impliquen el **cicle de vida** d'un producte, des que neix fins que mor com a residu.

L'elaboració d'un **estudi ACV** ajuda les administracions i les empreses a avaluar el cost ambiental d'un producte o servei. Un estudi d'aquesta mena és útil a l'hora de decidir si un producte mereix ser qualificat d'ecològic, també per tal de poder incloure en el preu, d'acord amb els **criteris de sostenibilitat** que actualment s'han d'aplicar, els costos ambientals. Igualment, l'aplicació de criteris ACV és utilitzada per a l'**ecodisseny** dels productes.

Els sectors industrials estan cada cop més compromesos, sigui a causa de la legislació ambiental o per voluntat pròpia, a desenvolupar la seva activitat de manera sostenible o a aplicar **criteris d'economia circular,** però han de poder demostrar, a través d'eines científicament validades, que els canvis i les millores introduïdes són reals i no reclams publicitaris, com s'esdevé sovint amb la utilització indeguda d'alguns adjectius (ecològic, orgànic, natural, verd, etc.). En aquest sentit les **ciències ambientals** proporcionen una sèrie d'indicadors, expressats en unitats normalitzades, que permeten donar fiabilitat als estudis ACV.

+ Més dades

La política de la Unió Europea al voltant dels productes ecològics

La Comissió Europea va presentar el febrer del 2001 el *Llibre verd sobre la política integrada de productes,* la finalitat del qual era promoure el **disseny ecològic** dels diferents productes i serveis que hi ha en el mercat i facilitar l'elecció informada dels consumidors, sovint confosos per l'excés de propaganda i pels missatges enganyosos al voltant d'aquests conceptes. En aquest informe, la UE recomanava aplicar les anàlisis del cicle de vida dels productes i serveis com a eina científica per avaluar-ne la bondat ambiental. En l'actualitat, tots els governs desenvolupen normatives reguladores sobre aquestes qüestions.

Impactes ambientals	Unitats de mesura
Energia primària	megajoules (MJ)
Consum d'aigua	litres (L)
Residus sòlids	quilograms (kg)
Canvi climàtic	grams de diòxid de carboni equivalent (g CO_2 eq)
Reducció de la capa d'ozó	grams de CFC_{11} equivalent
Oxidació fotoquímica	grams d'etilè equivalent (g C_2H_4 eq)
Toxicitat per als humans	grams d'1,4-diclorobenzè equivalent
Acidificació	grams de diòxid de sofre equivalent (g SO_2 eq)
Eutrofització	grams de fosfat equivalent (g PO_4^{3-} eq)
Toxicitat en aigües dolces	grams d'1,4-diclorobenzè equivalent
Ecotoxicitat	m^3 d'aigua contaminada

Taula 7.9. Per tal de normalitzar els estudis ACV, es consideren diversos impactes ambientals, mesurats en unes **unitats normalitzades per la UE.** L'ús del terme *equivalent* en aquestes unitats nomalitzades significa que inclou altres tipus d'impacte que, a efectes pràctics es fan equivaldre a un de sol. Per exemple, en el cas de l'acidificació, els òxids de nitrogen es transformen a efectes de càlcul en la quantitat d'òxids de sofre que tindrien el mateix impacte en l'acidificació.

Fig. 7.17. Etiquetes ecològiques. N'hi ha de diferents tipus. ***L'etiqueta ecològica de la UE,*** també atorgada per les administracions autonòmiques, garanteix als consumidors que els fabricants de determinats productes i serveis s'han sotmès voluntàriament a normes molt estrictes per reduir l'impacte ambiental.

Activitats

3> Els residus urbans.

1. La taula següent representa l'evolució en la **generació de residus urbans per habitant i any en diferents països europeus.** Al costat dels residus totals, es desglossen els dipositats als abocadors i els reciclats. No s'inclouen els residus incinerats, ni els transformats en plantes de compostatge

   a) Què significa «residus urbans»? Quins altres tipus de residus coneixes?

   b) Creus que a Europa s'han reduït o han augmentat els residus urbans en els darrers vint anys? A què creus que és degut que uns països produeixin més residus *per capita* que altres?

   c) Avui es considera que un bon criteri de sostenibilitat en la producció de residus seria no superar 1 kg/habitant/dia. Entre els països representats, hi ha algun país que compleixi els criteris?

2. Avui és tècnicament possible tractar la totalitat dels residus urbans sense llençar gairebé res als abocadors. Entre els països representats, esmenta els que practiquen aquesta política. Què fan amb les escombraries aquests països? (Pots obtenir més dades de la web *https://goo.gl/cvEQv4*.)

3. Analitza la situació a Espanya, pel que fa al tractament de residus.

   a) Calcula el percentatge de residus que Espanya diposita als abocadors. Quines mesures caldria adoptar per tal de millorar aquesta situació? Creus que aquestes mesures les han d'adoptar els governs, les empreses o els ciutadans? Raona la teva resposta.

   b) Com valores la situació de la gestió de residus urbans a Espanya respecte dels altres països europeus? Creus que hi ha hagut alguna millora en els darrers anys? Si haguéssim d'imitar el model d'un altre país, quin escolliries? Per què has fet aquesta elecció?

Evolució en la generació de residus a diversos països europeus (del 1995 al 2015) (kg/habitant/any)

Països	Residus totals		Dipositats als abocadors		Reciclats	
	1995	2015	1995	2015	1995	2015
Alemanya	623	618	267	9	164	288
Àustria	437	566	205	23	103	144
Bèlgica	455	436	198	4	51	148
Bulgària	694	442	531	307	0	94
Dinamarca	521	758	96	10	75	204
Espanya	505	435	305	240	36	68
Finlàndia	413	482	267	84	107	87
França	475	509	213	131	42	112
Països Baixos	539	527	157	8	84	125
Hongria	460	385	337	221	6	94
Itàlia	454	488	422	154	16	127
Lituània	426	433	426	255	0	91
Malta	395	600	341	478	0	44
Noruega	624	423	455	12	74	110
Polònia	285	272	279	143	0	57
Portugal	352	453	317	222	4	74
Regne Unit	498	482	413	134	35	132
Romania	342	249	254	179	0	13
Suècia	386	438	136	3	78	146
Suïssa	600	730	76	0	175	238
Unió Europea	473	475	303	131	52	132

Taula 7.10. Taula elaborada partir de dades d'Eurostat, 2016.

Observa i pensa

La nova ciència dels materials

La ciència dels materials avança a un ritme accelerat, potser més que qualsevol altre sector. Per als joves és un dels camps professionals més prometedors, tant en l'àmbit de la investigació com en el de la indústria. Gràcies a la invenció de materials nous hi ha sectors que estan experimentant una profunda transformació. Tanmateix, des que un material es dissenya als laboratoris fins que troba les seves aplicacions, poden passar unes quantes dècades. D'això i d'altres temes interessants ens en parlen els vídeos següents:

En primer lloc et proposem escoltar Dan Shechtman, premi Nobel de Química del 2011. El 2015 va pronunciar la conferència «Els reptes actuals de la ciència i l'enginyeria de materials» a la universitat ORT d'Uruguai. Són quaranta-cinc minuts amens i plens d'informació útil que pots seguir a *https://goo.gl/WfJg5E.*

A continuació has de contestar el qüestionari següent:

1. El conferenciant parla de la transcendència dels canvis entre el 1950 i ara pel que fa a...
   a) La velocitat en la transmissió de dades.
   b) La velocitat en l'aparició d'aplicacions tecnològiques d'una invenció.
   c) La velocitat dels transports.
2. Al llarg de la conferència menciona uns sectors que es beneficiaran especialment dels nous materials:
   a) Aviació, automoció i medicina.
   b) Turisme, salut i transport.
   c) Transport, indústria tèxtil i joieria.
3. Quina innovació requereix l'aviació per arribar a velocitats més grans?
   a) Motors més potents.
   b) Materials més lleugers.
   c) Materials més resistents a altres temperatures.
4. Respecte de la indústria de l'automòbil, el repte principal de la ciència dels materials es aconseguir...
   a) Bateries que durin més i siguin més barates.
   b) Motors més potents de baix consum.
   c) Carrosseries més lleugeres.
5. Quina aportació espera la medicina de la ciència dels materials?
   a) Implants que es degradin un cop feta la seva funció.
   b) Implants permanents més resistents.
   c) Implants que no generin autoimmunitat.
6. Dan Shechtman considera que...
   a) La ciència dels materials està experimentant una revolució i les seves innovacions troben aplicació tecnològica immediata.
   b) Passen molts anys des que un material es crea fins que troba la seva aplicació. És tracta d'un procés evolutiu.
   c) La ciència ja no pot atendre les demandes del sector tecnològic.

   Des de la Unió Europea es promocionen projectes educatius per tal que els estudiants tinguin oportunitat de tenir un contacte, com més real, millor, amb la ciència abans d'anar a la Universitat. Un d'aquests projectes és *Nanoyou* (*https://goo.gl/dGQEY*), que ha elaborat una sèrie de cinc audiovisuals molt curts d'introducció a la nanotecnologia (en anglès amb subtítols en castellà).

   1a part: «What is Nano?»

   https://goo.gl/FcnlaK

   2a part: «Nature's Nano»

   https://goo.gl/SEuQYY

   3a part: «Making New Nano»

   https://goo.gl/HGNO6w

   4a part: «Nano Close Up»

   https://goo.gl/cH1H3a

   5a part: «Nano Future»

   https://goo.gl/6PGEhs
7. Un cop vistos aquests vídeos, redacta un informe sobre les aplicacions actuals i futures de la nanotecnologia.
8. Un dels vídeos parla de la possibilitat d'obtenir imatges d'àtoms i molècules. Quin instrument s'utilitza amb aquest propòsit?
9. En alguns casos la nanotecnologia ha imitat estructures que ja es trobaven al món natural. Pots posar alguns exemples?
10. Creus que la nanotecnologia genera professions noves? Raona la teva resposta.
11. Quins graus universitaris permeten emprendre estudis de nanotecnologia a Catalunya?

Activitats finals

1. Anàlisi del cicle de vida d'un detergent.

El departament de recerca d'una fàbrica de detergent ha dut a terme un estudi **ACV** (anàlisi del cicle de vida) per comparar les dues fórmules d'un mateix producte amb una tercera anomenada *actiu en fred* que pensava introduir en el mercat, dissenyada per rentar a temperatures més baixes.

La gràfica adjunta representa els resultats d'aquest estudi després de considerar els impactes ambientals, en una escala de 1 a 100, de cada detergent i la contribució a aquests impactes, **mesurada en tant per cent,** de cada fase del sistema de producció, tal com s'indica en la Taula 7.11.

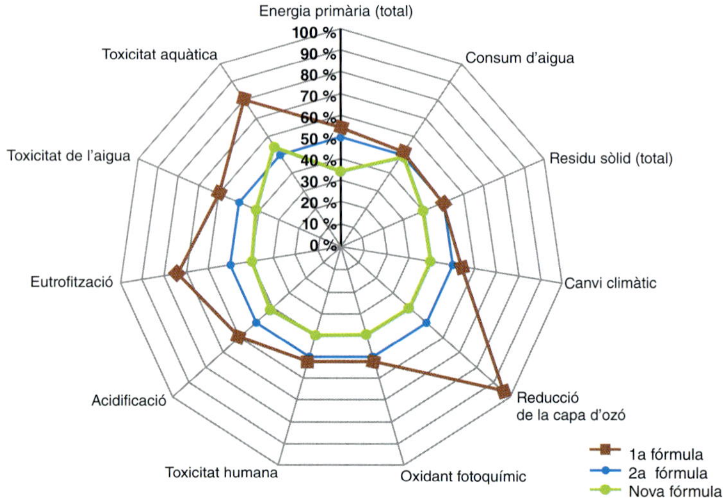

Fig. 7.18. Comportament de cada tipus de detergent davant d'onze impactes ambientals. Els punts més externs representen situacions més negatives.

a) Creus que l'estudi aconsella a l'empresa introduir la nova fórmula? Per què?

b) La taula 7.11 mostra de quina manera les diferents fases del cicle de vida dels detergents estudiats provoquen tres impactes ambientals importants: consum d'energia primària, consum d'aigua i producció de residus sòlids. Com interpretes aquestes dades respecte de les millores efectuades en el producte i a la fase del cicle de vida del producte en la qual actuen aquests factors?

c) Dels impactes ambientals següents, assenyala aquells que no han resultat reduïts com a conseqüència de la producció del detergent apte per rentar en fred: contribució al canvi climàtic, contribució a la reducció de la capa d'ozó, consum d'aigua, acidificació, eutrofització.

2. En aquests moments hi ha un debat important sobre els diferents **sistemes de recollida de residus.** Quins són aquests sistemes i quins avantatges i inconvenients tenen? Trobaràs informació al web de l'Agència Catalana de Residus.

3. El gràfic següent representa el comportament d'un semiconductor davant dels canvis de temperatura:

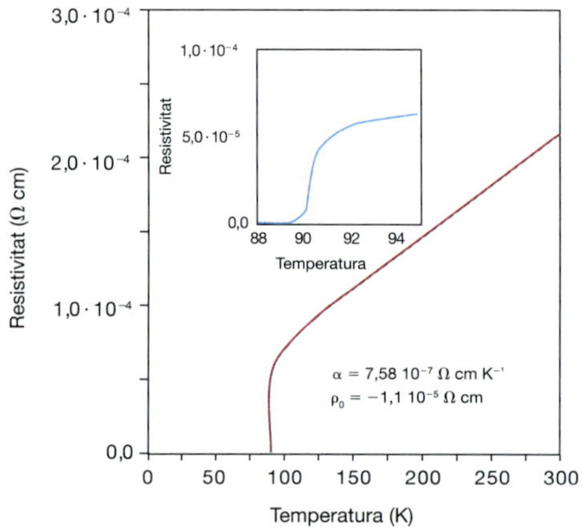

Fig. 7.19. Comportament d'un semiconductor.

Explica en què consisteix aquest comportament.

4. Hem posat en un satèl·lit de Saturn una nanomàquina que fabrica aigua a partir d'oxigen i hidrogen que obté del medi. Cada segon produeix 1 000 molècules d'aigua. Quant trigarà a omplir un got d'aigua (200 mL)?

(Pista: cal usar el número d'Avogadro: $6{,}023 \cdot 10^{23}$)

	Tipus d'impacte	Unitats	Total	Formulació	Fabricació	Embalatge	Distribució	Ús	Tractament de l'aigua	Residus
1a	**Energia primària**	MJ	15,35	21,94 %	2,40 %	1,62 %	0,33 %	67,25 %	6,45 %	0,00 %
	Aigua	L	73,21	1,70 %	0,00 %	0,05 %	0,01 %	98,01 %	0,23 %	0,00 %
	Residus sòlids	kg	0,093	25,87 %	1,17 %	0,84 %	0,01 %	19,37 %	45,72 %	7,02 %
2a	**Energia primària**	MJ	14,32	21,29 %	2,10 %	1,90 %	0,29 %	68,81 %	5,60 %	0,00 %
	Aigua	L	72,86	1,38 %	0,00 %	0,06 %	0,01 %	98,37 %	0,19 %	0,00 %
	Residus sòlids	kg	0,094	28,20 %	0,94 %	0,92 %	0,01 %	18,22 %	43,83 %	7,88 %
3a	**Energia primària**	MJ	10,03	23,22 %	2,33 %	2,11 %	0,33 %	64,54 %	7,47 %	0,00 %
	Aigua	L	72,09	1,26 %	0,00 %	0,05 %	0,00 %	98,52 %	0,17 %	0,00 %
	Residus sòlids	kg	0,073	26,69 %	0,95 %	0,93 %	0,01 %	15,54 %	47,92 %	7,96 %

Taula 7.11. Indicadors per als detergents. Font: Procter and Gamble.

Posa't a prova

1. El tereftalat de polietilè (PET) és un dels plàstics més comuns en la nostra vida diària. Quin tipus d'objectes es fan amb aquest plàstic?

a) Cadires de jardí.

b) Ampolles flexibles.

c) Recipients rígids.

2. Quina és la seqüència correcta, per ordre d'invenció?

a) Tall de la pedra - roda - ceràmica - metalls.

b) Roda - tall de la pedra - metalls - ceràmica.

c) Tall de la pedra - ceràmica - roda - metalls.

3. Què és un producte ecològic?

a) El que s'obté sense consumir substàncies químiques artificials.

b) Aquell que al llarg de tot el seu cicle de vida minimitza els impactes ambientals.

c) Tot producte obtingut de materials reciclats.

4. Es considera sinònim de plàstic:

a) Polímer.

b) Polímer artificial.

c) Polímer sintètic.

5. Quines són les condicions principals perquè un objecte de plàstic sigui reciclable?

a) Que estigui fet només d'un component i sigui termoplàstic.

b) Que estigui fet només d'un component i sigui termoestable.

c) Que estigui fet només d'un component.

6. Quina utilitat actual tenen els biomaterials?

a) Serveixen per fer experiments amb organismes.

b) Serveixen per fer experiments sense utilitzar organismes.

c) Són materials sintètics que poden reemplaçar parts o òrgans del cos humà.

7. Ens volem desfer d'un recipient vell ple d'oli de motor. Què hem de fer?

a) Portar-lo a una deixalleria pública.

b) Deixar-lo al costat del contenidor de matèria orgànica perquè el recullin els serveis municipals.

c) Portar-lo nosaltres mateixos a un lloc on valorem que no farà mal a les persones ni al medi ambient.

8. Quin dels sectors següents s'ha beneficiat més de la invenció del duralumini?

a) La indústria tèxtil.

b) La indústria automobilística.

c) La nanotecnologia.

9. Quin d'aquests es considera l'obstacle principal per transferir les innovacions en nanociència a la vida quotidiana?

a) Els riscos ambientals.

b) Les diferents propietats de la matèria a escales diferents.

c) Els sous alts dels científics.

10. Quin gruix, mesurat en nanòmetres, té una moneda d'1 mm?

a) 1 000 000 000 nm.

b) 1 000 000 nm.

c) 1 000 000 000 000 nm.

11. Una empresa automobilística decideix sumar els costos ambientals al preu del producte que fabrica. Com els pot calcular?

a) Contractant un tècnic mediambiental.

b) Realitzant un estudi ACV.

c) No els pot calcular. Ha d'aplicar el que digui la llei.

12. Quin va ser el primer metall dur i resistent que van utilitzar els nostres avantpassats?

a) El coure.

b) El ferro.

c) El bronze.

13. La roda aplicada al transport va ser un invent que va arribar relativament tard a totes les civilitzacions. Per quin motiu?

a) El transport en la antigüitat es feia pels rius i no hi havia camins.

b) El sistema eix-roda presenta complicacions tècniques que calia superar.

c) Ningú hi va pensar abans.

14. Què es el grafè?

a) Un producte natural format només per àtoms de carboni.

b) Un producte artificial format només per àtoms de carboni.

c) Una fibra que s'obté del grafit.

Llegeix i reflexiona

Premi Nobel de Química al descobriment de les màquines més petites del món

El premi Nobel de Química ha estat concedit a Jean-Pierre Sauvage, de la Universitat d'Estrasburg (França), James Fraser Stoddart, de la Universitat de Northwestern (EUA), i a Bernard L. Feringa, de la Universitat de Groningen (Països Baixos), pel «disseny i la síntesi de màquines moleculars». Es tracta de la fabricació de les màquines més petites del món, més de mil vegades més petites que l'amplada d'un cabell.

«Vostès han fet servir la cafetera per esmorzar aquest matí o deuen haver vingut amb vehicles de motor... Ha estat un somni per als científics durant segles poder construir màquines com aquestes, però a una escala nanomètrica, i un nanòmetre és un milió de vegades més petit que un mil·límetre», ha assegurat la presidenta del Comitè Nobel de Química Sara Snogerup Linse durant l'acte d'anunci del guardó. I els pastissos van tornar a fer aparició en la presentació. Exemplificant amb *dònuts* encadenats, la professora de física de la Universitat de Lund (Suècia) va explicar la base de la construcció d'aquestes màquines diminutes fabricades amb molècules. La construcció més simple és precisament dos anells encadenats, però no units de manera química, només física, de manera que es puguin moure l'un dins de l'altre, però que no puguin separar-se. «Volen saber vostès com són aquestes màquines?», va preguntar la professora abans de acostar-se a un cilindre que cobria una superfície. I després, va destapar i va deixar al descobert una cartolina buida, va afegir: «Ai, ho sento, és impossible que vostès les vegin perquè són vint mil vegades més petites que l'amplada d'un cabell humà», ha fet broma.

El 1983, Sauvage i el seu equip van aconseguir el punt de partida d'aquest nou i prometedor camp de recerca i enginyeria: les cadenes moleculars. I la cola que es va utilitzar per a la construcció d'aquestes estructures en forma de cadena era un ió de coure. Aquest s'uneix a un anell i atreu al seu torn una altra molècula en forma de mitja lluna. Un cop unida aquesta estructura, una altra molècula en forma de mitja lluna s'uneix a l'altra meitat i tanca l'anell dins de l'altra molècula circular, de manera que queden com les baules d'una cadena. Després, l'ió de coure és retirat i les baules queden unides de manera mecànica, no química, i es poden moure amb llibertat, però sense separar-se un anell d'un altre. És el que en el camp de la química s'ha anomenat **catenà.** Aquesta és la base, la construcció més senzilla, de les molt més complicades màquines que han estat construïdes des de llavors.

Va ser Fraser Stoddart, que es va criar en una granja a Escòcia sense electricitat i sense comoditats habituals avui dia com televisió o ordinador, qui va idear per primera vegada un model per a unir aquests catenans capaços de moure l'un sobre l'altre un eix. Senzill, però es tractava del primer motor molecular dissenyat per l'home: l'anomenat **rotaxà.** Òbviament a totes aquestes màquines els falta un element clau per funcionar: l'energia. Stoddart i el seu equip van aconseguir aviat controlar el moviment provocat per una font de calor sobre el rotaxà.

Després van venir els ascensors moleculars, els xips o els músculs artificials. Però no va ser fins al 1999 que el tercer guardonat, Ben Feringa, va aconseguir construir el **primer motor molecular.** S'encetava una «nova era molecular», segons Feringa, que va construir fa pocs mesos una molècula capaç de moure's de manera anàloga a com ho fa un cotxe, amb les seves quatre rodes i un eix capaç de transformar l'energia en moviment i transmetre'l a aquestes rodes moleculars...

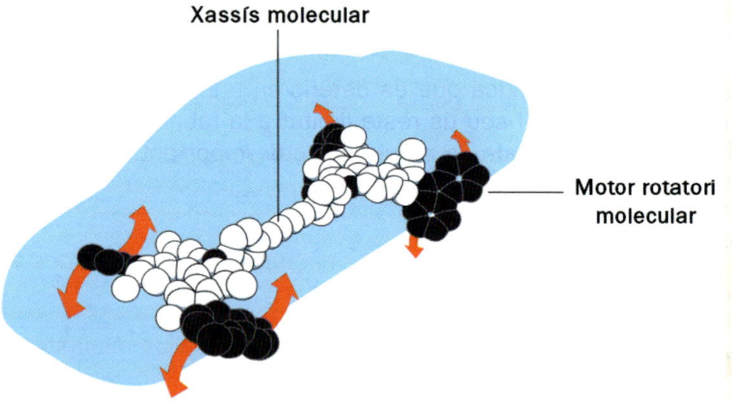

Fig. 7.20. Nanocotxe de Ben Feringa, premi Nobel de Química 2016.

«No podem fer una màquina molecular mirant com és un motor d'un cotxe i tractant d'imitar-lo», va explicar ahir Pau Ballester, investigador ICREA a l'Institut Català d'Investigació Química. «Les lleis de la física no funcionen igual a escala molecular».

Les possibilitats per al futur són infinites, desconegudes, inimaginables encara. Segons va esmentar la mateixa Snogerup Linse després de l'anunci, s'obre la porta al disseny de materials intel·ligents, capaços de canviar de forma, de propietats o de funcions depenent del teixit a què s'uneixin o dels senyals químics que s'hi enviïn.

«El somni és dissenyar robots diminuts que es puguin injectar en un teixit i introduir fàrmacs en una cèl·lula determinada o detectar cèl·lules cancerígenes, per exemple, però hi ha molts altres camps de treball, com el dels materials intel·ligents», va explicar Ben Feringa, un dels tres premiats, durant una connexió telefònica amb el Comitè del Nobel i la premsa.

MIGUEL G. CORRAL, *El Mundo,* Ciència (5 d'octubre del 2016)

a) Quin creus que ha estat el mèrit real d'aquests científics?

b) Què són els nanorobots? Per què és tan complicada la seva aplicació a la vida real?

c) Quines tasques fan actualment o s'espera que facin en el futur els nanorobots?

d) Quina és la complicació principal que troba la ciència a l'hora de cercar aplicacions pràctiques a la nanotecnologia?

e) Creus que hi ha riscos associats al disseny i la utilització de nanorobots?

A fons

Els bioplàstics

Els bioplàstics són polímers produïts per organismes o fabricats a partir d'altres polímers biològics com la cel·lulosa, el midó o l'oli de soja. L'interès principal dels bioplàstics és que són biodegradables, la qual cosa no significa res més que hi ha microorganismes que els utilitzen com a aliment i els transformen en substàncies simples presents en el medi ambient —com l'aigua o el diòxid de carboni.

Tanmateix, la que es considera la primera virtut dels bioplàstics també n'és l'inconvenient principal. Si els plàstics són biodegradables, significa que es deterioren més fàcilment que els altres, per tant, el seu ús resta limitat a la fabricació d'objectes la durada dels quals no sigui un factor important. És a dir: no usarem aquests plàstics per fabricar materials de construcció, mobles de jardí o tobogans per als parcs infantils, però podran servir perfectament per fabricar els embolcalls plàstics dels aliments, bosses d'escombraries, ampolles, safates, gots, etc.

La fabricació de bioplàstics no és un camp tecnològic nou. Els primers plàstics artificials i tots els plàstics introduïts abans de la Segona Guerra Mundial provenien de materials biològics com la cel·lulosa o el cautxú. Henry Ford va finançar durant anys els estudis de la transformació de llavors de soja, fibres de cànem i altres productes vegetals en substàncies plàstiques, fins que va poder presentar el 1941 el primer automòbil amb totes les peces de la carrosseria i dels accessoris fetes de materials plàstics. La Segona Guerra Mundial va impedir, però, la introducció en el mercat d'aquesta novetat tecnològica. Després, la irrupció dels polímers sintètics procedents del petroli, més barats, més versàtils, més resistents al pas del temps, va desplaçar els bioplàstics, aparentment per sempre.

Avui, però, els problemes ambientals, geopolítics i econòmics que es deriven de l'ús del petroli, i les dificultats per eliminar o reciclar els milers de tones de plàstic que la humanitat rebutja diàriament, han fet que els bioplàstics, ara amb l'ajut de les noves tecnologies, recobrin interès.

Els bioplàstics principals i la seva producció

Entre les funcions metabòliques de tots els organismes hi ha la de produir i emmagatzemar substàncies de reserva. Les plantes, per exemple, conserven energia en forma de midó a les llavors i tubercles, i els animals acumulem glicogen al fetge i greix al teixit adipós. Ara bé, alguns bacteris fabriquen plàstics com a polímers de reserva. És el cas del bacteri *Azotobacter* —un dels bacteris més comuns dels sòls agrícoles—, que fabrica polihidroxialcanoats (PHA) quan es troba en una situació d'estrès.

Els PHA, descoberts el 1925, designen qualsevol polièster sintetitzat per organismes. Actualment, s'han descrit més d'un centenar de PHA, amb la mateixa gamma de propietats que la resta dels plàstics, ja que els PHA tenen propietats semblants a altres polímers sintètics i poden ser conformats pels procediments habituals.

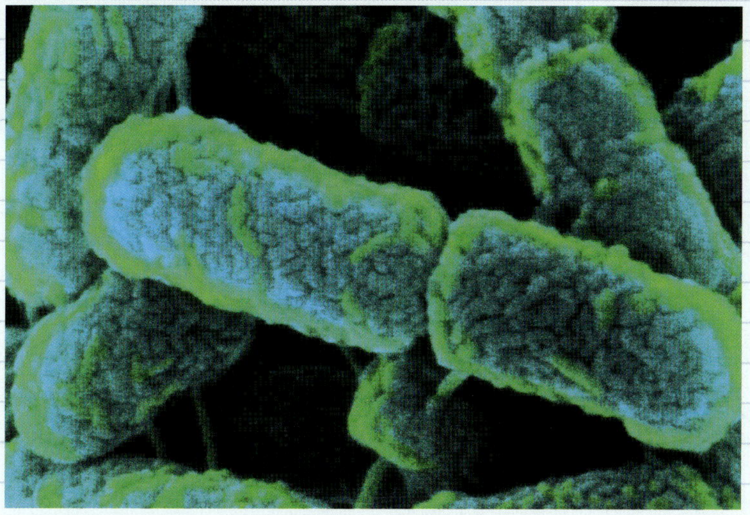

Fig. 7.21. Bacteri *Escherichia coli.*

Si provoquem que un bacteri *Azotobacter* es multipliqui indefinidament en tancs de fermentació en les condicions adequades, tenim un sistema de producció de bioplàstics. De fet, per aquest procediment, es pot recuperar en forma de PHA fins a un 80 % de la massa seca dels bacteris. A més, segons de què es nodreixin, els bacteris poden produir plàstics rígids, fàcils de moldejar, fibres o cristalls.

Un cop dominat el procés de fermentació de l'*Azotobacter,* la biotecnologia transfereix —gràcies a les tècniques d'enginyeria genètica— el grup de gens que regulen el procés de fabricació dels plàstics a d'altres bacteris o plantes. És molt més barat i més productiu mantenir un cultiu de plantes en un camp obert que un cultiu de bacteris en un tanc de fermentació. I al final, el procés industrial per extraure els plàstics dels organismes que els han produït és el mateix.

Arabidopsis thaliana, de la mateixa família que les cols, va ser la primera planta de la qual es va aconseguir seqüenciar el genoma complet. Per això, actualment, és la planta més utilitzada en els experiments de producció de bioplàstics, dirigida per gens bacterians.

Un cop llegit el text contesta les preguntes següents. En algun cas caldrà que completis informació a través de la Xarxa:

a) Què són els bioplàstics?

b) Quins procediments de producció de bioplàstics s'utilitzen?

c) Quins objectes es fabriquen en l'actualitat amb bioplàstics?

d) Quins són els avantatges i els inconvenients de la implantació dels bioplàstics?

e) Hi ha grups que s'oposen als conreus industrials als països agrícoles pobres. Amb quins arguments?

8

Un món digital

- La societat de la informació
- Les tecnologies de la informació i la comunicació
- La informació digital
- L'ordinador i l'emmagatzematge d'informació

Evolucionem d'una societat basada en la producció i l'intercanvi d'objectes i béns tangibles cap a una societat on el control i l'emmagatzematge d'informació codificada i la capacitat de generar coneixement determinaran la riquesa dels individus, de les empreses i dels països.

1. La societat de la informació

A finals del segle XVIII es va produir una revolució tecnològica en el si de les indústries i les comunicacions que va portar una societat basada en béns de consum local, bàsicament, agrícoles i ramaders, a una societat industrial.

Una nova revolució tecnològica a finals del segle XX, aquest cop, en l'àmbit de les telecomunicacions, ens està conduint cap a l'anomenada societat de la informació. Només cal un darrer pas en aquesta transformació: posar aquesta informació al servei del coneixement.

> **! Important**
>
> Consumidor proactiu: en anglès s'anomena *prosumer* (acrònim dels mots ***pro****ducer* i *con****sumer***).
>
> Neologisme que fa referència al ciutadà d'aquesta nova societat que és tant un consumidor com un productor d'informació.

1.1. De la Revolució Industrial a la revolució tecnològica

Al final del segle XVIII s'inicià a Anglaterra un procés de transformació econòmica i sociocultural, que s'estengué arreu del món i que coneixem amb el nom de Revolució Industrial.

Els canvis tècnics que van permetre reemplaçar l'economia basada en el treball manual i la fabricació quasi artesanal per la dominada per la indústria i l'automatització dels processos productius van produir uns canvis econòmics i socials accelerats, que varen determinar el principi de la societat industrial.

Els avenços en les tecnologies de la informació i la comunicació (TIC) i el seu impacte en el sistema econòmic i en unes noves formes de relacions socials ens estan fent viure avui dia un procés similar: un nou canvi social a partir d'un canvi tècnic.

Si la Revolució Industrial ens va conduir a la societat industrial, la revolució tecnològica, que s'està duent a terme des de la dècada del 1970, ens està conduint a la societat de la informació i si aconseguim posar tota aquesta informació al servei del coneixement, podrem arribar al que alguns experts anomenen la *societat del coneixement*.

Si durant la Revolució Industrial les fàbriques eren el motor principal de creació de riquesa, a l'emergent societat de la informació aquest rol el tenen les xarxes de comunicacions i la capacitat intel·lectual dels ciutadans de transformar la informació en coneixements.

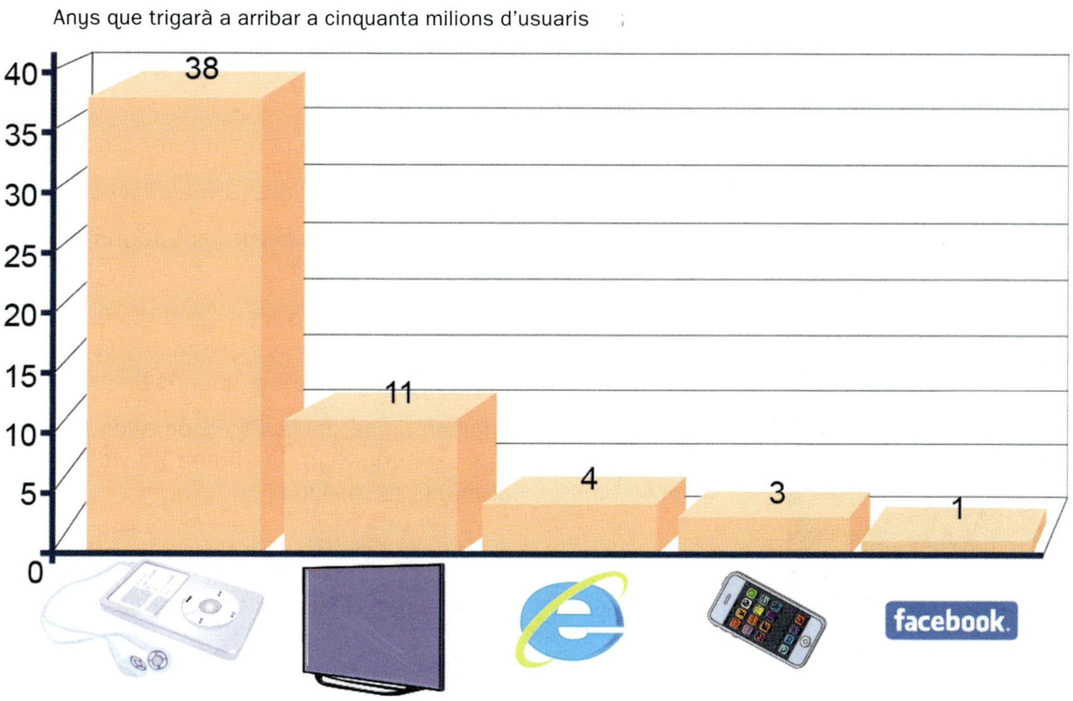

Fig. 8.1. Una de les característiques principals d'aquesta nova revolució tecnològica és la rapidesa amb què arriba a un gran nombre d'usuaris.

> ***Sabies que...?***
>
> Nicholas Negroponte, fundador de MediaLab, professor del MIT (Institut Tecnològic de Masachussetts) i valedor principal d'un projecte d'ordinadors de baix cost que permetin l'accés a la Xarxa dels països menys desenvolupats, va declarar en una duana el seu ordinador personal per un valor de dos milions de dòlars, i els va atribuir al contingut en informació que contenia.

1.2. Un nou concepte del valor. El coneixement i la informació com a patrimoni

> ***Sabies que...?***
>
> La teoria del diferencial de coneixement, elaborada per Tichenor, Donohue i Olien l'any 1970, anunciava que a mesura que augmenta la quantitat d'informació en els *mass media,* els mitjans de comunicació de massa, els segments de la població de nivell socioeconòmic més alt tendeixen a adquirir aquesta informació d'una manera més àmplia que els de nivell més baix, amb la qual cosa s'augmenta el diferencial de coneixement (*knowledge gap*) entre els dos segments, fet que provoca un distanciament socioeconòmic cada cop més elevat.

Fins ara fa ben poc, l'ésser humà basava la seva activitat econòmica en la producció, l'intercanvi i la venda de béns i serveis. Fins a la primera meitat del segle XX, aquests béns sempre van estar associats a productes tangibles que hom sabia fabricar o produir i que eren necessaris per a una part de la societat.

De la mateixa manera, en el marc de la societat industrial, el valor d'una empresa o d'un país i la seva capacitat de generar riquesa han estat directament lligats als seus béns físics, als seus recursos naturals o a la capacitat de generar una indústria de serveis a tercers.

Avui dia, han sorgit nous valors relacionats amb la capacitat d'innovar i d'incorporar nous coneixements al sistema productiu: el coneixement i la informació. Ja no es valora només la riquesa d'un país pels seus béns materials, sinó també pel seu capital intel·lectual. Moltes empreses han començat a comercialitzar informació i han deixat en un segon pla els productes tangibles, i els mercats assignen valors al coneixement acumulat i a la capacitat d'invertir en innovació.

Ens trobem en un moment històric de trànsit d'una societat basada en la producció d'objectes físics a una altra de basada en el control i l'acumulació d'informació codificada i en la generació de coneixement, en què la cultura dels pobles en determinarà el valor econòmic.

Davant d'aquest nou paradigma hi ha, però, la falsa creença que no caldrà educar en la memorització de coneixements, ja que tota la informació es podrà consultar instantàniament a la Xarxa. En aquest sentit, diversos experts apunten que no podrem formular preguntes sense coneixement i que tota aquesta informació emmagatzemada a la Xarxa esdevindrà, en part, inútil.

De fet, és important diferenciar entre la informació que hi ha a la Xarxa i el coneixement, que és una qualitat exclusivament humana.

Activitats

1> Algunes xifres de la societat de la informació

Mira la Fig. 8.2 i contesta les qüestions següents:

a) Indica quins dels serveis que hi ha a la figura utilitzes habitualment.

b) Quantes sol·licituds de recerca per minut rep Google?

c) Quantes aplicacions d'Apple es descarreguen cada dia?

d) Quantes aplicacions (de qualsevol plataforma) tens instal·lades en el teu telèfon mòbil?

e) Quantes fotografies es pugen a Instagram diàriament? Al món, quant es gasta en compres mitjançant la Xarxa, de mitjana, cada any, un d'aquests usuaris?

f) Si la durada mitjana d'una pel·lícula és de dues hores, a quantes pel·lícules equivalen les hores de vídeo que es pengen en un mes a YouTube?

Fig. 8.2. Què passa al web a cada minut? Fonts: *http://news.investors.com, www.royal.pingdom.com, www.blog.grovo.com, www.blog.hubspot.com, www.simplyzesty.com, www.pcworld.com, www.biztechmagazine.com, www.digby.com.*

2. Les tecnologies de la informació i la comunicació

En els darrers anys, sota els mateixos avenços, el concepte de tecnologies de la informació i la comunicació (TIC) s'ha anat transformant cap a tecnologies per a l'aprenentatge i el coneixement (TAC), tota una declaració d'intencions de cap a on cal dirigir els esforços en l'ús d'allò que podem trobar a la Xarxa.

> **! Important**
>
> El caràcter interactiu de les TIC provoca que sigui habitual que els usuaris facin modificacions i innovacions en els sistemes tecnològics un cop dissenyats, la qual cosa provoca una certa indeterminació en el desenvolupament d'aquestes tecnologies. Podem parlar, doncs, d'un caràcter cultural de la tecnologia i d'un caràcter tècnic de la cultura.

2.1. Les TIC i la societat de la informació

El procés de transformació cap a una societat fonamentada en la producció de coneixement ha de conjugar quatre factors importants: la producció de coneixement a partir de la recerca científica, la transmissió mitjançant l'educació i la formació, la difusió a través de les tecnologies de la informació i la comunicació, i la injecció de coneixement en el mercat.

Aquests quatre aspectes, a més a més, han d'estar fortament relacionats entre ells: l'educació és la base del futur de la ciència, l'economia és la font de la recerca científica, la societat alimenta el mercat i determina el món de l'educació i, alhora, demana una formació constant.

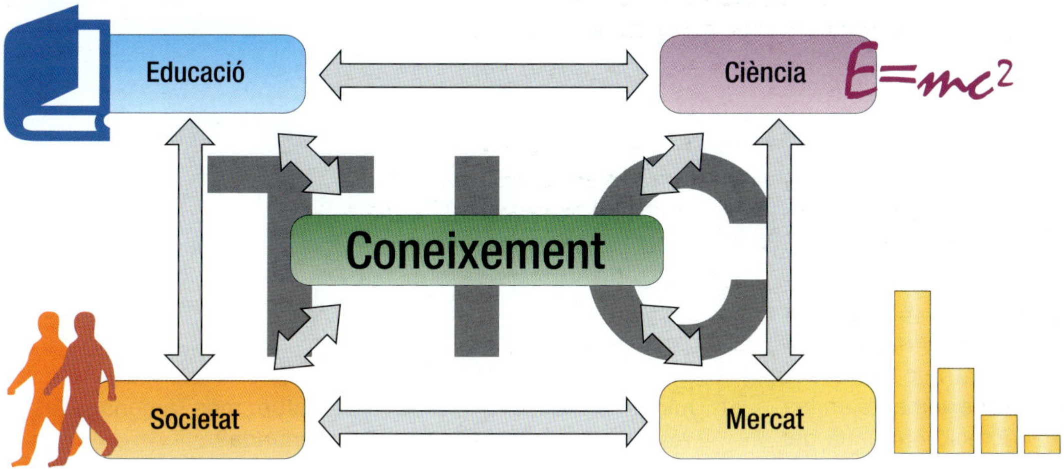

Fig. 8.3. Les tecnologies de la informació i la comunicació fan possible el coneixement com a eix central de la societat de la informació i harmonitzen el coneixement amb els avenços científics, l'educació, el mercat i l'accés de la societat a la informació.

2.2. Funcions de les TIC

Com ja hem pogut deduir, les tecnologies de la informació i la comunicació tenen un paper crucial en el procés cap a una societat del coneixement.

Des del punt de vista tècnic, però, han de complir una sèrie de funcions que facilitin aquest nou model:

1. Digitalitzar la informació: dades, imatges, sons, etc.
2. Emmagatzemar la informació.
3. Establir canals de comunicació digitals multidireccionals.
4. Facilitar instruments per fer qualsevol tipus de procés de dades de manera ràpida i fiable.
5. Automatitzar els processos.
6. Ser un suport per a la recerca científica i per a l'educació i la formació.

Fig. 8.4. Les funcions de les TIC conjuguen la informàtica, les telecomunicacions i la informació digital.

2.3. Amenaces i oportunitats

A. El repte de la formació

Un dels reptes principals al qual ens hem d'enfrontar és el de compatibilitzar raonablement els nous sistemes tecnològics amb els sistemes tradicionals i crear així un model de desenvolupament sostenible. Estem passant de la cultura de l'àtom (coses físiques) a la del bit (informació intangible), i aquest pas, com tot trànsit, comportarà un desfasament temporal, que ja es manifesta en múltiples aspectes de la nostra vida pública i privada.

Lectura 1

L'objectiu de la formació

No podem ocultar els perills i les incerteses que ofereix la nova societat i que poden afectar l'estat del benestar. Com a educadors també ens preocupa l'augment de la marginació. Malgrat això, reconeixem que Internet i les TIC poden contribuir a augmentar la solidaritat entre els pobles i es poden posar al servei de l'estat del benestar.

Sabem quina és la millor eina per dur a terme aquest propòsit: la formació. Però cal que ens preguntem: quines noves necessitats formatives exigirà la societat del coneixement? L'ensenyament en aquesta societat ha d'estar dissenyat per reforçar la cohesió social. Educar és més que mai una funció social, i tot allò que passi dins els centres d'ensenyament té conseqüències sobre l'estabilitat de la societat. Més que no pas parlar de continguts de primària, secundària i universitària, hi ha moltes veus que demanen un replantejament dels objectius de la formació perquè l'ensenyament deixi de ser una activitat dirigida gairebé exclusivament a la primera etapa de la vida i passi a ser una funció permanent que permeti a les persones canviar radicalment els seus coneixements en les diverses etapes de la vida. Aquesta readaptació profunda del sistema educatiu implica un canvi en els continguts de la formació inicial i, finalment, una renovació de les institucions educatives. Els reptes de la nova societat es poden sintetitzar en:

- Afavorir una estratègia mundial de reforma dels serveis de comunicació.
- Dissenyar les condicions d'accés a les TIC i al seu contingut.
- L'adaptació dels països per emprendre una estratègia de conjunt que associï les TIC amb una política de formació i recerca.

L'accés al coneixement i a la formació ha de constituir per als governs una prioritat màxima. Les TIC es mostren com un mitjà important per completar i reforçar les tècniques d'aprenentatge i d'educació tradicionals. Per aconseguir l'accés a la societat del coneixement, els governs, les empreses i les institucions, han d'afavorir l'accés universal a la Xarxa de tots els habitants i donar facilitats econòmiques o desgravacions en la compra d'ordinadors per a escoles, pimes i particulars.

LUIS JOYANES, «El nuevo perfil social y cultural de la era de Internet: la sociedad del conocimiento» (adaptació)

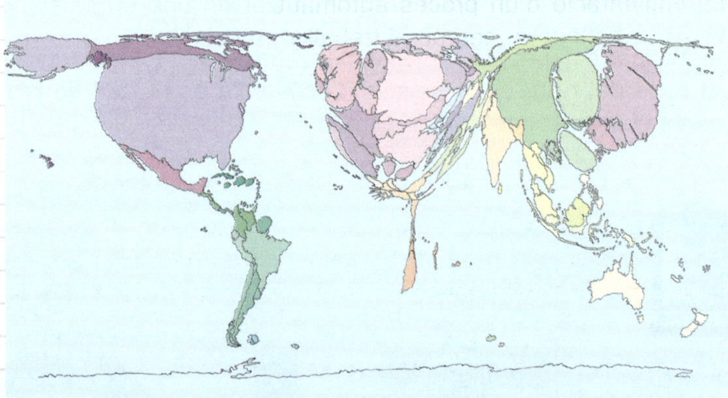

Fig. 8.5. En aquest mapa l'àrea deformada de cada país mostra el percentatge de creixement de publicacions científiques entre els anys 1990 i 2001. Font: *http://www.worldmapper.org.*

a) Quines professions creus que estan més amenaçades i requereixen més la formació continuada?

b) Creus que hi ha un risc real que regions senceres quedin tecnològicament obsoletes i desplaçades del sistema econòmic?

c) Creus que hi ha impediments d'idioma a l'hora d'afavorir l'accés universal a les noves tecnologies? Quines solucions proposes?

d) Comenta la frase següent del text: «Reconeixem que Internet i les TIC poden contribuir a augmentar la solidaritat entre els pobles i es poden posar al servei de l'estat del benestar».

e) T'has vist afavorit per alguna política pública relacionada amb les noves tecnologies i Internet?

f) És la competitivitat empresarial l'únic motor que impulsa les empreses a mantenir-se al dia en l'àmbit tecnològic?

g) Es pot deduir de la lectura del text que les competències més importants del sistema educatiu han de ser els aprenentatges relacionats amb les TIC?

B. La societat del coneixement porta a la deshumanització?

Hi ha certa tendència a pensar que l'ús dels nous avenços tecnològics, especialment els relacionats amb les tecnologies de la informació i la comunicació, està substituint algunes feines, atributs i activitats tradicionalment humanes, la qual cosa fa que es dilueixi la nostra personalitat i que caiguem en una societat cada cop més deshumanitzada.

Vegem-ne alguns exemples:

- Un servei d'assistència tècnica que ens obliga a comunicar-nos polsant tecles del telèfon o amb una veu gravada amb el missatge «digui de forma alta i clara el motiu de la trucada», a través del qual rebem com a respostes una sèrie de missatges automatitzats.
- Un banc o una empresa davant d'una petició determinada ens dona respostes del tipus «l'ordinador diu que...».
- La substitució de trobades reals entre persones per trobades virtuals a través de xats i altres serveis.
- La implantació d'un procés automatitzat en una empresa que obliga a acomiadar cinc-cents treballadors, perquè el treball es mecanitza.
- La compra a través d'Internet, des de casa, en lloc d'anar directament a la botiga, de forma que es perd el contacte directe venedor-comprador.
- Els últims avenços en biotecnologia que permetran substituir òrgans naturals danyats per altres d'artificials amb el risc de crear persones «menys humanes».

Si busquem la definició de *deshumanitzar* trobarem alguna cosa del tipus: «fer perdre el caràcter humà a algú o a alguna cosa». En un principi, i segons aquesta definició, tots els exemples anteriors ens poden portar a pensar que, en efecte, la tecnologia té un factor deshumanitzant.

Sovint, el procés de registre de diverses aplicacions i pàgines web acaba amb una pregunta que fa que ens identifiquem com a humans per diferenciar-nos d'una màquina, en algun cas, fins i tot, fent la pregunta directament, per tal de discernir entre un programa que faria altes massives d'usuaris no reals i una persona.

Es tracta d'una mostra evident que la comunicació digital ens porta a una deshumanització de les relacions personals, ja que esdevé quasi impossible diferenciar una persona d'una màquina.

! Important

Al contrari del que pensa molta gent, els assistents SIRI o CORTANA, dels sistemes operatius IOS i Microsoft, no responen al concepte d'intel·ligència artificial, sinó al d'intel·ligència virtual. Es tracta de programes que donen una resposta sobre serveis web i aplicacions a partir del reconeixement d'una instrucció oral.

2.4. Convergència entre la recerca científica i les TIC

Els avenços tècnics de les últimes dècades han permès d'establir nous vincles entre ciència i tecnologia, i obrir un nou horitzó per a la recerca científica, basat en les possibilitats que ofereixen les tecnologies de la informació i la comunicació.

Alguns dels avantatges que la ciència ha pogut incorporar al seu servei són:

- El tractament de gran quantitat d'informació.
- Les bases de dades.
- El compartiment de recursos.
- Les possibilitats de treball col·laboratiu entre científics de tot el món.
- Les simulacions per ordinador.
- La difusió immediata mitjançant Internet.
- La comunicació interdepartamental a temps real.
- L'òptima gestió de recursos.
- La reducció de temps en feines mecàniques.
- L'automatització de processos de recull de mostres.

Avui en dia ja es parla de la convergència NBIC (Nanotecnologia-Biotecnologia-Infotecnologia-Cognotecnologia) i del potencial que suposa la interrelació entre les disciplines i tecnologies involucrades.

Vegem alguns exemples en els quals la ciència i aquestes tecnologies han treballat o treballen en estreta col·laboració.

Fig. 8.6. Relacions entre les tecnologies de la informació i la comunicació i la ciència i la tecnologia.

> **! Important**
>
> Els webs *http://neednumbers.me* i *www.conecti.ca/2012/06/22* són dos exemples més del que es pot trobar a la Xarxa si es tenen les eines per buscar i relacionar.

A. Mineria de dades

El problema següent va ser enunciat per Albert Einstein el segle passat. La seva resolució és un exemple del que a gran escala es pot resoldre mitjançant la mineria de dades. Es tracta de lligar diferents informacions presentades en dades aparentment no relacionades per treure'n conclusions.

T'hi atreveixes? Einstein també va enunciar que el 98 % de la població no el podia resoldre.

Tenim cinc cases de cinc colors diferents i en cadascuna hi viu una persona d'una nacionalitat diferent.

Cada un dels amos beu una beguda diferent, fuma una marca de cigarrets diferent i té una mascota diferent.

Tenim les claus següents:

• El britànic viu a la casa vermella. • El suec té un gos. • El danès pren te. • La casa verda és a l'esquerra de la blanca. • L'amo de la casa verda pren cafè.	• La persona que fuma Pall Mall té un ocell. • L'amo de la casa groga fuma Dunhill. • El que viu a la casa del centre pren llet. • El noruec viu a la primera casa. • La persona que fuma Brends viu al costat de la que té un gat.	• La persona que té un cavall viu al costat de la que fuma Dunhill. • El que fuma Bluemasters beu cervesa. • L'alemany fuma Prince. • El noruec viu al costat de la casa blava. • El que fuma Brends té un veí que pren aigua.

Qui és l'amo del peixet?

La mineria de dades és un camp en el qual, a través de les tecnologies de la informació i la comunicació, es treballa per tal de descobrir patrons de relació en conjunts de dades en els quals aparentment no n'hi ha.

Les seves aplicacions són molt diverses: anàlisis de riscos en crèdits, models de càrrega en xarxes, hàbits de compra en els consumidors, patrons de fuga de clients, identificació de trets diferencials dins del personal d'una empresa, selecció de personal, genètica, gestió hospitalària, patrons de trànsit, hàbits de navegació per Internet, etc.

Aquest fragment d'una notícia publicada al diari *El País* el dia 20 d'Agost del 2012 posa de manifest altres tipus d'informacions que es poden obtenir mitjançant un bon programa informàtic que rastregi les dades que hi ha a Internet.

«Es parte del juego. En Facebook se cambia el estado del perfil con cierta frecuencia. En Twitter se pasó del "¿Qué estás haciendo?" a "¿Qué está pasando?" como un signo de madurez, de querer ir más allá de lo personal a lo colectivo. Sin embargo, el cambio parece ser más formal que efectivo en el comportamiento de los usuarios.

El proceso suele ser similar. Darse de alta, rellenar la mayor parte de los campos del formulario, y no solo los necesarios, y comenzar a contar sin reparar si se han activado los límites de privacidad.

El primero en hacer saltar las alarmas fue Callum Haywood, un estudiante británico de solo dieciocho años con su página *http://www.weknowwhatyouredoing.com.* Ordenada en cuatro columnas, en la primera se publican los estados de gente que "está deseando perder su trabajo", o lo que es lo mismo, critica a sus jefes en Facebook, Twitter o FourSquare. En la segunda columna aparecen aquellos que confiesan tener resaca. En la tercera, dicen, en serio o no, haber tomado algún tipo de droga. La cuarta está dedicada a los que informan de un cambio de número de teléfono. Su creador, a pesar de su juventud, es firme en la denuncia: "Confío en que sirva para que se tenga más cuidado con lo que se cuenta".»

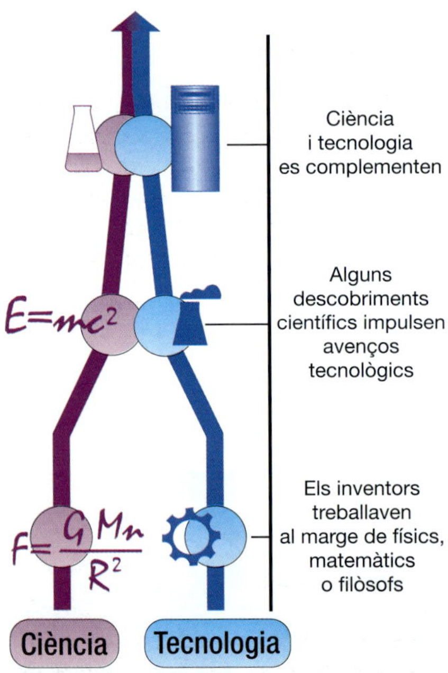

Fig. 8.7. Ciència i tecnologia han anat apropant posicions al llarg de la història. Avui dia la tecnologia proporciona mitjans d'investigació científica i la ciència és el motor de les noves tecnologies.

B. El projecte Manhattan

Un dels primers projectes d'investigació científica en què la informàtica va tenir un paper destacat va ser el desenvolupament de la primera bomba atòmica per part del Govern dels EUA durant la Segona Guerra Mundial. Richard P. Feynman, premi Nobel de física de l'any 1965, va desenvolupar el sistema informàtic que efectuava la gran quantitat de càlculs que requeria el projecte.

C. Bioinformàtica

La gran quantitat de dades que permeten tractar i emmagatzemar les noves tecnologies de la informació han permès multiplicar les possibilitats de recerca de la ciència experimental. Un dels problemes clàssics de tota investigació científica és el recull de dades. Quan no hi havia sistemes capaços de processar de forma automàtica la informació, aquest recull s'havia de fer de manera quasi manual, i això limitava molt el nombre de dades que es podien estudiar.

La biologia ha trobat un aliat de valor incalculable en els nous sistemes de tractament i emmagatzematge d'informació per recollir, tractar i analitzar gran quantitat de dades i resultats, sobretot en l'estudi molecular. La bioinformàtica ha permès la creació de grans bases de dades, que poden incloure seqüències de nucleòtids i aminoàcids o dominis i estructures de proteïnes.

Aquesta disciplina no es limita a l'emmagatzematge d'informació, també crea eines de biocomputació per accedir a aquestes dades, usar-les i tractar-les, implementa algorismes amb els quals relacionar parts de conjunts de dades d'orígens diferents i desenvolupa sistemes de simulació moleculars per analitzar com actuen determinats agents en algunes malalties sense necessitat d'experimentar-ho en realitat.

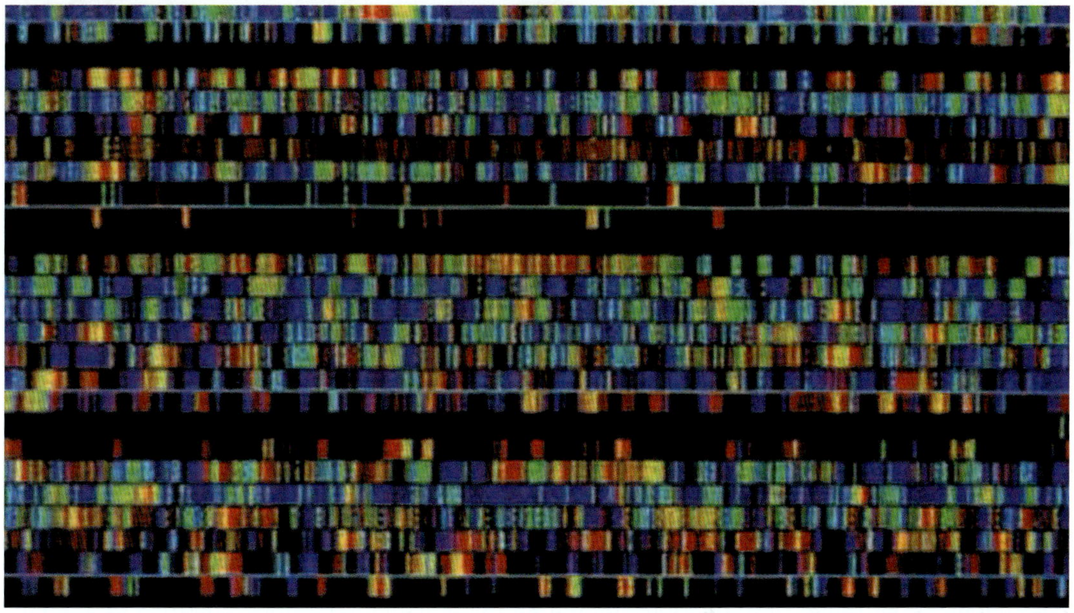

Fig. 8.8. Imatge digital d'una seqüència d'ADN humà caracteritzada com una sèrie de bandes de colors.

D. Els simuladors

Les simulacions se'ns presenten com una nova forma d'adquirir coneixements fora del raonament lògic o l'experiència científica. Són de gran utilitat per a l'estudi cientificotecnològic atès que permeten, a través de la introducció de dades per crear un model, analitzar diferents respostes a determinades situacions reals.

El resultat de la simulació pot ser des d'una sèrie de dades numèriques fins a representacions tridimensionals que es modifiquen en temps real quan canvien les condicions de partida.

! Important

La **bioètica** i la **tecnoètica** són dues disciplines que debaten els límits que s'han d'imposar a les possibilitats que ofereixen els avenços en els camps de la biologia, la medicina i les noves tecnologies.

Sabies que...?

La bioinformàtica és una eina imprescindible per al desenvolupament de la medicina molecular i de la biotecnologia, dues disciplines força recents que treballen en direccions alternatives a la medicina tradicional i presenten noves perspectives de benestar social a curt termini.

Més dades

El Projecte Genoma Humà, que va determinar la seqüència completa de l'ADN de l'ésser humà, ha treballat estretament amb la bioinformàtica per emmagatzemar i tractar la gran quantitat de dades resultants de la seqüenciació.

Informació

Les ciències de materials, la biologia, la medicina molecular, l'aeronàutica, la meteorologia, l'arquitectura, els càlculs d'estructures o els models de gestió empresarial són alguns exemples de camps que treballen amb algun tipus de simulació.

E. Realitat virtual

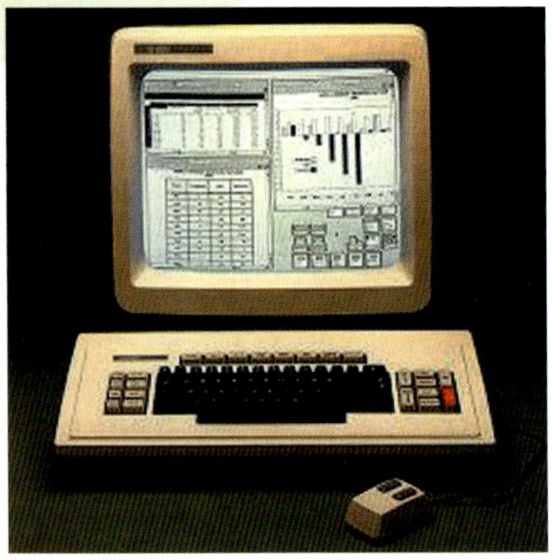

Fig. 8.10. L'ordinador Xerox Star va ser el primer sistema que va incorporar interfície gràfica d'usuari com els que incorporen els ordinadors d'avui dia amb sistema de carpetes i finestres. El seu preu elevat i la competència amb els models millorats i més econòmics d'Apple van fer que no tingués un gran èxit comercial.

La realitat virtual es pot definir com un tipus especial de simulació interactiva en la qual l'explorador té la sensació física d'estar immers en una situació definida per una base de dades.

Mitjançant un casc, guants i altres sensors i dispositius es capturen la posició i la rotació de les diferents parts del cos humà, de manera que l'usuari pot interactuar amb un univers generat per un ordinador.

Les aplicacions són molt diverses: cirurgians que realitzen operacions simulades per tal d'assajar tècniques complexes, pilots que fan proves en cabines virtuals abans del primer vol o per provar models nous, visites de pisos pilot abans de la seva construcció o la manipulació d'estructures moleculars complexes utilitzant directament les mans són algunes de les aplicacions que s'estan utilitzant avui en dia.

Fig. 8.9. Avui en dia existeixen multitud d'aplicacions del que s'anomena realitat augmentada. Són programes de realitat virtual que, executats a través d'un dispositiu mòbil amb càmera de vídeo, sobreimpressionen en la pantalla imatges digitals que «amplifiquen» la realitat.

F. La conquesta de l'espai

Des que l'any 1957 va arribar a l'espai el primer satèl·lit artificial no tripulat, les tecnologies de la informació i la comunicació han tingut un paper clau en l'exploració de l'espai exterior.

La possibilitat de la conquesta de l'espai ha passat i passa per desenvolupar noves tecnologies capaces de tractar gran quantitat de dades i de càlculs, d'establir sistemes de comunicació ràpids i fiables per poder-les transmetre i d'automatitzar processos per a tasques molt específiques dins del funcionament global i complex de tot el sistema.

El càlcul d'òrbites i mesuraments remots, el recull de dades meteorològiques, els sistemes automàtics de pilotatge, la transmissió de dades entre punts molt allunyats, les correccions relativistes o el control robòtic fan necessaris sistemes complexos i avançats per al tractament d'informació.

Cal tenir també present, a més, que l'elevat cost de fabricació de qualsevol model, obliga la indústria aeronàutica i aeroespacial a treballar amb simuladors en totes les etapes: el càlcul d'esforços i resistència de materials, el disseny de prototipus, les trajectòries de vol o l'entrenament dels pilots i simulació d'avaries són imprescindibles fins i tot abans de construir el primer prototip real.

Sabies que...?

La cursa espacial, que van dur a terme l'antiga Unió Soviètica i els EUA durant aproximadament vint anys des de la dècada del 1950, va suposar un seguit d'avenços tècnics, que van anar molt més enllà dels lligats directament a la indústria aeronàutica. Es van desenvolupar nous teixits, sistemes de comunicacions d'ús civil, noves formes de conservació d'aliments i avenços importants en microtecnologia que avui dia estan incorporats en molts articles d'ús quotidià.

2.5. Les TIC i l'entorn

A. Residus tecnològics

Els residus físics

Les innovacions constants i l'elevat consum en el camp de les noves tecnologies estan generant nous tipus de residus difícils de tractar. Què en fem d'un ordinador obsolet, dels antics monitors i dels televisors de tub, dels mòbils i les calculadores que ja no utilitzem, de les bateries i dels carregadors o dels perifèrics amb cables que hem substituït per altres sense fil?

Hi ha tres característiques que fan especials aquest tipus de residus:

1. El temps mitjà de renovació d'aquests articles és molt inferior a la seva vida útil i, en la majoria de casos, n'adquirim de nous quan els antics encara ens serien d'utilitat, de manera que generem residus gairebé al ritme que marca el mercat.
2. La majoria d'aquests articles són difícils de desmuntar, estan fets de materials diferents i poc aprofitables des del punt de vista econòmic del reciclatge.
3. Algunes parts d'aquests articles (piles, plàstics, vidres, cartutxos de tinta, etc.) són molt contaminants o necessiten un tractament especial.

Davant d'aquests fets és necessari plantejar polítiques de tractament adequades tant des del punt de vista públic com des del punt de vista privat que passin per la recollida selectiva, per un consum responsable i per plantes de reciclatge encara que no siguin econòmicament rendibles. Hi ha països, per exemple, que estudien gravar la compra d'ordinadors nous amb una taxa destinada a facilitar el reciclatge dels models antics.

! Important

Des del punt de vista ecològic, enviar ordinadors antics a altres països amb menys recursos, tot i que durant un temps siguin utilitzats, trasllada el problema a un altre lloc probablement encara menys preparat per al tractament de residus. No obstant això, més enllà de la qüestió ambiental, caldria considerar si aquesta seria una manera adequada que aquests països puguin donar almenys un primer pas cap a l'accés a aquestes tecnologies.

Les radiacions

La telefonia mòbil i l'augment dels serveis de telecomunicacions en tecnologies sense fil han fet augmentar de forma molt considerable les radiacions no ionitzants a les quals ens veiem sotmesos constantment.

Tot i que, segons els experts, aquest tipus de radiacions no són perjudicials per a la salut pública, l'augment del nombre d'antenes de telefonia, telèfons i d'altres tecnologies sense fil ha despertat certa alarma social activada en alguns casos per mitjans de comunicació sensacionalistes. Per pal·liar aquesta situació, el Govern ha publicat un reial decret amb la intenció de regular i controlar els nivells d'exposició a les emissions radioelèctriques dels sistemes de telefonia mòbil, que exigeix als operadors que certifiquin la seva adequació a la norma.

Els residus d'informació

Si entenem per residu qualsevol material generat per l'activitat humana que un cop utilitzat deixa de tenir valor i es llença o es rebutja, ens hauríem de plantejar si una part important de la informació que avui dia manegem serà residual en un futur.

Davant la incògnita de si podrem mantenir un sistema útil per al coneixement, tant des del punt de vista del suport físic com de la gestió d'un conjunt massa gran de dades, sembla lògic pensar en la necessitat de crear un sistema de gestió de residus d'informació per quan aquesta sigui considerada massa antiga, poc útil o simplement inservible. Els sistemes de reciclatge d'informació, els contenidors selectius d'informació o simplement l'eliminació dels continguts podrien ser la solució que s'apliqui en un futur pròxim per descarregar els servidors d'informació residual.

Centres de Processament de Dades (CPD)

Els centres de dades de les grans empreses de serveis digitals d'avui en dia (Google, Facebook, Apple, etc.), que concentren tota la informació que tractem diàriament, són grans complexos distribuïts arreu del món.

Funcionen vint-i-quatre hores al dia i consumeixen una gran quantitat de recursos energètics tant per al funcionament dels servidors que emmagatzemen la informació com per a la refrigeració necessària a causa de les altes temperatures provocades en aquesta concentració de màquines.

El projecte 02 de Google desenvolupa un supercomputador en un centre de dades a The Dalles per tal d'incrementar la capacitat de recerca del seu sistema, del tamany de dos camps de futbol i amb torres de refrigeració d'una altura equivalent a un edifici de quatre pisos.

Fixa-t'hi

Quantes vegades fem neteja del nostre disc dur, de les carpetes d'entrada de missatges de l'ordinador o del mòbil o de les memòries de les càmeres de fotografies digitals? Normalment fem una recollida selectiva i triem quina informació guardem i quina esborrem o fem còpies de material comprimit (que mai més no consultem) per evitar els inconvenients que suposa guardar-ho tot: l'ordinador va més lent, costa més trobar una cosa quan la busquem o simplement necessitem la memòria per a altres coses.

B. Les noves tecnologies i l'optimització de recursos

L'estalvi energètic i de recursos

Les noves tecnologies s'han traslladat a l'àmbit empresarial en forma d'aplicacions informàtiques d'estudis de temps o d'automatització de processos amb l'objectiu de millorar-ne el rendiment econòmic. D'una banda, s'aconsegueix aprofitar millor la matèria primera utilitzada a partir de sistemes i màquines més eficients i, de l'altra, com que el consum d'energia és directament proporcional al temps de fabricació de cada article, com que disminueix el temps, també disminueix la despesa energètica.

! Important

L'any 1986 es va constituir el consorci internacional per construir el primer reactor de fusió nuclear, l'ITER (International Thermonuclear Experimental Reactor). Un cop demostrada la factibilitat científica i tecnològica de la fusió nuclear, aquest reactor es començarà a construir els propers anys i es calcula que serà operatiu l'any 2035. El cost aproximat de l'obra és de 5 000 milions d'euros.

Les ciències ambientals

La complexitat dels processos relacionats amb les ciències ambientals fa necessària la incorporació de nous instruments d'observació i de recollida massiva de dades i d'ordinadors capaços de gestionar-les i processar-les per poder elaborar models que simulin de la manera més precisa possible la realitat estudiada.

Un exemple d'aplicació de les TIC en aquest camp són els sistemes d'informació geogràfica (SIG). Són sistemes de computació que processen dades geogràfiques, demogràfiques, hidrogràfiques, econòmiques, d'usos del sòl o de vies de comunicació, d'una mateixa zona geogràfica, separen la informació en diferents plantilles, bases de dades o capes temàtiques i les emmagatzemen independentment amb l'objectiu de treballar amb cadascuna d'elles de forma ràpida i senzilla o de localitzar patrons, relacions o tendències entre capes diferents.

Si es vol estudiar l'impacte d'un terratrèmol sobre una zona geogràfica concreta, per exemple, a banda d'analitzar la informació geològica i sísmica, cal relacionar-la amb detalls sobre la població, les infraestructures, les vies de comunicació, el subsòl o els recursos hídrics que podrien quedar afectats.

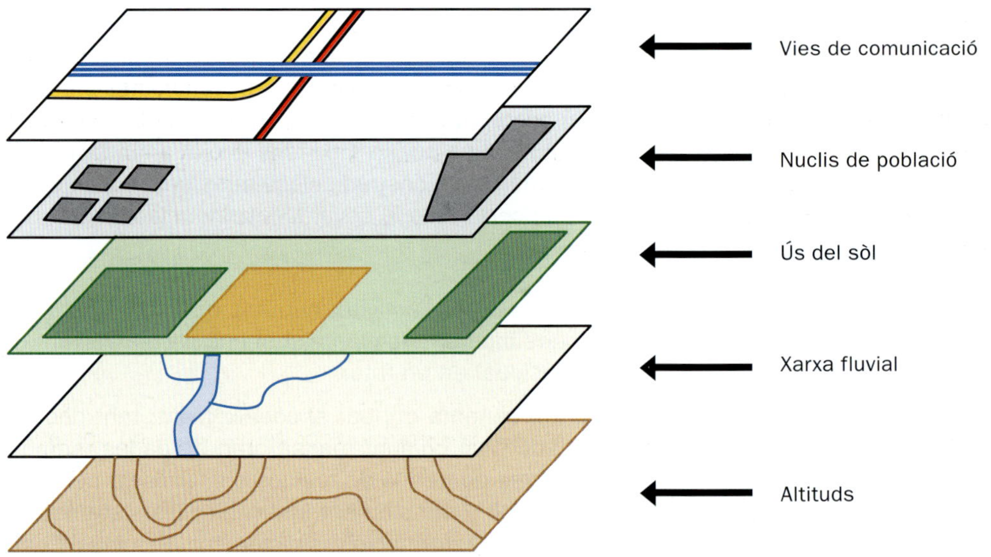

Fig. 8.11. La solució a molts problemes sovint demana l'accés a diferents tipus d'informació que només estan relacionats per la geografia.

Fig. 8.12. Un àmbit en què les TIC tenen un paper destacat és la reorganització de la xarxa elèctrica.

L'energia

Els estudis relacionats amb l'optimització dels recursos energètics o amb la recerca de noves fonts d'energia també necessiten sistemes capaços de tractar gran quantitat de dades.

Un àmbit en què les TIC tenen un paper destacat és la reorganització de la xarxa elèctrica. A partir del mapa energètic que recull totes les dades de consum i producció d'una zona geogràfica determinada es busca el traçat òptim per disminuir les despeses en el transport d'electricitat. Altres exemples són la simulació de models de fusió nuclear per estudiar la viabilitat i rendibilitat d'un reactor de fusió, o el desenvolupament de plaques solars amb nous materials elaborats mitjançant nanotecnologia.

3. La informació digital

Un algorisme és un conjunt d'instruccions ordenades per resoldre determinades activitats prou clares perquè puguin ser interpretades per qualsevol persona. Tot i que podem trobar algorismes com el d'Euclides, que existeix des de l'antiguitat, o el de Gaüss-Newton de finals del segle XIX, no és fins a mitjan segle XX, amb les aportacions d'Alan Turing, considerat el pare de la computació i de la ciència informàtica, que acaben esdevenint el sistema amb el qual es programen els ordinadors.

! Important

1 byte = 8 bits
1 kbyte = 2^{10} bytes = 1024 bytes
1 Mbyte = 2^{20} bytes = 1024 kbytes
1 Gbyte = 2^{30} bytes = 1024 Mbytes
1 Tbyte = 2^{40} bytes = 1024 Gbytes
1 Googol = 10^{100} bytes

Google, el nom del conegut cercador d'Internet, es diu que ve d'aquest terme matemàtic i que vol fer al·lusió a la gran quantitat d'informació que aquest buscador pot tractar.

3.1. Analògic i digital

Abans de definir els conceptes *analògic* i *digital*, cal definir-ne uns altres dos que hi estan estretament lligats: *discret* i *continu*. Recordem que un conjunt discret és aquell que, tenint un nombre finit o infinit d'elements, no permet l'existència d'un altre element entre dos de ja definits. Un conjunt continu, al seu torn, és format per un nombre infinit d'elements de manera que sempre es pot trobar un element més entre dos de ja existents.

El conjunt dels nombres enters, per exemple, és un conjunt discret, ja que entre els nombres 2 i 3 no podem trobar cap altre enter. Mentre que el conjunt dels nombres reals és un conjunt continu, ja que entre dos nombres qualssevol sempre podem trobar-ne un tercer: entre el 5,2 i el 5,3 hi ha el 5,25, i entre el 5,25 i el 5,26 hi podem intercalar el 5,255, i així successivament.

Analògic està lligat amb *continu* i *digital* ho està amb *discret*. Però, com hi estan relacionats? Per il·lustrar aquest concepte utilitzarem la comparació de la fotografia analògica i la digital, per entendre'ns: la fotografia convencional amb pel·lícula i la feta amb càmeres digitals amb memòries. Si observem una imatge feta amb una màquina tradicional, podem dir que tota ella és un espai continu, ja que per a qualsevol parell de punts adjacents, en podem trobar un d'intermedi, sempre que no anem al pla microscòpic. En canvi, una imatge digital és formada per una quantitat molt gran de punts (que depèn de quina sigui la seva resolució) de diferents colors que, disposats d'una manera determinada i segons quin sigui el seu nombre, poden enganyar l'ull humà i donar la sensació de continuïtat que tenia la imatge de la fotografia convencional. Cadascun d'aquest punts s'anomena *píxel*, i entre dos píxels —un al costat de l'altre— no en podem trobar un altre. De manera que, si ens apropem prou a la imatge o l'ampliem, podrem diferenciar cada píxel i arribar, fins i tot, a veure una imatge formada per petits rectangles de diferents colors.

3.2. El codi binari

Vegem ara com es relacionen aquests conceptes amb el món de la informació digital i les telecomunicacions. *Digital* vol dir que és constituït per estats discrets (és a dir, no continus) com poden ser «1» i «0», «obert» i «tancat» o «encès» i «apagat». Tota la informació que tracten els ordinadors està codificada utilitzant només dos valors diferents, o dos estats diferenciats, que traduïm en 1 i 0, de la mateixa manera que totes les paraules que utilitzem en el nostre alfabet estan codificades mitjançant vint-i-sis símbols que anomenem *lletres*.

Aquest codi que utilitza només dos valors per traduir qualsevol informació l'anomenen *codi binari* i és digital, és a dir, discret, perquè utilitza un nombre finit de valors, en aquest cas dos, entre els quals no n'hi pot haver un tercer.

Quan parlem de *digitalitzar* una imatge, un text o un so, estem parlant de transformar una informació, en molts casos contínua, en un conjunt de valors discrets, que en l'àmbit dels ordinadors és el codi binari.

L'element més important de tot ordinador és el microprocessador. És un circuit elèctric capaç de processar impulsos elèctrics, el més petit dels quals s'anomena *bit*, de manera que assigna un 1 a un bit que té càrrega elèctrica i un 0 a un que no en té. Això vol dir que quan digitalitzem una imatge, i la convertim en un conjunt d'uns i zeros, l'estem convertint en un conjunt de càrregues o no-càrregues elèctriques anomenades *bits*.

Fig. 8.13. Un àmbit en què les TIC tenen un paper destacat és la reorganització de tot tipus de xarxa.

Errors freqüents

De vegades, tenim la sensació que quan digitalitzem qualsevol cosa, com per exemple una imatge d'una fotografia, deixa d'existir o passa a ser immaterial. Cal tenir present que l'única diferència és que canvia de suport. El fet que, en molts casos, no puguem veure ni tocar aquest suport no vol dir que no existeixi.

La paraula *bit* és una síntesi de dos termes anglesos: ***bi**nari digi**t***. El conjunt de 8 bits és el que anomenem *byte*. Utilitzant agrupacions de 8 bits és possible representar tots els caràcters que conformen l'abecedari, incloses les majúscules, els signes especials i els nombres del 0 al 9. Quan premem la lletra e del teclat, per exemple, el microprocessador rep un paquet de 8 bits amb la combinació de valors següent:

0 1 1 0 0 1 0 1

Però si, en canvi, premem la mateixa lletra en majúscules el paquet que s'envia és:

0 1 0 0 0 1 0 1

Per tant, un document que tingui unes 1 000 lletres (inclosos els espais) ocuparà una memòria de 1 000 bytes. Per cert, quan parlem d'un kbyte no estem parlant de 1 000 bytes sinó de 1 024 bytes, és a dir, 2^{10} bits.

3.3. Tractament digital de la informació

Més dades

A l'inici de l'era digital es va fer un esforç important per transformar gran quantitat de dades que es trobaven en format analògic a l'estàndard digital. Avui dia, gran part de la informació que produïm ja es crea directament en aquest format. Utilitzem processadors de textos quan escrivim alguna cosa, càmeres digitals, aparells de música que treballen directament des de l'ordinador o programes de disseny assistit per ordinador.

Ja hem dit al començament de la unitat que un dels trets importants que caracteritza la societat de la informació és la possibilitat de tractar una gran quantitat de dades. Això només és possible si aquestes dades es troben en un format que pugui ser entès pels ordinadors, és a dir, en format digital.

Digitalitzar informació ens permet tractar-la de manera automàtica, molt ràpidament, a gran escala i amb precisió. Per fer-ho, però, és necessari efectuar una gran quantitat de càlculs molt ràpidament; aquesta és la feina que fan els ordinadors.

Per molt complexa que ens pugui semblar la informació digital que estem tractant, ja siguin imatges, vídeos, sons, música, càlculs astronòmics, etc., cal tenir present que, si ha de ser tractada mitjançant un ordinador, aquesta ha d'estar codificada només utilitzant uns i zeros. Només cal definir els processos i sistemes per transformar-la d'un format a un altre.

Vegem com es fan alguns d'aquests processos en els quals es transformen diferents tipus d'informació a codi binari.

A. Digitalització d'un text

Es tracta de transformar cadascuna de les lletres a codi binari de 8 bits. Recorda que amb 8 bits podem aconseguir 28 combinacions diferents, és a dir, capacitat de tenir 256 caràcters diferents: lletres, majúscules, signes de puntuació, accents i altres símbols. Això no obstant, en transformar un text en codi binari, també estem definint altres paràmetres com poden ser: el tipus de lletra, el cos, el color, el color de fons, els salts de línia, etc. Tota aquesta informació també queda emmagatzemada utilitzant només uns i zeros.

Hem de pensar que quan escrivim, per exemple, la lletra *a*, l'ordinador necessita un byte per a la lletra, però molts més per definir la forma que té quan es mostra per pantalla, ja que l'ha de traduir a píxels sobre una quadrícula com si es tractés d'una imatge.

! Important

Si creem un document de text només amb la frase «Hola, com estàs?» i sumem el nombre de lletres que té, podrem calcular el nombre de bytes que teòricament ocupa aquest arxiu en la memòria de l'ordinador: 16 símbols equivalen a 16 bytes. En realitat, però, el document té 24 kbytes, una quantitat molt superior. El motiu és que l'ordinador emmagatzema molta més informació que no sols les lletres traduïdes a codi binari: el tipus de lletra, el color, la posició en el text, etc.

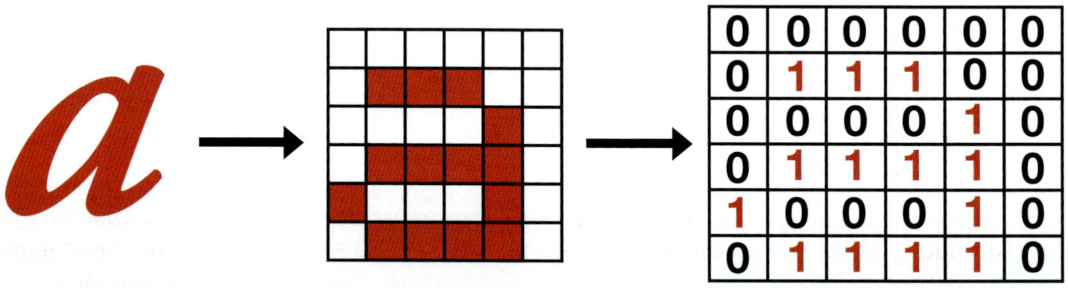

Fig. 8.14. Digitalització de la lletra *a* amb una resolució de 36 píxels.

Activitats

2> Procés de conversió d'una imatge a un format digital

Començarem amb un cas senzill: el procés de digitalització en blanc i negre d'una imatge. Per exemple, quatre quadrats sobreposats de mida diferent, en blanc i negre.

Primer, cal definir la qualitat de la imatge digitalitzada, és a dir, la quantitat de píxels que volem que tingui.

Dibuixem una quadrícula, de 8 x 8 cel·les sobre la imatge. Com que es tracta d'una imatge definida només en dos colors, assignem un valor al blanc i un al negre (recorda que hem de treballar amb uns i zeros) i omplim la taula de 8 x 8 de la dreta de manera que la distribució dels uns i els zeros doni una idea clara de la imatge que tenim a la quadrícula de l'esquerra.

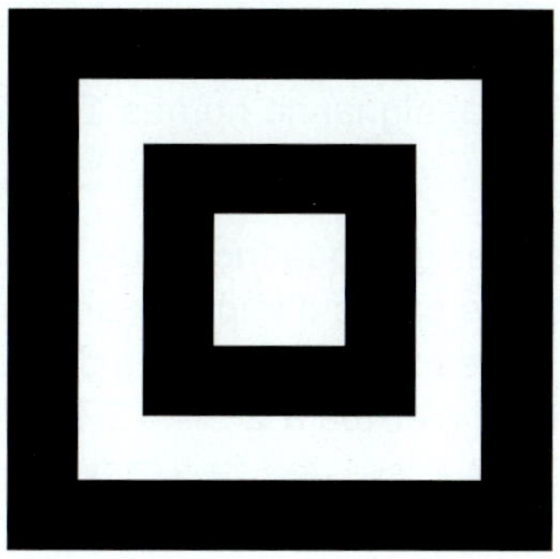

1	1	1	1	1	1	1	1
1	0	0	0	0	0	0	1
1	0	1	1	1	1	0	1
1	0	1	0	0	1	0	1
1	0	1	0	0	1	0	1
1	0	1	1	1	1	0	1
1	0	0	0	0	0	0	1
1	1	1	1	1	1	1	1

Fig. 8.15.

Acabem de dividir la imatge en 64 píxels.

La *resolució d'una imatge* es defineix com la quantitat de píxels per distància lineal, generalment píxels per polzada o píxels per centímetre. Com més alta sigui la resolució més s'assemblarà la imatge digital a la real.

Un altre concepte important en el procés de digitalització d'una imatge és la profunditat de bits de la imatge digital, que és determinada per la quantitat de bits utilitzada per definir cada píxel.

El nombre de bits utilitzat per a cada píxel varia en funció del tipus d'imatge que es vol digitalitzar: una imatge en escala de grisos utilitza de 2 a 8 bits, és a dir, que pot treballar amb un màxim de $2^8 = 256$ tons de gris diferents, en canvi, una imatge radiològica d'alta qualitat ho fa amb 12 bits/píxel i pot arribar a obtenir $2^{12} = 4096$ tons de gris diferents.

Fixa't que hem creat una taula de 64 bits que representa la imatge que teníem inicialment. Per tant, hem treballat amb una profunditat d'1 bit/píxel. I la imatge digtalitzada ocupa 8 bytes.

Aquest és un dels sistemes més comuns per convertir una imatge en digital, però n'hi ha molts altres que s'hi basen.

Depenent del sistema utilitzat s'aconsegueixen diferents formats gràfics, dels quals el *bitmap* o mapa de bits és el que acabem de descriure.

Repeteix ara el procés, però, aquesta vegada a partir d'una imatge amb quatre colors diferents.

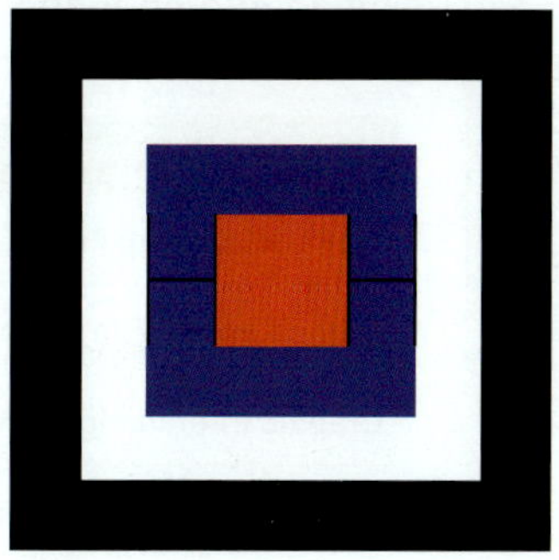

Fig. 8.16.

El primer que has de fer és assignar un valor a cada color i emplenar la taula següent:

Color	Codi
Negre	
Blanc	
Blau	
Vermell	

Taula 8.1.

Després, divideix la figura en 64 píxels i emplena-la amb els codis corresponents a cada color.

Quan es tracten imatges de color, s'acostumen a utilitzar 24 bits per píxel, dividits en tres grups (RGB): 8 per al vermell *(red)*, 8 per al verd *(green)* i 8 per al blau *(blue)*, cosa que permet una gamma de 2^{24} = 16,6 milions de colors diferents formats com a combinació de diferents matisos de vermell, blau i verd.

a) Quants bytes ocupa la nova imatge digital? Hi ha alguna semblança física entre la imatge real i la taula en codi binari?

b) Amb quina profunditat d'imatge estem treballant?

c) Quants bytes ocuparia la mateixa imatge de 64 píxels treballant amb una profunditat de 24 bits?

d) Si no es tractés d'una figura tan simple i geomètrica, què hauríem de fer per tal que la imatge digitalitzada s'assemblés al màxim a la imatge real?

e) Saps amb quants píxels treballa la teva càmera digital o la càmera del teu mòbil?

f) Mira els bytes que ocupa una fotografia digital i, a partir del número de bits del processador, calcula quina és la profunditat amb què treballa la càmera digital del teu telèfon mòbil.

! Important

El format mp3 (abreviació de *MPEG-1 layer III*) està basat en sistemes de compressió inspirats en la psicoacústica, que eliminen de la gravació els sons que l'ésser humà no pot sentir, i aconsegueixen compressions de l'ordre del 90 %.

B. Tractament digital de la imatge

A banda de la digitalització, hi ha altres formats que comprimeixen la imatge per tal que no ocupi tanta memòria. Es basen a assignar un nombre de bits inferior als colors o parts de la image que no tenen gaire variació.

Format	Extensió	Profunditat
Windows Bitmap File	*.bmp	de 8 a 24 bits
Tagged Image File Format	*.tif, *.tiff	d'1 a 64 bits
Graphic Interchange Format	*.gif	d'1 a 8 bits
Join Photographic Expert Group	*.jpeg,*. jpg	de 8 a 24 bits

Taula 8.2. Formats més usuals de digitalització i compressió de gràfics.

Si treballem, per exemple, amb una profunditat de 8 bits per una imatge en què el 50 % és de color negre, no cal assignar 8 bits a aquest color, podríem assignar-ne només 1 i ens estalvaríem 7 bits per a cada píxel de la imatge.

Una imatge amb una resolució de 5 megapíxels és formada per una quadrícula de 5 milions de quadrats. Una impressora amb una resolució de 300 ppp és capaç d'imprimir una imatge pintant 300 punts per polzada (1 polzada = 2,54 cm). Avui dia es fan impressions d'alta qualitat en quadricromia utilitzant una profunditat de 32 bits/píxel i s'arriba a 2^{32} = 4 295 milions de colors aproximadament.

C. Digitalització d'un so

Un objecte en vibració produeix una variació de pressió en l'aire que l'envolta, que en arribar al nostre aparell auditiu percebem com un so. Aquestes variacions de pressions són provocades per una pertorbació periòdica en l'aire que forma un conjunt continu d'ones sonores longitudinals que, no sols poden ser percebudes per l'ésser humà, sinó que també poden ser enregistrades mitjançant diferents sistemes.

El fonògraf, inventat per Thomas Edison l'any 1877, recollia aquestes variacions de pressions mitjançant un sistema de membrana-botzina que, en vibrar, feia moure una agulla sobre un cilindre rotatori recobert d'una membrana tova, de forma que l'agulla deixava una marca helicoidal sobre la superfície del cilindre que es corresponia amb les vibracions de la membrana. Si, posteriorment, es feia girar el cilindre mentre l'agulla recorria el circuit abans dibuixat, es produïa l'efecte invers, és a dir, es provocava un moviment vibratori al sistema membrana-botzina que reproduïa el so enregistrat.

Emil Berliner va patentar el gramòfon l'any 1888. Funcionava de la mateixa manera que l'invent d'Edison, però en lloc d'enregistrar les variacions en un cilindre, ho feia en un disc pla de cera molt similar als discs de vinil.

Aquests dos invents són els primers sistemes de gravació analògica del so, atès que recollien la totalitat de les infinites variacions de pressió transmeses des de l'emissor fins al receptor. De la mateixa manera que en el procés de digitalització d'una imatge, en el cas del so cal discretitzar un medi continu per convertir-lo en un conjunt finit d'uns i zeros. I així com hem triat en quants píxels dividim la imatge original, haurem de decidir quantes mostres del so original prenem cada segon de temps, el que s'anomena *freqüència de mostreig*.

La freqüència de mostreig estàndard és de 44 100 Hz, equivalent a 44 100 mostres per segon, suficient per enregistrar qualsevol so audible per l'ésser humà. A banda del nombre de mostres, cal assignar, com en el cas de la imatge, el nombre de bits que volem que reculli l'amplitud de cada mostra, de manera que, com més bits hi assignem, més alta serà la gamma d'amplituds que podrem enregistrar i més resolució tindrem.

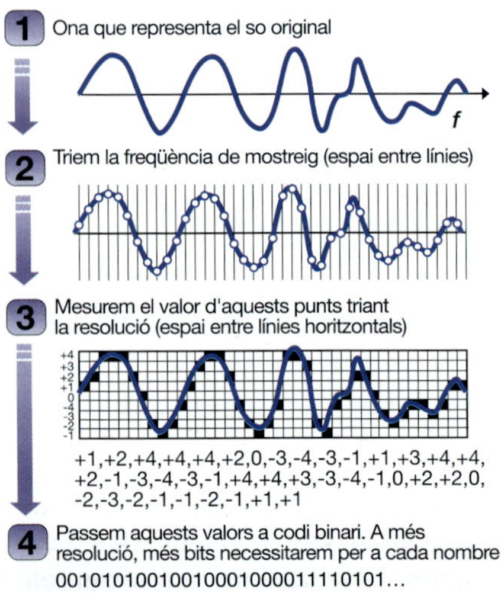

Fig. 8.17. Procés de digitalització d'un so.

4. L'ordinador i l'emmagatzematge d'informació

L'any 1890, Herman Hollerith va crear una màquina per controlar el cens als EUA mitjançant un sistema electrònic per a la lectura de targetes perforades i un sistema mecànic per als càlculs. Trenta-quatre anys després fundà IBM (International Business Machine).

4.1. Una mica d'història

 **Fig. 8.18.** Àbac.	antiguitat	Les xifres amb les quals l'home podia treballar usant només mans i dits eren molt limitades, de manera que va haver d'utilitzar objectes de la natura, com trossos de fusta o pedres (en llatí *calculus*), i assignar-los valors diferents, per poder treballar amb valors més grans.
 **Fig. 8.19.** Màquina de Pascal.	segle XVII	Van aparèixer les primeres calculadores mecàniques que mitjançant engranatges ja podien sumar, restar, multiplicar i dividir.
 **Fig. 8.20.** Màquina analítica.	1934	A partir d'un sistema de rodes mecàniques i del sistema de targetes perforades dels primers telers automàtics, Babbage va desenvolupar una màquina amb els tres elements bàsics d'un ordinador: sistema de memòria, unitat de càlcul i unitat de control. No requeria intervenció humana constant en el procés.
 **Fig. 8.21.** Mark I.	1944	Gràcies a les teories de Turing, a la lògica binària i a la tecnologia basada en relés elèctrics va començar una nova era de la computació. La Mark I podia emmagatzemar 72 nombres de 23 xifres i trigava només 10 segons a fer una multiplicació.
 **Fig. 8.22.** Apple I.	1976	La invenció dels transistors i dels circuits integrats a la dècada del 1950 va permetre un salt important en la potència dels ordinadors. Steve Wonziac i Steve Jobs van presentar l'Apple I, el primer miniordinador del món.
 **Fig. 8.23.** IBM PC.	1981	Es van començar a comercialitzar els populars PC (ordinador personal) d'ús domèstic.
 **Fig. 8.24.** Tablet PC.	segle XXI	En l'actualitat, es van succeint noves generacions d'ordinadors amb prestacions, potència i capacitat cada cop més elevades.

! Important

El tret fonamental que diferencia una calculadora d'un ordinador és que la primera està dissenyada només per a funcions ja prefixades en el moment de la seva construcció, mentre que les funcions que pot fer la segona són determinades pels programes que s'hi introdueixen.

+ *Més dades*

Un dels personatges més importants en el desenvolupament de la informàtica moderna és l'anglès Alan Mathison Turing (1912-1954), brillant matemàtic i científic de la computació. Va desenvolupar i formalitzar el concepte d'algorisme i va determinar la naturalesa i les limitacions teòriques de les màquines lògiques abans que es construís el primer ordinador del tot programable.

Activitats

3> Fem un mural

Treballant en grups de tres o quatre alumnes, realitzeu un mural on es pugui veure l'evolució que hi hagut ens els ordinadors personals des dels primers i inaccessibles models dels anys setanta fins als models més actuals d'avui en dia.

Es tracta de mostrar una evolució temporal (per exemple, sobre una línia de temps) dels models més rellevants de cada època que per alguna o altra característica han destacat sobre la resta.

Per a cadascun, ompliu una fitxa que inclogui tantes característiques com creieu convenient (per exemple, pes, dimensions, duració de la bateria, resolució de la pantalla, nombre d'unitats venudes, etc.).

a) Mireu de buscar informació com a mínim dels models de la taula 8.3.

b) Un dels ordinadors del llistat pertany a la ciència-ficció. Sabríeu dir d'on prové el nom i quina polèmica hi va haver al seu entorn?

c) Podeu completar un mural afegint dates importants en la història més recent de les telecomunicacions o del web, histogrames amb dades referents a alguna característica dels diferents models, fotografies dels creadors o de tot allò que creieu que el pot fer més complet.

Fig. 8.25. OLPC Tablet.

Altair 8800	Apple I	IBM PC	Apple I	Osborne I	EPSON HX-20	IPAD-1/2/3
Xerox Star	Macintosh	Commodore 64	Yamaha YIS805 MSX2	Pentium II	OLPC XO 3	COMPASS 1100
ZX Spectrum	Atari 800 XL	Sony Vaio	Commodore Amiga	MacBook Pro	HAL	Samsung Galaxy

Taula 8.3. Diferents models d'ordinadors i dispositius per incloure en el vostre mural.

4.2. L'ordinador

Les paraules *computadora* i *ordinador* estan directament relacionades amb el que aquestes màquines fan. *Computadora* ve del llatí *computare* i *ordinador* ve de *ordinator* que signifiquen 'calcular' i 'ordenar', respectivament.

A. Funcionament

Tots coincidiríem a destacar que l'element clau en tot aquest trànsit cap a una societat de la informació és l'ordinador. És l'encarregat de la digitalització, l'emmagatzematge, la distribució i el tractament de la informació de manera ràpida, fiable i a gran escala. En l'apartat anterior hem pogut veure com han evolucionat fins als models que tenim avui dia, però quin és el seu funcionament bàsic?

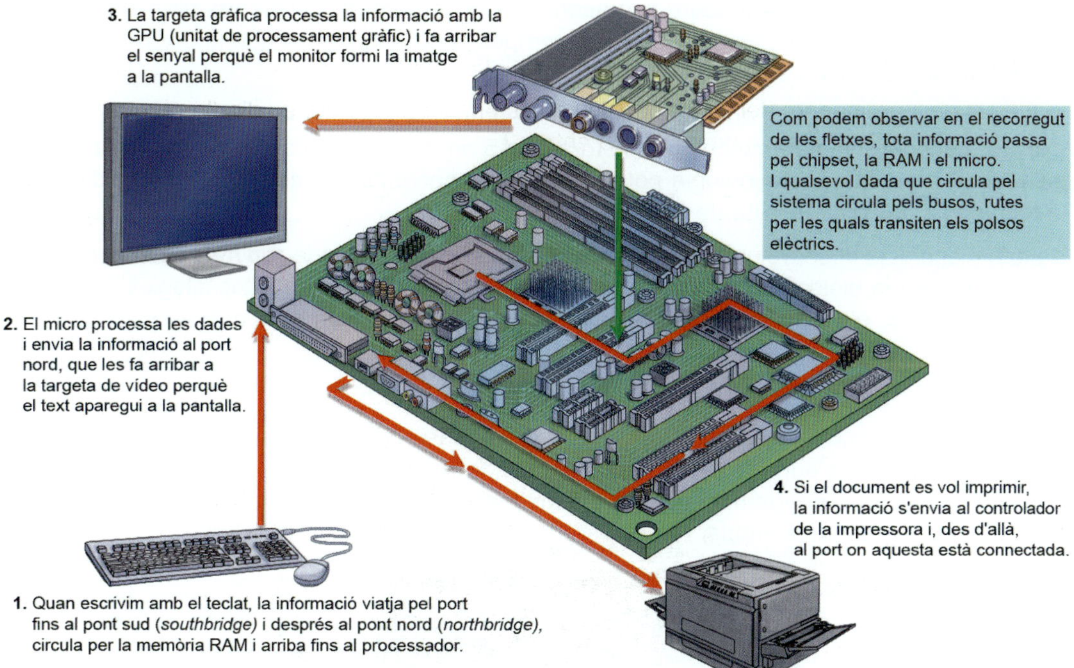

Fig. 8.26. Esquema bàsic de funcionament d'un ordinador. UC: unitat central; UAL: unitat aritmeticològica.

B. Emmagatzematge d'informació

Com s'emmagatzema la informació de forma permanent en un suport físic independent de l'ordinador? El procediment es basa en l'ús de materials sobre els quals és fàcil gravar i diferenciar dos estats a partir de corrents elèctrics.

Els suports magnètics són formats per materials recoberts de partícules magnètiques que s'orienten en un sentit o en un altre segons si reben l'acció del corrent elèctric o no. Posteriorment, un lector tradueix aquesta orientació magnètica en impulsos elèctrics i els envia al processador. El disc dur i els disquets funcionen amb suports magnètics.

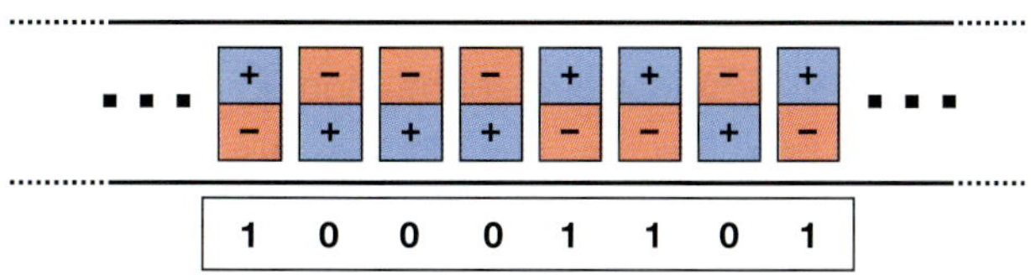

Fig. 8.27. Un byte d'informació a partir de partícules magnètiques orientades.

Els suports òptics són formats per làsers òptics aplicats sobre una superfície que crea un seguit de forats o no-forats segons si s'emmagatzema un 1 o un 0. Per llegir la informació, el lector fa passar el raig per la mateixa superfície i, en funció de si hi ha forat o no, el raig és reflectit en un angle o un altre i es converteix en càrrega o no-càrrega elèctrica. Els CD i DVD funcionen amb aquest suport.

> **! Important**
>
> Les dues característiques més importants de la CPU són la longitud de la paraula processada i la velocitat d'execució. La primera fa referència al nombre de bits que pot tractar en cada paquet i que pot ser de 8, 16, 32 o 64 bits. La segona, mesurada en Hz (hertzs), representa el nombre d'operacions elementals que pot fer per segon. Un ordinador de 3,2 GHz de velocitat, per exemple, pot fer 3 200 milions d'operacions per segon (recordem que el Mark I trigava 10 segons a fer una multiplicació).

> **+ *Més dades***
>
> Avui en dia, emmagatzemem una bona part de la nostra informació al «núvol» a través dels diferents serveis que ens ofereixen els principals distribuïdors. Cal tenir present, però, que tot i proporcionar gran capacitat i accés immediat a través d'Internet, la informació queda emmagatzemada igualment en discs durs distribuïts en grans centrals d'aquestes empreses.

> **abc *Vocabulari***
>
> **Disc dur:** suport magnètic amb parts mòbils de lectura-escriptura amb capacitats que poden arribar a 5 Tb.
>
> **CD-R:** disc compacte en el qual només es pot escriure un cop amb capacitat entorn dels 700 Mbytes.
>
> **CD-RW:** disc compacte en el qual es pot escriure i llegir tantes vegades com es vulgui.
>
> **DVD-R:** DVD amb capacitat entorn dels 4,7 Gbytes en el qual només es pot escriure un cop.
>
> **DVD-RW:** DVD en què es pot escriure i llegir tants cops com es vulgui. Hi ha DVD amb múltiples capes i cares que poden arribar a capacitats de 17,1 Gbytes.

C. L'evolució dels processadors

L'any 1965 Gordon Moore va escriure un article en què anunciava que el nombre de transistors en un xip d'un ordinador es duplicaria cada dos anys i que això augmentaria la potència i la capacitat dels ordinadors de forma exponencial. Més endavant, es va modificar la tendència i va reduir el temps a divuit mesos, que és el que es considera avui dia quan es parla de la *llei de Moore*. Aquest augment en el nombre de transistors es deu a la capacitat de fabricar-los cada cop més petits, de fet, la meitat de petits cada divuit mesos.

Al ritme de la llei de Moore, es preveu una barrera física per al desenvolupament de transistors cada cop més petits entorn de l'any 2020. A partir d'aquest moment, començarem a parlar de dimensions atòmiques, en les quals la matèria deixa de comportar-se de la manera esperada i es fa del tot impossible controlar el trànsit dels electrons, ja que s'entra en l'àmbit de la mecànica quàntica. A mesura que augmenta el nombre de transistors dins el processador, la potència consumida fa augmentar la temperatura i els cables que uneixen els components han de ser cada vegada més petits.

Actualment, els transistors que es fabriquen mesuren uns 130 nm, molt lluny del 0,1 nm atòmic. Tot i que Intel ja ha anunciat transistors de 45 nm (amb projectes per superar la barrera de 10 nm) i que la nanotecnologia pot produir els nanocables necessaris, es fa evident que la tecnologia del silici té data de caducitat.

De tota manera, el desenvolupament tecnològic cap a ordinadors cada cop més potents no s'aturarà. La física i la biologia estan aportant noves línies de recerca cap a tecnologies que no es basen en el silici: els ordinadors quàntics, els ordinadors moleculars o els ordinadors d'ADN.

Vocabulari

Memòria USB o *pen drive:* dispositiu de mida reduïda i sense endolls externs amb una capacitat que pot arribar a 256 Gbytes.

Targetes de memòria, memòria flaix o *memory stick:* petites targetes de memòria generalment utilitzades en les màquines de fotografia digitals, tot i que molts ordinadors ja incorporen entrades per llegir-les directament, que poden arribar a capacitats de 256 Gbytes. Hi ha memòries flaix d'1 Terabyte.

Més dades

Els ordinadors quàntics utilitzaran com a unitat bàsica d'informació el bit quàntic o qbit. Teòricament, un qbit emmagatzema la informació en l'estat d'un sol àtom, de manera que aconseguirem els mateixos resultats amb un consum d'energia molt menor i amb una mida mil vegades més petita que els transistors actuals.

Els últims avenços en química orgànica apunten cap a l'obtenció de molècules amb les característiques adequades per a la construcció de circuits lògics. Actualment, s'exploren diverses famílies, però les més prometedores són les derivades dels hidrocarburs aromàtics i els anomenats nanotubs de carboni, que tenen les propietats elèctriques necessàries per implementar els circuits bàsics del càlcul binari.

L'any 1994, Adleman, matemàtic expert en criptografia i seguretat, va resoldre el primer problema matemàtic complex a partir d'un ordinador d'ADN. Va utilitzar l'estructura de molècules d'ADN per emmagatzemar la informació de partida i va estudiar les molècules resultants de determinades reaccions químiques per obtenir la solució.

Activitats

4> La miniaturització dels transistors s'ha estès a altres components dels ordinadors, com per exemple els suports físics d'emmagatzematge, i s'han aconseguit partícules magnètiques cada vegada més petites o raigs làser més prims, de manera que la informació que hi podem acumular també es duplica al ritme de la llei de Moore.

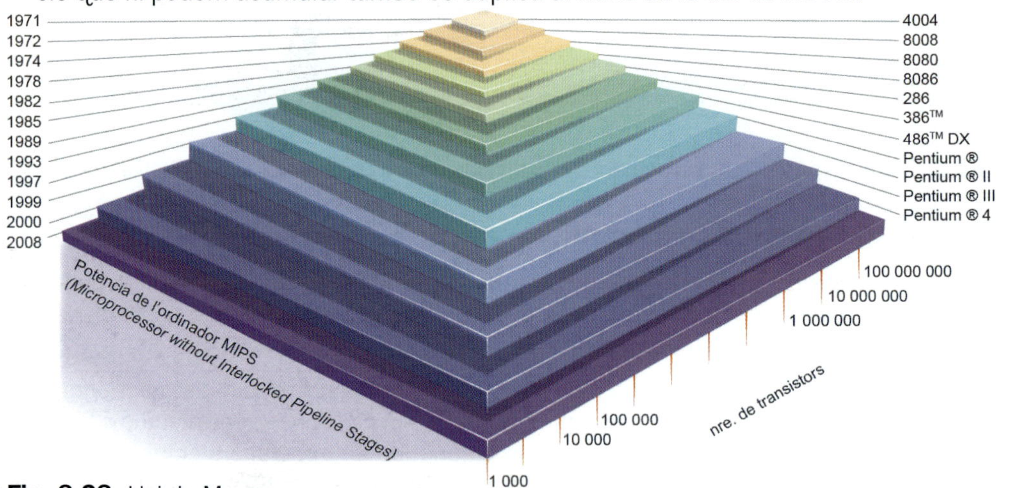

Fig. 8.28. Llei de Moore.

a) Creus que hi ha alguna limitació a aquesta llei?

b) Quina relació creus que hi ha entre la llei de Moore i el preu dels ordinadors?

c) Quin és el problema principal que suposa que els ordinadors quedin obsolets? Creus que realment queden obsolets?

d) Quin problema hi hauria en el fet que les empreses fabricants de microxips esperessin trenta-sis mesos a treure al mercat processadors quatre vegades més potents que el model anterior, en lloc de fer-ho cada divuit amb el doble de potència?

e) I si el temps de duplicació fos la meitat?

f) Avui dia, hi ha dispositius de 128 GBytes. Quina capacitat tindrà un aparell de la mateixa mida al cap de quinze anys, si l'evolució segueix la llei de Moore?

Observa i pensa

Llegiu aquest fragment d'una entrevista al psiquiatre, psicòleg i professor universitari alemany Manfred Spitzer i contesteu les qüestions.

De quina manera la tecnologia ens transforma el cervell?

Tot l'ambient porta canvis al cervell, perquè interactuem. Si fas tots els càlculs amb l'ordinador, o tens un autocorrector, o un GPS, no ho fas tu, ho fa l'ordinador. I això també influeix en el cervell. Veig que graves el que dic, però també ho escrius a mà, en una llibreta. Això té un efecte en el teu cervell.

Sí, sóc d'una generació que ens agraden els bolígrafs i les llibretes.

El 2014 investigadors de les universitats de Los Angeles i Princeton van publicar un estudi en què van trobar que escriure a mà en lloc de fer-ho amb un teclat et permet recordar i comprendre molt millor.

Per què?

Si escrius a mà ets més lent que qui parla i t'has de concentrar molt més. Mentre escoltes has de pensar molt: memoritzar, triar què és realment important, comprimir frases, buscar paraules que sintetitzin... Per tant, estàs constantment pensant en què t'expliquen. Quan es tecleja ràpidament es desenvolupen automatismes que tradueixen el que escoltes de forma directa en impulsos que fan moure els dits, sense processar la informació en profunditat.

La majoria de números de telèfon els tinc a l'agenda, i els que recordo els vaig aprendre fa molts anys. És un problema?

Per a tu no és un problema, perquè el teu cervell s'ha entrenat abans que existís l'*smartphone.* Però ara els joves ho basen tot en les pantalles. I el pitjor no és la memòria.

Si un nen o un jove basa les relacions socials en les pantalles, no entendrà bé les emocions dels altres perquè no aprèn a descodificar expressions facials, interpretar la melodia d'una veu, els gestos... I no pot aprendre a empatitzar. Hi ha un gran estudi amb milers d'adolescents que mostra que com més pantalles menys empatia amb els iguals i amb els pares. A Alemanya hi ha un fenomen que ho exemplifica bé: en els accidents de carretera la policia rep a través de les xarxes fotografies fetes amb mòbil. La gent que passa abaixa la finestra del cotxe, fa la foto amb l'*smartphone,* l'envia i marxa. Actuen com a *smombies* [contracció de *smartphone* i *zombie*], una persona sense empatia, ni voluntat, ni ànima.

Tan extrem és?

El director de recursos humans d'una gran companyia em deia que hi ha un problema amb els joves, i no per la falta de coneixements, sinó de força de voluntat. Com es desenvolupa? Aprenem mentre ens equivoquem mil cops, digerint tota la informació que els errors ens aporten. I aquesta força es genera quan et sents orgullós de tu mateix per haver aconseguit fer una cosa correctament, i això té més pes que el coeficient intel·lectual. Doncs bé, si aprens a través de les pantalles, la feina amb la força de voluntat minva molt. I si matem la força de voluntat i l'empatia tenim un problema social.

Són la sal de la vida, en definitiva.

I, a més, l'ús de les pantalles té molts altres efectes secundaris: depressió, dèficit d'atenció, insomni, dificultats en la presa de riscos, diabetis, pressió arterial alta, obesitat...

Vostè parla de demència digital.

El cervell es compara sovint amb un ordinador, que té una CPU i un disc dur: fa equacions i emmagatzema la informació. Però això no és correcte. Els senyals que rep canvien constantment les connexions neuronals i la capacitat d'emmagatzematge. En un ordinador, si el 90 % del disc dur està ple queda un 10 % de capacitat. Al cervell, per exemple, com més llengües coneixes més fàcil és aprendre'n una altra. Com més llibres de matemàtiques llegeixes, més fàcil resulta llegir el següent. I això és perquè no tenim disc dur ni CPU, tenim neurones. La paradoxa del nostre cervell és que com més hi tenim més podem aprendre. Quan es parla dels nadius digitals i es diu que amb les noves tecnologies poden externalitzar recursos mentals per fer altres coses, no es pensa que aquest procés és necessari per al cervell.

Un exemple.

Diuen que no cal saber moltes coses, sinó tenir competències tecnològiques, i que podem trobar-ho tot a Google. I això no té sentit perquè, en primer lloc, si no saps res no tens preguntes a fer-te. El teu coneixement previ és precisament l'instrument imprescindible per treure profit de Google. Per tant, com més saps, millor pots utilitzar Google. La informació és inútil si no tens coneixement.

Diari *Ara* (8 Novembre, 2016)

a) Què vol dir l'entrevistat quan afirma que diuen que no cal saber coses, que ho trobes tot a Google, però que si no saps res, no et fas preguntes?

b) Poseu exemples que posin de manifest l'afirmació següent: «si aprens a través de les pantalles, la feina amb la força de voluntat minva molt».

c) Per què els jocs d'ordinador sí que aconsegueixen dels seus usuaris la força de voluntat suficient per superar-los?

d) Valoreu si aquest fet contradiu l'afirmació anterior.

e) Valoreu cadascun dels efectes que el doctor Spitzer afirma que provocarà l'ús de les tecnologies digitals així com també quin ús específic els pot provocar:

   1) Pèrdua de profunditat i capacitat crítica.

   2) Pèrdua de capacitat d'orientació.

   3) Substitució del «llegir i escriure» pel «tallar i enganxar».

   4) Disminució de l'empatia.

Activitats finals

1. Posa exemples de les tecnologies utilitzades per a cadascuna de les funcions de les TIC: digitalització, emmagatzematge, comunicació, processament, automatització i suport.

2. Des del punt de vista del producte creat, podríem dir que la Revolució Industrial va implicar un augment del nombre de productes i que la revolució tecnològica ha substituït el producte tangible per un d'intangible: la informació. Completa la taula següent relacionant alguns aspectes de la societat industrial amb els corresponents de la societat de la informació (immediatesa, Internet, processos automatitzats i capacitat intel·lectual).

Societat industrial	Societat de la informació
Producte	Informació
Vies de comunicació	
Llargs períodes de temps	
Recursos naturals	
Màquines	

Taula 8.4.

3. Busca informació a Internet sobre noves tecnologies que ajuden a gestionar la gran quantitat d'informació amb què treballem.

4. Busca quines universitats estan posant en pràctica projectes d'incubació d'empreses, trampolins tecnològics i parcs científics.

5. Busca informació sobre avenços en biotecnologia que permetin la substitució d'òrgans danyats per altres d'artificials.

6. Comenta l'afirmació següent extreta d'una entrevista a Eudald Carbonell, catedràtic de prehistòria, geòleg i arqueòleg especialitzat en tecnologia crítica:

   «Els humans hem d'aspirar a fer una màquina biològica més perfecta que la nostra. Una màquina que ens estudiï a nosaltres sense errors, jerarquia ni poder. Però ara mateix el que ens ha de preocupar és humanitzar-nos, adquirir altruisme i socialitzar la ciència.»

7. Comenta les qüestions i afirmacions següents:

   a) L'objecte últim de la tecnologia és satisfer determinades necessitats humanes i, per tant, tractar de fer més fàcil tot allò que ens suposa un esforç.

   b) Les noves tecnologies substitueixen el treball de l'home per treball fet per màquines.

   c) No podem parlar de cap procés totalment deshumanitzat, ja que fins i tot el procés més automatitzat ha estat creat, programat i desenvolupat per l'home.

   d) Té sentit pensar que una cosa creada per l'ésser humà pugui deshumanitzar?

   e) L'automòbil, per exemple, o algunes vacunes són dos avenços que han substituït dues capacitats humanes: el fet de desplaçar-se caminant i la creació pròpia d'anticossos. Ens han deshumanitzat?

   f) Els avenços en informàtica, en enginyeria genètica i en biotecnologia són mostres que l'ésser humà aspira a crear una màquina biològica més perfecta que l'home.

   g) El coneixement ens porta al desenvolupament tecnològic. Hem d'imposar límits?

   h) La deshumanització és el procés natural del coneixement?

8. Quins espais de realitat virtual coneixes?

9. Indica si els sistemes següents pertanyen al pla analògic o al pla digital:

   a) Un indicador de velocitat d'agulla d'un cotxe.

   b) El control de volum d'un mp3.

   c) El conjunt dels DNI dels ciutadans de l'Estat.

   d) Les notes tocades en un piano.

   e) Les notes tocades en un violí.

10. Indica quins perifèrics coneixes i especifica si són:

    a) D'entrada.

    b) De sortida.

    c) D'emmagatzematge.

    d) De comunicació.

11. Sabries deduir una fórmula per calcular la memòria d'una imatge a partir de la mida del paper, de la resolució i del nombre de colors?

12. Quina quantitat de memòria ocupa un minut de so digitalitzat a 44 100 Hz i 16 bits en format estèreo?

13. Saps quines característiques té el teu ordinador (processador, velocitat de rellotge, memòria RAM i capacitat de disc dur)?

14. Explica un sistema per digitalitzar una pel·lícula basant-te en els sistemes de digitalització d'imatge i de so que has treballat en la unitat.

15. Calcula quants valors diferents es podrien emmagatzemar en una cadena de 8 bits si cadascun d'aquests fos un nucleòtid d'una cadena d'ADN, és a dir, que pogués prendre quatre valors diferents en lloc de dos, com passa en el codi binari.

Posa't a prova

1. En la societat industrial, el valor econòmic d'una empresa es mesurava en funció de:

a) La quantitat de productes que podia produir i vendre.

b) La despesa en R+D.

c) La formació cultural dels seus treballadors.

2. Indica la resposta certa:

a) La societat de la informació només té aspectes positius.

b) La capacitat d'algunes empreses es mesura per la seva capacitat d'innovar.

c) La capacitat d'adquirir nous coneixements en una empresa no li resulta rendible si no va acompanyada de la capacitat de produir productes que els incorporin.

3. La desaparició de les barreres geogràfiques que ofereix l'ús de les noves tecnologies de la informació suposa:

a) La desaparició dels problemes de comunicació generats per l'ús dels diferents idiomes propis de cada país.

b) Un fre al desenvolupament dels sistemes de transport tradicionals.

c) La possibilitat que determinades empreses d'un país acabin duent a terme la seva activitat en un altre país amb mà d'obra més barata.

4. Indica la resposta certa:

a) Un dels avantatges de les TIC és que no generen residus, ja que tot el que tracten està dins l'àmbit digital.

b) Cal posar les TIC al servei de l'educació per fomentar la producció de coneixement.

c) Les TIC són del tot compatibles amb el mercat laboral actual i no suposen cap amenaça per a ningú.

5. Indica quin dels elements següents pertany al pla analògic:

a) Un rellotge d'un campanar.

b) Una línia recta.

c) Un segment.

6. Indica la resposta certa:

a) Quan digitalitzem una fotografia cal guardar-la sempre també en format paper, ja que n'hem eliminat el suport físic.

b) El kbyte és la unitat mínima d'informació digital.

c) Un píxel amb una profunditat de 8 bits ocupa un byte de memòria.

7. Què entenem per profunditat d'imatge?

a) El nombre de bits assignat a cada píxel.

b) El nombre de píxels en què dividim la imatge.

c) La resolució de cada píxel.

8. Un CD-R és:

a) Un suport de gravació magnètic en el qual només podem gravar un cop.

b) Un suport de gravació òptic en el qual només podem gravar un cop.

c) Un suport de gravació òptic que permet gravar i esborrar.

9. Quin dels discs durs següents té més capacitat:

a) 1 000 Mbyte.

b) 100 Gbyte.

c) 1 Tbyte.

10. La tecnologia basada en el silici té data de caducitat...

a) Perquè ho diu la llei de Moore.

b) Perquè no es podran construir transistors de dimensions atòmiques.

c) Perquè deixarà de ser rendible.

11. Què signifiquen, respectivament, les sigles TIC i TAC?

a) Tecnologies de la informació i la comunicació i tecnologies de l'aprenentatge i del coneixement.

b) Tecnologies per a la intel·ligència i el coneixement i tecnologies avançades per al coneixement.

c) Tecnologies de la informació i la comunicació i tecnologies aplicades al coneixement.

12. Què és un algorisme?

a) Una operació matemàtica.

b) Un llenguatge exclusivament informàtic.

c) Un conjunt d'instruccions ordenades que serveixen per resoldre determinats problemes.

13. Quin és l'element encarregat del processament d'informació en un ordinador?

a) La CPU.

b) La memòria RAM.

c) La connexió a Internet.

14. De què parlem quan parlem de bioinformàtica?

a) D'ordinadors fets amb element orgànics.

b) Del comportament binari que qualsevol organisme té quan pren decisions.

c) De la branca de la informàtica dedicada al tractament de dades relacionades amb la biologia.

15. Quin tipus de radiacions emeten les tecnologies mòbils?

a) Sons d'ultrafreqüència.

b) Radiacions ionitzants.

c) Radiacions no ionitzants.

16. Indiqueu quina de les extensions següents no fa referència a un arxiu d'imatge.

a) *.bmp.

b) *.jpeg.

c) *.docx.

Llegeix i reflexiona

Google buceará en el correo

Renovación constante y polémica permanente. Google, en cuyo ADN lleva la innovación, parece sentirse cómoda con la polémica. Vic Gundotra, vicepresidente de la compañía y máximo responsable de búsquedas, considera que su liderazgo depende de la velocidad de respuesta. Cuanto más rápidos, más efectivos.

En el último anuncio de cambios en el buscador han incluido resultados de Gmail, su servicio de correo con más de 425 millones de cuentas activas, como contenido añadido cuando haga una petición a Google. Aunque de momento es un cambio opcional, en pruebas, solo para un millón de voluntarios que así lo pidan y además tengan la cuenta configurada en inglés, el revuelo es considerable.

Gundotra lo dejó claro en el anuncio: «Queremos poner la información en la yema de los dedos. En ocasiones, la mejor respuesta no está en la parte pública de la Red, sino que puede estar en cualquier otro sitio, como tu correo». A Google no se le puede negar que ha acertado en la forma de presentarlo. En la columna de la izquierda se mantienen los resultados actuales, en la de la derecha, con un encabezado que lo aclara, lo que ha rastreado en el correo.

La justificación se adereza con varios ejemplos: buscar un vuelo y comparar con los resultados, encontrar aquella compra de Amazon.com que no se concretó o dar con aquel enlace o conversación en cadena que se mantuvo con un grupo de amigos sin tener que pasar de un programa a otro. Información en la yema de los dedos, sí, pero ¿dónde está el límite? De acuerdo en que basta con cerrar la sesión del correo, o abrir otro navegador para hacer la pesquisa. Lo difícil es acordarse, cambiar la rutina, o tener los reflejos de hacerlo si se está navegando con alguien al lado. Y siempre quedará la duda de cuánta de la información privada almacenará dentro de sus servidores con la excusa de mejorar.

El País, 9 d'agost del 2012

a) Feu una petita enquesta entre els vostres companys de classe i comenteu quin percentatge no utilitzen Google com a cercador.

b) Quin percentatge tenen un compte de Gmail?

c) Estaríeu d'acord que s'utilitzés el contingut dels vostres correus personals per aconseguir unes recerques més eficaces al web?

d) Comenteu si penseu que aquestes i altres suposades millores justifiquen la pèrdua de la privacitat de dades personals que aquest nou sistema sembla que comporta.

e) Quins altres sistemes que atempten contra la nostra privacitat creieu que incorporen les noves tecnologies de la comunicació?

Fig. 8.29. Conferència d'Eli Pariser, 2011.

Mireu la conferència TED *Beware online «filter bubbles» (https://goo.gl/BW9dx1)* sobre el que ell anomena filtres de bombolles. Després, seguiu la seva línia d'investigació proposada en el vostre entorn més immediat.

L'objectiu és constatar si, efectivament, hi ha filtres ocults en la informació que podem trobar a Internet i com actuen en el nostre cas personal en particular.

a) Podeu començar demanant als vostres companys de classe o amics que us enviïn una captura de pantalla del que Google mostra com a primeres opcions sobre un o diversos temes que considereu oportuns.

b) Proveu amb paraules relacionades amb política local, política internacional, marques de productes tecnològics o equips de determinats esports.

c) Un cop les tingueu, intenteu establir un vincle entre la informació que us enviï cadascuna d'aquestes persones i les seves aficions, gustos o interessos per veure si s'hi intueix alguna relació.

d) Podeu repetir la mateixa operació però ara demanant que us enviïn les portades dels principals mitjans de comunicació que trobaran en línia quan hi accedeixin des del seu ordinador o des del seu compte personal.

e) Demaneu també que a través de la Xarxa, sigui en els principals cercadors o mitjançant les diferents xarxes socials, es mostrin interessats en la compra de determinats productes com podrien ser viatges, tecnologia, roba o serveis i repetiu les operacions anteriors per veure si en les cerques posteriors es modifica alguna cosa.

f) Demaneu la mateixa informació ara a persones d'una franja d'edat totalment diferent.

g) Sigueu ordenats i aneu fent una petita taula del que demaneu, què respon cada persona, quines són les informacions introduïdes i quins són els principals trets de personalitat que defineixen les persones que van responent.

h) A quines conclusions heu arribat?

A fons

Retrat d'un tecnoaddicte

L'Enric és al sofà de casa jugant amb la PSP mentre la pantalla de trenta-set polzades d'LCD està reproduint *Matrix Revolutions* en format DVD Blue Ray amplificat per un sistema Dolby 7.1 amb tecnologia sense fil. De sobte, rep un missatge d'un amic en el telèfon mòbil amb tecnologia Wi-Fi, Bluetooth i càmera digital d'alta definició: «Ola cm nem? Cslt web nousmòbils.cat nou mdl q nkra no a srtit. Xao».

Ràpidament s'apropa a l'ordinador portàtil, en el qual està carregant el seu MP3 nan de vuit *gigues*, desconnecta l'eMule per poder navegar més ràpid (només té contractats 3 Mbps a falta que instal·lin fibra òptica al seu edifici) i tecleja el nom de la pàgina web, mentre controla a la part inferior de la pantalla que el rendiment del seu ordinador és l'adequat. Efectivament, a la pàgina s'anuncia un nou model de telèfon mòbil amb el qual es podrà veure la televisió digital.

De sobte, el mòbil, que encara descansa sobre la taula de centre, li sembla antiquat, lleig i obsolet. Navega amb gran habilitat i als pocs segons descobreix que les primeres mil unitats del nou aparell es posaran a la venda el 3 d'octubre a un preu de 750 €, amb un descompte de 10 € si a més a més s'adquireix una ampliació de memòria.

Clica damunt la icona «comprar ara» i un missatge l'informa que és el comprador número 978. Es queda esgarrifat en veure la xifra, uns segons més i hagués hagut d'esperar dues o tres setmanes més per tenir-lo. Ràpidament emplena el formulari amb les dades, paga amb targeta de crèdit i apunta a l'agenda de la seva PDA a les 10 hores del 3 d'octubre: «canvi mòbil».

Fig. 8.30. Els avenços constants en noves tecnologies, la facilitat per accedir a qualsevol tipus d'informació i unes polítiques d'empresa determinades ens estan conduint cap a una cultura de dependència tecnològica.

Hem parlat dels efectes positius que tenen les noves tecnologies en la nostra societat, però és evident que un mal ús pot desembocar en alguns efectes negatius: l'addicció n'és un exemple que es tradueix en dos tipus de dependències: la material i la immaterial.

La dependència material fa referència a la necessitat obsessiva de tenir els aparells més avançats. No és important que els models anteriors encara siguin útils, que hagin costat un ull de la cara, ni que s'hagin amortitzat, cal tenir els últims models que presenta el mercat. Estudis psicològics apunten que es tracta d'una falsa manera de trobar satisfaccions immediates, i que fa la sensació, equivocada, d'estar a l'avantguarda i crea un sentiment d'omnipotència davant les inseguretats que generen els canvis tecnològics constants.

És precisament aquesta velocitat la que ens hauria de fer reflexionar sobre la falsedat d'aquestes sensacions i sentiments efímers. Per què volem l'últim model si sabem que en poc temps ja no serà l'últim? Quant temps em dura la satisfacció d'estar tecnològicament al dia? Mentre sóc l'únic de la colla que el tinc? Mentre encara fan l'anunci per la televisió? De sobte, deixa d'interessar-nos.

Cal tenir present que hi ha dos factors que hi juguen en contra. D'una banda, està ben vist socialment i la carència d'aquests aparells fins i tot pot arribar a generar exclusió social en àmbits adolescents. De l'altra, una política de preus relativament assequible que, a pesar de ser elevats, són a l'abast d'un sector molt ampli de la població a costa d'un grau d'esforç relativament baix.

Davant d'aquests factors cal reflexionar sobre les qüestions següents sempre que decidim renovar algun aparell: per a què el vull? Quin ús li vull donar? Puc aprofitar-ne totes les prestacions? He tret el màxim rendiment del model anterior? Realment, el faré servir per tot allò que ofereix? Quin preu té avui i quin preu tindrà només d'aquí a uns mesos? És necessari convertir-lo en un tret característic de la meva personalitat?

Un altre tipus d'addicció relacionada amb les noves tecnologies és la necessitat de tenir emmagatzemada tanta informació com es pugui. No és important si es podrà utilitzar, llegir, veure o escoltar, el fet és tenir-la. És la dependència immaterial.

Són innecessaris milions d'hores de música, milers de pel·lícules, cinquanta manuals d'un programa informàtic o dos mil jocs emmagatzemats en el disc dur. Aquesta manera d'actuar ens fa ser poc selectius a l'hora de triar quina informació ens pot ser útil. No hem d'oblidar que per posar la informació al servei del coneixement cal ser crítics i selectius i que una absurda política de tenir per tenir més i més informació actua en sentit contrari, i col·labora a augmentar el grau de desinformació que podem trobar a la Xarxa.

a) Busqueu a Internet informació sobre quina és la mitjana de missatges que per diferents canals envia i rep al dia un adolescent.

b) Mireu de calcular si aquesta quantitat s'ajusta a l'ús que vosaltres feu de les aplicacions de missatgeria. Per fer-ho, podeu mirar de no contestar cap missatge durant dotze hores i veure quants us queden pendents de llegir en els diferents mitjans que utilitzeu habitualment

c) Feu una mitjana del número de telèfons mòbils que han tingut durant la seva vida els vostres companys de classe i el temps que fa des que van tenir el primer i valoreu si en algun cas el motiu de canvi va ser l'obsolescència.

d) Què creieu que significa l'afirmació que les grans empreses tecnològiques són expertes en crear necessitats?

9

Un món connectat

- Existeix una comunicació global?
- El món de les telecomunicacions
- La cultura de la societat digital

Avui dia, només amb un ordinador portàtil i una connexió a Internet, ens podem comunicar amb altres persones de gairebé qualsevol país del món, podem llegir la premsa escrita, veure la televisió o escoltar la ràdio de qualsevol ciutat del planeta, podem accedir a les biblioteques més importants i consultar tota la informació que tenen digitalitzada, podem veure imatges enviades per satèl·lits en temps real i, fins i tot, podem recrear una vida virtual en un món paral·lel.

1. Existeix una comunicació global?

Si la peça clau per a l'emmagatzematge de dades en format digital és l'ordinador, l'element que fa possible la seva transmissió és, sens dubte, Internet. La Xarxa ha canviat la manera de veure i d'entendre el món.

1.1. Internet: una nova forma de veure el món

Cap altra tecnologia no s'havia desenvolupat amb tanta velocitat: hem passat de 200 servidors l'any 1981, quan Internet no era més que un conjunt d'ordinadors que compartien dades, a 490 milions en l'actualitat, **un creixement del 24 500 %** en una mica més d'un quart de segle.

Empresa	Ingressos	Percentatge
HPE	3 296 591 967	25,1
Dell	2 265 272 258	17,3
IBM	1 270 901 371	9,7
Lenovo	871 335 542	6,7
Cisco	850 230 000	6,5
Altres	4 537 261 457	34,7
Total	**13 091 582 596**	**100,0**

Taula 9.1. Mercat mundial de servidors. Primer trimestre de 2016. Xifres en dòlars. Font: Gartner.

Fig. 9.1. La revista *Time* ha estat molt suggeidora en indicar qui controla la Xarxa i la informació.

Però la Xarxa no sols és important pel que fa a la transmissió d'informació. Diferents aplicacions han canviat la manera com les persones ens comuniquem, treballem i, fins i tot, ens divertim. Internet ha permès el naixement d'una **societat digital amb una cultura pròpia** que ha transformat radicalment els col·lectius i les dinàmiques de la informació i de la comunicació, ha reconvertit els sistemes de producció econòmica i el comerç i ha reformat els principis d'organització social, administrativa i política de la segona meitat del segle XX i l'inici del segle XXI.

L'ús habitual i la relació particular, gairebé de dependència, que tenim amb Internet, sovint fa que l'entenguem en termes gairebé utòpics d'alguna cosa global, universal i amb una quantitat d'informació quasi il·limitada i accessible per a tothom. Poques vegades ens plantegem què en sabem realment:

- Com funciona? Qui ho controla?
- Depèn d'algun govern? És realment universal?
- En sóc un bon usuari? Hi ha tanta informació com sembla?
- És fiable, aquesta informació? On es guarda tota aquesta informació?
- És realment accessible per a tothom? Què passarà amb els qui no hi tenen accés?
- Hi ha algun tipus de limitacions i control?

1.2. La Xarxa en dades

Per poder connectar-nos a Internet només necessitem dues coses: **un ordinador i una connexió telefònica.** Dos mitjans assequibles en el món desenvolupat, però encara fora de l'abast de la majoria dels habitants del planeta.

També cal tenir present que a mesura que les tecnologies permeten incrementar la velocitat de navegació en els països desenvolupats, els desenvolupadors creen aplicacions d'acord amb aquestes capacitats i deixen cada cop més al marge els usuaris que no hi tenen aquest accés.

! Important

La *taxa de penetració* és el tant per cent de la població que té accés a Internet.

Activitats

1> Què en sabem, d'Internet?

Abans de començar a desgranar tots aquests conceptes al llarg de la unitat, serà interessant veure quin és el grau de coneixement que tenim de la Xarxa.

1. Qui va inventar Internet?
   a) Microsoft.
   b) L'exèrcit nord-americà.
   c) Es va desenvolupar dins una institució del Govern dels EUA.
2. Quan es va començar a utilitzar Internet de forma generalitzada?
   a) A la dècada del 1970.
   b) A la dècada del 1980.
   c) A la dècada del 1990.
3. Què és el World Wide Web?
   a) Una altra manera de parlar d'Internet.
   b) Una aplicació concreta d'Internet.
   c) Un cercador.
4. On estan emmagatzemades les pàgines web que visitem?
   a) Cada usuari desa la seva pàgina web al seu ordinador.
   b) En un servidor.
   c) En el World Wide Web.
5. Què vol dir que tenim una connexió a 3 Mbps?
   a) Que podem navegar a 3 MBytes per segon.
   b) Que podem baixar informació a raó de 3 MBytes per segon.
   c) Que podem baixar informació a raó de 3 milions de bits per segon.
6. Quin tant per cent de la població mundial utilitza Internet?
   a) Menys d'un 20 %.
   b) Entre un 20 % i un 40 %.
   c) Més d'un 40 %.
7. Qui controla que la informació que volem penjar no estigui dins un àmbit il·legal?
   a) El Govern de cada país.
   b) Ningú.
   c) El servidor on pengem la informació.
8. Qui controla Internet?
   a) Una institució nord-americana.
   b) Ningú.
   c) Google.

2> L'ús de les noves tecnologies

Estudiem les dades sobre l'ús de les noves tecnologies a Espanya en el primer semestre de l'any 2009, segons un informe publicat per l'INE:

En un 66,3 % dels habitatges hi ha almenys un ordinador personal.

Un 53,6 % de la població utilitza Internet habitualment, tot i que gairebé un 70 % l'ha utilitzat algun cop.

Gairebé la totalitat dels habitatges tenen accés telefònic, ja sigui mitjançant telèfon fix (80,3 %), telèfon mòbil (93,5 %) o ambdós.

Comparem ara les dades d'Espanya amb les d'altres països i regions del món.

a) Compta quanta gent de la classe fa servir Internet habitualment i calcula quina és la taxa de penetració a la classe. Coincideix amb la taxa espanyola? Per quin motiu creus que no hi coincideix?

b) Si compares la taxa de penetració d'Espanya amb les dades de la taula 9.2, quina conclusió en pots treure?

Regions	Població (milions)	Usuaris (milions)	Taxa penetració	% respecte total mundial	Creixement (2000-2007)
Àfrica	991,02	65,9	6,70 %	3,95 %	1359,90 %
Àsia	3808,07	704,213	18,50 %	42,20 %	516,1 %
Unió Europea	489,601	308,96	63,10 %	18,51 %	227,3 %
Resta d'Europa	314,249	93,41	29,70 %	5,60 %	772,8 %
Orient Mitjà	202,687	47,96	23,70 %	2,87 %	1360,2 %
Amèrica del Nord	340,831	251,73	73,90 %	15,08 %	132,9 %
Hispanoamèrica	582,662	175,83	30,00 %	10,54 %	873,10 %
Austràlia/Oceania	34,7	20,83	60,10 %	1,25 %	173,4 %
TOTAL MUNDIAL	6 767,805	1 668,86	24,70 %	100,00 %	362,3 %

Taula 9.2. Usuaris d'Internet per regions (2009). Font: NielsenNet/Ratings, ITU, Internet World Stats *(www.exitoexportador.com)*.

Activitats

3> La Xarxa al món

Fixa't en els dos mapes següents. En el primer podem observar com està repartit el nombre de servidors per tot el planeta segons el PIB mesurat en paritat de poder adquisitiu. En el segon mapa podem veure quins són els països i les zones més riques i més pobres en funció del PIB mesurat en paritat de poder adquisitiu.

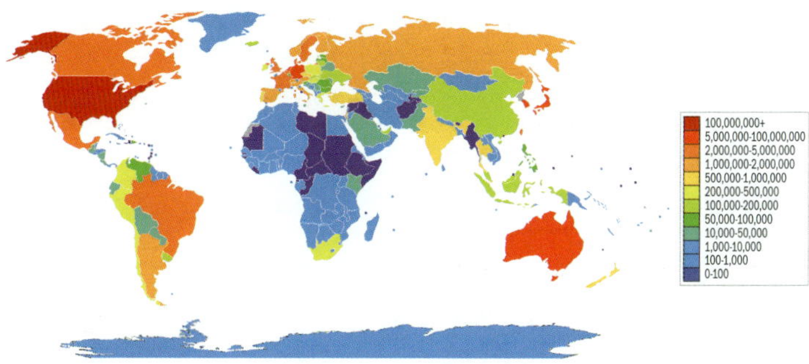

Fig. 9.2. Distribució de servidors al món. Font: CIA World Factbook (2005).

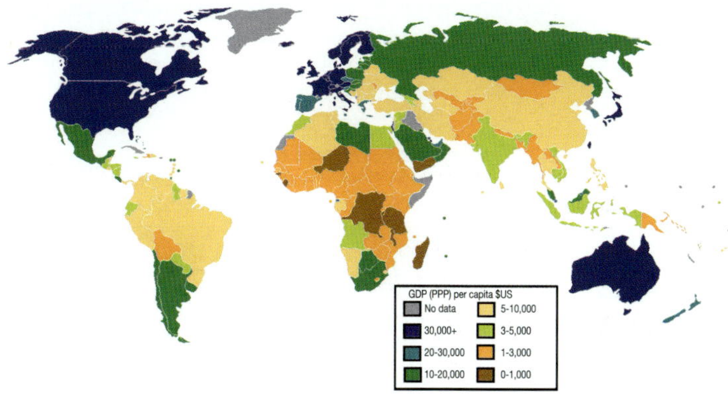

Fig. 9.3. PIB en valor de paritat de poder adquisitiu. Font: FMI (2006).

a) Com es pot relacionar la informació que mostren els dos mapes?

b) En quines zones s'accentua més la relació entre el nivell econòmic i la possibilitat d'accedir a Internet?

1.3. La bretxa digital

S'anomena **bretxa digital** la diferència existent entre països, sectors i persones que tenen accés a les tecnologies de la informació i la comunicació i, a més a més, tenen la capacitat per usar-les i aconseguir una millora del seu benestar, i aquells que no en tenen. Internet, tot i que potser representa el màxim exponent d'aquestes tecnologies, no n'és l'únic factor.

Fig. 9.4. Ordinador de 100 $ presentat pel MIT en el projecte «One laptop per child» per disminuir la bretxa digital.

L'accés a les **TIC** no passa només per la possibilitat de tenir ordinadors o de connectar-se a Internet, cal haver desenvolupat unes competències mínimes i tenir unes necessitats i objectius que ens impulsin a utilitzar-les.

Les competències van des d'una cosa tan elemental com és saber llegir fins a ser capaç d'utilitzar un ordinador, com a mínim, en el nivell d'usuari. Nosaltres som usuaris d'aquestes tecnologies pràcticament des del dia que naixem i les tenim totalment incorporades en la nostra vida quotidiana. Els **avenços tecnològics ens arriben d'una forma progressiva** i ens hi adaptem a poc a poc, gairebé sense adonar-nos-en, moltes activitats del nostre dia a dia ens obliguen a desenvolupar les competències necessàries per utilitzar-les i la nostra situació socioeconòmica privilegiada permet que del seu ús se'n derivin molts beneficis.

Evidentment, aquesta no és la situació dels països subdesenvolupats. Per començar, hi ha un grau d'analfabetisme elevat, per no parlar de la desconeixença dels idiomes més utilitzats a la Xarxa. La major part de la població de molts d'aquests països no ha utilitzat mai un ordinador ni s'ha connectat mai a Internet. Si de sobte poguessin tenir-hi accés haurien d'aprendre de cop el que nosaltres hem anat assimilant al llarg dels anys.

La desfavorable situació en què viuen no els permet veure els avantatges que podrien obtenir de l'aplicació d'aquestes tecnologies i, per tant, fins i tot a països que comencen a tenir-hi accés, no senten la motivació suficient per desenvolupar les competències necessàries per al seu ús.

Activitats

4> Infraestructures

Fixem-nos ara en la taula amb les dades dels vint països més poblats del món. Tot i que són dades de l'any 2005, ja s'apunta una diferència notable entre l'ús del telèfon mòbil i la taxa de penetració, fins i tot a països amb valors molt per sota de la mitjana.

	País	Usuaris (milions)	Població (milions)	Taxa penetració	% respecte total mundial	Telèfons mòbils (milions)	% telèf. mòbil població	% línia telef. població	% ordinadors població
1	**Xina**	123,00	1306,72	9,41	11,25	437,48	33,48	26,82	4,08
2	**Índia**	60,60	1112,22	5,45	5,54	69,19	6,22	4,47	1,54
3	**EUA**	205,49	299,09	68,71	18,79	219,4	73,36	89,61	76,20
4	**Indonèsia**	16,00	245,45	6,52	1,46	46,91	19,11	5,20	1,36
5	**Brasil**	25,90	188,97	13,71	2,37	86,21	45,62	22,43	8,37
6	**Pakistan**	10,50	165,8	6,33	0,96	48,28	29,12	3,11	0,42
7	**Bangla Desh**	0,32	147,36	0,22	0,03	9	6,11	0,73	1,19
8	**Rússia**	23,70	142,89	16,59	2,17	120	83,98	28,06	12,10
9	**Nigèria**	5,01	131,85	3,80	0,46	21,57	16,36	0,93	0,68
10	**Japó**	86,30	128,38	67,22	7,89	94,74	73,80	45,79	54,20
11	**Mèxic**	18,69	107,44	17,40	1,71	47,46	44,17	18,16	13,10
12	**Filipines**	4,76	89,46	5,32	0,44	32,81	36,68	3,83	4,46
13	**Vietnam**	13,10	84,4	15,52	1,20	9,59	11,36	18,77	1,26
14	**Alemanya**	49,98	82,42	60,64	4,57	79,2	96,09	66,78	54,50
15	**Egipte**	5,32	78,88	6,75	0,49	14,04	17,80	13,17	3,78
16	**Etiòpia**	0,12	74,77	0,16	0,01			0,82	0,31
17	**Turquia**	16,00	70,41	22,72	1,46	43,6	61,92	26,94	5,13
18	**Iran**	7,50	68,68	10,92	0,69	8,5	12,38	27,64	10,50
19	**Tailàndia**	8,42	64,63	13,03	0,77	27,37	42,35	10,88	5,83
20	**França**	26,87	60,87	44,14	2,46	49,37	81,11	63,13	57,90
	Total món	**1173,10**	**6574,60**			**3000**			

Taula 9.3. Dades de l'ús de les noves tecnologies (ús de la Xarxa, percentatge de la població que té telèfon mòbil, que té ordinador o que té instal·lada línia de telèfon convencional) dels vint països més poblats del planeta (2005). Fonts: INE, CIA World Factbook.

a) Pel que fa a les infraestructures, creus que el telèfon mòbil pot ser una solució per disminuir la bretxa digital?

b) Com s'entén que en alguns països hi hagi més usuaris d'Internet que línies telefòniques fixes o que ordinadors per persona?

c) Els avenços tecnològics afavoreixen la integració dels països menys desenvolupats o, al contrari, la fan cada cop més difícil?

Les **conclusions** que podem extreure de les dades anteriors quant a l'ús d'ordinadors i l'accés a línies telefòniques tradicionals no són gaire optimistes per a un nombre elevat de països i per a un ampli segment de la població. Desenvolupar una infraestructura en cablejat telefònic amb un grau de difusió mínim entre la població es fa del tot impensable en molts països subdesenvolupats o en vies de desenvolupament. Tot i que hi hagi ordinadors de baix cost, també es fa difícil pensar en una distribució massiva que arribi a un percentatge suficient de la població i que aquesta desenvolupi les competències mínimes per introduir-se a la Xarxa. Pensem per exemple només en la **barrera idiomàtica.**

1.4. La telefonia mòbil: una alternativa de futur?

Els telèfons mòbils evolucionen ràpidament i incorporen noves prestacions a cada nou model:

- Més resolució de pantalla i càmera d'alta resolució incorporada.
- Bluetooth i tecnologia sense fil.
- Més memòria i velocitat.
- Ràdio i MP3.
- Televisió i servei de missatgeria electrònica.
- Possibilitat de navegar per Internet des de qualsevol punt amb cobertura telefònica.

Els motius següents fan pensar que els telèfons mòbils poden ser una solució parcial a la bretxa digital:

- Disposen dels dos elements bàsics per connectar-se: l'ordinador i la connexió.
- La **telefonia mòbil** requereix una estructura menys complexa que la tradicional, ja que unes antenes i uns repetidors cobreixen un sector força ampli que d'altra manera s'hauria de suplir amb connexions amb cables fins a tots els habitatges.
- El seu **ús** comença a estar més **difós,** fins i tot a països amb menys recursos (encara que sigui a un ritme més lent, el mercat també avança en aquests països i cal esperar que en poc temps també incorporin aquests models).
- Els usuaris estan més **familiaritzats** amb el seu funcionament de forma que, teòricament, els costarà menys utilitzar-los que fer anar un ordinador.
- A mesura que passa el temps, tenen un preu més assequible.
- A diferència dels ordinadors, **no necessiten connexió constant a la xarxa elèctrica.**

L'augment en prestacions dels telèfons mòbils va acompanyat d'un augment de les aplicacions. Aquestes aplicacions van molt més enllà de la comunicació tradicional: les videoconferències; les audioguies d'alguns museus; les pel·lícules rodades amb telèfons mòbils; els serveis de missatgeria electrònica entre el telèfon i l'ordinador de l'oficina dels comercials de moltes empreses; els SMS i les fotografies a un cost molt més reduït que una conversa, que possibiliten el contacte permanent entre persones que estan molt allunyades.

Tot i que Internet és potser el màxim exponent de les tecnologies de la informació i la comunicació, tenir-hi accés no significa poder superar la bretxa digital. D'una banda, Internet és només una entre moltes de les tecnologies que provoquen aquesta divisió, i de l'altra, caldria incorporar aquestes tecnologies a tots els àmbits de la societat: comerç, educació, recerca, sanitat, etc. Des d'aquest punt de vista, el telèfon mòbil podria solucionar alguns problemes, sobretot els relacionats amb la dificultat de comunicació que tenen algunes zones i podria també significar un primer apropament al món digital.

No obstant això, les condicions de vida i les prioritats més immediates que tenen gran part de la població d'alguns d'aquests països, fa difícil que, d'una manera natural, s'introdueixin noves tecnologies en la vida quotidiana sense l'impuls de les classes polítiques o la iniciativa d'organitzacions internacionals d'ajuda al Tercer Món.

No s'han de confondre els interessos comercials dels grans proveïdors de *software* que posen cada cop més a l'abast d'una quantitat de gent més i més gran aplicacions i webs amb l'objectiu de vendre i promocionar productes via digital, amb el fet que això signifiqui una disminució real de la bretxa, ja que només es tracta d'un interès a convertir-los en consumidors i no pas en usuaris que en puguin treure un profit més enllà de les compres que únicament enriqueixen aquests proveïdors.

! Important

GPS (acrònim de *global positioning system*). És un sistema que permet calcular la latitud, la longitud i l'altura de qualsevol punt del planeta a partir de la recepció de senyals emesos per un conjunt de satèl·lits dels quals es coneix la posició amb exactitud. Els satèl·lits i el receptor disposen de rellotges interns perfectament sincronitzats de manera que, quan un satèl·lit envia un senyal amb l'hora del seu rellotge, el receptor pot calcular el temps que ha trigat el senyal a viatjar, restant l'hora de recepció de l'hora enviada. Multiplicant el temps per la velocitat de la llum (velocitat a la qual viatgen les ones electromagnètiques en l'espai), es pot calcular la distància entre els dos comunicadors. Si es repeteix el procés amb un mínim de quatre satèl·lits, per triangulació, s'acaba determinant la posició exacta del receptor.

Fig. 9.5. Mòbil.

+ Més dades

Vuitanta pobles de deu països africans formaran part d'una iniciativa de l'ONU que repartirà telèfons mòbils gratuïts entre la població com a sistema per ajudar a crear riquesa. D'aquesta manera, es vol facilitar l'accés a informacions de tipus sanitari, cultural o administratiu, contribuir a una millor comunicació entre la població i crear una eina per fomentar noves activitats comercials.

2. El món de les telecomunicacions

Tot i que el telègraf es considera el primer dispositiu de telecomunicacions, podríem remuntar-nos a un passat molt més llunyà per trobar altres sistemes que permetien als humans enviar i rebre missatges des d'una distància considerable. Només calia que l'emissor i el receptor es posessin d'acord en el codi i el canal utilitzats en el missatge enviat. Senyals de fum, senyals fets amb un fanal des d'un vaixell a un altre, o reflexos fets amb un mirall des d'una muntanya a una altra, per exemple, ja eren sistemes que, d'una manera força rudimentària, permetien enviar missatges entre dues persones separades a una certa distància. Aquests sistemes primitius tenien dos inconvenients: la utilització d'un codi no universal i la limitació en la distància que separava ambdós comunicadors.

! Important

La paraula *telecomunicacions* etimològicament significa 'comunicacions a distància' (*tele* és un prefix grec que vol dir 'distància' o 'lluny') i fa referència a les tècniques per transmetre missatges entre dos o més punts.

El **telègraf,** presentat per Samuel Morse l'any 1833, supera aquests dos inconvenients i permet les primeres telecomunicacions bidireccionals sense limitacions teòriques. Es basa en l'enviament d'impulsos elèctrics que, en arribar al receptor, activen un electroimant que fa baixar un punxó impregnat amb tinta sobre un rodet amb una tira de paper, que dibuixa una línia tan llarga com l'impuls elèctric enviat. Si **l'impuls elèctric** és molt curt, el punxó pinta un punt i, si és més llarg, pinta una ratlla.

+ *Més dades*

El **codi Morse** assigna a cada lletra i nombre una combinació de punts i ratlles determinada; es tracta, per tant, d'un codi binari similar al que utilitzen els ordinadors.

Cal entendre que el telègraf és una comunicació punt a punt i que, per tant, va ser necessari estendre una complexa xarxa de cables elèctrics per tal d'anar incorporant el seu ús al màxim nombre de països possible. La xarxa terrestre es va construir ràpidament i sense gaire dificultats però deixava fora de joc els països i continents que es trobaven aïllats per allò que els unia, la mar. El primer obstacle tècnic per superar va ser trobar un aïllant per al cable elèctric que evités l'absorció d'energia elèctrica per part de l'aigua de mar. Un cop superat aquest primer obstacle, en molt poc temps es van posar en contacte Anglaterra amb Irlanda, Dinamarca amb Suècia i Còrsega amb terra ferma, però Amèrica i Europa no es podien comunicar. Va ser necessari esperar fins a l'any 1866 i a l'empenta de Cyrus W. Field per tal que el primer **cable transoceànic** unís els dos continents en una de les fites més grans de l'enginyeria moderna.

Avui dia, hi ha una complexa xarxa de cables submarins que permeten la major part de les connexions telefòniques i el funcionament d'Internet entre països i continents. Al contrari del que la majoria de gent pensa, aquest tipus de connexions encara es fan amb cables elèctrics i no mitjançant satèl·lits, sistema encara car i exclusiu i incapaç d'absorbir el volum de dades que es transmeten.

L'International Cable Protection Committee és l'organisme encarregat de mantenir i reparar la xarxa de cables submarins que connecten els diferents servidors del món.

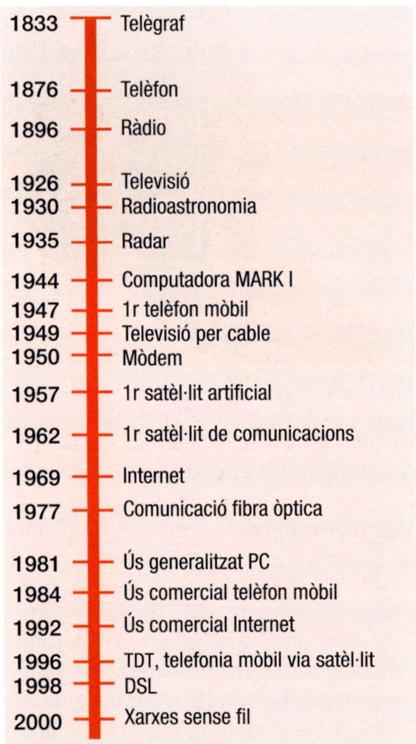

Fig. 9.7. Cronologia de les telecomunicacions. L'ús generalitzat de la majoria d'invents relacionats amb les telecomunicacions és molt posterior al moment en què es van desenvolupar.

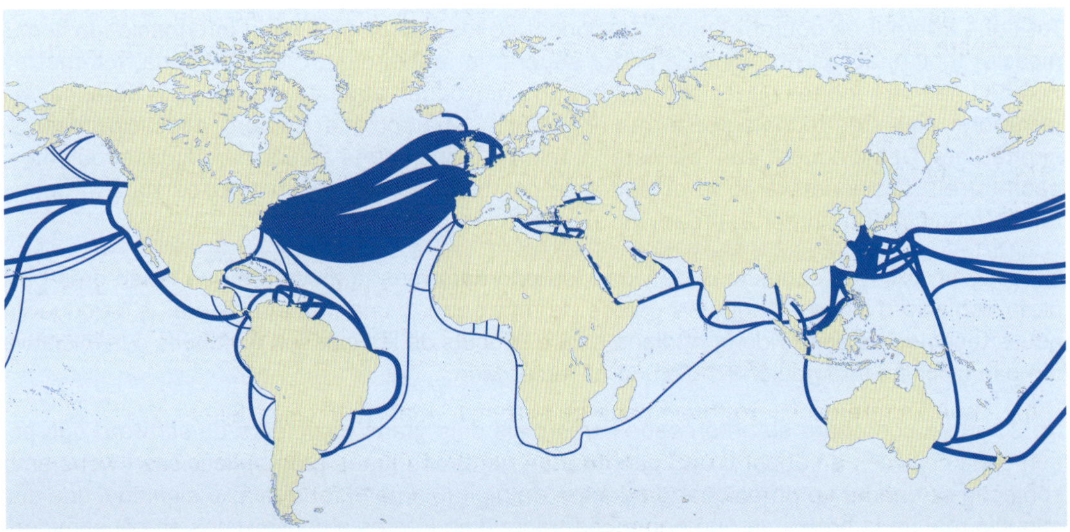

Fig. 9.6. En aquest mapa podem observar per on viatgen les dades que s'envien entre continents en l'actualitat.

2.1. Internet

A. Les primeres xarxes

Al final de la dècada del 1960, l'ús dels ordinadors començava a generalitzar-se en alguns àmbits professionals i en diverses institucions i empreses nord-americanes. Universitats, bancs, algunes branques de **l'Administració pública** i, és clar, **l'exèrcit,** els usaven com a eina quotidiana. En un principi, per traspassar o compartir informació entre dos ordinadors calia copiar les dades en un suport físic i transportar-les d'un lloc a l'altre. La necessitat d'una xarxa que unís tots els ordinadors dins una mateixa institució es va fer evident ràpidament. Però no va ser tan senzill com unir els ordinadors mitjançant un cable. Es van haver de definir protocols, és a dir, un seguit de normes que especificava com s'havia de fer l'intercanvi de dades, per tal que els dos ordinadors interpretessin de la mateixa manera la informació que compartien. Van ser les primeres xarxes locals.

L'Oficina per a la Tecnologia de Processament d'Informació (IPTO), que depenia de **l'Agència per a Projectes de Recerca Avançats (ARPA),** que alhora depenia del Departament de Defensa dels EUA, impulsada per la necessitat de treure el màxim rendiment als seus recursos informàtics, va proposar la creació d'una xarxa de xarxes no centralitzada, sobre el suport de les línies telefòniques ja existents i amb un únic protocol anomenat ARPANET, que es considera la precursora d'Internet. D'aquesta manera, s'aconseguia no concentrar tota la informació en un mateix lloc, intercanviar informació entre ordinadors de diferents marques i abaratir els preus dels ordinadors que, amb aquest nou sistema, ja no requerien tanta potència, atès que podien utilitzar recursos d'altres màquines.

El protocol de comunicacions desenvolupat per **ARPANET** va ser el TCP/IP, l'ús del qual es va estendre ràpidament. Aquest fet va permetre que la xarxa s'ampliés amb noves xarxes i ordinadors de diferents marques i models; de manera que l'any 1983, el TCP/IP ja era considerat un estàndard que s'incorporava al sistema operatiu de qualsevol ordinador que, per tant, ja es trobava preparat per connectar-se a la Xarxa.

Al principi de la dècada del 1990, ARPANET va desapareixer i va donar pas, juntament amb altres xarxes que utilitzaven el mateix protocol, a **Internet.**

! Important

El projecte ARPANET va ser finançat pel Departament de Defensa nord-americà, que va veure en la Xarxa una solució a una possible guerra mundial que deixés incomunicats centres neuràlgics vitals.

La primera demostració del funcionament d'ARPANET es va fer l'any 1969 quan es van connectar ordinadors entre diferents universitats i centres de Califòrnia i Utah.

Lectura 1

Passat i present

Aquell any d'importància universal, el 1837, en el qual el telègraf va aconseguir per primer cop que l'experiència humana fins llavors aïllada fos simultània, rarament consta en els nostres llibres de text, que per desgràcia segueixen considerant més important parlar de les guerres i de les victòries dels diferents generals i nacions, en comptes de parlar sobre els veritables triomfs de la humanitat. I, malgrat tot, cap altra data de la història recent no es pot comparar, pel que fa als seus efectes psicològics, amb aquella transformació del valor del temps. El món ha canviat des que a París és possible saber el que està passant en el mateix moment a Amsterdam, a Moscou, al Nepal o a Lisboa. Només falta fer un últim pas i també altres parts del món estaran incloses en aquest grandiós conjunt i s'haurà creat una consciència comuna a tota la humanitat.

STEFAN ZWEIG (1881-1942),
Moments estel·lars de la humanitat, 1930.

a) Creus que canviant *1837* per *1997* i *telègraf* per *Internet,* aquest text podria passar per un article escrit en l'actualitat?

b) A què es refereix l'autor quan parla de la transformació del valor del temps?

c) Creus que gràcies a Internet ja s'ha donat aquest últim pas al qual fa referència el text per tal de crear una consciència comuna a tota la humanitat?

Fig. 9.8. A fi de facilitar la direcció del cursor pels diferents vincles dels hipertextos, Doug Engelbart va inventar un bloc de fusta amb sensors i una roda a sota, que va batejar amb el nom de *mouse.*

B. De l'hipertext i les xarxes al World Wide Web

> ***Sabies que...?***
>
> El **protocol TCP/IP** és un dels pilars bàsics del funcionament d'Internet. Estableix la comunicació entre dos punts mitjançant l'enviament d'informació per paquets. D'una banda, assigna un nombre únic d'identificació personal (IP) a cada ordinador (per exemple 70.234.225.225) i, de l'altra, divideix la informació que cal enviar en diferents paquets. Aquests paquets que viatgen per la Xarxa entre dos IP determinats segueixen camins diferents i utilitzen els diferents usuaris com a pont, per finalment trobar-se i recompondre's en la informació original.

Al final de la dècada del 1980, Internet havia revolucionat el món de les comunicacions entre ordinadors gràcies sobretot al desenvolupament d'estàndards, però mantenia un nombre d'aplicacions força reduït i estava estructurada al voltant de la informàtica de bancs, grans empreses i institucions. Pràcticament, es reduïa a un sistema útil per poder enviar arxius entre ordinadors diferents.

També en aquesta època començava a funcionar la tecnologia relacionada amb els hipertextos, referències que no estan directament en el text, però a les quals es pot accedir immediatament només amb un clic del ratolí.

Al principi de la dècada del 1990, **Tim Berners-Lee,** un físic que treballava al CERN (acrònim de Centre Européen pour la Recherche Nucléaire, el principal centre de recerca sobre física de partícules) va proposar unir les tecnologies d'Internet i dels hipertextos mitjançant un protocol que permetia introduir, compartir i accedir a qualsevol tipus d'informació d'una manera ràpida, senzilla i eficaç a través d'un ordinador personal. Així va néixer el World Wide Web. A partir del 1993, una vegada el CERN va declarar aquest sistema de lliure disposició, l'expansió d'Internet va ser molt ràpida i revolucionà el món de la informació i de la comunicació en molt poc temps.

Actualment, hi ha diferents aplicacions que actuen sobre Internet, com per exemple el correu electrònic, els xats o converses en línia mitjançant text, so o vídeo, la transmissió i compartició d'arxius a través de programes P2P, els grups de notícies de la comunitat **Usenet** o el sistema d'informació **World Wide Web.**

Tim Berners-Lee va ser el pare d'una de les aplicacions principals que avui dia existeixen sobre la Xarxa, el World Wide Web, o simplement el web. El sistema bàsicament és format pels elements següents:

- El **servidor:** l'ordinador on s'emmagatzema la informació que es vol compartir.
- El **client:** encarregat d'introduir, escriure o editar la informació que es vol introduir en el servidor.
- **L'HTML (hyper text mark language):** un llenguatge per introduir la informació a mode d'hipertext.
- Un sistema de vincles entre la informació introduïda.
- Un programa **navegador** instal·lat en el client per poder buscar informació a partir dels vincles establerts.
- Un **protocol** per organitzar la informació i poder rastrejar els hipertextos (per exemple HTTP, *hyper text transfer protocol).*
- Un primer hipertext per on començar a navegar.

> **! Important**
>
> Internet és un exemple de construcció cooperativa internacional, l'explicació tècnica d'un moviment sorgit des de baix, constantment alimentat per un gran nombre d'iniciatives locals.

Fig. 9.9. Percentatge d'internautes que fan servir cada aplicació en els països amb més usuaris. El correu electrònic és la més utilitzada.

Berners-Lee va definir la manera com arribar al primer document ple d'hipervincles que permetés saltar d'un document a un altre, allò que anomenem *adreça d'Internet* o *nom de la pàgina web*.

Fig. 9.10. Exemple d'adreça d'Internet.

Més dades

Els hipertextos s'han convertit en hiperdocuments multimèdia en els quals la informació es mostra en forma de paraules, música o imatges.

Vençudes les primeres inèrcies costumistes que es resistien a utilitzar aquest sistema, el gran nombre d'avantatges que oferia, la facilitat per entrar i accedir a les dades i la simplicitat de la seva instal·lació, el van convertir en pocs anys en una de les aplicacions principals que actuen sobre Internet i que, sens dubte, ha tingut un paper clau en l'evolució cap a la societat de la informació.

C. P2P

Una altra aplicació d'Internet és el sistema **P2P** (*peer to peer* en anglès i traduïda com 'd'igual a igual'). És un sistema de transferència de fitxers que no està basat en el model client-servidor del web. Cada usuari actua com un node en una estructura en forma de xarxa no centralitzada en un servidor i és alhora client i servidor dels altres nodes, de manera que es comparteix la informació i l'amplada de banda de tots els usuaris, i això fa que augmenti la velocitat en la transferència de fitxers. És un sistema molt utilitzat per compartir fitxers grans com els que contenen música, programes o pel·lícules.

Sabies que...?

La majoria de sistemes operatius incorporen navegadors per poder recórrer tots els servidors que hi ha a la Xarxa. La gran quantitat i diversitat de llocs web que hi ha en aquests moments ha obligat el desenvolupament de noves eines anomenades *cercadors* (Google, Yahoo i MSN en són exemples), que pel mateix sistema d'hiperenllaços, troben pàgines web a partir de paraules o frases donades.

D. Sistemes *grid*

De la mateixa manera que Internet va suposar un canvi radical pel que fa a la transmissió de dades, els sistemes *grid* ('malla' o 'graella') sembla que revolucionaran el panorama quant al processament de les dades.

La tecnologia *grid* aprofita l'alta interconnectivitat d'Internet per facilitar als usuaris l'accés segur i controlat, des del seu lloc de treball, a recursos computacionals localitzats en qualsevol part del món. Per fer-ho se serveix dels cicles de processament no usats de tots els ordinadors connectats a la Xarxa. D'aquesta manera, es crea un gran ordinador virtual capaç de processar una gran quantitat d'informació.

El *grid* determina quins recursos i dades necessita cada tasca concreta, l'executa a qualsevol lloc del món que pugui proveir aquests recursos, localitza i desplaça els fitxers de dades necessaris o de nova producció i, finalment, fa arribar els resultats a les persones interessades, siguin on siguin.

Com tot allò que fa referència a Internet, la comunitat científica ha estat la primera impulsora de projectes *grid*. Ja són moltes, però, les organitzacions públiques i privades que treballen per desplegar un servei *grid* d'àmbit mundial, que integri els recursos de qualsevol lloc del món dins una organització informàtica mundial virtual.

El CERN està desenvolupant el **projecte LHC Computing Grid (LCG),** ideat per gestionar les enormes quantitats de dades que generarà l'accelerador de partícules (*large hadron collider*, LHC); per simular, entre d'altres, la trajectòria i la col·lisió de determinades partícules dins l'accelerador. Es calcula que en el marc d'aquest projecte cada any es generaran més de deu petabytes de dades, l'equivalent a vint milions de CD. A més, extreure resultats de l'LHC requerirà que milers de físics, organitzats en grups de professors, estudiants i investigadors dispersos per tot el món, examinin aquests enormes bancs de dades utilitzant el que avui dia equivaldria a set mil ordinadors personals d'última generació.

! Important

Una de les accions pioneres del sistema de computació distribuïda va ser el SETI@home (*search for extraterrestrial intelligence*, 'cerca d'intel·ligència extraterrestre'), un projecte que explora el cel amb l'objectiu de detectar senyals procedents d'intel·ligències extraterrestres. L'anàlisi de les dades es fa mitjançant la xarxa d'ordinadors de voluntaris adscrits a la iniciativa.

El Folding@home és un altre projecte de computació distribuïda que usa la potència dels processadors de les consoles domèstiques per fer simulacions del plegament de proteïnes en malalties com el Parkinson, l'Alzheimer o la fibrosi quística.

E. Com s'envia informació a través de la Xarxa?

Hem parlat molt que la Xarxa permet l'enviament d'informació entre ordinadors, però quina és la tecnologia que ho fa possible?

Com vam veure en la unitat anterior, la informació dins de l'ordinador està emmagatzemada en format digital, és a dir, com un conjunt d'uns i zeros. Tot i que estan sorgint noves tecnologies en comunicacions, la majoria de connexions entre ordinadors es fa a través de la línia telefònica convencional que funciona mitjançant l'enviament d'impulsos elèctrics. Bé, doncs, per poder transmetre informació digital a través d'un mitjà analògic, cal convertir-la o modular-la, i l'aparell encarregat de fer-ho és el **mòdem** o **modulador.**

Fig. 9.11. Cada ordinador ha de tenir el seu modulador i desmodulador d'informació.

Hi ha diferents formes de modular un senyal analògic perquè transporti informació d'origen digital. Dues de les més utilitzades són la *modulació en freqüència* i la **modulació en amplitud.** La primera transforma els uns i zeros en senyals elèctrics de diferent amplitud i la segona, en senyals de diferent freqüència.

Fig. 9.12. Un ***router*** o **encaminador** és un dispositiu per transmetre informació entre els diferents ordinadors d'una xarxa. Si a més a més té ADSL, permet també la connexió a Internet dels ordinadors de la xarxa. Un *router wireless* amb ADSL permet la creació d'una xarxa d'ordinadors sense necessitat de connectar-se mitjançant cables i amb la possibilitat d'accedir a Internet.

Vocabulari

ADSL (acrònim d'*asymetric digital subscriber line*). Sistema de transmissió de dades de banda ampla a través de la línia telefònica que utilitza una gamma de freqüències més alta que la utilitzada per a les converses de veu, de manera que pot enviar una quantitat de dades més elevada.

***Wireless* o sense fil.** Comunicació entre ordinadors a través d'ones electromagnètiques. No requereix, per tant, cables que els uneixin. Té un radi d'acció limitat, entorn d'uns 100 m.

Important

La velocitat de transmissió de dades a través de la Xarxa es mesura en bits per segon, és a dir, que una connexió de 3 Mbps, envia tres milions de bits per segon. Si dividim el valor entre vuit tindrem la velocitat en bytes per segon:

0,375 MBits/s = 5,375 KBytes/s

Més dades

De la mateixa manera que un mòdem transforma informació digital en un corrent elèctric analògic, també és possible transformar-la en senyals de llum de diferents freqüències que viatgin per l'interior de tubs aprofitant el fenomen de la reflexió. Aquest tub revestit internament d'un material refractant de la llum és el que coneixem com a **fibra òptica.**

La **fibra negra** és la fibra òptica que ha quedat instal·lada sense utilitzar. Notícies publicades en diferents mitjans de comunicació apunten un interès de companyies com Google per comprar la màxima quantitat d'aquesta fibra per oferir accés a Internet als seus clients, en lloc que aquests ho facin a través d'una altra empresa.

2.2. La seguretat a la Xarxa

Els usuaris d'Internet ens preguntem sovint sobre el grau de seguretat que ofereix la Xarxa respecte de les dades que hi circulen. Però, què volem dir quan parlem de seguretat? Podríem concretar-ho amb els punts següents: **privacitat, autenticitat, integritat, autoria, protecció de menors** i **protecció de la propietat intel·lectual.**

Cal estar sempre protegit contra el degoteig constant de nous virus informàtics que sorgeixen diàriament i es propaguen a través de la Xarxa, sobretot mitjançant el correu electrònic. Mantenir **l'antivirus** actualitzat acostuma a ser una bona solució, però la millor és no descarregar i executar arxius dels quals desconeixem la procedència.

! Important

Un **virus troià** és un tipus de virus que, un cop instal·lat en el nostre ordinador, permet que la persona que ens l'ha enviat pugui controlar el nostre ordinador i arribi a tenir accés a la informació que hi tenim emmagatzemada.

Activitats

5> Com podem aconseguir una Xarxa més segura

Completa la taula següent sobre seguretat a la Xarxa a partir de les llistes que hi ha a continuació.

	a) Accions	*b)* Quan es vulnera?	*c)* Quins perills té?	*d)* Solucions
Privacitat		2)		
Autenticitat			6)	
Integritat				
Autoria		1)		
Protecció de menors	1)	1)		
Protecció de la propietat intel·lectual				12)

Taula 9.4.

***a)* Accions**

1. Crear un sistema que eviti que els menors d'edat tinguin accés a un tipus d'informació determinat. Evitar que la Xarxa es converteixi en una plataforma per a activitats il·legals en què participin menors d'edat.
2. Assegurar els drets d'autor d'obres literàries, artístiques o científiques.
3. Definir un sistema de signatura electrònica que, d'una forma permanent, identifiqui l'autoria de la informació o els missatges que entren.
4. Assegurar que els missatges enviats són rebuts sense cap alteració.
5. Protegir el dret de mantenir en secret les dades d'àmbit personal i les relacionades amb les activitats que fem en utilitzar la Xarxa.
6. Tenir la certesa que el web que visitem correspon a allò que anuncia.

***b)* Quan es vulnera?**

1. Quan no s'estableix cap control a l'hora d'entrar en una pàgina web.
2. Quan una empresa difon el nostre correu electrònic entre altres empreses.
3. Quan una conversa privada d'un xat es fa pública.
4. Quan un web sembla d'una empresa determinada, però no és així.
5. Sempre que algú ens envia un correu electrònic, ja que mai no podem tenir la certesa absoluta de qui és en realitat.
6. Quan les nostres dades bancàries transcendeixen de l'empresa a la qual hem comprat alguna cosa, sigui per negligència o per delinqüència.
7. Quan pengem en una carpeta compartida un CD que acabem de comprar.
8. Quan no coneixem la identitat de les persones que participen en un xat: mai no sabem si són qui diuen que són.
9. Un web que sembla representar un comerç determinat i que ens permet comprar un producte, quan només actua com a intermediari entre nosaltres i l'empresa real, i guanya un benefici, sense que percebem cap anomalia.
10. Quan arriba publicitat via correu electrònic d'una empresa a la qual no hem accedit mai.
11. Quan s'utilitza la Xarxa per comprar serveis de prostitució infantil.

Activitats

12. Quan es penja a la Xarxa una pàgina web d'un grup de música sense informar la Societat General d'Autors.
13. Quan no arriba la totalitat d'un missatge enviat.
14. Quan no apareix tot el que havíem dissenyat en una pàgina web que pengem.
15. Quan un missatge que hem enviat arriba amb un afegit de publicitat que nosaltres no havíem inclòs.
16. Quan es perd un missatge.
17. Quan no podem localitzar una empresa que ens omple la bústia de correu brossa.
18. Quan s'intenta modificar el remitent d'un missatge enviat o l'autor d'una informació entrada en una pàgina web.
19. Quan qualsevol persona de qualsevol edat pot baixar-se, mitjançant programes P2P, fitxers de contingut sexual.
20. Quan s'utilitza la Xarxa per proporcionar serveis de prostitució infantil.
21. Quan un web emmagatzema tot allò que fem en navegar-hi (*click-stream*) per configurar pàgines web fetes a mida del consumidor.
22. Quan un web destinat a menors d'edat abusa d'un tipus de publicitat determinat.
23. Quan baixem una pel·lícula utilitzant programes P2P.
24. Quan dues empreses comparteixen bases de dades de clients que han comprat mitjançant Internet (normalment cal haver emplenat un formulari previ).

***c)* Quins perills té?**

1. Que les empreses reals tinguin menys beneficis a causa d'intermediaris falsos que hi ha a la Xarxa.
2. Que es produeixi una reducció considerable en el nombre d'obres musicals i cinematogràfiques creades.
3. Que perdem la llibertat a l'hora de navegar per Internet.
4. Que perdem molt de temps cada dia netejant la safata d'entrada de missatges.
5. Que les empreses acabin coneixent els meus gustos i el meu poder adquisitiu i només m'ofereixin productes segons aquests paràmetres.
6. Que siguem víctimes d'una activitat fraudulenta a través d'un web fals.
7. Que ens robin diners del compte bancari.
8. Que perdem informació important quan creiem que ja està enviada.
9. Que no puguem localitzar els autors de pàgines amb contingut il·legal.
10. Que confonguem els autors de determinades informacions, webs o missatges.
11. Que es confongui els menors d'edat.
12. Que perdem la confiança en una empresa perquè suposem que m'estan utilitzant per enviar-me publicitat de terceres empreses a través del correu electrònic i en realitat no és així.
13. Que es vulnerin els drets fonamentals dels menors d'edat.
14. Que confiem informació confidencial a algú que en realitat no és qui afirma que és.
15. Que els artistes perdin la motivació per crear obres noves.
16. Que el meu historial mèdic acabi circulant entre empreses que puguin decidir sobre el meu futur laboral segons les malalties que he patit.

***d)* Solucions**

1. No proporcionar dades personals d'una manera arbitrària.
2. Usar els sistemes que incorporen la majoria de navegadors per tal que els adults puguin filtrar un determinat tipus de pàgines i, d'aquesta manera, fer que no siguin accessibles als menors d'edat.
3. No utilitzar la mateixa contrasenya per a diferents usos.
4. No comprar quan tinguem dubtes de l'autenticitat o legalitat d'un web determinat.
5. Llegir les condicions de privacitat i autenticitat que porten els formularis que emplenem.
6. No baixar música i pel·lícules d'altres usuaris.
7. Incorporar els sistemes tècnics adequats en els programes que usem per assegurar la integritat dels missatges.
8. Usar sistemes d'encriptació de dades.
9. Denunciar qualsevol activitat il·legal que observem a la Xarxa.
10. Consultar entre els usuaris de la Xarxa. Les persones víctimes d'un frau acostumen a compartir ràpidament la seva experiència.
11. Emprendre accions legals contra la pirateria d'àmbit domèstic a la Xarxa.

2.3. Qui controla la Xarxa?

La Xarxa té mecanismes **d'autoprotecció** contra intents de control o de fraus, siguin polítics, econòmics o tecnològics. Els usuaris reaccionen de forma immediata davant de qualsevol amenaça potencial i la contraresten mitjançant la denúncia pública a través dels diferents mitjans que ofereix Internet o amb la creació de nous programes o sistemes tècnics alternatius.

Avui en dia els intents de controlar la Xarxa d'un forma global s'han substituït per un creixent interès a controlar la informació dels usuaris que la utilitzen. La tecnologia actual permet un control cada cop més detallat del rastre digital que els milions d'usuaris deixen diàriament en fer-ne ús.

Lectura 2

Quatre preguntes a Tim Berners-Lee, el creador de la Xarxa

Com explica el creixement extraordinari de la Xarxa en els últims deu anys?

La Xarxa es va expandir molt ràpidament perquè estava descentralitzada i ningú no en controlava el creixement. Qualsevol persona podia crear un servidor o un navegador sense necessitat de demanar cap permís a cap autoritat central. A tot el planeta hi va haver entusiastes que van entendre que la Xarxa ens canviaria la vida i es van dedicar a desenvolupar-la.

El fet que la Xarxa sigui un espai obert constitueix un atractiu poderós. Qualsevol persona pot llegir el que hi ha publicat i aportar-hi, alhora, una contribució. En certa manera, tothom parteix en condició d'igualtat. Aquesta impressió que ofereix oportunitats il·limitades ha estat un element decisiu del seu èxit.

En la seva obra Weaving the Web *(Teixint la Xarxa), fa referència al perill que un grup reduït d'empreses arribi a controlar la Xarxa, o que el seu desenvolupament es limiti per raons comercials. Quines serien les conseqüències d'una situació d'aquesta mena?*

El perill sorgeix quan grans empreses que venen ordinadors i programes comencen a controlar la informació que rebem a través d'Internet. En distribuir ordinadors o navegadors gratuïts, algunes empreses poden impedir als usuaris l'accés als programes dels seus competidors. És possible, fins i tot, que els proveïdors d'accés a Internet arribin a acords comercials amb alguns llocs web perquè siguin més accessibles que d'altres. Això, de fet, ja està començant a passar.

Per un costat, als usuaris els sembla just que una empresa influeixi en el seu accés a Internet si els proporciona ordinadors i programes gratuïts, però per l'altre, és molt important garantir el dret de cadascú a accedir lliurement a la informació. Cap d'aquests aspectes no ha de prevaler sobre els altres.

La Xarxa ha permès una circulació molt més gran de la informació que alguns països procuren regular i controlar. Què n'opina?

Sé que, en efecte, en alguns països estudien la possibilitat o intenten controlar l'accés a la Xarxa per part dels particulars, però aconseguir-ho és molt difícil perquè, gràcies a Internet, la informació circula de múltiples formes. Cada internauta només és un puntet microscòpic en aquest vast sistema. A més, el control de la informació és perjudicial per a les relacions entre el Govern i la població i, a la llarga, per a l'estabilitat del país.

Els múltiples instruments de filtratge disponibles en el mercat són molt més eficaços que la censura de qualsevol Estat. La llei d'un país només pot censurar els llocs que són dins del seu territori, mentre que els altres s'apliquen a llocs de qualsevol procedència. Fonamentalment, correspon als ciutadans escollir els mecanismes socials i el tipus de regulació que desitgen.

Recentment, s'ha observat una multiplicació de les patents en l'àmbit d'Internet. Quines conseqüències té aquest fet per a la Xarxa?

Aquestes patents fan perillar la universalitat de la Xarxa i comporten un greu risc per a les bones idees. Durant els cinc primers anys de vida d'Internet, hi havia un consens en el sentit que la norma universal servia el bé comú. Avui dia, la Xarxa abraça nombrosos negocis. Ara és possible fer-se ric registrant patents per controlar-ne un bocí. En certs casos, fins i tot és possible guanyar diners amb la simple amenaça d'iniciar una acció judicial. Per als qui creuen en la creació d'una Xarxa universal, és una veritable galleda d'aigua freda.

Fragments de l'entrevista d'ETHIRAJAN ANBARASAN,
«Tim Berners-Lee, el senyor de la Xarxa» [en línia]
El Correo de la Unesco (setembre del 2000)

a) Com poden algunes empreses impedir l'accés a programes dels seus competidors distribuint ordinadors o exploradors gratuïts?

b) Què vol dir que a la Xarxa tothom parteix en condició d'igualtat?

c) Creus que pertoca als ciutadans escollir els mecanismes socials i els tipus de regulació que desitgen en el control de la informació?

3. La cultura de la societat digital

> **Vocabulari**
>
> **Ciberespai.** Podríem definir *ciberespai* com la suma de la Xarxa, la informació que hi circula i les persones que hi naveguen. En canvi, el neologisme *cibercultura* fa referència al conjunt de les tècniques materials i intel·lectuals, de les pràctiques, de les actituds, de les diferents maneres de pensar i dels valors que es desenvolupen conjuntament en el creixement del ciberespai.

L'evolució de la cultura sempre ha anat molt lligada als avenços tècnics. De fet, el salt definitiu va ser el resultat del desenvolupament de les tècniques d'informació i comunicació orals que van constituir els primers llenguatges. Posteriorment, amb l'aparició de **l'escriptura** s'esdevé un nou entorn cultural en el qual el saber acumulat, no sols pot ser emmagatzemat, sinó que a més a més pot ser fàcilment difós.

3.1. Ciberespai i cibercultura

Les noves tecnologies de la informació i la comunicació ens han conduït a unes transformacions socials d'igual o més transcendència que la revolució cultural protagonitzada per l'escriptura. És en aquest entorn en què han pres forma els conceptes de **ciberespai** i **cibercultura** com a suport i definició de la cultura estructurada al voltant d'aquest nou canvi tecnològic.

La proliferació dels *smartphones* amb accés instantani, universal i immediat des de qualsevol lloc a Internet i les seves aplicacions ha trencat del tot la barrera entre els espais virtuals i els espais reals. Aplicacions com WhatsApp, SnapChat, Instagram, etc., conviuen amb els aspectes més quotidians de la nostra vida. S'utilitzen mentre mengem, caminem, conduïm, anem al cinema, parlem amb altres persones, etc.

Lectura 3

Una nova societat

Quan en una societat els seus habitants ja no són el mateixos, la concepció del temps ha canviat, la visió de l'espai és més àmplia, les potencialitats físiques i mentals són superiors, l'ètica i la política de les relacions internes han mutat, l'antic art ha estat superat per formes de crear que mai no havien existit i la idea mateix de societat ha rebentat, s'ha fet més àmplia i global, ha arribat el moment de pensar si aquesta societat és la mateixa. I la resposta és: no. Només en quinze anys, des del 1992 fins avui dia, el món ha experimentat una sèrie de canvis tan dràstics i profunds i que afecten tants àmbits: sociològics o íntims, polítics o literaris, jurídics i econòmics, que és impossible mantenir que aquest sigui el mateix món que coneixem. Ha arribat el moment de deturar-nos a pensar què ha passat i escollir un nom qualsevol per definir aquesta nova realitat, perquè el nom antic ha quedat obsolet.

En un assaig vaig anomenar Pangea aquest nou món, perquè és un mot que no exclou ni res ni ningú. Realment, és una tornada a un passat geològic molt llunyà, anterior a la deriva dels continents, quan tota la Terra estava molt unida. Pangea és la denominació del geòleg Wegener a aquella etapa, i aquella imatge d'un planeta unit de nou, gràcies a la tecnologia i als mitjans de comunicació de massa, em sembla especialment fèrtil per explicar el canvi que, d'aquella manera, no és més que un retorn a aquella situació originària [...].

Alguns ingenus parlen de la nova llibertat de Second Life i espais virtuals similars, sense valorar, com recorda Gerfried Stocker, director artístic de l'Ars Electronica Center de Linz, «el control absolut que Linden Lab —la companyia nord-americana que posseeix i gestiona Second Life— exerceix sobre tots i cadascun dels bytes i píxels dels seus tres milions i mig d'usuaris». En realitat, el substrat de Pangea i l'autèntica arrel de l'èxit desmesurat i global de la Xarxa és l'alt contingut econòmic, que per una vegada ha sumat les voluntats dels anacrònics estats territorials i de les dinàmiques implacables de les multinacionals empresarials, amb l'aquiescència, sigui per comoditat o desconeixement, dels ciutadans. En la mesura que és un mitjà electrònic, gràcies al flux constant de bytes, essencialment fluid, hi ha una relació de continuïtat entre totes les parts de Pangea, que s'estén a una nova visió d'allò tècnic amb relació a allò corporal i humà.

VICENTE LUÍS MORA, «Pangea, el nuevo mundo», *La Vanguardia* (Barcelona, 21 novembre del 2007)

a) Quines similitud trobes entre la concepció de Pangea de Wegener i la de l'autor de l'article?

b) En la resta de l'article, Mora diu que, a causa del desenvolupament de les noves tecnologies, s'ha definit un nou espectre polític, ha canviat la manera d'entendre la creació musical i literària i, en definitiva, s'ha redefinit el món. Sabries trobar algun exemple concret de com aquests canvis han afectat la nostra vida quotidiana?

c) Creus, com l'autor de l'article, que el motor principal de l'èxit d'Internet és econòmic?

3.2. La Xarxa: coneixement distribuït o cultura d'aficionats?

Com ja hem comentat al llarg de la unitat, la Xarxa es nodreix tant d'aportacions personals com de contribucions culturals per part d'empreses i institucions, tant de pàgines de divulgació científica com d'altres només d'acudits, d'espais en els quals comprar les últimes novetats musicals al costat d'altres en els quals es recullen les cançons populars, de persones que un dia participen en un fòrum de debat intel·lectual i al dia següent en un al voltant de l'últim partit de lliga, de grups que comparteixen alhora l'amor pel cinema i la crítica i plataformes per a vídeos domèstics, d'activitats fruit de col·laboracions internacionals o de nous sistemes tècnics desenvolupats per un sol individu al garatge de casa seva, de la comunitat de programari lliure al costat del gegant Microsoft i tant de grans biblioteques com de petits articles i comentaris. La llista és gairebé interminable.

> **! Important**
>
> La democràcia participativa ha posat al costat de pàgines de gran valor cultural i intel·lectual, iniciatives com *Wikipedia,* YouTube o el Web 2.0, en les quals cada cop es fa més difícil distingir la informació de la desinformació o diferenciar la publicitat comercial de la creativitat democràtica o col·lectiva.

Les infinites possibilitats que ofereix la Xarxa contraposen dos conceptes: ens trobem davant del que podríem anomenar un **coneixement universalment distribuït** o **col·lectiu,** en què es pot contrastar tot el saber acumulat de la humanitat, o pel contrari la Xarxa s'està convertint en un pou de cultura sense cap valor en mans de simples aficionats? Hi ha arguments per defensar les dues postures.

A. Coneixement distribuït

La Xarxa, seguint amb la filosofia amb la qual es va crear, es pot entendre com un sistema nerviós global, un cervell en el qual cada cibernauta constitueix una neurona.

Un sistema que acabarà generant una mena de coneixement col·lectiu que produeixi pensaments i idees per damunt de les capacitats de cadascuna de les seves petites parts; un continent per a tot el saber acumulat de la humanitat, al qual cadascú de nosaltres aporta una petita part alhora que té accés a la seva totalitat.

B. Cultura d'aficionats

Pel contrari, hi ha qui afirma que el fet que qualsevol persona pugui introduir qualsevol tipus **d'informació,** opinar sobre qualsevol tema o crear qualsevol sistema per difondre qualsevol tipus de contingut perfila una Xarxa en la qual la cultura viatja des de l'àmbit d'intel·lectuals, acadèmics, crítics, periodistes o investigadors cap a aficionats que sovint passen per alt la cura i el rigor que aquells tenien per la qualitat de la informació i del coneixement.

C. Internet 2

El caràcter **comercial** de la Xarxa i l'increment constant del nombre d'usuaris ha anat deteriorant la qualitat dels serveis que ofereix, sobretot pel que fa a la velocitat de transmissió de dades.

> **+ *Més dades***
>
> Al Japó s'han aconseguit, a través d'Internet 2, velocitats de transmissió de 10 Gbps, tres mil vegades més altes que una connexió domèstica estàndard. A aquesta velocitat una pel·lícula en format d'alta qualitat trigaria menys de deu segons a descarregar-se: 1,25 GBytes per segon.

Com a conseqüència, els estudiants i investigadors que utilitzen Internet s'han vist clarament perjudicats atès que la Xarxa ha perdut progressivament el caràcter per al qual havia estat creada. Un conjunt d'universitats americanes va desenvolupar Internet 2, una infraestructura de comunicacions basada en Internet, a disposició només de la comunitat científica i educativa que funciona separada de la Internet comercial, que uneix laboratoris i universitats de tot el món, i amb la qual es poden aconseguir velocitats de transmissió fins a mil vegades més ràpides que en l'actual Internet.

A banda de l'Internet més conegut i el que utilitzen la majoria dels usuaris també existeix el que s'anomena la Deep Web. Aquesta fa referència a tota aquella informació que no es pot trobar utilitzant els cercadors tradicionals ja que no està indexada. Diferents capes d'informació no accessibles de forma universal contenen al voltant d'unes cinc-centes vegades més dades que el web superficial.

3.3. Els mitjans de comunicació, la publicitat i la participació de l'usuari

Més dades

Dins el concepte de Web 2.0, una tercera generació de motors de cerca està començant a funcionar. Es tracta de cercadors enfocats cap a l'usuari concret que fa la cerca, de manera que, per exemple, davant d'una cerca de la paraula *león,* s'obtindrien referències cap a una ciutat o cap a un model de cotxe en funció de si l'usuari és un professor de geografia o un venedor d'automòbils.

Els **mitjans de comunicació** tradicionals tenen dues característiques que els fan molt diferents dels mitjans de comunicació que podem trobar a la Xarxa: la unidireccionalitat i la linealitat. Unidireccionalitat perquè només poden anar des del comunicador al receptor, i linealitat perquè la trama només és en una única direcció.

Una notícia en un informatiu a la televisió dura un temps determinat i mostra una informació concreta i invariable per a l'usuari. Un article d'un diari aporta estrictament la informació que conté i no podem ampliar-la consultant altres planes del diari. La publicitat que apareix en una revista és independent dels gustos específics del lector i és sempre la mateixa, tants cops com s'obri la pàgina on està ubicada.

Internet és utilitzat diàriament per milions d'usuaris, i els mitjans de comunicació i les empreses de publicitat no se n'han quedat al marge. Han hagut d'adaptar-se a un nou entorn en què l'usuari pot interactuar i reconfigurar al seu gust la manera en què està organitzada la informació transmesa. A mesura que llegim una notícia, un article o veiem un vídeo podem, amb el sistema d'hiperenllaços, anar saltant d'un lloc a un altre i conformar el nostre espai informatiu segons els nostres interessos.

Els mitjans de comunicació, i sobretot les **empreses de publicitat,** ja no es poden limitar només a la creació de l'espai d'informació o publicitari, al disseny de la imatge de l'objecte i a la definició de la seva funció, han de dissenyar també l'experiència que n'implica l'ús. Aquest disseny ha de passar per intentar mantenir, el màxim temps possible, l'usuari navegant en un espai concret i evitar que fugi cap a altres pàgines.

La **informació rebutjada** passa a tenir, en aquest entorn, un gran valor en el mercat, ja que permet redefinir l'experiència, per tal que en la connexió següent el nou usuari se senti força més atret. Avui es treballa amb webs personalitzades que es readapten en cada nova consulta segons l'usuari. Si visitem, per exemple, una pàgina web d'una botiga de roba i ens identifiquem com a clients, la base de dades emmagatzema les nostres preferències, gustos, talla i fins i tot poder adquisitiu; així, en la visita virtual següent, apareixerà una nova web totalment adaptada al nostre perfil individual, en la qual s'haurà eliminat tot allò que en l'anterior visita no ens havia interessat.

! Important

Els hiperenllaços funcionen de dues maneres que tenen diferent grau d'opcionalitat: amb enllaços conjuntius o enllaços disjuntius. Els **enllaços conjuntius** tenen una relació d'alternança entre els diferents elements, en canvi, en els **enllaços disjuntius** funcionen simultàniament dos o més elements en la mateixa pantalla (per exemple els *pop up* o finestres emergents d'Internet). És ben segur que tots hem pogut comprovar en més d'una ocasió que els primers ofereixen un grau de llibertat en l'elecció que els segons no tenen, ja que apareixen de forma indiscriminada sense que entenguem molt bé ni el perquè ni qui els envia.

L'elevat nombre de finestres automàticament emergents acaben sent força molestes mentre naveguem per Internet; i, de vegades, arriben a ocultar gairebé tota la pàgina web principal que estem visitant. En la majoria de casos es tracta de reclams publicitaris abusius que apareixen de forma indiscriminada en la pantalla. Avui dia, hi ha multitud d'aplicacions que limiten el nombre de finestres d'aquest tipus.

La **televisió** segueix sent encara el mitjà de comunicació de massa per excel·lència. Les noves tecnologies, com la televisió digital terrestre (TDT) o les plataformes digitals, la fan cada cop més atractiva i amplien contínuament la seva oferta.

De moment, Internet segueix sent un mitjà majoritàriament de lectoescriptura, és a dir, que la majoria d'informació a la qual tenim accés ha de ser llegida, cosa que implica un esforç molt superior a estar assegut davant el televisor.

L'augment de l'amplada de banda, i el consegüent increment de velocitat de navegació, està provocant un augment de les pàgines web de contingut purament audiovisual; i aquestes webs estan tenint una bona acollida entre els internautes. Existeixen ja canals de televisió per Internet, pàgines on veure pel·lícules en línia sense descarregar-les o pàgines on compartir vídeos domèstics. Hi ha el risc, però, que Internet s'acabi convertint en una gran televisió interactiva dominada pels grans mitjans de comunicació, que carregui la Xarxa dels mateixos continguts que omplen avui dia la televisió.

3.4. Els models electrònics

El **correu electrònic** *(e-mail),* els llibres en format digital *(e-book)* i l'ensenyament a distància *(e-learning)* són alguns dels models més coneguts que han adoptat el format e-... en la definició del seu nom, i que funcionen en format digital i que, per tant, poden utilitzar la Xarxa com a mitjà de difusió.

Estan començant a funcionar altres models d'aquest tipus dins l'àmbit de la cultura digital com **l'e-administració, l'e-democràcia o l'e-medicina,** que utilitzen els avantatges que ofereix la Xarxa i la digitalització de la informació per millorar els seus serveis i obtenir un millor rendiment dels seus recursos.

Observa i pensa

Analitzem més a fons la bretxa digital

Contesteu les preguntes següents a partir de les dades sobre l'ús de les telecomunicacions en el món que teniu a continuació.

	Milions										Per cada 100 habitants									
	2007	2008	2009	2010	2011	2012	2013	2014	2015	2016*	2007	2008	2009	2010	2011	2012	2013	2014	2015	2016*
Línies de telèfon fix																				
Països desenvolupats	546	544	562	553	540	526	510	498	484	471	44,8	44,3	45,5	44,6	43,4	42,2	40,8	39,7	38,5	37,3
Països en vies de desenvolupament	708	705	692	676	661	652	628	593	565	542	13,0	12,8	12,4	11,9	11,5	11,2	10,6	9,9	9,3	8,8
Món	1254	1249	1254	1229	1201	1178	1138	1090	1049	1013	18,8	18,5	18,4	17,8	17,2	16,7	15,9	15,1	14,3	13,7
Línies de telèfon mòbil																				
Països desenvolupats	1243	1325	1383	1404	1411	1447	1481	1536	1577	1600	102,0	107,8	112,1	113,3	113,5	116,0	118,4	122,7	125,7	126,7
Països en vies de desenvolupament	2125	2705	3257	3887	4453	4785	5185	5470	5638	5777	39,1	49,0	58,2	68,5	77,4	82,1	87,8	91,4	93,0	94,1
Món	3368	4030	4640	5290	5863	6232	6666	7006	7216	7377	50,6	59,7	68,0	76,6	83,8	88,1	93,1	96,8	99,7	13,7
Línies mòbils amb servei de banda ampla																				
Països desenvolupats	225	336	450	554	707	828	926	1013	1093	1140	18,5	27,5	36,6	44,7	56,8	66,4	74,0	80,9	87,1	90,3
Països en vies de desenvolupament	43	86	165	253	475	726	1027	1645	2140	2513	0,8	1,6	3,0	4,58,3	12,4	17,4	27,5	35,3	40,9	94,1
Món	268	422	615	807	1182	1554	1953	2658	3232	3654	4,0	6,3	9,0	11,5	16,7	21,7	27,3	36,7	44,2	49,4
Usuaris d'Internet																				
Països desenvolupats	719	753	776	824	841	898	923	952	980	1023	59,0	61,3	62,9	66,5	67,7	72,0	73,8	76,1	78,1	81,0
Països en vies de desenvolupament	645	808	974	1190	1374	1561	1738	1979	2227	2465	11,9	14,6	17,4	21,0	23,9	26,8	29,4	33,1	36,7	40,1
Món	1365	1561	1751	2014	2216	2459	2660	2931	3207	3488	20,6	23,1	25,6	29,2	31,7	34,8	37,2	40,5	43,8	47,1

Taula 9.5. Ús de les telecomunicacions en el món. Font: International Telecomunication Union, *www.itu.int.*

a) Calculeu el creixement en usuaris i en percentatge que hi hagut des de l'any 2006 fins al 2016 en els quatre aspectes analitzats, completant la taula següent:

Línies de telèfon fix	Variació nombre d'usuaris	Variació %
Països desenvolupats		
Països en vies de desenvolupament		
Món		

Línies de telèfon mòbil	Variació nombre d'usuaris	Variació %
Països desenvolupats		
Països en vies de desenvolupament		
Món		

Línies mòbils amb servei de banda ampla	Variació nombre d'usuaris	Variació %
Països desenvolupats		
Països en vies de desenvolupament		
Món		

Usuaris d'Internet	Variació nombre d'usuaris	Variació %
Països desenvolupats		
Països en vies de desenvolupament		
Món		

b) En quin dels quatre aspectes hi ha hagut un creixement més gran en termes absoluts?

c) I percentualment?

d) Quines creieu que poden ser les causes?

e) Quina creieu que serà la tecnologia que ajudarà a disminuir més la bretxa digital?

f) A banda de la bretxa digital associada al grau de desenvolupament dels diferents països, indiqueu com poden contribuir a crear diferències en l'ús de les noves tecnologies els factors següents: 1) l'edat; 2) el gènere; 3) l'idioma; 4) la més o menys inserció en una societat de consum.

g) Valoreu si l'ús de les noves tecnologies en l'àmbit de les connexions digitals en cada cop més objectes d'ús quotidià, pot acabar esdevenint en una nova bretxa digital més enllà de l'ús d'Internet aplicat a ordinadors i telefonia mòbil.

Activitats finals

1. Fixa't en els deu països amb la taxa de penetració més baixa del món. Quin creus que és el motiu d'aquesta taxa tan reduïda?

	Països	Taxa penetració
1	Moçambic	0,73 %
2	Guinea	0,59 %
3	Mali	0,53 %
4	Madagascar	0,50 %
5	Mauritània	0,47 %
6	Ruanda	0,45 %
7	Laos	0,42 %
8	Nepal	0,41 %
9	Malawi	0,41 %
10	Burundi	0,35 %
11	República Centreafricana	0,23 %
12	Bangla Desh	0,22 %
13	Sierra Leone	0,19 %
14	Níger	0,19 %
15	Etiòpia	0,16 %

Taula 9.6. Els quinze països amb la taxa de penetració més baixa.

2. Intenta esbrinar, utilitzant Internet, el nombre de pàgines web que hi ha en l'actualitat. No intentis buscar directament el nombre, pensa en algun sistema que et pugui portar a una solució aproximada.

3. Quan trigaríem a baixar un fitxer de 30 MBytes si tenim una connexió de 2 Mbps, funcionant a màxima velocitat?

4. Quina relació hi ha entre el codi Morse i la digitalització de la informació?

5. Quina diferència hi ha entre Internet i el World Wide Web?

6. Quines són les aplicacions principals que s'han desenvolupat sobre Internet?

7. Quins altres tipus de virus coneixes a part dels troians?

8. Esmenta algunes aportacions individuals que una persona connectada a Internet pot fer en pro d'una intel·ligència col·lectiva.

9. Per què és tan important per als mitjans de comunicació dissenyar també la manera en què els usuaris es mouen dins les seves pàgines web?

10. Llegeix el text següent i respon a les preguntes que hi ha a continuació:

[...] D'on prové, llavors, aquesta dissonància cognitiva? En part, existeix un biaix dels mitjans cap a la publicació d'informacions alarmants per allò que només és notícia el que són males notícies; per exemple, que el nostre equilibri mental i el dels nostres fills estan greument amenaçats per les tecnologies. Però no cal donar la culpa als periodistes que, simplement, reflecteixen el sentiment de la societat i també les rotundes afirmacions d'una sèrie de pseudoexperts desconeixedors del nou entorn, que ho denuncien sense dades rigoroses aprofitant un context en el qual les tertúlies senten càtedra en molta major mesura que l'acadèmia.

En realitat ens trobem davant d'un fet més greu: el rebuig de les persones grans, de les elits de poder i de les institucions i organitzacions de la vella societat a les tecnologies, cultures i formes de relació de la societat que neix i que ja viu plenament en els joves. I és que Internet és, per sobre de tot, un instrument de llibertat i un espai de comunicació autònoma, com demostra la investigació.

I com que el poder, des de sempre, s'ha fundat en el control de la comunicació i la formació, la idea de perdre aquest control és simplement insuportable, tant en la política com en els mitjans de comunicació de massa (la televisió tradicional, sobretot) o en la indústria cultural basada en el monopoli dels productes culturals amb finalitats de lucre (els clients de l'SGAE?). Però atès que, en realitat, no es pot prescindir d'Internet, se n'intenten acotar els usos, i deslegitimar-ne el desenvolupament de noves formes, encara més potents, com el Web 2.0, YouTube o Second Life, a més de buscar, amb poca eficàcia, formes de censurar i reprimir.

I com que la gent de més edat se sent insegura en un món en el qual la comunicació i la informació depenen de tecnologies que els són alienes i que, en canvi, són l'entorn natural dels seus nets, existeix una gran massa susceptible de ser influenciada per les històries d'horror sobre la Xarxa.

De fet, la nostra enquesta mostra que la por a Internet existeix, sobretot, entre els qui mai no l'han usat. És aquesta por a allò desconegut sustentada en els interessos comercials i polítics que Internet posa en qüestió amb la seva dinàmica d'autonomia i llibertat el factor que alimenta el temor a la virtualització de les nostres vides i converteix en titular el resultat més banal de la nostra recerca: que la nostra existència és alhora virtual i presencial, que les dues dimensions s'entremesclen en totes les nostres pràctiques i que l'ampliació de les nostres possibilitats d'expressió estén i enriqueix el nostre ésser social.

Benvinguts al món que ja és el nostre, benvinguts a la cultura de la virtualitat real.

Manuel Castells, «Los mitos de Internet»,
La Vanguardia (30 juny del 2007)

a) Per què creus que es parla d'un cert rebuig d'Internet per part de les elits de poder?

b) Com es poden deslegitimar alguns aspectes d'Internet?

c) Doneu exemples de com la classe política intenta mantenir una presència controlada a la Xarxa ara que ha perdut els mitjans tradicionals de comunicació com a única font per arribar a la ciutadania.

d) Busqueu qui són les persones o entitats que més seguidors tenen a Twitter, Instagram, YouTube i Facebook i quines són les seves ocupacions. En quina posició es troben els partits polítics principals i els seus líders?

Posa't a prova

1. Qué és la taxa de penetració?

a) El nombre d'usuaris d'Internet en un país.

b) El percentatge d'usuaris d'Internet d'un país respecte de la seva població.

c) El percentatge d'usuaris d'Internet d'un país respecte de la població mundial.

2. Sobre quin suport físic funcionen la majoria de comunicacions a través d'Internet?

a) Mitjançant satèl·lits.

b) Mitjançant microones.

c) Mitjançant cables.

3. Quin és el país amb un nombre d'usuaris d'Internet més gran?

a) Els EUA.

b) La Xina.

c) L'Índia.

4. Què entenem per privacitat quan fem ús de la Xarxa?

a) Conèixer l'autor d'una pàgina web.

b) Assegurar que no hi ha cap alteració en els missatges enviats.

c) El dret a mantenir en secret les dades d'àmbit personal i les relacionades amb les activitats que fem en utilitzar la Xarxa.

5. Quin dels sistemes següents no és sense fil?

a) Wireless.

B) WIMAX.

c) Fibra òptica.

6. Internet Explorer és:

a) Un cercador.

b) Un navegador.

c) Un sistema operatiu.

7. Qui està intentant establir un control sobre Internet d'una forma més determinant?

a) Algunes empreses.

b) El World Wide Web.

c) Els governs en general.

8. Quina de les característiques següents diferencia els nous mitjans de comunicació que hi ha a la Xarxa respecte dels més tradicionals?

a) Un accés universal més gran.

b) Un contingut audiovisual més gran.

c) Comunicació bidireccional amb el públic.

9. Indica quina de les afirmacions següents és certa:

a) Internet és l'únic culpable de l'augment d'activitats il·legals de contingut sexual.

b) El desenvolupament de la Xarxa és en mans de les empreses de programari.

c) El desenvolupament de la Xarxa és un dels millors exemples de col·laboració internacional desinteressada.

10. La intel·ligència col·lectiva...

a) Fa referència a la potència global que tenen tots els ordinadors que estan connectats a la Xarxa en un mateix instant.

b) Fa referència a les aportacions de tipus personal que poden fer cadascuna de les persones que estan connectades a la Xarxa.

c) Fa referència a la gran quantitat de memòria que tenen els milions de servidors que hi ha en l'actualitat.

11. En quin moment apareixen els primers telèfons intel·ligents *(smartphones)*?

a) 1947.

b) 2007.

c) 1997.

12. Què s'entén per Internet de les coses?

a) Interconnexió digital mitjançant Internet d'objectes quotidians diferents d'un ordinador, tauleta o telèfon intel·ligent per oferir diferents serveis.

b) La informació que es pot trobar a Internet sobre qualsevol cosa que busquem.

c) És una manera d'explicar que, de moment, les persones no podem estar directament connectades a Internet.

13. Quin dels navegadors següents ens permet navegar per la Deep Web?

a) Internet Explorer.

b) Tor.

c) Google Chrome.

14. A quants KBytes/s equival una connexió de fibra òpitca de 320 Mbits/s?

a) 32 000 KBytes/s.

b) 40 MBytes/s.

c) 2 560 KBytes/s.

Llegeix i reflexiona

«Lo preocupante del Internet de las cosas es la seguridad, que nos pirateen la casa»

Sanjay Sarma, profesor de Ingeniería Mecánica en el MIT y vicepresidente para el Open Learning, hace un repaso a las implicaciones de la tecnología en nuestra vida diaria.

Pregunta. ¿Cómo define el Internet de las cosas (IoT, por sus siglas en inglés)?

Respuesta. El Internet de las cosas es un conjunto de tecnologías que te permite conectarte y poner inteligencia, como si fuera un polvo mágico que soplas sobre los objetos para hablar con ellos y que interactúen entre sí. Los objetos establecen el ecosistema y permiten que un nuevo y fascinante mundo se adapte a ti, para hacer la vida más sostenible, segura y saludable; para ser más eficiente, de mejor calidad, más confortable. Eso es el Internet de las cosas, el polvo mágico que acerca la tecnología a las cosas que no imaginabas que la tecnología podía tocar.

P. ¿Es un concepto sin una definición adecuada?

R. Sí. Desde mi punto de vista, el Internet de las cosas no es una tecnología o una plataforma en particular. Es una familia de tecnologías. Pero, sobre todo, es un lenguaje de diseño para imaginar el futuro de nuestro mundo.

P. ¿Cómo se explica el Internet de las cosas a una persona que nunca ha estado conectada a las tecnologías?

R. Imagina que le dices a una persona de sesenta años: «Quiero conectar esta silla a Internet». Se va a reír de ti. Pero si se lo dices a un estudiante de dieciocho años del MIT, dirá «claro». Además, te dirá «puedo poner sensores en tu silla, ver si has perdido peso, la postura en la que te sientas, las veces que te has levantado...».

P. ¿Cuáles pueden ser las consecuencias de estar conectado al Internet de las cosas?

R. Hay un montón de consecuencias positivas, ahorrarás energía, estarás más seguro, la vida puede ser mejor..., pero eso pasa con todas las tecnologías. Lo que me preocupa es la seguridad, que pirateen nuestro sistema, que se hagan con el control de mi casa, por ejemplo. Eso puede ser un problema.

P. ¿Y el estrés?

R. Cualquier tecnología puede causar estrés. Creo que si el Internet de las cosas es perturbador para nuestras vidas, por ejemplo, si tienes dos correos electrónicos y estás recibiendo mucha información, entonces es estresante. Lo que tenemos que hacer es encontrar una forma de implementar el Internet de las cosas y reducir el estrés.

P. ¿Es necesario que los gobiernos intervengan en el Internet de las cosas, creando leyes, por ejemplo?

R. Creo que los gobiernos deben actuar como un agente que facilite espacios públicos para poner a prueba el Internet de las cosas, como parques o aparcamientos. Debe ser un reto para los estudiantes, para los emprendedores, para los tecnólogos... pensar sobre el futuro. Por ejemplo, nosotros estamos en Segovia ahora mismo, que es una ciudad turística. Supongamos que no tiene señales viales, ni la dirección de las calles... ¿cómo se orientan los visitantes? Muy fácil: utilizando el GPS del smartwatch, unas pequeñas vibraciones de la correa de nuestro reloj podrían indicarnos cuándo doblar a la derecha, cuándo seguir de frente... Esas vibraciones deberían producirse unos cincuenta metros, más o menos, antes de cambiar de dirección para saber que tenemos que hacerlo. [...]

P. ¿Cuál será el futuro del Internet de las cosas?

R. El Internet de las cosas está pasando, no lo podemos evitar. Cada día una nueva tecnología se está creando. Todo es de forma gradual, no te das cuenta del cambio, pero en tres o cinco años mirarás hacia atrás y te sorprenderás de cómo las cosas han cambiado. No serás capaz de imaginar una vida sin muchas de esas tecnologías. El futuro está pasando. [...]

P. ¿Cuándo se podría decir que empezó todo?

R. Hace veinte años, cuando empezamos, estaba claro que todo esto iba a pasar, estaba muy claro. Pero la gente se reía de nosotros y nos decía que estábamos locos o que esto era ciencia ficción. Pero la ciencia ficción se ha hecho realidad en nuestras vidas. Es un momento maravilloso.

MICAELA QUINTEROS, *El País* (25 setembre del 2016)

Contesteu les preguntes següents:

a) Indiqueu objectes d'ús quotidià que utilitzeu normalment que estiguin connectats a Internet.

b) Indiqueu quins beneficis i inconvenients tenen els articles següents amb connexió a Internet: una nevera, unes sabatilles esportives, un rellotge, un cotxe, l'objectiu d'una màquina de fer fotografies, els aparells de domòtica d'una casa que controlen la calefacció.

c) Quin benefici treuen els fabricants d'aquests articles pel fet de dotar-los de connexió a Internet?

d) Trobeu que hi ha algun denominador comú en els inconvenients que pot presentar un nombre creixent d'objectes amb connexió a Internet?

e) Perquè creieu que la geolocalització d'algunes d'aquestes aplicacions és tan necessària per als proveïdors d'aquests productes o serveis?

f) Moltes de les aplicacions més utilitzades requereixen d'un registre inicial amb les nostres dades. Indiqueu quins beneficis pot tenir per a Google o Facebook el fet de poder fer-lo a través dels comptes que tenim creats amb ells.

A fons

El món virtual substitueix el món real?

Les metàfores més conegudes a l'hora de fer estudis sobre l'impacte social d'Internet l'assimilen a una ciutat (Telèpolis) o a un nou país pendent de colonització (Cibernació). La pregunta sobre l'estructura i la possible regulació (ètica o jurídica?) d'aquest espai de comunicació no hauria de passar per alt el valor d'aquestes dues metàfores a l'hora d'obrir una reflexió que vagi un xic més enllà de l'enlluernament ingenu sobre les hipotètiques possibilitats llibertàries de la Xarxa. En poc més de deu anys Internet ha generat prou anàlisis per saber que ni tot serà possible (i no sols per raons purament tecnològiques), ni tot seria desitjable (i no sols per raons morals o per interessos econòmics).

Si Internet s'urbanitza com una ciutat virtual, llavors caldrà recordar que a totes les ciutats hi ha barris alts i barris baixos, avingudes i carrers foscos. Si Internet apareix com un territori per colonitzar, llavors cal no perdre de vista que el primer que hi arribi tindrà dret: «a tota la terra que ell i la seva família puguin llaurar», com deien les antigues lleis del Far West. Talment com arreu, hi haurà també, per exemple, delicte i negociants sense escrúpols. Però seria bo no oblidar que el «cibercrim» i el «cibersexe» no han estat provocats per Internet, ni potenciats especialment per la Xarxa.

Com a molt són la forma nova d'antics problemes. La prostitució, per exemple, era «l'ofici més vell del món» molts milers d'anys abans del naixement d'Internet. I, per tant, no hauria d'estranyar que de les llistes de webs més consultades que publiquen els cercadors, la majoria siguin de contingut sexual.

Internet no canvia la naturalesa humana, sinó que en fa possibles altres formes d'expressió. Per això, cal no oblidar-ho mai, no serà «el mitjà» únic, sinó un més —molt important— entre d'altres.

Cal ser, però, conscients que Internet obligarà a una nova comprensió del fet cultural. Conceptes com el de dret d'autor no tenen sentit a la Xarxa, perquè senzillament tots som autors. Això serà terrible per a algunes indústries culturals (discos, llibres) i acabarà amb alguns falsos prestigis. Internet fa trontollar velles formes de saber i deixa, per tant, sense fonament algunes eines de poder.

Això demanarà, òbviament, una regulació jurídica a escala mundial. Però seria bo que no es fes al marge, ni en contra, dels usuaris d'una Xarxa que fins ara s'han (auto)organitzat passablement bé.

RAMON ALCOBERRO, professor associat d'Ètica a la Universitat de Girona, «Regular Internet?».

L'article anterior reflexiona sobre el paper d'alguns aspectes relacionats amb Internet i el seu ús al voltant d'aquesta *teoria de la substitució.*

Sovint se'ns presenta la imatge d'un internauta com una persona aïllada de la societat que passa la major part de les hores davant l'ordinador dedicant-se a *activitats virtuals* alienes a la vida real.

Fig. 9.13. El filòsof i matemàtic Javier Echeverría va encetar a Espanya el debat sobre noves tecnologies i ciutat.

Derivada d'aquesta imatge resulta la tendència a veure Internet com un instrument que acabarà substituint moltes de les activitats que ara fem en el *món real* per altres que només es duran a terme en el *món virtual:* xats que substituiran les trobades d'amics en un cafè o visites virtuals a països llunyans o a museus sense públic que acabaran amb les ganes de viatjar.

La immensa majoria de les investigacions científiques i enquestes rigoroses efectuades sobre els usos d'Internet conclouen justament tot el contrari: Internet no aïlla, ni aliena ni actua com a substitut d'antics hàbits de vida, sinó que incrementa la sociabilitat i l'activitat de les persones en totes les dimensions de la vida.

En general, els usuaris més actius d'Internet, comparats amb persones que no l'utilitzen, acostumen a ser més sociables, tenen més amics, relacions familiars més intenses, menys tendència a la depressió i a l'aïllament, més autonomia personal, més riquesa personal i més participació ciutadana i sociopolítica. Internet no ha substituït els nostres hàbits socials per uns de nous, simplement ens ha dotat de noves eines i instruments per a un espai de relació social vinculat a tot allò que fem en la nostra vida.

En realitat, el món virtual no pot substituir cap aspecte del món real, perquè allò que anomenem *virtual* és ara una part més d'allò que anomenem *real.* Les activitats d'un i altre món es complementen i s'alimenten mútuament de manera que allò que és virtual fa créixer allò que és real i viceversa.

1 Projecte de recerca

Els terratrèmols ens segueixen sorprenent

Molt sovint ens arriba la notícia que en algun indret del món s'ha produït un terratrèmol que ha causat danys materials i/o víctimes mortals, ja sigui per causa directa dels terratrèmols o per fenòmens que se'n deriven, com les allaus, les esllavissades o els tsunamis.

Aquest tipus de notícia sempre arriba de forma inesperada, la qual cosa causa encara més estupor. Realment, el problema principal del risc sísmic és l'escassa o nul·la capacitat de predicció que en tenim, tot i el nivell tecnològic que hem arribat a assolir.

Durant aquests primers anys del segle XXI s'han produït com a mínim quinze terratrèmols catastròfics, amb més de mil víctimes mortals cadascun.

Per tal de caracteritzar el risc sísmic cal definir i correlacionar els factors que el condicionen:

- La **perillositat** està determinada per la probabilitat que en determinats indrets es produeixin terratrèmols i per la seva magnitud. Consulteu el llibre i el mapa de la pàgina següent per saber-ne més.

Any	País	Morts
2001	El Salvador	2262
2001	Índia	23900
2003	Afganistan	1000
2003	Algèria	2300
2003	Iran	30000
2004	Marroc	1200
2004	Indonèsia	229000
2005	Índia	126000
2006	Indonèsia	5427
2007	Perú	1395
2008	Xina	100000
2010	Haití	430000
2010	Xina	2800
2011	Japó	100000

- L'**exposició** està determinada per la quantitat de persones que poden patir-ne els efectes, que pot venir representada per la densitat de població de la zona afectada.
- La **vulnerabilitat** està determinada pel grau de susceptibilitat de les estructures de ser afectades pels terratrèmols, és a dir, per exemple, per la qualitat dels edificis. Pot tenir relació amb el nivell de riquesa de la regió.

La falla de San Andrés, a Califòrnia, ha provocat alguns dels terratrèmols històrics més importants, com el de San Francisco del 1906, que va destruir el 80 % de la ciutat, o el de Loma Prieta del 1989 entre d'altres. En aquesta regió, des de fa ja força anys, s'espera un terratrèmol de gran magnitud potencialment molt destructiu, anomenat The Big One.

Amb aquesta informació podeu explicar l'elevat nombre de víctimes que han causat aquests sismes i, per tant, establir les bases per a una possible acció a escala mundial per disminuir la mortalitat causada pels terratrèmols.

a) Cerqueu informació sobre la magnitud a l'escala de Richter d'aquests terratrèmols, sobre la renda *per capita* dels països afectats, sobre la seva densitat de població i, juntament amb la informació del mapa de les plaques litosfèriques, traieu conclusions sobre les causes de la mortalitat elevada.

b) Cerqueu altres països susceptibles de patir els efectes dels terratrèmols tenint en compte tots els factors.

c) Suposeu que creeu un organisme depenent de l'ONU destinat a estudiar i pal·liar els efectes dels terratrèmols, especialment a les zones més desafavorides econòmicament, i feu una proposta de quines mesures es podrien prendre.

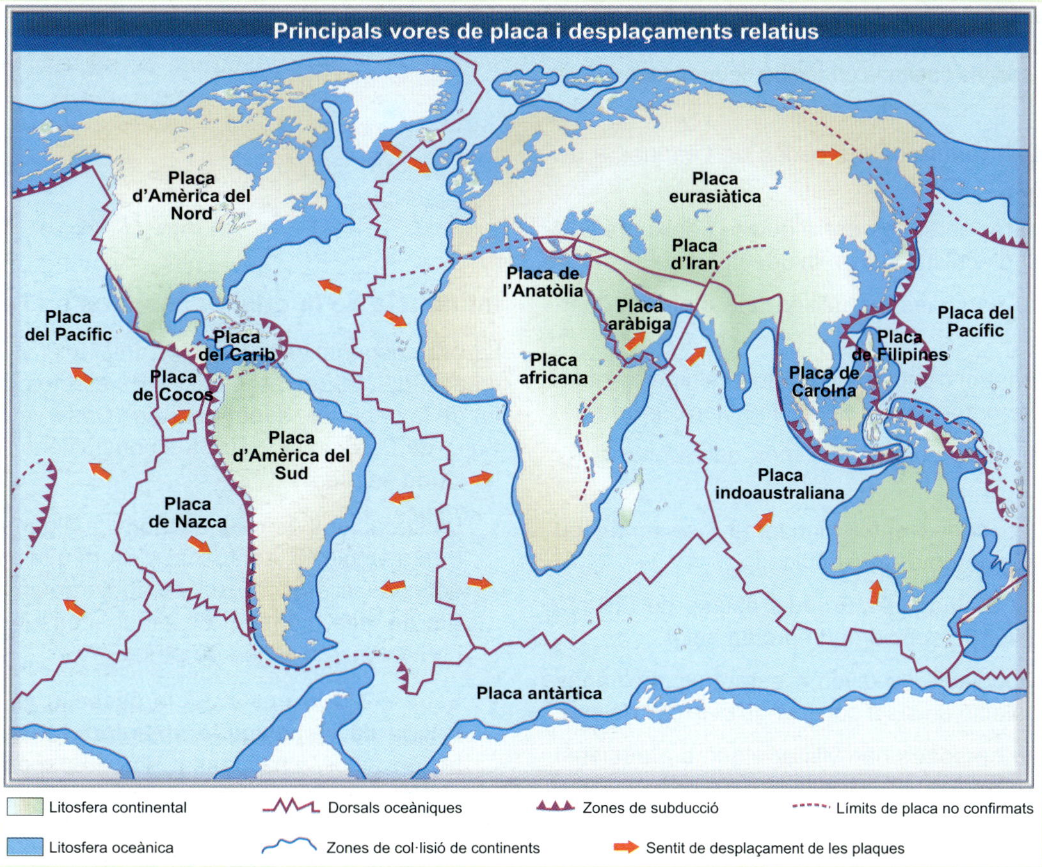

2 PROJECTE DE RECERCA

Evolució de l'estat de la salut a Catalunya

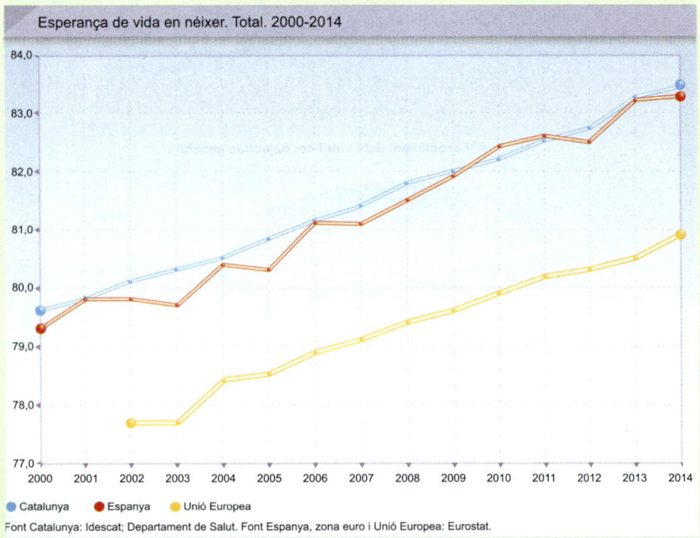

L'esperança i la qualitat de vida, així com el nivell de salut en general de les persones, augmenta amb el pas del temps, gràcies als avenços en el camp de la medicina i en disciplines associades com la nutrició. No obstant això, els hàbits de les persones pel que fa a l'activitat física, la dieta, el consum de tabac, drogues o alcohol o l'ús dels serveis sanitaris és també determinant.

A continuació tens un resum de les dades de l'enquesta de salut de Catalunya del 2015:

- Tres de cada quatre persones entre quinze i seixanta-nou anys té un nivell d'activitat física saludable.
- Set de cada deu persones segueixen una dieta mediterrània.
- En general, el consum freqüent de productes hipercalòrics es manté estable entorn al 27 % en la població infantil.
- Una quarta part de la població de més de catorze anys fuma.
- Nou de cada deu dones entre cinquanta i seixanta-nou anys es fan una mamografia periòdica.
- Amb el 83,3 %, Catalunya és un dels països de la Unió Europea amb millor percepció de la pròpia salut.
- La meitat de la població de divuit a setanta-quatre anys i un terç de la població de sis a dotze anys té excés de pes.
- Nou de cada deu persones han visitat algun professional de la salut com a mínim una vegada el darrer any.
- El 60,3 % de la població de quinze anys i més ha consumit algun medicament en els darrers dos dies.

a) Formula hipòtesis que puguin explicar per què l'esperança de vida a Catalunya i Espanya és superior a la mitjana de la Unió Europea.

b) A la vista dels resultats de l'enquesta fes un informe sobre:

- Quins resultats poden ser preocupants.
- Quins resultats tenen un bon marge de millora.
- Quins aspectes socials o econòmics poden motivar que alguns resultats no siguin òptims.

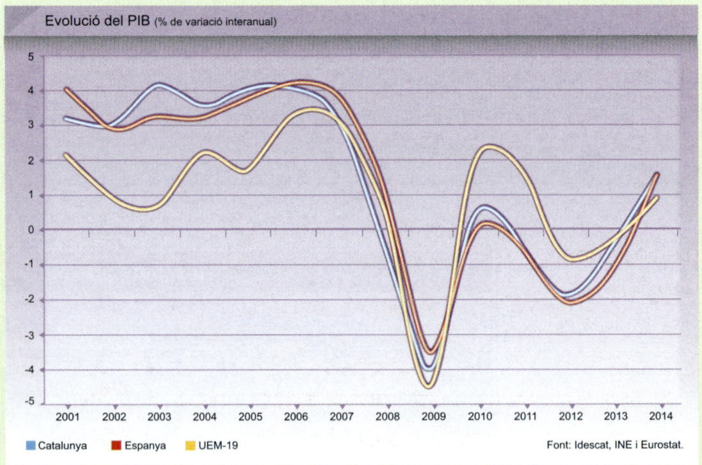

Influència de la crisi econòmica en l'estat de salut

La crisi econòmica que es va iniciar el 2008 va motivar la creació de l'Observatori sobre els efectes de la crisi en la salut de la població, dependent de l'Observatori del Sistema de Salut de Catalunya. Entre les conclusions extretes es troben les dues següents:

- En situacions de crisi econòmica alguns factors com l'estrès associat a la situació d'atur i a la manca de recursos econòmics afavoreixen l'empitjorament dels **hàbits i estils de vida** (consum de tabac, consum de risc d'alcohol i prevalença d'excés de pes).
- Entre el 2008 i el 2014 la **despesa en medicació hospitalària de dispensació ambulatòria** (MHDA) ha augmentat un 25 %, s'ha passat d'una despesa de 560 milions d'euros a una de 699 milions d'euros. La limitació de finançament establerta per l'Estat espanyol no va ser aplicada pel Departament de Salut.

El Pla de Salut de Catalunya 2016-2020 estableix objectius relacionats amb els resultats de l'enquesta de salut del 2016:

- Incrementar la prevalença de l'activitat física saludable en la població de quinze a seixanta-nou anys.
- Reduir les desigualtats socials en la prevalença de l'activitat física saludable en la població de quinze a seixanta-nou anys.
- Incrementar un 5 % la prevalença de persones adultes que segueixen les recomanacions d'alimentació mediterrània.
- Monitorar la prevalença de persones adultes que segueixen les recomanacions d'alimentació mediterrània des de la perspectiva de les desigualtats socials en salut.
- Reduir les desigualtats socials en la prevalença del consum freqüent de productes hipercalòrics en la població de tres a catorze anys.
- Reduir per sota del 24 % la prevalença del tabaquisme.
- Monitorar la prevalença del tabaquisme des de la perspectiva de les desigualtats socials en salut.
- Reduir un 10 % la taxa de mortalitat per càncer de mama en les dones.
- Reduir les desigualtats socials en l'autopercepció de bona salut.
- Reduir per sota dels nivells del 2015 la prevalença d'excés de pes en la població de divuit a setanta-quatre anys.
- Monitorar la prevalença d'excés de pes en la població de divuit a setanta-quatre anys des de la perspectiva de les desigualtats socials en salut.
- Reduir un 5 % la prevalença d'excés de pes en la població de sis a dotze anys.
- Reduir les desigualtats socials en la prevalença d'excés de pes en la població de sis a dotze.

L'estat de salut d'una comunitat depèn també de la qualitat del seu sistema sanitari, així com de les facilitats per accedir-hi.

a) Amb la informació de l'enquesta, l'informe que has elaborat **i la informació del Baròmetre sanitari,** posa't en el lloc del conseller de salut i dissenya un conjunt de mesures que facilitin la consecució dels objectius del Pla de Salut. Les mesures poden ser de caire social, sanitari, econòmic, etc.

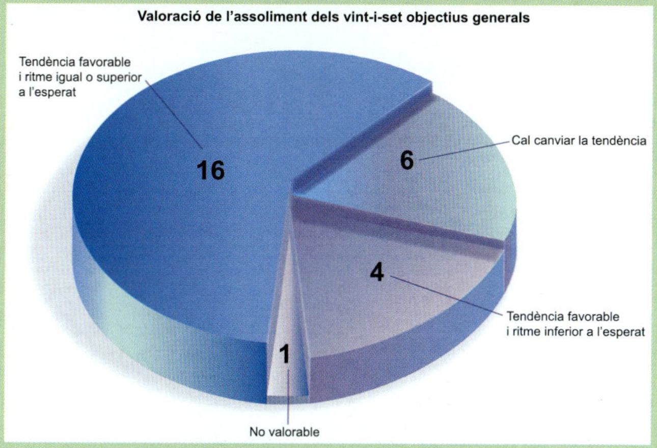

En el Pla de Salut 2011-2015 hi havia vint-i-set objectius, dels quals setze es van assolir satisfactòriament; quatre no es van assolir, tot i que hi va haver millora; sis no es van assolir, ja que no es va produir millora i un no es va poder avaluar.

b) Com creus que podria ser el diagrama el 2016 després d'aplicar les mesures que has proposat?

És important, per tant, veure la correlació entre aquests aspectes per trobar possibles punts de millora.

De manera periòdica el Servei Català de la Salut duu a terme un estudi d'opinió sobre el sistema sanitari català, anomenat Baròmetre sanitari. Aquest estudi es fa sobre una mostra de dues mil persones integrades en el sistema sanitari i avalua diversos aspectes relacionats amb l'atenció sanitària. El gràfic correspon a la valoració general de l'assistència sanitària a Catalunya feta el juliol del 2016.

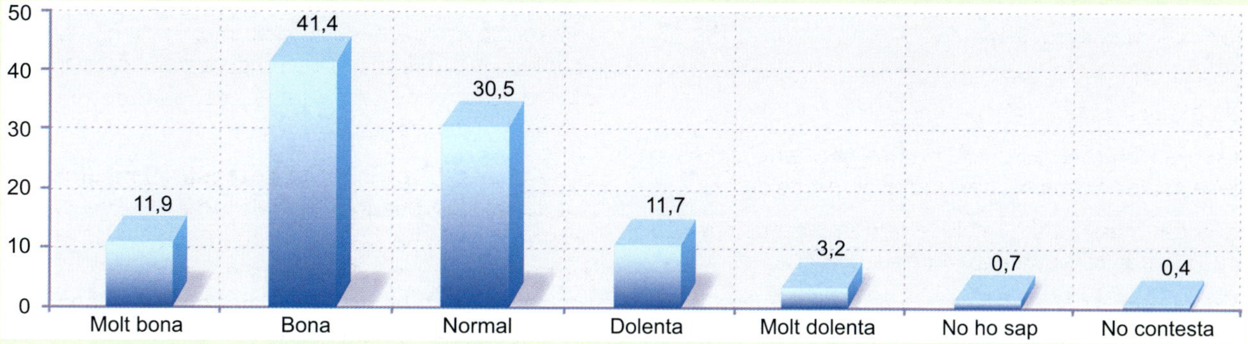